LEHRBUCH DER DIÄTETIK DES GESUNDEN UND KRANKEN

FÜR ÄRZTE, MEDIZINALPRAKTIKANTEN
UND STUDIERENDE

VON

PROFESSOR DR. THEODOR BRUGSCH

ZWEITE, VERMEHRTE
UND VERBESSERTE AUFLAGE

BERLIN
VERLAG VON JULIUS SPRINGER
1919

ISBN-13: 978-3-642-47141-4 e-ISBN-13: 978-3-642-47424-8
DOI: 10.1007/978-3-642-47424-8

Softcover reprint of the hardcover 1st edition 1919

MEINEM FREUNDE

ALFRED SCHITTENHELM

PROFESSOR DER MEDIZIN IN KIEL

Vorwort.

Das kleine Buch, das hier dem Leser übergeben ist, hegt bescheidene Wünsche. Aus der Praxis des Krankenhauses heraus geboren, will es nur der Praxis dienen und stellt sich als höchstes Ziel, den Arzt praktisch in die Ziele und Aufgaben der Diätetik einzuführen. Es bevormundet ihn nicht, es zeigt ihm nur den Weg, den er zu gehen hat: es soll also ein wirklicher Führer sein. Eine Bitte möchte der Verfasser nur noch für sein Buch aussprechen. Gewiß wird sich der Leser für diesen oder jenen speziellen Fall in wenigen Minuten Rat holen können, wird auch wohl hier und da ganz willkommen einen diätetischen Speisezettel vorfinden; aber das soll nicht der Hauptzweck dieses Büchleins sein. Es ist ja nicht lang, und der Leser hat es bald durchstudiert und damit ohne große Mühen die Prinzipien der Diätetik in sich aufgenommen, die er, wie ungeprägtes Gold, selbst ausmünzen soll; dabei wird der Leser in dieser Diätetik zweierlei vorfinden, was ihn auf den ersten Blick vielleicht erstaunen mag: eine den einzelnen Kapiteln vorausgehende kurze wissenschaftliche Erörterung über den physiologischen und pathologischen Stoffwechsel- oder Verdauungsmechanismus und dann einen Anhang über die diätetische Küche. Was das erstere anbelangt, so ist gewiß nicht eine praktische Diätetik der Ort für den Autor, um sich mit eigenen und fremden wissenschaftlichen Anschauungen auseinanderzusetzen, trotzdem muß aber der Leser über den Standpunkt des Verfassers orientiert sein und muß ihn — wenn auch nur vorübergehend während des Studiums dieser Schrift — sich zu eigen machen, erst dann kann er die diätetischen Prinzipien verstehen und sich selbst diätetische Anschauungen erwerben. Wie alles in der inneren Medizin, so steht ja heute auch die Diätetik nicht mehr allein auf einem empirischen Bein; das andere Bein ist die wissenschaftliche Erkenntnis. — Was nun die diätetische Küche anbelangt, so **muß** sich der Arzt, will er nicht bei diätetischen Anordnungen ratlos dem Patienten gegenüberstehen, gewisse Kenntnisse der Küchentechnik erwerben; deshalb sei dem Leser auch das Studium dieses Kapitels empfohlen, das an sich ja nicht ein diätetisches Kochbuch ersetzen will, sondern dem Arzt für alle Fälle einen gewissen praktisch-diätetischen Berater für die Küche abgeben soll. Wer in Sanatorien, größeren klinischen Anstalten usw. für den Betrieb einer diätetischen Küche zu sorgen hat, dem sei das im gleichen Verlage von **Jürgensen** herausgegebene Kochbuch empfohlen, das auch den weitgehendsten Ansprüchen an die normale und diätetisbe Küche genügt. Und schließlich noch eines. Heute hat jeder Autor sein Buch vor der Leserwelt gewissermaßen zu rechtfertigen, ja ich möchte fast sagen, zu entschuldigen. Auf diesem Standpunkte steht allerdings der Verfasser nicht, denn nicht das Bedürfnis schafft ein gutes Buch, sondern ein gutes Buch schafft sich das Bedürfnis nach ihm. In letzter Linie entscheidet also auch für die Existenzberechtigung dieses Buches die Bedürfnisfrage; in dieser Beziehung wagt der Autor für das Buch zu hoffen.

Berlin, im November 1910.

Theodor Brugsch.

Vorwort zur 2. Auflage.

Der Krieg hat das Erscheinen der 2. Auflage verzögert. Wem hätte auch im Kriege eine „Diätetik" zu nützen vermocht, wo das höchste, was der Arzt für einen Kranken diätetisch erreichen konnte, die Verabfolgung von $^1/_4$ Liter bis 1 Liter Milch und Weißbrot statt des Kleiebrotes war, das man hoffentlich einst späteren Geschlechtern in einem Kriegsmuseum demonstrieren wird! Man hat zwar im Heroismus patriotischer Begeisterung Rezepte über Rezepte in den Zeitungen veröffentlicht, wie man aus Kohlrüben die leckersten Speisen bereitet. Solche Speisen schmecken aber nur in patriotischer Ekstase und Begeisterung ist keine Häringsware, die sich aufspeichern läßt und den Wert der Kohlrübe verbessert. So hatte der Krieg der Diätetik den Boden entzogen. Heute gehen wir in die wirkliche Friedenszeit wieder hinein: die Nahrungsmittel werden reichlicher und all' unsere Not hat bald ein Ende, der Arzt kann wieder Diätetik treiben. Wie oft habe ich draußen im heißesten Balkansommer an die schönen Regeln der Diätetik gedacht und bedauert, unseren zu Tausenden kranken Soldaten mit schwerer Ruhr nicht Milch und Eier geben zu können, sondern nur Brot und Graupen! Wie mancher hat sein Leben lassen müssen, weil er nicht ernährt werden konnte, wie es hätte geschehen müssen. Aber das ultra posse war die kulturfeindliche Schranke, die heute überwunden erscheint. Und doch verdanken wir auch dem Kriege Erfahrungen; er hat uns gezeigt, daß unsere physiologischen Ernährungslehren die richtigen sind, indem er das Massenexperiment der Unterernährung geliefert hat. Noch sind nicht alle Resultate und Schlußfolgerungen erschöpft, vor allem die Frage des Wiederansatzes von Körpersubstanz bleibt wichtig. Aber die Frage der Unterernährung hat für das diätetische Verständnis große Bedeutung gewonnen. Diese Bedeutung habe ich für die Diätetik auszubauen versucht. Ich möchte fast sagen, gerade der Krieg war das Scheidewasser für diätetische Lehren. So hat dies kleine, von der Kritik ja freundlich aufgenommene Buch in vieler Beziehung ein anderes Gesicht bekommen, besonders durch Ausarbeitung des allgemeinen Teiles. Hier wurden neu eingefügt Kapitel über die allgemeine Diätetik, Nahrungsmittel, Diätetische Küche, Normalkost, Wahl der Nahrungsmittel. Besondere Ausarbeitung haben weiter die Kapitel Unterernährung und Überernährung erfahren, doch ist auch in den übrigen Kapiteln die Feder ändernd tätig gewesen. Das allerletzte Kapitel, Kochrezepte, stellt, wie in der ersten Auflage, eine kleine Sammlung von Rezepten dar, die durch die Rezeptsammlungen von Professor Jürgensen und den Gebrüdern Doktoren Fischer im gleichen Verlage wesentlich erweitert wird.

Berlin, im Oktober 1919.

Theodor Brugsch.

Inhaltsverzeichnis.

I. Die physiologischen Grundlagen der Ernährungslehre.

Die Diätetik — eigentlich Lebensweise — ist in der Medizin die Lehre der Ernährung oder prägnant der zweckgemäßen Ernährung. Der Gesunde pflegt sich nicht nach wissenschaftlichen Prinzipien zu ernähren: Er befriedigt seinen Hunger, seinen Appetit und Durst nach den Gewohnheiten seines Landes, seiner Familie, seiner Person, gemäß seiner sozialen Lage. Diese instinktive Befriedigung seines Nahrungsbedürfnisses, dessen Regulatoren Hunger, Durst, Appetit, Ekel und Sättigungsgefühl sind, ist die beste Gewähr für eine gedeihliche Ernährung, die sich in der Konstanz des Körpergewichts und in der körperlichen Leistungsfähigkeit bei vollem Wohlbefinden zeigt. Insofern wäre es auch überflüssig von einer Diätetik des Gesunden hier zu sprechen, zumal ja mit dem Worte Diätetik schlechtweg der Arzt eigentlich auch nur die Diätetik des Kranken, d. h. des von dem Durchschnitt abweichenden Individuums versteht. Eine solche Beschränkung der „Diätetik" lediglich auf das von der Norm abwegige Individuum ohne Berücksichtigung der Ernährungsfragen des Gesunden wäre aber nicht nur eine einseitige Betrachtung an sich, es ist vielmehr die Diätetik der Kranken ohne Berücksichtigung und Kenntnis normalphysiologischer Vorgänge gar nicht zu verstehen. Dazu kommt noch eines: Wir leben in einem Staate, d. h. einem sozialen Organismus, dessen Individuen nur zum kleinsten Teile Selbstversorger im landwirtschaftlichen Sinne sind; die meisten sind in bezug auf ihre Ernährung „vom Markt" abhängig, der bis zum Kriege sich nicht nur auf die Erträgnisse des Landes beschränkt hat. Die Butter, die wir gewöhnlich in Deutschland aßen, war größtenteils aus den südamerikanischen Staaten in Palmkern- und Rübölkuchen nach Deutschland herübergekommenes Fett, das den Kühen als Nahrung und damit zur Fettquelle der Milch gedient hatte. Die Getreidemenge, die nach Deutschland eingeführt wurde, bezifferte sich auf Millionen von Tonnen jährlich! Daß Deutschland mehr Einwohner besitzt als das Land ernähren kann, ist ja für die meisten Städter eine nur allzu traurige Erfahrung dieses Krieges geworden! So trat durch die Blockade das ein, was noch vor einem Jahrzehnt kaum jemand für möglich gehalten hätte, daß über ein Land von fast 70 Millionen Menschen durch eine fast 5jährige Blockade eine Hungersnot kommen konnte, die die Regierung veranlaßt hat, dem Einzelindividuum das Recht auf freie Verpflegung zu nehmen. Die Nahrung wurde rationiert, die Ernährung reglementiert! So ist der Fall eingetreten, daß ein ganzes Volk durch Jahre hindurch in seinem größten Teile auf „zwangsweise Diät" gesetzt wurde, die im ganzen als eine erhebliche Unterernährung bezeichnet werden muß, trotz gegenteiliger Beteuerung bekannter Krankenhausärzte, die die Kost in den Krankenhäusern als „ausreichend" befunden hatten, trotzdem Morbidität und Mortalität zahlenmäßig vom Gegenteil zeugten. Also auch für den Gesunden können Bedingungen wirtschaftlicher Art hinsichtlich seiner Ernährungsmöglichkeit eintreten, die Körpergewicht, Leistungsfähigkeit und Wohlbefinden weitgehend im ungünstigen Sinne beeinflussen und dadurch Morbidität und Mortalität erhöhen.

Schon das allein erfordert eine Darstellung des objektiven Nahrungsbedarfes für das Individuum, sowohl nach der quantitativen wie qualitativen Seite hin. Der Arzt soll heute mehr denn je in der Frage der Massenernährung als kompetenter Beurteiler auftreten; die Notwendigkeit hierzu hat sich ja erwiesen in diesem Kriege. Kommen erst wieder normale Ernährungsbedingungen, so bleiben aber auch noch genügende Aufgaben in vieler Beziehung übrig: z. B. Aufstellung von Kostsätzen für Krankenhäuser, Waisenhäuser, Volksküchen, Ernährung von Schulkindern usw., die eine eingehende Kenntnis der physiologischen Ernährungsfragen vor allem in Hinsicht auf den Nahrungsbedarf unter quantitativer und qualitativer Berücksichtigung der Nahrung erfordern. So müssen wir auch zu einer Schilderung der physiologischen Grundlagen der Ernährungslehre uns entschließen. Im allgemeinen wird allerdings die Aufgabe des Arztes, z. B. des Hausarztes, meist eine mehr persönliche sein: die Überwachung der Ernährung eines Kranken; hängt doch das Schicksal des Kranken, seine Widerstandsfähigkeit, zum allergrößten Teil überhaupt von der Ernährung in gesunden und kranken Tagen ab. Morbidität und Mortalität in unterernährten Volkskreisen pflegen größer zu sein, als in gutsituierten Gesellschaftsklassen. Der Gesunde pflegt zwar ohne weiteres sich der Kontrolle des Arztes über die Ernährung zu entziehen. Anders in kranken Tagen! Da wird es zur Pflicht des Arztes, daß er sich um die Ernährung kümmert. Dabei geht es aber nicht an, daß sich der Arzt bei der Behandlung eines Kranken mit der Bemerkung begnügt: der Kranke soll diät leben, jenes beliebte Schlagwort, unter dem alles und nichts zu verstehen ist. Der Arzt muß auf das genaueste ein diätetisches Regime vorschreiben. Sodann gibt es eine Reihe von Krankheiten, Krankheiten des Stoffwechsels, der Verdauungsorgane, der Nieren, ja selbst des Gefäßsystems, deren Behandlung lediglich die diätetische ist, d. h. deren erfolgreiche Behandlung von der rationellen Nahrungseinstellung abhängig ist. Darum ist der moderne Arzt heute nicht mehr denkbar ohne eine souveräne Beherrschung der Diätetik und der Erfolg, der manchem Spezialisten blüht, fällt auch dem praktischen Arzte wieder zu, wenn er sich der Mühe unterzieht, die Lehre der Diätetik sich gründlich zu eigen zu machen. Nur eines darf nicht dabei geschehen; es soll und darf kein oberflächlicher Schematismus getrieben werden, wenngleich man ohne Schematismus, d. h. ohne Beispiele, auch nicht auskommt. Die physiologischen Grundlagen der Ernährungslehre muß der Arzt wenigstens überblicken können, und das läßt sich ja mit geringen Mühen durchführen. Darum seien auch hier ganz kurz, soweit es zum Verständnisse diätetischer Maximen notwendig ist, diese Grundlagen angeführt.

Das Leben.

Leben heißt Verbrennungsprozeß. Diese fundamentale Erkenntnis verdanken wir Lavoisier und die Entdeckung Lavoisiers, daß bei diesem Verbrennungsprozeß Sauerstoff verbraucht und Kohlensäure gebildet wird, und daß Sauerstoffverbrauch und Kohlensäurebildung von der Ernährung, von der Arbeit und von der Temperatur abhängig sind, bleiben für immerdar Fundamentalsätze der Stoffwechsellehre. Liebig zeigte dann weiter, daß nicht etwa Kohlenstoff und Wasserstoff im Körper verbrennen, sondern Eiweiß, Fett und Kohlenhydrate. Wenn allerdings Liebig meinte, daß Fett und Kohlenhydrate durch den Sauerstoff verbrennen, Eiweiß durch die Muskulatur abgebaut würde, so irrte er. Zeigte doch Voit, daß der Eiweißumsatz, als dessen Maß durch die Untersuchungen von Bidder und Schmidt die Stickstoffausscheidung des Harns angesehen werden konnte, nicht durch die Muskeltätigkeit gesteigert wird und auch nicht der Menge des zugeführten Sauerstoffs parallel ist. Damit war schon der Grund gelegt zu der Anschauung, daß die Menge des durch die Lungen aufgenommenen Sauerstoffs nicht die Größe und die Art des Stoffwechsels bedingt, eine Ansicht, die sich durch die Untersuchungen Pflügers, zu der unsere ganze Stoffwechsellehre fundamental durchziehenden Erkenntnis verdichtet, daß der Stoffwechsel der Gewebe, das zelluläre Sauerstoffbedürfnis den Umfang der Oxydationen bestimmt. Als dann das Gesetz von der Erhaltung der Kraft (R. Mayer und Helmholtz) das naturwissenschaftliche Denken in neue Bahnen lenkte, da zeigte es sich denn, daß auch vor dem Lebensprozeß des Warmblüters und den zwei zutage tretendenden Energieformen Wärme und Arbeit, das Gesetz von der Erhaltung der Kraft keinen Halt macht, denn die Wärme, die ein Organismus, also auch der Mensch entwickelt, entspricht genau der Wärmemenge, die entsteht, wenn die Stoffe organischer Natur, die der Mensch umgesetzt hat, außerhalb seines Organismus verbrannt würden (Rubner). So ergibt sich die Berechtigung einer kalorischen Betrachtungsweise des Stoffwechsels einerseits und die Verpflichtung anderseits, auch die Frage der Ernährung nach kalorischen Gesichtspunkten einzurichten. Zum Ablauf der Lebensfunktionen und zum Ersatz der hierbei verbrauchten Stoffe, die nach außen als Schlacken abgegeben werden, bedürfen wir fortgesetzt neuen Materials, welches dem Organismus als Nahrung zugeführt wird.

Die Nahrung.

Die Nahrung stellt ein Gemenge von Nahrungsmitteln (vgl. Kapitel III: Nahrungs- und Genußmittel) dar, die je nach dem Stande der Kultur, dem Geschmacke des Menschen durch entsprechende Zubereitung dem Gaumen und dem Magen annehmbar gemacht sind. Die Nahrungsmittel entstammen fast ausschließlich dem Pflanzen- und Tierreiche und setzen sich wieder aus den Nahrungsstoffen zusammen. Die organischen Nahrungsstoffe sind entweder stickstoffhaltig:

Eiweißstoffe oder eiweißartige Stoffe (Leim usw.). Diese Eiweißstoffe enthalten etwa

C = 50 — 55 % der Trockensubstanz
H = 6,8 — 7,3 % „ „
N = 15,4 = 18,3 % „ „
O = 22,8 = 24,1 % „ „
S = 0,4 = 5,0 % „ „

oder die Nahrungsstoffe sind stickstofffrei:

Fette, sie sind Triglyzeride höherer Fettsäuren, und zwar der Palmitinsäure, Oleinsäure und Stearinsäure; in der Milch und Butter finden sich auch Triglyzeride niederer Fettsäuren, so das Butyrin, Kapronin, Kaprylin u. a. m. Zu den Fetten im weiteren Sinne gehören auch die sog. Lipoide (Cholestearin, Lezithin, Protargon);

Kohlenhydrate (Mono-, Di-, Polysacharide), sind chemisch Aldehyde bzw. Ketone mehrwertiger Alkohole.

Zu den Nahrungsstoffen lassen sich dann noch einige andere Stoffe, wie sie in pflanzlichen Nahrungsmitteln sich finden, zählen, z. B. Fruchtsäuren, Glyzerin, ferner der Äthylalkohol.

Wasser und Salze.

Außer den organischen Nahrungsstoffen Eiweiß, Fett und Kohlenhydraten bedarf der Organismus ständig der Zufuhr von anorganischen Salzen und Wasser, da der Organismus, ob im Hunger oder bei voller Ernährung, stets Wasser und Salze abgibt, deren Verlust er decken muß. Zu einem Teile dienen die Salze osmotischen Vorgängen von größter Bedeutung für den Ablauf der vitalen Funktionen, zu einem anderen Teile stellen sie Konstituenten des Eiweißes dar, z. B. der Phosphor, Schwefel und Eisen, zu einem Teile bilden sie die Festigkeit unseres Skelettsystems (Knochensalze). Ist der Ersatz von Salz in der Nahrung mangelhaft, so verfällt der Organismus dem Salzhunger, der zum Tode führen kann.

Wir werden auf die Frage des Salzstoffwechsels, von dem wir leider noch recht herzlich wenig wissen, noch näher im nächsten Kapitel einzugehen haben, doch wollen wir hier nach den Berechnungen Ehrströms die unteren Grenzen für einige Salze in der Nahrung angeben: für Phosphorsäure 1—2 g, für Kalk 1 g, Magnesia 0,4—0,5 mg;

für Eisen läßt sich der tägliche Bedarf nicht in einer Zahl ausdrücken; die gewöhnliche Kost des erwachsenen Menschen enthält nach v. Traudt ungefähr 0,02—0,03 g Eisen.

Über Genuß- und Reizmittel s. das Kapitel III.

Als stickstoffhaltiger Bestandteil bildet das Eiweiß die Grundsubstanz der Zellen, der kleinsten Individuen unseres Organismus. Da es stickstoffhaltig ist, kann Eiweiß nicht aus Fett und Kohlenhydrat gebildet werden. (Wohl aber kann z. B. beim Diabetes aus Eiweiß Zucker gebildet werden.) In der Nahrung bildet das Eiweiß sowohl eine Quelle der Kraft, als auch dient es zum Ersatz des stetig sich abnutzenden Körpereiweißes. Es kann also nicht ohne Schaden für den betreffenden Organismus aus der Nahrung fortgelassen werden; hat nämlich die Eiweißverarmung in einem Organismus einen gewissen Grad überschritten, so hört das Leben auf. Ferner spielen stickstoffhaltige Körper auch neben dem eigentlichen Eiweiß eine große Rolle; sie sind Konstituenten des Eiweißes bzw. Ergänzungsstoffe eines unvollständigen Eiweißes; man nennt diese Monoaminosäuren bzw. Diamine Vitamine; davon wird später noch ausführlich die Rede sein. Der Wert stickstoffhaltiger Nahrungsmittel ist nicht zuletzt von solchen Vitaminen abhängig. Die Fette stellen, dynamisch betrachtet, eine hervorragende Kraftquelle für den Organismus vor; in dieser Beziehung sind sie dem Eiweiß wie den Kohlenhydraten überlegen, doch haben sie im Stoffwechsel keine solche Bedeutung nach der stofflichen Seite hin, insofern sie nicht als Ersatz der zugrunde gegangenen Zellelemente dienen können, vielmehr wird ein Überfluß von Nahrungsfett im Körper stets nur als toter Ballast, als Fettpolster, abgelagert, um zu Zeiten der Not in den Umsatz gezogen zu werden. Neben diesen Ablagerungen als gewissermaßen toter Nährstoff (dabei ist die Rolle des Fettes als Füllstoff nicht zu unterschätzen) haben gewisse Fette allerdings eine wichtige stoffliche Rolle in der Struktur der Zellen zu erfüllen, das sind die sog. Lipoide, d. h. die fettähnlichen Substanzen. Das, was wir beispielsweise als fettige Degeneration bezeichnen, ist nur das Freiwerden der Fette aus der Struktur zugrunde gegangenen Protoplasmas. Im Körper kann das Fett aus Kohlenhydraten entstehen, ob es aus Eiweiß entstehen kann, ist möglich, aber nicht erwiesen. Eine fettarme Kost bedeutet auf die Dauer für den Menschen wahrscheinlich infolge Fehlens gewisser Lipoide (ähnlich den Vitaminen beim Eiweiß) ein durch keinen anderen Nahrungsstoff ausgleichbares Manko.

Als Quelle der Kraft spielen die Kohlenhydrate für den Organismus eine außerordentlich wichtige Rolle und sind in dieser Beziehung dem Eiweiß überlegen. Die Kohlenhydrate werden im Organismus, soweit sie nicht zur Verbrennung herangezogen worden sind, als Glykogen, d. i. eine leicht lösliche Stärke, abgelagert, hauptsächlich in Leber und Muskulatur, von wo sie je nach Bedarf wieder in den Umsatz gezogen werden können. Stofflich dienen sie nicht als Ersatz zugrunde gegangener Zellen wie das Eiweiß, doch spielen die

Kohlenhydrate in mancher Beziehung auch stofflich insofern eine Rolle, als sie Bausteine des Nukleinmoleküls (und zwar als Pentose) sind, ferner an das Eiweiß (Glykoproteid) als Hexose gebunden sein können und sich im Zerebron (als Galaktose) finden.

Daß die Kohlenhydrate intermediär aus Eiweiß entstehen können, ist in Stoffwechselversuchen wahrscheinlich gemacht worden. Ob sie aus Fetten entstehen können, ist nur insoweit mit Sicherheit zu beanworten, als das Glyzerin (zu 11% allerdings nur im Neutralfett enthalten) in Kohlenhydrat übergehen kann.

Die bei der **Verbrennung der Nahrungsstoffe** im bzw. außerhalb des Organismus freiwerdende Wärmemenge wird nach Kalorien berechnet. Man versteht unter einer großen Kalorie (abgekürzt Kal.) diejenige Wärmemenge, die nötig ist, um 1 l Wasser von 0° auf $+1^{\circ}$ zu erwärmen, unter einer kleinen Kalorie (abgekürzt kal.) die zur Erwärmung von 1 g Wasser von 0° auf $+1^{\circ}$ notwendige Wärmemenge; daher ist 1 Kal. = 1000 kal.

Um die Verbrennungswärme der Nahrungsstoffe festzustellen, werden diese in entsprechenden Apparaten unter reichlicher Zufuhr von Sauerstoff in CO_2 und H_2O verbrannt, d. h. in die gleichen Endprodukte, in die die Fette und die Kohlenhydrate auch in unserm Organismus zerfallen. Infolgedessen kann man die im Kalorimeter ermittelten Werte für Fett und Kohlenhydrate auch der Verbrennungswärme dieser Stoffe in unserm Organismus zugrunde legen. Anders dagegen mit dem Eiweiß. Im Kalorimeter verbrennt das Eiweiß zu H_2O, CO_2 und Stickgas. In unserm Organismus geht aber schon ein Teil des Eiweißes zu Verlust durch die Reste der Verdauungssäfte bei der Eiweißverdauung (+ Kot) und dann dadurch, daß der N-haltige Anteil des Eiweißes im Harn als Harnstoff zur Ausscheidung kommt; dieser liefert aber noch im Kalorimeter eine dem Organismus ungenutzt abgeflossene Verbrennungswärme. Deshalb kommt also von der gesamten Verbrennungswärme, die das Eiweiß außerhalb des Organismus liefert, nur ein Teil (etwa 80%) dem Organismus zugute (der sog. physiologische Nutzeffekt nach Rubner).

Es verhalten sich sonach die Nahrungsstoffe hinsichtlich ihrer Verbrennungswerte in unserm Organismus nach Rubner folgendermaßen:

1 g Eiweiß liefert nach Abzug der Quellungswärme bei seinem Übergang in Harnstoff, Kohlensäure und Wasser 4,1 Kal., Kalorimeterwert 5,5—6 Kal.;

1 g Fett liefert bei seinem Übergang in Kohlensäure und Wasser 9,3 Kal., Kalorimeterwert 9,3 Kal.;

1 g Kohlenhydrat liefert bei seinem Übergang in Kohlensäure und Wasser 4,1 Kal.; Kalorimeterwert 4,1 Kal.;

1 g Alkohol liefert bei seinem Übergang in Kohlensäure und Wasser 7,0 Kal.

Es ist hier bereits der Alkohol unter die Nahrungsstoffe mit eingereiht, da er ebenfalls neben den andern angeführten Nahrungsstoffen als Brennmaterial dynamisch in Frage kommt.

Diese einzelnen Nahrungsstoffe können sich in der Nahrung untereinander vertreten, und zwar nach Maßgabe ihrer Wärmeproduktion (Gesetz der Isodynamie der Nahrungsstoffe, Rubner). So sind beispielsweise nach Rubner 100 Teilen Fett isodynam:

	direkt am Tier bestimmt	nach Kalorimetermessung
Eiweißstoffe des Muskels	225	213
Muskelfleisch	243	235
Stärkemehl	232	229
Rohrzucker	234	235
Traubenzucker	256	255

Allerdings ist die Vertretung der Nahrungsstoffe nach ihrer Wärmeproduktion streng genommen nur für Fette und Kohlenhydrate gültig, während das Eiweiß stets dem Organismus zugeführt werden muß und bis zu einem gewissen Grade durch keinen andern Nahrungsstoff ersetzt werden kann.

Die Größe der Gesamtzersetzung.

Jeder Mensch hat einen bestimmten Kalorienbedarf der Nahrung, d. h. er bedarf der Zufuhr einer bestimmten Menge Nahrung (die auch von einer bestimmten Zusammensetzung sein muß, s. w. u.), damit sein Körperbestand erhalten bleibt. Dieser „Kalorienbedarf" (der Nahrungsbedarf ist dabei von dynamischen Gesichtspunkten aus bewertet) ist unter gleichen körperlichen Verhältnissen beim einzelnen Individuum annähernd konstant, schwankt indessen unter gewissen veränderten körperlichen Verhältnissen.

So beträgt der minimale Umsatz bei einem gesunden, nüchternen und annähernd vollständig ruhenden, erwachsenen Menschen rund eine Kalorie pro Kilogramm Körpergewicht und Stunde. Bei einem im gewöhnlichen Sinne ruhenden Menschen, der sich nicht in vollständiger Muskelruhe befindet, ist der Kalorienbedarf etwa 1,3—1,5 Kalorien pro Kilogramm Körpergewicht und Stunde, also rund 0,3—0,5 Kalorien höher als beim absolut ruhenden. Bei körperlicher Arbeitsleistung steigt das Kalorienbedürfnis entsprechend der Arbeitsleistung.

Tigerstedt berechnet beispielsweise für den erwachsenen Menschen als minimalen Verbrauch 1,00 Kalorie pro Kilogramm und Stunde; für einen 70 kg schweren Menschen innerhalb 24 Stunden 1680 Kalorien.

Bei Hunger und Ruhe: 1,263 Kalorien pro Kilogramm und Stunde; pro 70 kg und 24 Stunden rund 2100 Kalorien.

Bei gewöhnlicher Kost und Ruhe: 1,429 Kalorien pro Kilogramm und Stunde; pro 70 kg und 24 Stunden 2400 Kalorien.

Für eine äußere Arbeit von 42500 m/kg steigt der Energieverbrauch um 500 Kalorien.

Folgende Werte lassen sich für erwachsene Individuen von mittlerer Ernähung und mittlerer Körpergröße pro Tag und Kilogramm Körpergewicht ungefähr aufstellen:

Bei absoluter Bettruhe	24—30	Kalorien
Bei gewöhnlicher Bettruhe	30—34	„
Außer Bett, ohne körperliche Arbeit .	34—40	„
Bei mittlerer Arbeitsleistung	40—45	„
Bei starker Arbeitsleistung	45—60	„

Diese Werte treffen allerdings nur für Individuen mittlerer Ernährung zu; unter anderen Verhältnissen zeigen sich erhebliche Abweichungen.

So berechnet Rubner für verschieden große, bzw. verschieden schwere Personen den Energiebedarf bei leichter mechanischer Tätigkeit folgendermaßen:

Gewicht in kg	Oberfläche in m^2	Kalorien des Umsatzes	Kalorien pro kg
80	2,283	2864	35,8
70	2,088	2631	37,7
60	1,885	2368	39,5
50	1,670	2102	42,0
40	1,438	1810	45,2

(Doch zeigt sich auch unter diesen scheinbar ungleichen Verhältnissen eine Konstanz, insofern der Umsatz pro Quadratmeter Körperoberfläche für alle gleich ist.)

Diese Werte erscheinen, wenn man die Kalorienwerte der während der Kriegsjahre 1916—18 rationierten Kost berücksichtigt, verhältnismäßig hoch; ist doch durchschnittlich dem Einzelindividuum nur eine Kost zugeteilt worden, die etwa 1400—1600 Kalorien beträgt! Doch dürfen diese Verhältnisse nicht für normale Zeiten als Basis zugrunde gelegt werden; die Folgen einer derartigen Beschränkung der Kalorienwerte der Nahrung werden in dem Kapitel „Chronische Unterernährung“ eingehend dargelegt werden, und es wird dort gezeigt werden, wie die alten aufgestellten Sätze ihre volle Gültigkeit beanspruchen können und die Anpassung nur möglich geworden ist dadurch, daß die Individuen Eiweiß abgeschmolzen haben und somit ihre respirierende Fläche verkleinert haben.

Sofern man einem Menschen eine seinem Kalorienbedarf angepaßte und stofflich richtig (vgl. w. u.) zusammengesetzte Kost verabreicht, befindet sich das Individuum im Kaloriengleichgewicht. Ist der Kalorienwert der Nahrung größer, so nimmt das Körpergewicht zu, indem Ansatz von Glykogen und vor allem Fett stattfindet; ist der Kalorienwert geringer, als dem Bedürfnis des Organismus entspricht, so kommt es zur Einschmelzung von Körpereiweiß und Gewichtsverlust. (Vgl. hierzu auch die Kapitel „Chronische Unterernährung“ und „Chronische Überernährung“.)

Die Faktoren, welche den Kalorienbedarf steigern, sind in erster Linie, wie aus der Zusammenstellung auf dieser Seite zu ersehen ist, körperliche Tätigkeit, Muskelarbeit. Ja selbst Sitzen erhöht den Umsatz gegenüber einer Lage im Bett, bei der alle Muskeln entspannt sind Geistige Arbeit hingegen als solche pflegt mit keiner Erhöhung des

Umsatzes einherzugehen. Dagegen steigert der Aufenthalt in Höhenluft deutlich den Umsatz, bei einem Aufenthalt in etwa 3000 Meter um rund 25%, bei einem Aufenthalt in 4500 Meter Höhe um etwa 60% und mehr. (Das trifft indessen nur für das Gebirge zu, nicht für Ballonfahrten.)

Was den Umsatz unter pathologischen Verhältnissen anbelangt, so finden sich erhebliche Abweichungen nach oben beim Morbus Basedow, nach unten beim Myxödem; im übrigen sind die Abweichungen selbst im Fieber relativ gering, oft betragen sie nicht mehr wie 10—15%. Die Störungen, die man früher unter die Erkrankungen mit Verlangsamung des Stoffwechsels zusammengefaßt hat (also Gicht, Diabetes, Fettsucht), zeichnen sich im großen ganzen durch einen beinahe normalen Stoffwechsel im Sinne des Gesamtumsatzes aus. Auch heute spielt aber noch in Ärzte- wie Laienkreisen der Begriff der Anregung des Stoffwechsels eine große Rolle. Reize, wie sie die frische Luft, der Sonnenschein, Wind und Wetter, Höhen- und Seeluft und viele hydrotherapeutische Maßnahmen darbieten, gehen meist mit allem anderen einher denn mit einer wirklichen Beeinflussung oder Änderung des Umsatzes. Hier spielen lediglich nervöse Impulse eine Rolle, welche zwar den Organismus umzustimmen, aber das zelluläre Stoffwechselbedürfnis wenig zu beeinflussen vermögen.

Unter den Bedingungen, unter welchen es zu einer Änderung des Stoffumsatzes kommt, spielt die Temperatur der Luft eine Rolle. Das ist besonders bei Tieren deutlich. Jedoch zeigt sich beim Menschen nur dann Erhöhung des Umsatzes, wenn die Temperatur unter 16° C sinkt. Steigerung der Lufttemperatur führt beim Menschen zu keiner Verminderung des Umsatzes. Die Steigerung des Umsatzes bei niederer bzw. die Minderung bei steigender Temperatur nennen wir nach Rubner chemische Wärmeregulation. Sie bezweckt (neben der physikalischen Wärmeregulation: Veränderung der Strahlung und Leitung der Wärme von der Haut, Abgabe von Wasserdampf, Schweiß durch die Haut, Muskelbewegung) die Aufrechterhaltung der normalen Körpertemperatur. Der Mensch lebt indessen nicht in der Lufttemperatur, sondern in der Temperatur seiner Kleider, und zwar hier bei einer Temperatur von 33° C. Er muß sich also bei einem Überschuß der Nahrung infolge der spezifischen dynamischen Wirkung der Nahrung (s. weiter unten) der überschüssigen Wärme durch Abgabe von Wasserdampf entledigen. Ist die Luft mit Feuchtigkeit gesättigt, so sucht der Organismus die Wärmeabgabe nach Möglichkeit einzuschränken. Daher führt eine feuchtigkeitsgesättigte Luft zu einer Einschränkung der Arbeitslust, andererseits auch ev. zur Überhitzung des Organismus.

Was diese spezifisch dynamische Wirkung anbelangt, so ist sie in folgendem begründet. Bei einem Menschen, bei dem die chemische Wärmeregulation ausgeschaltet ist (der also in der Temperatur seiner Kleider lebt), muß der Wärmewert der zugeführten Nahrung größer sein als der Hungerumsatz, wenn Kaloriengleichgewicht zwischen Umsatz und Zufuhr erzielt werden soll; und zwar liegt das sogenannte „Fütterungsminimum" nach Rubner bei Zufuhr nur von Eiweiß 40% höher als das Hungerminimum, bei Zufuhr von Rohrzucker 6% höher als dieses und bei Zufuhr von Fett 14% höher. Allerdings lebt der Mensch nicht dauernd nur von Eiweiß, infolgedessen ist bei gemischter Nahrung das Fütterungsminimum gegenüber dem Hungerminimum unbedeutender; es beträgt nach Rubner nur 14,4% gegenüber dem Hungerminimum.

Erschwert ist die Abgabe der Wärme bei Fettsucht, und darin liegt eines jener Momente, die die Fettsucht, abgesehen vom ästhetischen Standpunkte, als bedenklich erscheinen lassen. So vermag sich ein Fettsüchtiger bei einer Temperatur von 36 bis 37° Außentemperatur bei einem Feuchtigkeitsgehalte der Luft über 50% selbst im nackten Zustande nur unter Erhöhung der Eigentemperatur ins Wärmegleichgewicht zu setzen!

Mischungsverhältnisse der einzelnen Nahrungsstoffe untereinander, Berechnung der Kost.

Bei frei gewählter Kost pflegt im allgemeinen nach Rubner das Verhältnis der stickstoffhaltigen Nahrungsstoffe zu den stickstofffreien (Kohlenhydraten und Fetten) ein derartiges zu sein, daß etwa 16 bis 19,2% auf das Eiweiß entfallen, der Rest auf die eiweißfreien Nahrungsstoffe.

Eine Ernährung ohne Eiweiß ist nicht durchführbar: Man muß zur Erhaltung des Protoplasmabestandes eines Organismus dem Körper stets ein bestimmtes Quantum Eiweiß zuführen: Erhaltungseiweiß. Reicht die Menge Eiweiß aus, die dem Organismus mit der Nahrung zugeführt wird, um den Eiweißgehalt des Organismus zu erhalten, so befindet sich das Individuum im Stickstoffgleichgewicht. Im anderen Falle geht mit dem Harn mehr Stickstoff zu Verlust, als mit der Nahrung zugeführt wird. Im allgemeinen genügt es vollständig, wenn etwa 15% des gesamten Kalorienwertes der Nahrung durch Eiweiß vertreten werden, der Rest muß durch Kohlenhydrate oder Fette gedeckt werden (vgl. hierzu das Kapitel „Normalkost" besonders hinsichtlich der Frage des Eiweißminimums und Eiweißoptimums); dabei sind die Kohlenhydrate insofern den Fetten überlegen, als sie größere „Eiweißsparer" sind, d. h. durch reichliche Kohlenhydratfütterung kann man das Eiweißminimum der Nahrung stärker als bei Fettfütterung reduzieren, ohne daß das Individuum aus dem Stickstoffgleichgewicht kommt. Das trifft allerdings nur zu, wenn man entweder nur Eiweiß und Kohlenhydrat reicht oder Eiweiß und Fett. Gibt man im Stoffwechselversuch sowohl Fette wie Kohlenhydrate zum Eiweiß, so verhalten sich beide in bezug auf ihre eiweißsparende Wirkung isodynam. Man wird im allgemeinen die Kost so einrichten, daß sie zu etwa 15% aus Eiweiß besteht, zu 50% aus Kohlenhydraten und zu etwa 35% aus Fett.

Die Rechnung gestaltet sich dann sehr einfach; Beispiel: Ein 70 kg schwerer Patient braucht bei Bettruhe pro Kilogramm Körpergewicht 30 Kalorien; erforderliche Kalorienzahl der Nahrung = 2100; davon sollen 15% = 315 Kalorien auf Eiweiß entfallen, mithin notwendig $\frac{315}{4,1}$ Eiweiß in der Nahrung, d. i. 76 g; 50% auf Kohlenhydrate = 1050 = $\frac{1050}{4,1}$ g Kohlenhydrate = 256 g; und 735 Kalorien auf Fett, d. i. = $\frac{735}{9,3}$ = 80 g.

Im übrigen sei besonders auf das Kapitel: Das Eiweißminimum oder das Eiweißoptimum und die Normalkost verwiesen.

Der Nahrungsbedarf beim Wachstum und in der Rekonvaleszenz.

Ungleich große und schwere ausgewachsene Individuen haben pro Kilogramm Körpergewicht auch im gleichen Zustande der Muskelruhe keinen gleichen Umsatz (vergleiche hierzu die kleine Tabelle auf Seite 8); bezieht man indessen den Umsatz auf die Körperoberfläche, so zeigt sich, wie schon erwähnt wurde, daß, auf den Quadratmeter Oberfläche berechnet, der Umsatz gleich groß ist. Diese Berechnung des Umsatzes auf den Quadratmeter Oberfläche führt nun auch bei wachsenden Individuen zu gleichem Resultat; so produziert ein 4 kg schweres Kind nach Rubner 422 Kalorien, ein 40 kg schwerer Erwachsener 2106 Kalorien. Bei beiden aber ist der Umsatz, auf die Einheit der Fläche bezogen, gleich. Dabei ergab sich aus Untersuchungen von Rubner und Heubner an einem 7½ monatigen, mit Kuhmilch genährten Kinde, daß dieses bei einer Aufnahme von 682,8 Kalorien 12,2% der Kalorien im Körper behielt, also ansetzte. Es nimmt also das Kind über den Nahrungsbedarf Kalorien zu sich; sinkt diese Aufnahme nur um 15%, so steht das Wachstum still.

Der Rekonvaleszent verhält sich ja ähnlich; allerdings zeichnet er sich dadurch aus, daß nach anfänglichem Sinken der Kalorienproduktion der Verbrauch außerordentlich ansteigt (um 30—50% die Normalwerte übersteigend, nach Untersuchungen von Svenson).

Verdauung.

Die Verdauung der Nahrungsstoffe beginnt bereits mit der Mundverdauung, indem die in den Mund gebrachte Nahrung zerkleinert, bis zum gewissen Grade zermahlen und eingespeichelt wird, wobei durch das diastatische Ferment des Speichels die Stärke durch einzelne Stufen (Erythrodextrin, Achroodextrin) in Maltose überführt wird.

Während die Aufgabe des Magens in der Hauptsache darin besteht, den Nahrungschymus in Lösung zu bringen und schubweise in den Dünndarm zu schieben, wobei das Eiweiß durch Pepsin-Salzsäure zu nicht mehr koagulablen Peptonen abgebaut wird, die Stärke und das Fett nicht weiter verändert werden und nur der Rohrzucker invertiert wird, ist die Aufgabe des Darms (im engeren Sinne) die der „Verdauung" der Ingesta bis zu ihrer Überführung in resorptionsfähige Körper, und deren Resorption.

Die Verarbeitung der Ingesta geschieht im Dünndarm durch den Pankreassaft, die Galle und den Darmsaft. Durch den Pylorus treten die Ingesta, mit dem Magensaft gemischt, in das Duodenum ein. Der Eintritt des sauren Chymus in das Duodenum ruft reflektorisch Sekretion von Pankreassaft und Galle hervor; diesen Säften mischt sich der Darmsaft hinzu.

Durch das kohlensaure Alkali des Pankreassaftes und durch den Darmsaft wird die stark saure Reaktion des Magenchymus abgestumpft, wodurch die Wirkung des Pepsins ausgeschaltet und die fermentative Funktion des im Pankreassaft enthaltenen Trypsins im Dünndarm auf dem Wege bis zum Ileum möglich wird. Das Trypsin (welches aus dem Trypsinogen durch „Enterokinase" aktiviert ist) baut das **Eiweiß** bis zu abiureten Spaltungsprodukten ab. Gleichzeitig zerlegt auch das Erepsin, ein in der Darmschleimhaut enthaltenes Ferment, nicht mehr koagulable Eiweißkörper in abiurete Spaltungsprodukte. Pankreassaft, Galle und Darmsaft, deren Wirkungen sich gegenseitig erheblich unterstützen, bewirken weiter eine Spaltung des **Fettes** in Glyzerin und Fettsäuren, welch letztere zum Teil wieder durch Alkali zu Seifen gebunden werden.

Die Verdauung der **Kohlenhydrate** wird durch das Ptyalin des Mundspeichels eingeleitet, im Magen wird sie indessen durch den sauren Magensaft unterbrochen. Letzterer invertiert den Rohrzucker in Dextrose und Lävulose. Die durch den Mundspeichel noch nicht gespaltene Stärke wird durch die Diastase des Pankreassaftes bis zur Maltose bewirkt; diese wird wieder durch eine Maltase des Darmsaftes völlig in die einfachsten Hexosen aufgespalten. Durch ein ähnlich wirkendes Ferment wird auch der Milchzucker zerlegt.

Durch alle diese fermentativen Spaltungen hydrolytischer Art, zu denen sich im untersten Teile des Dünndarms noch Gärungsprozesse und Fäulnisprozesse bakterieller Natur gesellen, werden die Nahrungsstoffe in die einfachsten Produkte zerlegt und damit resorptionsfähig.

Gleichzeitig mit der chemischen Veränderung des Chymus geht eine peristaltische, vom Pylorus zum After gerichtete Bewegung des Darminhaltes einher; bedingt wird diese Bewegung durch die mit einer Geschwindigkeit von 0,1—2 cm in der Minute fortschreitende Peristaltik der glatten Muskulatur der Darmwandung.

Beim Menschen erreicht der Chymus frühestens nach zwei Stunden die Grenzen des Dickdarms. Auf dieser Wanderung des Chymus im

Dünndarm erfolgt die Resorption der in Lösung gebrachten Verdauungsprodukte. Die resorbierende Fläche des Dünndarms ist durch die in das freie Darmlumen hineinragenden Darmzotten künstlich vergrößert; die Darmzotten selbst, deren Stroma von Blut und Lymphgefäßen reichlich durchzogen wird, sind als die eigentlichen Resorptionsorgane anzusehen. Das resorbierte Fett tritt als emulgiertes Neutralfett in die Lymphe und durch diese in den Ductus thoracicus über, nur ein kleinerer Teil nimmt den Weg in die Blutbahn. Wasser, Zucker, Salz, Eiweiß gelangen in die Blutbahn (und zwar in die Pfortader), nur ein kleiner Teil dagegen in die Lymphbahn. Während die Fette hinter der Darmwand zu Neutralfett wieder synthetisiert werden (dabei besteht die Möglichkeit, daß ein kleiner Teil des Neutralfettes auch ungespalten resorbiert wird), ist eine solche Synthese zu Eiweiß für die aufgespaltenen Aminosäuren nach der Resorption hinter der Darmwand zwar von manchen Physiologen behauptet, aber wenig ahrscheinlich.

Bereits im untersten Teile des Dünndarms, vor allem aber im **Dickdarm** finden Gärungs- und Fäulnisprozesse statt. Der Hauptsitz dieser Gärungs- und Fäulnisprozesse ist das Colon ascendens und das Colon transversum. Die Fäulnis- und Gärungserreger stammen von außen: Es sind mit der Luft eingeführte Bakterien, die stets im Dickdarm bzw. im unteren Ileum anzutreffen sind. Die Fäulnis betrifft das Eiweiß; durch die reichliche Anwesenheit von Galle und der organischen Säure ist die Eiweißfäulnis im Dünndarm gehemmt, die alkalische Reaktion des Dickdarms dagegen erlaubt im weitesten Maße die Eiweißfäulnis, bei der es unter Umständen zum Auftreten von Phenol, Skatol, Indol, Schwefelwasserstoff, Ammoniak u. a. m. kommt. Die Gärung der Kohlenhydrate, u. a. auch die Gärung der schwer verdaulichen Zellulose — sofern sie noch nicht verholzt ist — beginnt bereits im unteren Ileum und setzt sich dann weiter auf den Dickdarm fort; hier kommt es zum Auftreten von Milchsäure, Essigsäure, Buttersäure, Valeriansäure u. a. m. Die Neutralfette können (in geringem Grade) auch durch bakterielle Prozesse zerlegt werden.

In dem Maße, als der Darminhalt im Dickdarm durch die sehr langsame Peristaltik dieses Darmteiles vorwärts schreitet, werden die in Lösung gebrachten Stoffen resorbiert, wodurch der Darminhalt eingeengt und zu zylindrischen, dem Darmlumen entsprechenden Massen geformt wird. Als Kot werden die nichtresorbierten Massen der Nahrung, vermischt mit den Residuen der Darmsäfte und etwa abgeschilferten Darmepithels, ferner den Darmbakterien, in das Rektum eingeleitet, wo sie Drang zur Kotentleerung verursachen. Reflektorisch wird dabei der Verschluß des Sphincter ani internus wie externus aufgehoben und die Bauchpresse in Bewegung gesetzt.

II. Allgemeine Diätetik.

Die Aufgabe der Diätetik ist, wie eingangs dieses Buches gesagt wurde, die einer zweckmäßigen Ernährung. So soll denn diese Aufgabe im einzelnen schärfer gekennzeichnet und abgegrenzt werden. Die Physiologie beschäftigt sich lediglich mit der Frage des Verbrauches, des Umsatzes unter Berücksichtigung aller Modalitäten der Verdauung und des intermediären Stoffwechsels. Die Diätetik befaßt sich lediglich mit der Frage der Zuführung der Nahrung unter Berücksichtigung etwaiger veränderter innerer Bedingungen des Organismus gegenüber der Norm und unter Berücksichtigung der äußeren Bedingungen, unter denen unser Organismus steht.

Die Diätetik hat also Rücksicht zu nehmen auf den durch die Größe des Umsatzes bedingten Nahrungsbedarf zur Erhaltung des stofflichen Gleichgewichts, wobei Körpergewichtskonstanz, Leistungsfähigkeit und körperliches Wohlbefinden Indikatoren der ernährungstechnisch richtigen Einstellung des Organismus sind. Damit allein sind die Aufgaben der Diätetik für das gesunde Individuum in normalen Zeiten umgrenzt, nicht aber wenn anormale Zeitverhältnisse (geänderte äußere Bedingungen) oder anormale körperliche Zustände vorliegen, für die es z. T. unmöglich ist, Körpergewichtskonstanz, Leistungsfähigkeit und körperliches Wohlbefinden durch die diätetische Einstellung herbeizuführen. Stellt der gesunde Organismus sich durch einen psycho-regulatorischen Mechanismus instinktmäßig bei freier Wahl der Nahrung im allgemeinen richtig ein, so versagt im Krankheitsfall dieser Mechanismus und erfordert eine den Umständen angepaßte ärztlich vorgeschriebene Diäteinstellung, die wissenschaftlich begründet und praktisch erprobt sein soll. Aber auch für das normale Individuum kann unter abnormen äußeren Bedingungen der Instinkt als regulatorischer Faktor ausschalten, was ohne weiteres mit dem Hinweise auf die Ernährungsverhältnisse der letzten Kriegsjahre belegt werden kann: Die Ernährung ist rationiert worden ohne Rücksichten auf die Bedürfnisse des einzelnen. Dazu kommt noch eines: Nicht jeder Normale besitzt den Instinkt der richtigen Ernährung. Falsche Erziehung von Haus aus, übertriebener Genuß von Reiz und Genußmitteln, Verwöhnung durch allzugünstige soziale Lage, alles das kann eine falsche Einstellung der Ernährung beim sonst normalen Individuum bewirken, deren Folge sich oft erst nach Jahren geltend macht. Besondere Bedeutung hat das Moment ja beim wachsenden Organismus, wo bekanntermaßen eine Überernährung unter Umständen schädlicher sein kann, als ein geringer Grad von Unterernährung. Kurz, wir können zunächst in der Besprechung allgemein diätetischer Prinzipien nicht die Ernährungsverhältnisse beim Gesunden übergehen, wir müssen auch die Frage der Diätetik des Gesunden erörtern und gleichzeitig auch die Variationen des normalen Individuums von ernährungstechnischen Gesichtspunkten aus berücksichtigen, wobei die Übergänge zum anormalen Individuum sich zeigen. Ehe wir jedoch auf diese Frage eingehen, müssen wir uns zunächst der Frage des „Ernährungsinstinkts“ des Gesunden zuwenden, schon aus dem Grunde, weil der Verlust dieses Ernährungsinstinktes nicht zuletzt mit eine der Ursachen ist, warum eine vollkommen ausreichende Ernährung bei einem Kranken in vielen Fällen unmöglich ist.

Die Regulatoren der Nahrungsaufnahme.

Wie das Tier weiß der Mensch, was ihm in der Nahrung frommt. Aber der Mensch hat aus seiner Ernährung eine Kultur gemacht, an der allerdings domestizierte Tiere (z. B. Hunde) teilhaben können. Wie unsere ganze Kultur ist auch die Kultur der Ernährung ein erbliches Gut. Es ist wohl fraglos, daß der primitive Mensch vorzugsweise ein Herbivore war und erst nach Entdeckung des Feuers zum eigentlichen Omnivoren geworden ist. Daß er weder der Beschaffenheit seines Gebisses, noch des Darmes nach zu den reinen Karnivoren gerechnet, noch auch als ein reiner Herbivore betrachtet werden kann, bedarf wohl keiner Auseinandersetzung. Die Art seiner Ernährung, seine Ernährungsweise ist also Überlieferung von Generation zu Generation. Die Ernährung ist dabei abhängig von seiner engeren Heimat, wobei klimatische Verhältnisse einmal die Agrikulturprodukte des Bodens beeinflussen bzw. bestimmen, aber auch die Nahrungsbedürfnisse des Individuums regeln. (Es sei bloß auf die verschiedene Ernährung eines Menschen in der Eiszone und eines solchen am Äquator hingewiesen.) Nicht verkannt soll dabei werden, daß im Zeitalter des Verkehrs und der Druckerschwärze die „beste“ Gesellschaft bereits in ihren Ernährungsverhältnissen sich internationalisiert hatte, und daß auch für die Großstädte eine solche Internationalisierung der Kost schon aus Rücksicht auf den internationalen Verkehr im Gange war. Tonangebend blieb dabei die Küche von Paris. Die Ernährung in unserer Jugend, die Kost im Elternhause, hat den Grundstein zu unserem „Geschmack“ gelegt. In dem Elternhause fanden wir „Lieblingsgerichte“, die uns im späteren Leben „nie wieder so gut mundeten“ und die wir den größten Leckerbissen Europas vorziehen. So kommen wir auf den Begriff des „Geschmackes“, den die Sinnesphysiologie in die Geschmacksqualitäten zerlegt, der jedoch für uns in der Diätetik etwas einheitliches, wenn auch komplexes, ist. Wenn man in der Kunst als Geschmack — bezeichnend ist, daß das Wort Geschmack sich von dem Worte schmecken ableitet, was beweist, daß die Ästhetik der Ernährung die originärste Form der Ästhetik ist — lediglich das ausgesprochen positiv oder negativ betonte Empfinden gegenüber einem Kunstwerke bezeichnet, so gilt diese Definition genau so für den Geschmack gegenüber einer Speise, auch wenn man hier nicht von einem Kunstwerke sprechen kann. Eine Speise kann uns gut schmecken, sie kann uns schlecht schmecken, sie kann nach nichts schmecken. Positive, negative und indifferente Lustbetonungen vermittels der Gefühls- und Geschmacks- und Geruchsnerven übertragen, stellen das dar, was man Geschmack nennt. Wir wollen, wie schon gesagt, nicht auf eine Analyse der einzelnen Geschmacksqualitäten eingehen, nur betonen, daß die Gefühlsnerven der Mundschleimhaut ebenso Anteil haben wie die eigentlichen Geschmacksnerven, daneben aber auch die Geruchsnerven und nicht zuletzt auch das Gesicht. Der gesichtsästhetische Genuß einer Speise bildet zweifelsohne einen Quotienten des Geschmacks. Vom sinnesphysiologischen Standpunkt aus bildet der „Geschmack" der Nahrung nicht nur eine Quelle des Vergnügens, also ein physisch-psychisches Werkzeug zu einer lustbetonten Empfindung, sondern hinter dem Geschmack, der als komplizierter psycho-physiologischer Vorgang in der sensorischen Sphäre des Oberbewußtseins ausläuft, verbirgt sich ein Regulationsmechanismus nach Art der bedingten Reflexe Pawlows. Dazu aber ist ein Geschmacksgedächtnis notwendig, wobei alles das, was dem Körper zuträglich ist, im Erinnerungsbild die lustbetonte Qualität trägt, alles das, was nach der Erfahrung dem Körper unbekömmlich ist, die unlustbetonte Qualität. Appetit und Ekel sind gewissermaßen die Erinnerungsbilder des Geschmacks mit einer besonderen „bedingten" Reflexverknüpfung im Verdauungstraktus, die uns die Pawlowschen Versuche vor Augen geführt haben. Appetit und Ekelgefühle, bzw. die Geschmacksgefühle, sind die eigentlichen Regulatoren der Nahrungsaufnahme; sie tragen einen so ausgeprägten Spezialcharakter, daß sie allein hinreichend sind, um die richtige Ernährung eines gesunden Menschen sicherzustellen, da sowohl der Geschmack wie seine Erinnerungsbilder, Appetit und Ekel, lediglich auf die Bedürfnisse des Körpers reflektorisch eingestellt sind. Aber sie sind nicht die einzigen Regulatoren der Ernährung, über die der Organismus verfügt. Das Hunger- und Durstgefühl als angeborener Instinkt, der gar nichts mit Kultur, Ästhetik und Erziehung zu tun hat, sind so gewaltige treibende Empfindungen, „Triebe", daß sie den Menschen u. U. zu den grausamsten Handlungen verleiten können. Der Hunger verhält sich zum Appetit so, daß letzterer ein sublimiertes und kultiviertes Spezialempfinden ist, der Hunger ein zunächst „aus dem Magen" kommendes, dann aber auch „aus den Geweben" kommendes Allgemeingefühl, das in jeder Weise durch irgendeine Nahrung befriedigt werden kann, ebenso wie das gemeine Durstgefühl durch jedes wäßrige Getränk (wenn auch besser durch kalte und saure Getränke) zu beseitigen ist. Es gibt auch ein Spezialdurstgefühl (z. B. bei Weintrinkern), ein „Qualitätsdurst", den man gemeiniglich auch als Appetit sprachlich bezeichnet. Dieser Qualitätsdurst entspricht gegenüber dem allgemeinen Durstgefühl genau dem Appetite gegenüber dem Hunger. Hunger und Durst sind naturgemäß auch die Regulatoren der Nahrungsaufnahme, aber die groben. Sie mahnen den Menschen an die Nahrungsaufnahme überhaupt, Appetit und Ekel sind die feinen Regulatoren, letzterer als Abwehr-, ersterer als abstufendes Gefühlselement. Sind die ebengenannten psychischen Qualitäten die Regulatoren der Nahrungsaufnahme in dem Sinne, daß die Auswahl der Speise instinktiv richtig getroffen wird, so stellt das Sättigungsgefühl und das Vollgefühl, die „Völle", eine die Nahrungsaufnahme hemmen sollende Gefühlsqualität dar, die aus dem Magen kommt und zunächst durch die Spannung der Magenwände vermittelt wird. Sobald der Magen mit festen Speisen gefüllt ist (die indifferenten Flüssigkeiten verlassen sehr schnell den Magen), versetzt der Innendruck die Magenwände in Spannung, deren höchster Grad als Völle empfunden wird. Demgegenüber stellt wieder das Sättigungsgefühl eine sublimiertere Gefühlsqualität dar, die nicht nur eine allgemeine Organempfindung seitens der Magenwände ist, sondern das Sättigungsgefühl richtet sich gegen bestimmte Speisen. Man kann beispielsweise bei der Hauptmahlzeit gesättigt für Fleisch sein, aber noch Appetit zur Nahrungsaufnahme von Kompott, süßer Speise usw. haben. Man kann gesättigt durch eine fette Speise sein und Appetit für eine saure Speise haben. Da es sich praktisch zeigt, daß Individuen, die z. B. stark körperlich arbeiten oder frieren, eine große Neigung zur Aufnahme von Kohlenhydraten und Fetten haben, umgekehrt Menschen, die körperlich untätig sind, eine größere Neigung zur Aufnahme von Eiweiß, eine Abneigung gegen Fett, so ist diese Tatsache nur so zu deuten, daß der Organismus gewissermaßen unter reflektorischer Berücksichtigung seiner Depots aus dem objektiven Bedarf ein Bedürfnis macht. Insofern stellt das Sättigungsgefühl einen feinen, die Nahrungsaufnahme regulierenden Mechanismus dar, dem gegenüber das Völlegefühl nur einen groben Riegel gegen jede Nahrungsaufnahme überhaupt darstellt, die, sobald das Maß der Völle überschritten, letzten Endes nur noch durch die Auslösung des Brechaktes reguliert werden kann.

Wenn wir hier den normalen Regulatoren der Nahrungsaufnahme eine besondere Besprechung gegönnt haben, so ist das zuletzt auch geschehen in Hinsicht auf die Bedeutung dieser Regulatoren bei inneren Erkrankungen. Diese gewissermaßen psychischen Reflexe versagen im Falle der Erkrankungen eines Organismus. Hat etwa der Diabeteskranke eine Abneigung gegen Kohlenhydrate? Im Gegenteil, oft zeigt er einen Heißhunger danach. Hat der Gichtkranke eine Abneigung gegen Fleisch? Im Gegenteil, oft ist er ein temperamentvoller Fleischesser. Dies nur als willkürlich herausgegriffene Beispiele, wenn auch bei Magen- und Darmerkrankungen das unmittelbar hervorgerufene Schmerz- oder Nauseagefühl (nicht aber immer die obengenannten Regulatoren) den Kranken erfahrungsgemäß Einsicht lehren. Wie schlecht die Regulatoren der Nahrungsaufnahme bei Fieberkranken wirken, ist ja eine dem Laien allzubekannte Erfahrung. Statt Appetanz besteht Widerwille, nur brennender Durst, dabei ist sogar noch der Umsatz gesteigert. Wie schwer ist es, überhaupt dem Fieberkranken Nahrung beizubringen! Diese Tatsachen zwingen uns, wie gesagt, der Rolle jener Regulatoren der Nahrungsaufnahme bei inneren Erkrankungen eine ganz besondere Bedeutung beizumessen, vor allem auch zu untersuchen, inwieweit sie bei inneren Erkrankungen falsch oder richtig eingestellt sind; inwieweit sich der Kranke auf seinen „Instinkt“ verlassen kann, inwieweit er der Hilfe des Arztes bedarf. Wie weit die Kunst der diätetischen Mittel, die wir einfach durch den Ausdruck „diätetische Küche“ ersetzen, imstande ist, hier dem Kranken zu Hilfe zu kommen, zu korrigieren, wollen wir in dem Kapitel „Diätetische Küche“ besprechen, indessen hier nicht zu bemerken unterlassen, daß es gerade die Kunst der diätetischen Küche ist, zu erfinden zu komponieren, wobei es der Wissenschaft vollkommen überlassen bleiben muß, richtig zu leiten.

Der Sättigungswert der Nahrung.

Wir haben soeben vom Sättigungsgefühl gesprochen und dargelegt, daß dieses ein auf den augenblicklichen Bedarf gewissermaßen zweckmäßig abgestimmtes Allgemeingefühl ist; indessen muß man doch auch das Sättigungsgefühl in ein gröberes und ein feineres, gewissermaßen spezialisiertes zerlegen. Das erste ist die entgegengesetzte Empfindung des Hungers, das letztere gewissermaßen die Verneinung des Appetits. Für das erstere haben wir einen brauchbaren Maßstab der Beurteilung, der auch experimentell prüfbar ist. Für das letztere, dem vorzugsweise regulatorische Eigenschaften zukommen, allerdings fehlt uns ein solcher Maßstab der Beurteilung.

Wir bezeichnen mit Kestner als den Sättigungswert der Nahrung die Zeit, während deren sie die Verdauungsorgane in Anspruch nimmt, ausgehend von der Tatsache, daß das Hungergefühl mit der periodischen Leertätigkeit der Verdauungsorgane zusammenhängt (Antrum pylori bewegt sich, Pankreassaft, Darmsaft und Galle werden abgesondert), und daß diese Leertätigkeit mit dem Moment des Auftretens von Salzsäure im Magen eingestellt wird. Das Sättigungsgefühl ist nun nicht nur ein Regulatur der Nahrungsaufnahme, wie wir im vorigen Abschnitt auseinandergesetzt haben, es ist auch ein Erfordernis oder eine Voraussetzung jeder zweckmäßig zusammengestellten Nahrung zur Erzielung unseres Wohlbefindens. Der tätige Mensch braucht eine Nahrung, die ihn sättigt, was nur durch eine Nahrung erzielt wird, die verhältnismäßig lange seine Verdauungsorgane beansprucht. Man hat während des Krieges so recht sehen können, wie sehr die rationierte Kost jeglichen Sättigungswertes entbehrte und von welcher Bedeutung für das Wohlbefinden das Sättigungsgefühl ist. Die neueren physiologischen Forschungen Kestners und seiner Mitarbeiter haben nun experimentell die Frage der Verdauung verschiedener Nahrungsmittel auf so breiter Grundlage studiert, daß man daraus allgemein und diätetisch bedeutsame Schlüsse über den Sättigungswert der Nahrung ziehen kann. Zunächst sind aber zum Verständnis einige physiologische Vorbemerkungen am Platze. Die Motilität des Magens und die Sekretion des

Magens sind aufeinander eingestellt; die Magenmotilität hängt ab von dem Appetit bzw. dem Wohlgeschmack der Speise und der Dehnung des Magens durch die Speise; die Entleerung wird gehemmt durch Salzsäure oder Fett im Dünndarm und das Vorhandensein fester Körper vor dem Pylorus. Die Magensekretion hängt ab vom Appetit und Wohlgeschmack der Speise, ferner von einem Hormon der Schleimhaut des Antrum pylori, das durch Fleischextrakt aktiviert wird, sie wird gehemmt durch Salzsäure und Fett im Dünndarm. Die physikalische Eigenschaft (Volum, Form) und die chemische Eigenschaft (Fleischextrakt) sind also die beiden spezifisch-differenten wirksamen Eigenschaften, die sich aber nicht ausschließen, sondern nur in den die Motilität und Sekretion des Magens anregenden Faktoren ergänzen. Damit gewinnt aber auch der Begriff des Sättigungswertes der Nahrung eine greifbare Form. Man kann die Menge der gelieferten Verdauungssekrete wie die Verweildauer im Magen für eine Speise bzw. Nahrung als Maßstab der Beurteilung wählen, was naturgemäß nur im physiologischen Tierversuch durchgeführt werden kann. Es sei hier eine Tabelle nach Kestner (D. med. Woch. 13. März 1919) wiedergegeben:

	Sekrete:	Verweildauer im Magen:
200 g Fleisch in Stücken gebraten . . .	1246 ccm	4 Stunden
100 „ „ gehackt, gebraten	1203 „	3½ „
200 „ „ gekocht	1186 „	4½ „
vorher die daraus bereitete Brühe	1242 „	4½ „
200 „ „ roh, gehackt (à la tartare) .	1179 „	3¾ „
250 „ gekochter Schinken in Stücken . .	517 „	3 „
250 „ „ „ zerkleinert . .	545 „	
2 harte Eier	471 „	2½ „
2 weiche Eier	372 „	1½ „
2 rohe Eier	388 „	70 Minuten
200 g Brot	820 „	2½ Stunden
200 „ „ geröstet	839 „	2½ „
263 „ Kartoffeln, gekocht	742 „	3 „
200 „ Bratkartoffeln	1215 „	4 „
Probemahlzeit: Schleimsuppe, Kartoffelbrei, Beefsteak aus 150 g Fleisch	1251 „	3¾ „

Weitere Versuche von Wolfsberg mit Verdoppelung der Mengen des Nahrungsmittels ergaben nun das Resultat, daß bei Fleisch, Bouillon und Milch die Menge der Sekrete proportional in die Höhe geht, wenn die Menge der Nahrung steigt; dagegen bei Brot, Kartoffeln und Butter fehlt diese Proportionalität. Der Unterschied liegt darin begründet, daß z. B. im Fleisch die Extraktivstoffe ein Hormon aktivieren, das die Magensaftsekretion anregt, infolgedessen ein dauernder Parallelismus zwischen Nahrungsmenge und Sekretmenge besteht, während bei Brot, Kartoffeln und Butter dieser die Sekretion mittelbar anregende Stoff fehlt und lediglich der Appetitsaft bzw. Geschmacksaft in Frage kommt, dessen Absonderung einmalig ist und keineswegs mit der Menge der genossenen Nahrungsmittel in Proportion steht. Soll darum der Sättigungswert der vegetabilischen Nahrungsmittel vergrößert werden, so kann das nur durch häufige und reichliche Nahrungsaufnahme geschehen. Da bei schwer arbeitenden Landarbeitern die Kost kalorienreich sein soll, verzehrt ein solcher große Mengen von Brot und Kartoffeln, in Rumänien von Brot und Maisgerichten, in südlichen Ländern von Brot und Reis.

Es ist schon weiter oben erwähnt worden, daß auch die Milch einen Sättigungswert besitzt, der dem des Fleisches nahe kommt, wahrscheinlich, weil sie auch einen Extraktivstoff besitzt, der das Hormon aktiviert; fettere Milch besitzt einen stärkeren Sättigungswert als die magere. Am langsamsten ist die Verdauung des Rahms. Von den Eiern haben die harten den größten Sättigungswert, dann folgen die weichen, den geringsten haben die rohen Eier. Der Sättigungswert der Fische ist sehr gering, weil sie keine wirksamen Extraktivstoffe besitzen. Dagegen steigt der Sättigungswert mit dem Fettreichtum. So haben z. B. Aal und andere fetten Fische einen höheren Sättigungswert als magere Fische, z. B. Schellfisch.

Was die vegetabilischen Nahrungsmittel anbelangt, so ist der an sich geringe Sättigungswert des Brotes erheblich geringer als der der Kartoffel. Nach Kestner ist dabei der Kaloriengehalt des Brotes 5 mal höher, der Eiweißgehalt $3^{1}/_{2}$ mal höher als der der Kartoffel. Darin liegt auch das Geheimnis, warum Kartoffelmangel der Bevölkerung so empfindlich ist. Wichtig ist, daß Fettaufstrich auf Brot den Sättigungswert erhöht, das gleiche dürfte wohl auch für fette Soßen bei den Kartoffeln gelten. Rösten des Brotes setzt den Sättigungswert herab, weil die Ausnützung erheblich gebessert wird (Best).

Beim Vergleiche von Mehl, das zu Brot gebacken ist, Mehlbrei und Mehlsuppe, hat das Brot den höheren Sättigungswert, weil Flüssigkeiten den Magen dehnen und die Peristaltik beschleunigen, feste Körper dagegen den Pylorusschluß bedingen. Darin liegt die Erfahrungstatsache begründet, daß unser Appetit für feste Speisen größer zu sein pflegt als für weiche bzw. flüssige.

Flüssigkeiten mit hohem Extraktivstoffgehalte vermögen allerdings den Pylorusschluß zu bewirken und damit einen erhöhten Sättigungswert zu schaffen. Anderseits verweilen Schleimsuppen und Breie von dickschleimiger Konsistenz länger im Darme als klare Suppen, da der Schleim den Darm vor der Einwirkung chemischer Stoffe schützt, somit die Sekretion des Pankreassaftes und die Auslösung von Pendelbewegungen hintenanhält.

Schließlich sei noch auf eine Tatsache von fundamentaler Bedeutung hingewiesen, daß der Sättigungswert des Fleisches enorm steigt, wenn man Fleisch in einem Gemenge mit stärkehaltiger Speise gibt.

Der Grund liegt darin, daß der aus dem Amylum entstehende

Zucker im Dünndarm langsamer resorbiert wird und so die Salzsäure im Dünndarm länger festhält. Kestner sagt: „Wenn man mir die Preisaufgabe stellte, eine Nahrung zusammenzustellen, die am längsten ‚vorhält', den höchsten Sättigungswert besitzt, so würde ich antworten: Erst Bouillon, dann Fleisch mit Kartoffeln oder Brot, dann etwas Süßes. Das ist die gewöhnliche Mittagsmahlzeit des Friedens! Appetit und Sättigungsgefühl haben uns wunderbar geleitet."

Es seien auch noch die Worte Kestners über die Einteilung der Mahlzeiten, nach ihrem Sättigungswert beurteilt, angeführt: „da man imstande ist, der Brot-, Mehl- oder Kartoffelkost reichlich tierische Nahrung, insbesondere Fleisch zuzufügen, so steigt der Sättigungswert so hoch, daß der Mensch von der zeitlichen Einteilung der Mahlzeiten unabhängig wird und sehr lange Pausen einschalten kann. Fehlt diese Möglichkeit, so hält auch reichliche, rein pflanzliche Nahrung nicht lange vor. Wie tausendfältige Erfahrung lehrt, wird man nur zu bald wieder hungrig. Eines der wirksamsten Mittel, mit einer gegebenen Nahrungsmenge auszukommen, ist ihre Verteilung auf mehrere kleinere Mahlzeiten. Die beiden Gründe habe ich eben auseinandergesetzt. 1. entleert sich der Magen um so schneller, je voller er ist, 2. besteht bei der psychischen Magensaftsekretion keine Proportionalität zwischen der Menge des Genossenen und der Menge des Magensaftes. Der Sättigungswert des Brotes ist also größer, wenn man zweimal je 50 g ißt, als 100 g auf einmal, eine Regel, die praktisch erprobt ist, aber allgemeiner bekannt zu werden verdiente."

Die Verdaulichkeit der Nahrung.

In diätetischer Beziehung spielt die Beurteilung der Verdaulichkeit einer Nahrung eine außerordentlich wichtige Rolle. Es kann allerdings nicht geleugnet werden, daß der Begriff der Verdaulichkeit einer Nahrung ein sehr komplexer ist. Der Laie nennt eine Speise schwer verdaulich, wenn sie ihm lange im Magen liegt und ihm Beschwerden macht, leicht verdaulich, wenn er ohne jede Magenbeschwerde viel von der Speise essen kann. Eine mit Ekel, Widerwillen verzehrte Speise kann bei dem einen Individuum unverdaulich sein, beim andern Individuum, das diese Speise mit Vergnügen verzehrt, kann die gleiche Speise sehr verdaulich sein.

Aber nicht der Magen allein bestimmt re vera den Grad der Verdaulichkeit, auch der Darm spielt in bezug auf die Verdaulichkeit eine Rolle. Blähende Kohlarten können eine schlechte Verdaulichkeit herbeiführen, Speisen, die über Gebühr lange im Darm bleiben, desgleichen. In der Medizin hat man sich im allgemeinen an die Beurteilung der Verdaulichkeit auf den Standpunkt der Laien gestellt. Ein Tabelle der Verweildauer der Speisen, wie sie Pentzoldt nach Ausheberungsversuchen aufgestellt hat, gibt beispielsweise in diesem Sinne eine Verdaulichkeitstabelle gewisser Speisen. Wir geben im folgenden diese Pentzoldtsche Tabelle wieder.

Es verließen den Magen in:

1—2 Stunden einschließlich:

100—200 Wasser rein,
220 Wasser kohlensäurehaltig,
200 Tee
200 Kaffee } ohne Zutat,
200 Kakao
200 Bier,
200 leichte Weine,
100—200 Milch gesotten,
200 Fleischbrühe ohne Zutat,
200 Peptone aller Art mit Wasser,
100 Eier weich.

2—3 Stunden:

200 Kaffee mit Sahne,
200 Kakao mit Milch,
200 Malaga,
200 Ofner Wein,
300—500 Wasser,
300—500 Bier,
300—500 Milch gesotten,
100 Eier roh und Rührei, hart oder Omelette,
100 Rindfleischwurst roh,
250 Kalbshirn gesotten,
250 Kalbsbries gesotten,
12 Austern roh,
200 Karpfen gesotten,
200 Hecht gesotten,
200 Schellfisch gesotten,
200 Stockfisch gesotten,
150 Blumenkohl gesotten,
150 Blumenkohl als Salat,
150 Spargel gesotten,
150 Kartoffel, Salzkartoffel,
150 Kartoffel als Brei,
150 Kirschen, Kompott,
150 Kirschen roh,
70 Weißbrot frisch und alt, trocken oder mit Tee,
70 Brezel,
50 Albert-Biskuits.

3—4 Stunden:

230 junge Hühner gesotten,
230 Rebhühner gebraten,
220—260 Tauben gesotten,
195 Tauben gebraten,

250 Rindfleisch roh, gekocht,
250 Kalbsfüße gesotten,
160 Schinken gekocht, roh,
100 Kalbsbraten warm und kalt,
100 Beefsteak gebraten, kalt oder warm,
100 Beefsteak roh, geschabt,
100 Lendenbraten,
200 Rheinsalm gesotten,
72 Kaviar gesalzen,
200 Neunaugen in Essig, Bücklinge geräuchert,
150 Schwarzbrot,
150 Schrotbrot,
150 Weißbrot,
100—150 Albert-Biskuits,
150 Kartoffel-Gemüse,
150 Reis gesotten,
150 Kohlrabi gesotten,
150 Möhren gesotten,
150 Spinat,
150 Gurken, Salat,
150 Radieschen roh,
150 Äpfel.

4—5 Stunden:

210 Tauben gebraten,
250 Rindsfilet gebraten,
250 Beefsteak gebraten,
250 Rindszunge geräuchert,
100 Rauchfleisch in Scheiben,
250 Hase gebraten,
240 Rebhühner gebraten,
250 Gans gebraten,
280 Ente gebraten,
200 Heringe in Salz,
150 Linsen als Brei,
200 Erbsen als Brei,
150 Schnittbohnen gesotten.

Man wird unschwer erkennen, daß in dieser Tabelle gewissermaßen das Gesetz des Sättigungswertes, das im vorigen Abschnitt entwickelt wurde, enthalten ist. Es wäre aber vom diätetischen Gesichtspunkt durchaus falsch, etwa die Verdaulichkeit eines Nahrungsmittels bzw. einer Speise durch den niedrigen Sättigungswert, die Unverdaulichkeit durch einen hohen Sättigungswert definieren zu wollen. Es spielt bei der Verdaulichkeit der Nahrung ein individuelles, zum Teil gerade psychogenes Moment zunächst die Hauptrolle; das ist der Appetit, mit der die Speise genossen wird bzw. der Widerwillen. Das gilt ganz besonders für den Kranken.

Nun ist allerdings die Bedeutung des Appetitsaftes bzw. Geschmackssaftes für die animalischen Nahrungsmittel nicht von solcher Bedeutung wie für die vegetabilischen Nahrungsmittel, immerhin ist doch auch hier, wie die praktische Erfahrung lehrt, das psychische Moment nicht auszuschalten. Wenn wir die Verdaulichkeit einer Speise definieren als niedrigen Sättigungsgrad dieser Speise, so müssen wir dazu die Einschränkung machen: nur unter Berücksichtigung des Appetits bzw. des individuellen Geschmacks. Damit allein ist aber auch nicht die Vielseitigkeit des Begriffs der Verdaulichkeit definiert. Es spielt zunächst das mechanische Moment: Form und Volum der Speise eine Rolle, ferner deren Zusammensetzung. Eine Speise ist um so verdaulicher, je mehr sie sich der flüssigen Form nähert; je größer das Ingestum ist, je kompakter und mechanisch wirkender, um so geringer ist die Verdaulichkeit. Dazu kommt noch das Verhalten des Speisechymus im Darm; restlose Aufsaugung des Chymus nach vorheriger guter Aufspaltung erhöht die Verdaulichkeit. Schlacken und darmreizende Stoffe, die sich zersetzen, setzten diese herab. Dadurch werden Molimina digestionis erzeugt, die wir mit unter dem Begriff der Verdaulichkeit aburteilen müssen.

Wegen der großen praktischen Bedeutung gerade in der Diätetik seien alle diese Momente tabellarisch geordnet.

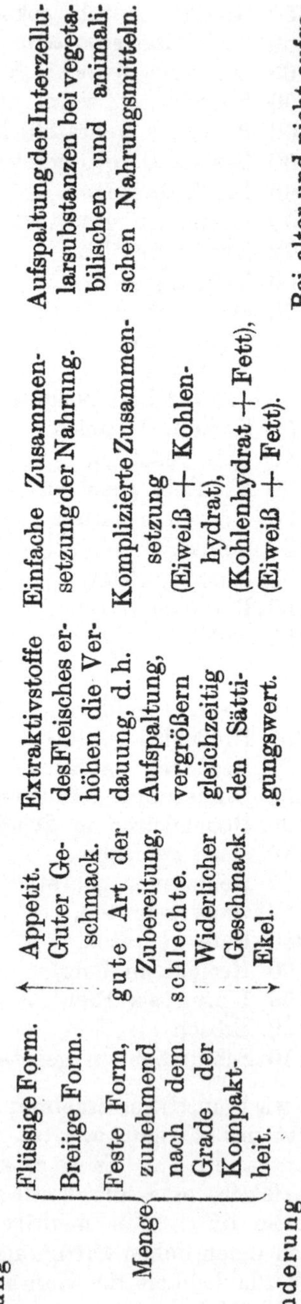

Verdaulichkeitstabelle.

	Menge				
Erhöhung	Flüssige Form.	Appetit. Guter Geschmack.	Extraktivstoffe des Fleisches erhöhen die Verdauung, d. h. Aufspaltung, vergrößern gleichzeitig den Sättigungswert.	Einfache Zusammensetzung der Nahrung.	Aufspaltung der Interzellularsubstanzen bei vegetabilischen und animalischen Nahrungsmitteln.
	Breiige Form.	gute Art der Zubereitung, schlechte.			
Verminderung	Feste Form, zunehmend nach dem Grade der Kompaktheit.	Widerlicher Geschmack. Ekel.		Komplizierte Zusammensetzung (Eiweiß + Kohlenhydrat), (Kohlenhydrat + Fett), (Eiweiß + Fett).	Bei alter und nicht aufgeschlossener Interzellularsubstanz tierischer und vegetabilischer Herkunft.

Wir werden bei der Besprechung der Nahrungsmittel im einzelnen noch auf die Verhältnisse der Verdaulichkeit eingehen.

Ausnutzbarkeit der Nahrung.

Die Ausnutzung der Nahrung wird in Stoffwechselversuchen derartig bestimmt, daß man vom (analytischen) Stickstoff, Kohlenstoff, Kohlenhydrat, Fette und Asche der aufgenommenen Nahrung bzw. eines bestimmten Nahrungsmittels die Menge Stickstoff, Kohlenstoff, Kohlenhydrat, Fett und Asche, die in der zugehörigen Kotportion wieder erscheinen, abzieht. Diesen Wert hat man auch den Resorptionswert der Nahrung genannt. Dieses Bestimmungsverfahren ist aber nicht völlig von Fehlern frei. Die Kotbildung leitet sich nämlich zum großen Teile von den Darmsäften her (Galle, Darmsaft, zu denen noch die abgestoßenen Epithelien kommen), so daß man die gefundenen Analysenwerte des Kotes nicht ohne weiteres als „Nahrungsschlacke" ansehen kann, im Gegenteil, je kleiner der Anteil der Nahrungsmittel an einem der genannten Stoffe ist, um so größer ist relativ die Menge des aus dem Kote ausgeschiedenen Stoffen z. B. Stickstoff, Fett, Asche usw.; so daß man zu ganz falschen Schlüssen kommen müßte, wenn man aus solchem Vergleich zwischen Einnahme und Ausscheidung per Fäzes die Resorptionsquote bestimmen wollte. Je voluminöser die Nahrung ist, ferner je mehr unverdauungsfähige Elemente sie enthält (z. B. Zellulose), um so reichlicher ist die Kotbildung und um so größer ist der Gehalt des Kotes an den oben genannten Elementen, umgekehrt ist bei einer konzentrierten, wenig kotbildenden Nahrung, die Berechnung noch am relativ-sichersten: sie kommt der Wahrheit noch am nächsten. Ein Verfahren, um die Größe des durch die Verdauungssäfte gebildeten Anteils des Kotes an Stickstoff, den wir auf Eiweiß beziehen, Kohlenhydrat, Fett und Asche zu berechnen, besitzen wir aber nicht; so sind wir gezwungen uns des fehlerhaften Verfahrens zu bedienen, das jedenfalls Annäherungswerte in extremen Fällen gibt und sonst Vergleichswerte schafft, die wir auch in der Frage der Ausnutzbarkeit der Nahrungsmittel verwerten können. Es mag aber auch betont werden, daß zur Beurteilung der Ausnutzung einer Nahrung nicht die Beurteilung des Kotes durch mikroskopische Untersuchung außer acht gelassen werden darf, da wir gute Anhaltspunkte über die gute und schlechte Ausnutzung mancher Nahrungsmittel gewinnen. So sei z. B. an das Auftreten reichlicher unverdaulicher Muskelfasern, Stärkekörnern, Pflanzen-(Zellulose-)Hüllen usw. erinnert.

Ehe wir nun auf die Vergleichung der Ausnutzbarkeit verschiedener Nahrungsmittel eingehen, seien einige für die Diätetik wichtige Erfahrungen hier wiedergegeben.

Die alte Ansicht, daß die chemische Zusammensetzung der Nahrung im v. Liebigschen Sinne, die Ausnutzbarkeit der Nahrung bestimmen, hat Rubner widerlegt, der zeigte, daß ein und derselbe

Nahrungsstoff verschieden ausgenutzt wird und zwar je nach der Form des dem Organismus angebotenen Trägers. Die Kleie enthält beispielsweise das Eiweiß, kleiehaltiges Mehl ist daher eiweißreicher als sogenanntes Feinmehl. Vergleicht man aber die Ausnutzung des Feinmehls mit dem des kleiehaltigen, so zeigt sich für das erstere ein höherer Ausnutzungswert. Unser Organismus ermangelt der Fähigkeit, die Zellulosehüllen, in denen das Eiweiß klebt, aufzuspalten. Verarbeitet man nach Fischler das Kleiemehl zu Finalmehl durch Vermahlung mit Backwasser und 30%igem Natriumchlorid, Trocknung und abermalige Vermahlung, so steigt der Ausnutzungs- oder Nährwert. Voit zeigte, daß wasserhaltiges (gequollenes Eiweiß) viel besser ausgenutzt wird, als trockenes Eiweiß, wie es fabrikmäßig zu Nährpräparaten verarbeitet wird. Auch das Eiweiß, Fett und die Kohlenhydrate in den Zellulosehüllen der Pflanzen ist für uns „unverdaubar", weil es nicht aufgeschlossen werden kann. Friedenthal sprengte durch feines Zermahlen diese Zellulosehüllen und stellte so Gemüsepulver her, die vom Säuglingsdarm, nachdem sie mit Milch vermischt waren — gut ausgenutzt wurden. Allerdings fand Rubner, daß bei Kindern der Büchsenspinat nicht schlechter als das Spinatpulver ausgenutzt wird. wenn auch der Stickstoff beim letzten besser ausgenutzt wird. Daß aber durch die Aufschließung der Zellulosehüllen in der Tat eine bessere Ausnutzung zustande kommt, zeigt das Strohmehl, das (nach Rubner) in seinen Nährstoffen bis zu 90% ausgenutzt werden kann. Diese Tatsachen sind in der Diätetik zu berücksichtigen, vor allem, daß die Vegetabilien reichlich kotbildend sind, indem ein großer Teil des Nahrungsmittels im Kote unverdaut wieder erscheint, während die animalischen Nahrungsmittel (Fleisch, Eier, Milch) wenig kotbildend sind, vielmehr der Kot fast die reine Beschaffenheit des sogenannten Hungerkotes annimmt. Reichliche Kotbildung ist daher meist als Zeichen schlechterer Ausnutzung der Nahrung anzusehen.

Nunmehr gehen wir über zur Frage der vergleichsweisen Ausnutzung verschiedener Nahrungsmittel; es seien dazu aus der Literatur eine Anzahl Werte nach Rubner zusammengestellt, die naturgemäß nicht ohne weiteres verallgemeinert werden können, die aber doch Anhaltspunkte von Beurteilung gestatten.

Es erscheint für die praktische Diätetik am zweckmäßigsten. sich gar nicht auf die Frage der Resorption einzelner Nahrungskomponenten einzulassen, sondern, so wie es z. B. Hindhede in seinen Versuchen tut, nur die Resorption nach dem Vergleiche aus der Trockensubstanz der Nahrung und des Kotes zu beurteilen. Darnach schneiden allerdings, wie die Tabellen Rubners zeigen, die vegetabilischen Nahrungsmittel verhältnismäßig schlecht ab.

Ausnützung einiger animalischer Nahrungsmittel.

Es kommen im Kot zum Vorschein bei verschiedenen männlichen Versuchspersonen:	Rinderbraten		Milch			Käse mit Milch			21 hart gesottene Eier	Milch	
	frisch 884 g, trocken 366,8	frisch 738 g, trocken 306,4	bei 2050 g	bei 3075 g	bei 4100 g	200 g Käse + 2251 Milch	218 g Käse + 2050 Milch	517 g Käse + 2209 Milch	948 g	1500–1700 Uffelmann	3000 Prausnitz
	Prozent										
Trockensubstanz	4,7	5,6	8,4	10,2	9,4	6	6,8	11,3	5,2	9	9
Stickstoff	2,5	2,8	7	7,7	12	3,7	2,9	4,9	2,9	—	11,2
Fett	21,1	17,2	7,1	5,6	4,7	2,7	7,7	11,9	5	—	—
Asche	15,0	14,5	46,8	48,2	44,5	26,1	30,7	45,6	18,4	47,7	37,1
Organ. Substanz	—	—	5,4	—	—	4,6	—	—	—	6,9	6,9
			Eisen 0,0099–0,0115 g (H. v. Hoeßlin)								

Ausnützung einiger vegetabilischer Nahrungsmittel.

	Pro Tag verzehrt samt der Zutat (Fett)						Im Kot ausgeschieden				
	frisch	Trockensubstanz	Stickstoff	Fett	Kohlenhydrate	Asche	Trockensubstanz	Stickstoff	Fett	Kohlenhydrate	Asche
	Gramm						Prozent				
Weißes Weizenbrot (Semmel)	—	439	8,8	—	—	10	5,6	19,9	—	—	30,2
do. (Weißbrot)	500 Mehl	421	7,6	—	391	9,9	5,2	25,7	—	1,4	25,4
do.	860 Mehl	779	13	—	670	17,2	3,7	18,7	—	0,8	17,3
Roggenbrot	—	438	10,5	—	—	18,1	10,1	22,2	—	—	30,5
Grobes Roggenbrot	1360	765	13,3	—	659	19,3	15	32	—	10,9	36
Norddeutscher Pumpernickel	—	423	9,4	—	—	8,2	19,3	42,3	—	—	96,3
Spätzeln (dasselbe Mehl wie oben das Weißbrot)	—	743	11,9	—	558	25,4	4,9	20,5	—	1,6	20,9
Makkaroni	645	626	10,9	72,2	462	21,8	4,3	17,1	5,7	1,2	24,1
do. mit Kleber	695	664	22,6	73,4	418	32	5,7	11,2	7	2,3	22,2
Mais (Polenta)	—	738	14,6	48,6	563	26,8	6,7	19,2	17,5	3.2	30
Reis (Risotto)	—	638	8,9	74,1	493	23,8	4,1	20,4	7,1	0,9	15
Erbsenbrei	—	521	20,4	—	357	30,1	9,1	17,5	—	3,6	32,5
do. (übermäßige Portion)	—	960	32,7	—	588	44,8	14,5	27,8	—	7	38,9
Weizenkleber	200 (trocken)	—	—	—	—	—	—	2,5	—	—	—
Kartoffeln	3078	968	11,4	143,8	718	64	9,4	32,2	3,7	7,6	15,8
Gelbe Rüben	2566	352	6,5	47,3	282	41,2	20,7	39	6,4	18,2	33,9
Wirsing	3831	493	13,2	87.8	247,0	73,3	14,9	18,5	6,1	15,4	19,3
Kuchen	821	758	1,36	157,8	585	—	3,3	—	1,8	1,9	—

III. Nahrungs- und Genußmittel.

Wir nehmen die Nahrung aus den dem Tierreiche oder Pflanzenreiche entstammenden Nahrungsmittel, die wir danach in animalische und vegetabilische einteilen. Die animalischen Nahrungsmittel sind indessen auch wieder beeinflußt durch die Nahrung der Tiere, so daß letzten Endes dem Menschen durch animalische Nahruug eigentlich auch nur eine gewissermaßen präparierte und transformierte vegetabilische Kost vermittelt wird, doch wäre es falsch, zu glauben, daß das tierische Eiweiß etwa hinter dem vegetabilischen Eiweiß zurückstehe! Solche Irrlehren sind leider schon in die praktisch-medizinische Ernährungslehre hineingetragen worden (vgl. S. 90), das Gegenteil ist der Fall: das animalische Eiweiß ist für unsere Ernährung höherwertig. Die Nahrungsmittel werden durch den Prozeß der Verdauung zerkleinert, aufgeschlossen und resorptionsfähig gemacht. Über die bei dem Zubereitungsprozeß vor sich gehenden Veränderungen an den Nahrungsmitteln wird im Kapitel IV, „Die diätetische Küche“, eingehender berichtet. Zu den Nahrungsmitteln kommen als notwendig für uns die Genußmittel hinzu. Über deren Bedeutung wird im einzelnen abgehandelt werden.

A. Animalische Nahrungsmittel.

1. Milch und Michprodukte.

Die Kuhmilch stellt diätetisch eines der reizlosesten Nahrungsmittel dar, insofern sie arm an Extraktivstoffen ist und einen relativ nicht sehr hohen Kochsalzgehalt besitzt, ferner stellt sie insofern ein ideales Nahrungsmittel dar, als sie alle Nährstoffe, deren der Mensch bedarf: Eiweiß, Fett, Kohlenhydrate, Salze und Wasser in einem günstigen Mischungsverhältnisse und in leicht assimilierbarer Form enthält; ein Nachteil liegt nur in der Milch, insofern als die Nährstoffe in ihr in großer Verdünnung enthalten sind, so daß man — wollte man zum Beispiel einen Erwachsenen nur mit Milch ernähren — zu große Flüssigkeitsmengen mit der Milch verabreichen müßte, um dieses Ziel zu erreichen (4—5 Liter pro Tag).

Eine reine Milchkur stellt deshalb a priori eine Unterernährungskur für den Erwachsenen dar.

Diätetisch verwendet man beim Menschen die Kuhmilch; sie enthält:

Eiweiß	3—4 %,
Fett	3—3,5 %,
Kohlenhydrate	4—5 %,
Salze	0,85 %,
Wasser	87,75 %.

Das Kohlenhydrat der Milch ist Michzucker, das Eiweiß zum größten Teile Kasein, und nur zum kleineren Teile Albumin, das Milchfett, das in Emulsion und darum in ganz besonders leicht assimilierbarer Form enthalten ist, ist Butterfett. Die Milch ist sehr kalkreich und sehr phosphorreich, aber arm an Eisen. (Der Eisengehalt beträgt im Liter nur 0,5 mg Fe_2O_3 nach neueren Untersuchungen von Langstein.)

Beim Stehen setzt sich in der **Vollmilch** (s. w. u.) der fette **Rahm** (Sahne, Obers) ab und läßt sich noch weiter durch Zentrifugieren von der **Magermilch** trennen. Je nach dem Fettgehalt des Rahmes beträgt ihr Kalorienwert pro Liter 150—300 Kalorien gegenüber 500—600 Kalorien der Vollmilch. Der Fettgehalt der Sahne beträgt etwa 15—30%. Aus dem Rahm wird durch das Buttern das Fett als Butter gewonnen und von der **Buttermilch** getrennt. Die Buttermilch unterscheidet sich von der Vollmilch dadurch, daß sie fettfrei ist, daß ferner ein großer Teil des Milchzuckers vergoren ist und Milchsäure in ihr enthalten ist. Leider ist die Buttermilch bakteriell meist stark verunreinigt. Durch die saure Reaktion der Buttermilch sterben die mehr oder minder pathogenen Bakterien allmählich ab, so z. B. Typhusbazillen und Cholerabazillen. An sich ist die Buttermilch ein gutes Nahrungsmittel, doch wird sie im Handel vielfach mit der Magermilch verpanscht. Der Nährwert entspricht pro Liter etwa 250—300 Kalorien.

Die **Butter** (s. w. u.) stellt das reine Milchfett dar mit einem Kaloriengehalte von etwa 780 Kalorien pro 100 g, während die Buttermilch der Magermilch kalorisch gleich steht.

Aus der Vollmilch oder Magermilch entsteht durch Säuregärung die saure Milch, die gleichzeitig durch eine Gerinnung des Eiweißes zu **saurer dicker Milch** wird. Es gibt auch eine süße dicke Milch, wenn die Gerinnung des Kaseins durch das Labferment ohne Vergärung des Milchzuckers gerinnt. Die süße dicke Milch unterscheidet sich nur durch die weichere Gerinnung von der Vollmilch, während die saure Milch durch die Vergärung des Milchzuckers und durch die Bildung der Milchsäure neue Eigenschaften gewonnen hat.

Aus der Milch läßt sich unter Einwirkung von Lab der Käsestoff (der das Fett mitreißt) vollständig abscheiden. Als **Käse** bezeichnet man diese abgeschiedenen Fetteiweißstoffe der Milch, die, nun weiter mechanisch behandelt, teils durch Zusätze (Salz, Gewürze usw.) verändert und durch Gärungsprozesse usw. zu schmackhaften Käsesorten umgebildet werden.

Man muß nach dem Fettgehalt der Käse drei Sorten unterscheiden:

Käse aus Rahm (Fettkäse) (Gervais, Fromage de Brie u. a.).

Käse aus Vollmilch Halbfettkäse (Holländer, Schweizer usw.).

Magermilchkäse (Quarkkäse).

Das aus süßer Milch mit Hilfe des Labs aus dem Labmagen des Kalbes gefällte Kasein fällt auch den phosphorsauren Kalk der Milch mit, wodurch diese Käsesorten das wichtige Salz enthalten. Das abgepreßte und getrocknete Kasein läßt man an der Luft bei 13—14° durch mehrere Wochen „reifen“, wodurch es wasserärmer wird und gleichzeitig durch den Einfluß von Milchsäurebakterien und mancher Schimmelpilze (Clostridiumarten) im Kasein Veränderungen eingeht, indem dieses zu Peptonen und Aminosäuren zum Teil abgebaut, der Milchzucker gespalten und das Fett zersetzt wird. Die freien Säuren werden durch Ammoniak gebunden. Je älter der Käse, um so schmackhafter wird er. Der aus saurer Milch bereitete Käse (**Topfen** oder **Quark**) wird ohne Reifung frisch genossen.

Für eine eiweiß- und fettarme Kost stellt der Käse eine wertvolle eiweiß- und fettreiche Beigabe dar und hat darum gerade für die vegetabilische Ernährung ärmerer Volkskreise eine große Bedeutung. Seine Verdaulichkeit ist im allgemeinen keine schlechtere als die der Milch, wenngleich dem Käse nachgesagt wird, daß er am Abend genossen wie Blei im Magen liege. Naturgemäß kommt dem Fettkäse ein größerer Sättigungswert als dem Magerkäse zu.

Das nach Abpressen des Kaseins und Fett hinterbleibende Serum heißt **Molken**, unter denen man eine süße und (nach Vergärung des Milchzuckers) eine saure unterscheidet. Der Kalorienwert der Molken ist gering (pro Liter etwa 200 Kalorien).

Eine gute **Vollmilch** soll folgende Eigenschaften haben: sie muß weiß, nicht bläulich oder durchscheinend sein, einen angenehm süßlichen, keinen säuerlichen Geschmack haben und muß spezifisch schwerer als Wasser sein (ein Tropfen sinkt unter im Wasser). Bei guter Milch behält der Milchtropfen, auf den Fingernagel gebracht, die halbkugelige Gestalt bei, eine wässerige Milch zerfließt dagegen.

Hat man frische Milch zur Hand, so kann sie auch ein Kranker roh genießen; durch das Kochen verliert sie entschieden an Wohlgeschmack, wird aber haltbarer. Die Milch muß in sauberen Gefäßen gut verschlossen und kühl aufbewahrt werden, im Sommer am besten auf Eis. Saure Milch gerinnt beim Kochen. Da im Haushalt für gewöhnlich die Beschaffung ganz frischer Milch auf große Schwierigkeiten stößt, so empfiehlt es sich, den Kranken die Milch abgekocht zu verabreichen. Man verabreiche auch dann die Milch möglichst frisch abgekocht und bewahre sie auch nicht von einer Mahlzeit zur anderen auf. Ein Pasteurisieren oder Sterilisieren der Milch erscheint diätetisch nicht angebracht.

Die Verträglichkeit der Milch hängt davon ab, wie sie im Magen gerinnt. Die grobe Gerinnung führt die schwerere Verdaulichkeit herbei, die feine Gerinnung die leichtere. Die Verdaulichkeit im letzteren Sinne wird gehoben durch Verdünnung der Milch (Tee, Kaffee, Wasser), durch Zusatz von Sahne (Rahm), durch Zusatz von Kalkwasser (1 Eßlöffel pro 250 ccm). Ist die Milch vorher schon fein geronnen, so ist die Verdaulichkeit eine bessere. Andererseits besteht in allzu reichem Fettgehalt der Milch insofern ein Nachteil, als sehr fette Milch (daher auch der Rahm) den Magen langsamer verläßt. Eine saure Magermilch würde also diätetisch das leichtest bekömmliche Nährpräparat darstellen, und in der Tat kann man sich diätetisch von der dicken Milch, von der sauren Milch wie der Buttermilch hinsichtlich ihrer Bekömmlichkeit viel versprechen. Da wo Milch abführt, kann man Zusätze von Gummi arabikum, Kalkwasser gestatten, wo sie stopft, Zusätze von Milchzucker. Die Magermilch ist eine der billigsten Quellen für tierisches Eiweiß. Es empfiehlt sich indessen, sie mehr zur Herstellung von Speisen zu verwenden, als sie direkt zu genießen.

Schließlich sei noch diätetisch hervorgehoben, daß da, wo es sich um eine flüssige Form der Ernährung handelt, die Milch leicht Zusätze von Fett in Form von Sahne (Rahm), zerlassener Butter, Eigelb, von Kohlenhydraten (Reis, Grieß, Hafermehl, Milchzucker usw.), von Eiweißpräparaten (Plasmon, Sanatogen, Nutrose usw.) gestattet.

Butter. Durch den Prozeß der Butterung werden die Fettkügelchen der Milch von ihren Hüllen befreit, nachdem man in dem Rahm durch Zentrifugierung das Milchfett sich hat anreichern lassen und nachdem auch der Rahm eine gewisse Reife durch Säuerung durchgemacht hat. Man gewinnt durchschnittlich aus 24—30 l Milch 1 kg Butter. Eine gute Butter soll 90% Fette, nur 8% Wasser neben 2% Salzen, Resten von Kasein und Milchzucker enthalten. Handelsbutter enthält meist weniger Milchfett (etwa 82—85%). Je geringer der Gehalt an Wasser und Kasein ist, desto haltbarer ist die Butter. Ranzigwerden beruht auf Spaltung der niederen Fettsäuren. Im Handel wird die Butter, um sie haltbarer zu machen, mit Kochsalz durchknetet. (Die Menge beträgt etwa 30 g auf 1 kg.)

Die Butter stellt einen hochwertigen Kalorienträger dar, der zugleich außerordentlich wohlschmeckend ist (das Aroma der frischen Butter ist unübertrefflich). Das Fett, das dem Organismus am bekömmlichsten ist, ist ohne Zweifel die Butter. Ihr Ranzigwerden beruht auf der Zersetzung der niederen Fettsäuren hauptsächlich wohl infolge der Luftwirkung. Will man die Butter haltbarer machen, so läßt man sie aus durch Schmelzen. Das entstandene Butterschmalz ist ein sehr reines und haltbares Produkt und gegenüber der frischen Butter, die aus 85 Teilen Milchfett und 15 Teilen emulsionsförmig verteilter Magermilch besteht, ein reines Gemisch der verschiedenen Butterfette.

Das Aroma der Butter entsteht durch den Gärungsprozeß, wobei sich neben der Milchsäure gewisse aromatische Stoffe bilden. In der Technik bewirkt man jetzt die Gärung durch das reinkultivierte Bacterium lactis. Wichtig ist, daß die Butter physikalisch leicht Gerüche adsorbiert. Man darf darum Butter nicht neben anderen riechenden Stoffen aufbewahren.

Kunstbutter. Als Ersatz von Milchbutter hat man aus pflanzlichen und tierischen Fetten durch Auspressen der Hauptmasse des Stearins bei 25° ein butterartiges Fett in den Handel gebracht (**Margarine**), das durch Zusatz von Milch dem Butterfett noch ähnlicher gemacht wird. Dieses Fett wird ebenso gut wie das Butterfett verdaut; da es allerdings des Wohlgeschmackes frischer Butter entbehrt, empfiehlt es sich, die Margarine diätetisch lediglich als Koch- bzw. Backfett zu benutzen. Die aus frischem Kokusnußöl bereitete künstliche Kokusbutter wirkt durch ihren Kokusnußbeigeschmack störend, der allerdings beim Kochen verschwindet.

2. Eier.

Diätetisch kommt in erster Linie das Hühnerei in Betracht. Im allgemeinen pflegt ein Hühnerei etwa 50 g zu wiegen, wovon 30 g auf das Eiweiß, 15 g auf den Dotter und der Rest (5 g) auf die Schale entfallen. Es enthält im Dotter und Eiweiß insgesamt etwa 6—7 g Eiweiß und etwa 5—5,5 g Fett (letzteres fast nur im Dotter); der Gesamtkaloriengehalt eines Eies beträgt etwa 70—75 Kalorien; der Kalorienwert des Dotters etwa 55 Kalorien, der des Eiweißes etwa 16 Kalorien. Der Eidotter stellt nicht nur ein fettreiches Nahrungsmittel vor, sondern zeichnet sich auch durch den Gehalt an einem leicht resorbierbaren, flüssigen und emulsionierten Fett aus. Ferner ist der Dotter phosphor- und eiweißreich. Was die Verdaulichkeit des Eies anbetrifft, so ist diese, sofern das Ei eine flüssige oder weiche Konsistenz beibehalten hat, eine gute; daher ist ein weiches Ei als verdaulich zu bezeichnen, ein Ei, dessen Eiweiß geronnen ist, ist schwer verdaulich. Darum sind in der diätetischen Küche die rohen Eier oder die weich gekochten Eier vorzuziehen. Die Gerinnung des Eies beginnt schon bei 70°, besonders schnell gerinnt das Eiweiß. Man kann die Eier (besonders das Eigelb) als Zusatz unter Einrühren zu Bouillon, Suppen, Milch, Soßen und Speisen verwenden, man kann auch die Eier roh, gekocht und gebacken bzw. gebraten genießen lassen. Das Backen oder Braten der Eier mit Fett macht sie unverdaulicher, ja allein durch das Hartwerden des Eiweißes bei dem Braten des Eies wird es unverdaulicher. Man wird also diese Form der Zubereitung diätetisch im allgemeinen zu meiden haben.

Um zu erkennen, ob ein Ei frisch ist, hält man es vor eine helle Flamme im dunklen Raume (frisches Ei durchscheinend), schüttelt es vor dem Ohre (es darf kein plätscherndes Geräusch geben), legt es in kaltes Wasser (darf nicht untersinken).

3. Fleisch.

Darunter versteht man nicht nur das Muskelfleisch, sondern alles, was nach Entfernung der Schlachtabfälle von den geschlachteten Tieren eßbar ist. Das Fleisch gewinnen wir in der Hauptsache von landwirtschaftlichen Nutztieren, von Fischen, zum geringeren Teile vom Wilde und Geflügel. Man unterscheidet rotes und weißes Muskelfleisch. Die Muskelfasern der weißen Muskeln (Brustmuskel der Hühner und beim Puter) sind kernreicher und dicker als die roten Muskelfasern. In der

Jugend ist die Wandung der Muskelfasern düner und zarter, das Bindegewebe geringer („zartes Fleisch"). Im Alter und bei schlechter Ernährung werden die Muskelwandungen fester, Saft und Inhalt der Muskelfaser (die den Wohlgeschmack bedingen) werden weniger, das Bindegewebe vermehrt sich (zähes Fleisch). Aber nicht nur Alter und schlechte Ernährung macht das Fleisch zäh, auch durch Arbeit wird der gleiche Zustand erzielt.

Durch Mast wird die Menge des löslichen Eiweißes in der Muskelfaser gesteigert, einen gleichen Effekt erzielt die Kastration. (Daher Kastration der zur Mast bestimmten Rinder, Schweine und Schafe.) Das Fleisch der weiblichen Tiere ist meist zarter aber nicht schmackhafter als das der Männchen, doch wird beim Schwein bei der Sau geschmacklich kein Unterschied gefunden gegenüber dem Fleisch des Ebers, bei der Gans ist das Weibchen vorzuziehen.

Das magere Muskelfleisch besteht aus etwa 20% Eiweiß (hauptsächlich Myosin, ferner aus Bindegewebe, geringen Fettmengen (1 bis 2%) und sog. Extraktivstoffen wie Kreatin, Hypoxanthin usw. Daneben finden sich geringe Mengen Glykogen. Unter den Aschebestandteilen ist besonders reich das Kali, ferner die Phosphorsäure vertreten.

Die Weichheit und damit in letzter Linie die Verdaulichkeit des Fleisches hängt ab von der Individualität des Fleisches und dem Alter der Tiere. Gewöhnlich bezeichnet man „weißes Fleisch" als weicher gegenüber dem dunklen, was indessen durchaus nicht immer zutrifft; so gehört z. B. das Wild zu den weichen Fleischsorten.

Das Fleisch muß, um genießbar zu werden, abhängen: Dabei bildet sich aus dem Glykogen Milchsäure, die die Fasern, d. h. das Bindegewebe erweicht. Ein frischgeschlagenes Fleisch ist vollkommen hart und ungenießbar. Das Fleisch läßt man daher einige Tage in kühlen (am besten bei 0°), luftigen Räumen (zur Vermeidung der Fäulnis) abhängen, oder aber man legt das Fleisch mehrere Tage lang in Milch, wodurch gleichfalls durch die sich bildende Milchsäure das Bindegewebe gelockert wird. Diätetisch ist Fleisch alter Tiere zu meiden; nur bei Bereitung von Suppen kann man das Fleisch älterer Tiere verwenden. Zur Bereitung von Bouillon zerschneide man das Fleisch in kleine Stücke und setze die Bouillon kalt an, damit die Extraktivstoffe besser ausgelaugt werden.

Das ausgewachsene Rind gibt bis zum achten Jahre das beste Fleisch. Vom 12. bis 14. Jahre wird das Fleisch minderwertig. Junges Fleisch gibt wenig Fleischbrühe, aber zarten Braten, während bei älteren Tieren beides gut ist. Das beste Fleisch liefern ausgewachsene gemästete Ochsen.

Beim Kochen wie Braten verliert das Fleisch etwa 10—15% seines Wassergehaltes.

Was die Verdaulichkeit der einzelnen Fleischarten anbelangt, so gilt das Kalbfleisch meist als schwer verdaulich, wohl deshalb, weil die Fleischfaser des Kalbfleisches sich schwer zerkauen läßt, sie weicht den Zähnen aus. Für die Magenverdauung besteht keine Annahme zu einer Schwerverdaulichkeit. Nur ist das Kalbfleisch, besonders das junger Tiere, sehr wasserreich. Die Verdaulichkeit des Kalbfleisches steht kaum der des zarten Rindfleisches nach, dagegen kann Schaf(Hammel-)fleisch wegen seiner zarten Fasern und des lockeren Gewebes als verdaulicher angesehen werden als Rindfleisch. Daher auch seine Eignung als Krankenkost. Die Ähnlichkeit eines gut zubereiteten Hammelbratens mit einem Rehbraten ist groß. Den gleichen Grad der Verdaulichkeit wie das Hammelfleisch besitzt das Ziegenfleisch. Störend ist meist nur der Geruch, besonders beim Bock.

Auch des Pferdefleisches soll gedacht sein (dunkelrote Farbe, die beim längeren Liegen einen blaulichen, fast schwarzen Schimmer annimmt). Vom gut genährten Pferd ist das Fleisch zart, vom abgetriebenen alten Gaul naturgemäß zäh. Zu Räucherwaren ist das Pferdefleisch sehr geeignet. Seine Verdaulichkeit steht dem Rindfleisch nicht nach. Von Wild und Geflügel muß das Fleisch, das an sich zart ist, aber ein dichtes Bindegewebe hat, den Prozeß der Auflockerung des Bindegewebes (durch Abhängen s. o.) durchmachen, dann wird es sehr verdaulich; gleichzeitig ist es sehr schmackhaft. Im allgemeinen gilt hier, daß das Fleisch des Weibchens zarter ist, das des Männchens schmackhafter; nur der Kapaun vereinigt beide Qualitäten. Hühnerfleisch zeichnet sich infolge seiner zarten Fasern durch Verdaulichkeit ganz besonders aus, dann folgen Taube, Rebhuhn, Fasan, Poularden. Vom Wild ist Rehrücken, dann Hase (und zwar das Filet) am verdaulichsten. Von Fischen sind die fettreichen Sorten als schwerverdaulich zu bezeichnen, also Aal, Lachs, Salm, Hering, Neunauge; leichter verdaulich sind: Forelle, Barsch, Schellfisch, Hecht, Zander, Karpfen, Schleie, Seezunge, Rotzunge.

Schwer verdaulich sind gepökelte Fleischsorten: Schinken, Ochsenzunge, Rauchfleisch, Würste. Nur der milde gesalzene Lachsschinken, sofern er wie rohes Fleisch geschabt wird, kann als leicht verdaulich gelten.

Das Fleisch der Fische ist sehr wasserhaltig und zwar um so mehr, je fettärmer es ist. Es ist im allgemeinen zart, aber geschmacklos. Der einfache Kochprozeß genügt, um die Faser zum Zerfallen zu bringen. Vor allem besitzt das Fischfleisch keinen Sättigungswert, sofern es nicht fetthaltig ist. So ist eine Skala der fettarmen Fische: Schellfisch, Barsch, Hecht, Zander, Seezunge, Karpfen, Forelle, Rotzunge u. a. in Gegensatz zu stellen zu den fettreichen: Lachs, Hering, Sprotte, Sardellen, Neunaugen, Aal, Meeraal, Makrele, Schleie usw. Es lassen sich aber die Sättigungswerte auch für die fettarmen Fische durch Zusätze von Fetten in Majonnaisen, oder Fettsoßen erhöhen.

Da dem Fischfleisch ein die Magensekretion unmittelbar anregender Extraktivstoff fehlt, so sind besonders die Fische mit großen Fettgehalte für die Krankenkost wegen ihrer Schwerverdaulichkeit gefährlich.

Die **Zubereitung** des Fleisches geschieht durch Kochen, Dämpfen und Schmoren, Braten. Dadurch werden die Fasern durch Umbildung des Bindegewebes in Leim gelockert; das Eiweiß gerinnt. Bei dem Dämpfen, Schmoren und Braten bilden sich gewisse, das Aroma erzeugende Gewürzstoffe, die den Wohlgeschmack des Fleisches bedingen. Beim Kochen lösen sich aus dem Fleisch gewisse lösliche Eiweißstoffe und Extraktivstoffe (Kreatin, Hypoxanthin usw.), die wieder den Wohlgeschmack der Bouillon bedingen, das gekochte Fleisch selbst wird ausgelaugt und schrumpft durch Wasserverlust; allerdings werden die Fasern gelockert durch Umbildung des Bindegewebes in Leim. Je rascher sich beim Braten, Schmoren, Dämpfen und Rösten eine Kruste um das Fleisch oberflächlich bildet, desto weniger wird es an Wasser verlieren, daher schrumpfen und die die Magensaftsekretion steigernden Stoffe abgeben.

Über das Fleisch der Eingeweide ist noch ein Wort zu sagen. Von diesen wird besonders die Leber, der Bries (Thymus) vom Kalb, Hirn und Niere, Zunge, Lunge, Herz als Fleisch verwandt. Der Leber fällt eine ganz besonders wichtige Aufgabe in der Küche der Feinschmecker zu, besonders in der Leberbereitung der gemästeten Gans. Alle diese Eingeweide sind zunächst nukleinreich (s. unter Gicht), als solche Harnsäurebildner und belasten darum die Verdauung stark. Dann enthält die Leber besonders reichlich Fett, wodurch sie unter Umständen sehr schwer verdaulich wird. Aus der Krankenkost wird man daher Leber und Leberpasteten vollständig ausschalten. Dagegen wird man dem Kalbsthymus und dem Hirn vom Kalb einen Grad leichter Verdaulichkeit nicht absprechen können. Die Zunge ist zart, leicht verdaulich dabei mäßig fettreich.

Über die **Fleischdauerwaren** ist folgendes zu sagen:

Zur Konservierung von Fleisch, das der Nutznießung der Menschen bestimmt ist, dienen praktisch folgende Verfahren: Anwendung von Kälte, Luftabschluß, Einpökeln und Räuchern. Der Prozeß des Einsalzens bzw. Pökelns, zudem man Kochsalz bzw. Salpeter verwendet, wirkt fäulnisabhaltend; durch diesen Prozeß verliert indessen das Fleisch einen Teil seines Wohlgeschmacks, gleichzeitig gehen Stoffe in die Salz bzw. Pökelflüssigkeit über. Der Prozeß des Räucherns vermindert weiter den Wasserverlust des Fleisches, gleichzeitig bewirkt er einen starken Fäulnisschutz durch die Kreosote usw. des Rauches, die sich in dem Fleische ablagern. Mit dem Räuchern verliert sich auch meist der beißende Salzgeschmack des gesalzenen Fleisches.

Aber alle diese Verfahren sind nicht imstande dem Fleische den Geschmack und Charakter des frischen Fleisches zu wahren. Diätetisch stehen daher diese Dauerwaren im Hintergrunde, obzwar es durchaus verfehlt wäre, auf die diätetische Verwendung dieser Dauerwaren zu verzichten.

Was den Charakter und den Wert der **Würste** anbetrifft, so werden im Fleischhandel meist zur Bereitung der Würste neben dem Fleische die Schlachtabgänge, Blut, Leber, Gehirn, Herz, Lunge, Schweineschwarte usw. in zerhacktem Zustande verwandt. Zur Konservierung werden sie getrocknet, geräuchert oder gesalzen. Der Wert dieser Würste hängt naturgemäß von dem Material, das zu ihrer Verwendung aufgeboten wurde, ab, und dann von ihrer Zubereitung. Sind sie aus gutem Material (Fleisch, Speck) hergestellt, und schmackhaft, so haben sie einen Nährwert und einen diätetischen Wert, auf den man nicht gern verzichten möchte. Besonders sei da auf die Bedeutung der Blutwurst hingewiesen, die man chlorotischen Mädchen besser gibt als die organischen Blutpräparate (z. B. Hämatogen), die ästhetisch widerlich sind.

Würste können aber bei schlechtem Material und schlechter Bereitung naturgemäß von großem Schaden sein! Es sei nur der Hinweis auf die nicht so seltenen Vergiftungen durch Paratyphus A und Bac. botulinus infolge Wurstgenusses verwiesen! Ein Kapitel für sich bildete im Kriege die Wurst, zu der vielfach Katzen-, Hunde, Esels-, Pferde-, Kaninchenfleisch, selten aber Schweine- und Rindfleisch verwandt wurde.

B. Vegetabilische Nahrungsmittel.

Die pflanzlichen Nahrungsmittel unterscheiden sich von den animalischen dadurch, daß die Nährstoffe dort in schwer verdaulichen Zellulosehüllen eingeschlossen sind, die zudem darmreizend wirken und eine stärkere Kotbildung hervorrufen bei gleichzeitiger schlechterer Ausnutzung der Nahrung. Es müssen daher für die diätetische Küche wenigstens im allgemeinen diese Nährstoffe mechanisch aufgeschlossen werden. Was die pflanzlichen Nahrungsmittel auszeichnet ist ihr Gehalt an Kohlenhydraten, dagegen ist ihr Gehalt an Eiweiß und Fett gering; nur die Hülsenfrüchte enthalten neben reichlichen Mengen von Kohlenhydraten reichlicher Eiweiß (22—23%) und die ölliefernden Samen Fett. Am wenigsten Eiweiß enthalten die grünen Gemüse und Früchte, während die Zerealien etwa 10% Eiweiß aufweisen. Dazu kommt, daß das pflanzliche Eiweiß ein anderes Eiweiß besitzt, als die animalischen Nahrungsmittel. Ferner sind die Mineralien in einer Zusammensetzung in den Vegetabilien enthalten, die wesentlich von der der tierischen Gewebe abweicht.

Über den Gehalt an Kohlenhydraten orientiert folgende Tabelle:

Zerealien	65—75%
Leguminosen	50—60%
Gemüse	2—10%
Wurzeln	4—20%
Früchte	5—12%

Unsere pflanzlichen Nahrungsmittel pflegen im ganzen arm an Fetten zu sein (eine Ausnahme machen nur Nüsse und Oliven), ebenso auch im allgemeinen an Purinbasen. (Vgl. indessen die Tabelle auf S. 62.)

Die Pflanzenaschen enthalten mehr oder minder viel Kieselsäure, wenig Chlor und enthalten auf dieselbe Menge Natron viel mehr Kali. (Über die Bedeutung dieser Tatsache vgl. Kapitel „Hungerödem".) Unter dem Salzgehalt der pflanzlichen Nahrungsmittel ist der Gehalt gewisser Nahrungsmittel an Eisen (Spinat, Äpfel, Kirschen, Erdbeeren usw.) hervorzuheben. Auch an gewissen Extraktivstoffen sind die pflanzlichen Nahrungsmittel nicht arm.

Unter den Kohlenhydraten ist für die Frage der Verdaulichkeit am wesentlichsten der Gehalt an Zellulose und Stärke. Letztere muß erst durch die Fermente des Mund- und Bauchspeichels bis in einfachere wasserlösliche Zucker aufgespalten werden. Die Zellulose, die das Fasergerüst der Pflanzen darstellt, stellt nur als Hemizellulose, d. h. als junge Zellulose ein halbwegs verdauliches, d. h. in einfache Kohlenhydrate überführbares Kohlenhydrat dar, während die verholzte Zellulose als unverdaulich angesehen werden muß. Die Zellulose umschließt die Nährstoffe der Pflanzen; deshalb müssen diese mechanisch aus den Zellulosehüllen gesprengt werden. Eine besondere Bedeutung besitzt die Zellulose für die Verdauung deshalb, weil sie die Peristaltik anregt.

Ein pflanzliches Nahrungsmittel ist um so verdaulicher, je feiner die Nährstoffe (durch Vermahlen, Kochen usw.) aus den Zellulosehüllen aufgeschlossen und je weiter die Stärke in wasserlösliche, leicht resorbierbare Kohlenhydrate übergeführt ist.

1. **Körnerfrüchte** (Zerealien).

Als solche nennen wir den Weizen, Roggen, Gerste, Hafer, Reis, Mais, Hirse und Buchweizen; diese Getreidearten besitzen einen hohen Stärkegehalt bei einem mittleren Gehalt an Eiweiß, das man Kleber (Gluten) nennt. Über die Bedeutung des Klebereiweißes als unvollständiges Eiweiß vgl. S. 88. Die Zerealien kommen zur Verwendung der Küche nur als Mahlerzeugnisse. Das, was wir in der Küche schlechtweg als Mehl bezeichnen, ist Weizenmehl.

Die Form, in der die Zerealien aus der Mühle kommen, sind Schrot, Graupen, Grütze, Grieße, Dunst und Mehl, s. w. u.

Flocken (von Hafer, Reis, Mais) stellen eine besondere Form dar, die deshalb diätetisch wichtig ist, weil das ungeschälte Korn mit hochgespannten Wasserdämpfen behandelt wird (wodurch die Stärke dextrinisiert wird) und dann die Körner durch Walzen flach gewalzt werden. Man kann auch aus den Zerealien die Stärke darstellen: Darnach unterscheidet man Reis, Weizenstärke, Maisstärke (Maizena, Mondamin).

Arrowroot ist ein Stärkemehl aus gewissen Wurzelknollen. Tapioka ist eine Grütze aus Arrowroot; Sago kommt als Mehl oder Grütze in den Handel und stellt eine Stärke aus Palmenmehl dar. Salep ist eine Orchideenstärke. Im übrigen sei auf die Zusammenstellung in dem Abschnitte Mehl und Brot verwiesen.

2. Hülsenfrüchte (Leguminosen).

Diese sind unter allen pflanzlichen Substanzen die stickstoffreichsten. Während aber bei den Zerealien das Eiweiß zur Gruppe des Kleberproteins gehört, rechnet man das Leguminoseneiweiß zur Gruppe der Pflanzenkaseine. Ferner findet sich neben dem Eiweiß Stärke, die aber schwerer aufschließbar ist, als etwa die Stärke der Zerealien. Auf einen größeren Gehalt an Lezithin (1%) als in den Zerealien sei hingewiesen. Die Ausnutzung des Eiweißes der Hülsenfrüchte, die als schwer verdaulich gelten können, ist keine sehr gute zu nennen. Nach Praußnitz wurde von Erbsen im Mittel 15% des Eiweißes nicht ausgenutzt, von Bohnen 30—50%. Doch ist der Grad der Ausnutzung bei den Leguminosen wohl in der Hauptsache eine Frage der Zubereitung, daher empfiehlt es sich, die Leguminosenmehle in der Praxis zu verwenden (z. B. Hartensteinsche Leguminosenmehle, die Liebigschen Maltoleguminosen, die Biskuitleguminosen u. a. m.). Was die physiologische Wertigkeit des Leguminoseneiweißes für den Menschen betrifft, so scheint diese größer zu sein als die des Klebers in den Zerealien. Auf einen verhältnismäßig hohen Nukleinstoffgehalt der Leguminosen sei hier noch hingewiesen.

Von Leguminosen kommen in Betracht: die Bohnen (Puff- oder Feldbohne und Schmink- oder Vitsbohne), ferner (als das wichtigste Nahrungsmittel unter den Leguminosen) die Erbsen (Pisum sativum und deren Spielarten), und drittens die Linsen, die besonders in Frankreich geschätzt werden. Hier kommt die Saatlinse, gemeine oder gute Linse in Betracht. Schließlich sei die Sojabohne erwähnt, die in den letzten Dezennien ebenfalls in Deutschland angebaut wurde. Die Sojabohne ist gegenüber den andern Hülsenfrüchten vor allem durch ihren hohen Gehalt an Eiweiß und Fett ausgezeichnet. So liegt der Stickstoffgehalt der Sojabohne zwischen 30—35%, der an Fett um 17%, berechnet für die natürliche Substanz; bei Erbsen liegt Eiweißgehalt um 24%, der Fettgehalt um 2%; bei Linsen der Eiweißgehalt 26%, der Fettgehalt etwa 2%; bei Bohnen der gleiche Wert wie bei den Linsen.

Anhang:

Mehle und Brot.

Um die Getreide- und Hülsenfruchtsamen der menschlichen Ernährung zugänglich zu machen, werden diese meist vorher einem Schäl- oder Mahlverfahren unterworfen; dadurch werden die Körner gepulvert und die Mehlpartikeln von der Holzfaser getrennt.

Das ganze Korn (z. B. Weizenkorn) besteht aus vier Bestandteilen:

1. der äußeren Haut,
2. der Kleberschicht,
3. dem Mehlkern,
4. dem Keim.

Durch die Härte und Sprödigkeit des Mehlkerns gelingt es bei dem Mahlverfahren, diesen zu zerpulvern, während die zähe bzw.

elastische äußere Haut, Kleberschicht und Keim sich dieser Zerkleinerung entziehen. Durch Sieben und Beuteln kann daher eine Trennung, d. h. Reinigung des Mehles von der äußeren Haut, der Kleberschicht und dem Mehlkern vorgenommen werden.

Durch die verschiedenen Mahlverfahren (Flachmahlverfahren und Hochmahlverfahren) kann z. B. bei dem letzteren Verfahren die Zermahlung stufenweise erfolgen, wobei zunächst Schrot, Grieß, Dunst und Mehl entstehen, die durch Sortierzylinder getrennt werden. Das Mehl enthält hier noch viele Schalenteilchen und ist dunkel, es heißt Bollmehl. Der Grieß und Dunst, die mit Kleieteilchen zersetzt sind, werden einem Luftstrome ausgesetzt, um die leichteren Kleieteilchen zu entfernen; der hinterbleibende Grieß und Dunst liefert bei weiterer Zerkleinerung das feinste Mehl, das sog. „Auszugsmehl". Das Schrot wird nach demselben System weiter vermahlen und so immer wieder (bis zu 8 Malen). Das feinere Mehl bzw. Mehl in den verschiedensten Abstufungen liefert die Hochmahlerei, während das Flachmahlverfahren durch eine, das Korn zerquetschende Mahlung, nur ein Mehl gibt, das durch Trommeln und Siebe von Grieß, Dunst und Kleie getrennt wird.

Die stärkere Ausmahlung führt nun zu einem Verlust an Eiweiß beim Mehle, da der Kleber der holzigen Schicht der Oberhaut anhaftet und eine Reinigung dieses Mehles die Entfernung dieser holzigen, aber eiweißreichen Teile bewirkt. Je stärker das Mehl ausgemahlen ist, desto eiweißreicher ist es, je weniger, desto eiweißärmer. Andrerseits ist die Resorption des Klebereiweißes in stark ausgemahlenen Mehlen eine schlechtere, in weniger ausgemahlenen Mehlen eine bessere. So wird von dem N-haltigen Anteil im Pumpernikel 40% nicht resorbiert, beim Grahambrot (95% ausgemahlen) in 30% und bei mittelfein ausgemahlenem Mehl etwa 20%, in noch feiner ausgemahlenem Mehl noch weniger. Auch die Kotbildung ist bei kleiehaltigem Brot eine viel größere (vgl. unter Brot). Diese Tatsache, vor allem aber die Reizwirkung der Kleie auf den Darm, müssen zu der Forderung führen, die Kleie zur Fütterung der Tiere zu überweisen, die diese gut ausnutzen, während andrerseits das Klebereiweiß der Zerealien als physiologisch nicht ausreichendes Eiweiß für uns in Betracht kommt (vgl. S. 88). Auch Rubner empfiehlt die geringere Ausmahlung des Weizens bzw. der Getreidearten und die Verwendung des größeren Abfalles der kleberreichen Kleie zur Fütterung des Viehes wegen der besseren Ausnutzung.

Andrerseits ist auch wieder der Vorschlag aufgetaucht, das ganze Korn, das nur von der äußeren Schale entschält ist, zur Brotbereitung zu verwenden. Diese Entschälung geschieht durch das Dekortikationsverfahren, z. B. das von Uhlhorn. Die Abfälle betragen rund 5% und rund 95% verwertbare Mehlbestandteile. Aber es gilt naturgemäß das oben über die Ausnutzung Gesagte, die z. B. bei einem so vermahlenen Roggenbrote ebenso wie Weizenbrote schlechter ist als bei feiner Ausmahlung. Rubner weist ferner nach, daß die Nährstoffe der Schale nicht nur nicht ungenutzt verloren gehen, sondern auch noch andre Stoffe mitreißen und so der Ernährung entziehen. Dabei verhält sich Weizenmehl immer noch günstiger als Roggenmehl, insofern gröbstes Weizenmehl (Grahambrot) sich etwa verhält wie Brot aus feinem Weizenmehl.

Wir müssen noch einiges über die verschiedenen Mahlerzeugnisse und ihre Verwendung sagen:

Schrot: ungeschälte oder geschälte Körner (Weizen, Roggen, Buchweizenschrot);

Grütze: Körner enthülst, gebrochen (Gersten-, Hafer-, Hirse-, Buchweizengrütze);

Graupen: geschälte, polierte Teilkörner (Roll-, Perlgerste, wobei Mehl und Kleie abfallen);

Grieße: feinere oder gröbere Teilstücken;

Dunste: feine Grieße, die noch nicht die Feinheit des Mehles haben;

Mehle: feinpulvrig, die von Gewebsbestandteilen mehr oder minder befreit sind.

Der Qualität nach unterscheidet man bei den Mehlen glattes, feines oder griffiges Mehl. Das griffige Mehl besteht aus gröberen Mehlkörnern zwischen den Fingern zerrieben. Das feine Mehl fühlt sich weich und schlüpfrig an. Das griffige Mehl ist besser backfähig als das glatte.

Die Getreidemehle bestehen, wenn sie fein ausgemahlen sind, nur aus dem Nährgewebe, die Leguminosenmehle aus dem Keimlappen.

Bollmehl, Futtermehl sind gewebereich, Kleie heißen die Mehlabfälle (Hülsen, Schalenteile) mit anhaftenden Mehlresten.

Mehlsorten.

Weizenmehle: man unterscheidet nach dem Grade der Feinheit: Kaiserauszugsmehl Nr. 000 als feinste Sorte; Mehl Nr. 00, 1, 2, 3 und 4 in absteigender Linie als gröbere Sorten: je feiner das Mehl, desto stärkereicher und eiweißärmer ist es.

Roggenmehl: hier ist die erzielbare Feinheit geringer als beim Weizenmehl. Selbst feinstes Roggenmehl geht nicht über die mittleren Weizensorten hinaus. Im Handel gibt es nur eine Roggenmehlsorte In Nordwestdeutschland wird aus Roggenmehl, dem nur die gröbste Kleie entfernt ist, der sog. Pumpernickel hergestellt.

Gerstenmehl wird selten hergestellt; zur Brotbereitung dient es nur in Schweden und Norwegen. Es ist wenig zur Brotbereitung geeignet, weil es das Brot dicht und den Teig fließend macht.

Hafermehl kommt hauptsächlich zur Suppenbereitung in Frage (Hafergrütze oder Grützmehl). Das Hafermehl hat gegenüber den andern Mehlen einen hohen Gehalt an Eiweißsubstanz und Fett.

Der Mais wird meist zu Stärke verarbeitet.

Reismehl: in den Reismühlen wird der Reis enthülst das Silberhäutchen abgeschält und der Reis poliert, polierter Reis des Handels, aus dem auch ein feines weißes Reismehl hergestellt werden kann.

Buchweizenmehl kommt vorwiegend zur Bereitung von Suppen in den Handel.

Hülsenfruchtmehle: Leguminosenmehle erhöhen als solche die Ausnutzung und Verdaulichkeit gegenüber den unaufgeschlossenen Hülsenfrüchten. Bohnen-, Erbsen- und Linsenmehl können als annähernd gleich in ihrer Zusammensetzung angesehen werden, während Erdnuß- und Sojabohnenmehl einen höheren Eiweiß- und Fettgehalt aufweisen.

Die Leguminosenpräparate von Hartenstein & Co. in Chemnitz, Knorr in Heilbronn sind Vermengungen von feinstem Leguminosenmehle mit Getreidemehl in drei Sorten, je nach der steigenden Menge des zugesetzten Getreidemehls.

Es gibt noch eine ganze Reihe von Nährmitteln, die als Leguminosenmehlpräparate anzusehen sind. Z. B. Malto-Legumin, Malto-Leguminose, Biskuit-Leguminose. Hygiama ist ein Gemisch von aufgeschlossenem Leguminosenmehl und Kakao. Die Feinheit des Leguminosenmehles verbessert fraglos die Ausnutzbarkeit. Von andern Mehlen seien noch Bananen-, Kastanien- und Eichelmehl genannt, deren praktischer Verwendungskreis allerdings ein beschränkter ist.

Anhangsweise seien noch einige in den Handel kommende Mehlpräparate hier genannt:

Makkaroni, Nudeln werden hergestellt aus kleberreichem Weizenmehl mit Ei- und Salzzusatz.

Polenta wird aus Maisgrütze unter Zusatz von geronnener Milch hergestellt.

Suppenmehle werden als Gemisch von Mehl mit Fleisch, Fleischextrakt, Fett und Gewürzen hergestellt. Als solche Präparate seien genannt: Eigerstel, Tapioka, Julienne, Grünkernsuppe, Grünkernextrakt, Grünerbsenkräutersuppe, Golderbsen mit Reis, Klopfers Kraftsuppenmehle, Disques Kraftsuppenmehle u. a. m.

Dextrinmehl ist ein Mehl, dessen Stärke zum Teil in Dextrin bzw. Glukose übergeführt worden ist; zu dieser Kategorie gehören auch die sog. Mehlextrakte (Malzextrakt, Weizenmehlextrakt, Gerstenmehlextrakt, Löfflunds Kindernahrung, Liebes Diastase-Extrakt u. a. m.).

Stärkemehle werden aus Kartoffeln, Weizen, Mais und Reis gewonnen. Die Stärkemehle werden als vielfache Zusätze zu Speisen in der Küche verwandt. Die Maisstärke dient als Ersatz für Arowroot, sonst dient die Stärke meist zu technischen Hilfsmitteln in der Praxis unserer Lebensbedürfnisse. Das wichtigste Stärkemehl für unsre Ernährung ist das **Arowroot**, d. i. eine Stärke verschiedener knolliger Wurzelstärke tropischer und subtropischer Pflanzen, die wegen ihrer guten Löslichkeit sowohl für medizinische Zwecke, wie auch zu Speisen als Zusatz gut zu verwenden ist. Schließlich sei noch die Palmenstärke, **Sago**, erwähnt, der aus teils unveränderten, teils verkleisterten Stärkekörnchen besteht. Die braune Farbe der Sagos rührt von gebranntem Zucker her, die rote Farbe von einem Farbstoff der Palme.

Guter Sago soll staubfrei und hart sein und im Wasser quellen, ohne zu zerfließen. Der inländische Sago besteht aus Kartoffelstärke.

Brot und Backwaren.

Diese werden aus Mehl unter Zusatz von Lockerungsmitteln bereitet. Der Backprozeß soll ähnlich wie der Kochprozeß durch Zerreißung der Stärkehüllen die gequollenen Stärkekörner freimachen. Die einfachste Brotbereitung ist die des ungesäuerten Brotes, indem das Mehl, mit Wasser verrührt, an der Sonne oder mit Wärme gebacken wird. Eine Verbesserung der Backtechnik besteht in der Anwendung des Sauerteiges, der von den Römern uns überkommen ist, und dessen Anwendung sich trotz aller Fortschritte bis auf die heutige Zeit bei uns erhalten hat. An Stelle des Sauerteiges kann auch die Bierhefe dienen. Die Bedeutung des Sauerteiges bzw. der Hefe besteht darin, daß durch die Hefepilze eine teilweise Verzuckerung der Stärke entsteht und durch teilweise Zerlegung des Zuckers in Alkohol und Kohlensäure der Brotteig hochgetrieben wird, ohne daß die CO_2 entweichen kann, wodurch es zu einer Lockerung der Brotmasse kommt, die eine wesentliche Verbesserung der Verdaulichkeit bedeutet. Der eigentliche Backprozeß bewirkt eine Verkleisterung (Aufschließung) der Stärkekörner, ferner werden das Wasser und die Gase ausgetrieben und die Hefezellen abgetötet.

Je nach der Verwendung verschiedener Mehle und Backverfahren kann man verschiedene Brote zubereiten.

Grahambrot wird hergestellt aus geschrotetem Weizen-, Mais- oder Roggenschrot. Der Teig wird nur durch Mischen des Schrotes mit Wasser bereitet. Die Lockerung geschieht durch Wasserdampf, der sich während des Backprozesses bildet.

Schwarzbrot (Pumpernickel) wird aus ganzem Korn des Roggens mit Sauerteig bereitet, das schwedische Knäckebrot unter Zusatz von Hefe.

Aus kleiefreiem Mehl wird ohne Sauerteig oder Hefe, d. h. ungesäuert, der Schiffszwieback bereitet (1 Teil Wasser, 6 Teile Mehl) u. a. m.

Das gesäuerte Brot wird aus kleiefreiem, aber gröberem Mehl bereitet, und zwar entweder aus Roggenmehl oder Weizenmehl oder einem Gemenge beider. Bei feinem Weizenmehl geschieht die Einteigung meist mit Milch und Hefe, so z. B. bei Milchbrötchen, Milchwecken oder Semmeln, Wassersemmeln.

Brot enthält rund 36—47% Wasser, aus 100 Teilen Mehl erhält man etwa 120—134 Teile Brot.

Die bei der Brotbereitung entstehende Kruste rührt teils von einer Veränderung des Klebers her, teils von der Dextrinisierung und Karamelisierung des Zuckers. Die Kruste ist bei kleinen Broten auch wasserärmer als die Rinde. Durch den Backprozeß kommt das Eiweiß zur Gerinnung, die Stärkekörner, die ihre Hüllen sprengen, verkleistern. Ein Teil der Stärke wird bei der Gärung des Teiges in Alkohol, CO_2,

Essigsäure und Milchsäure zerlegt. Der sich bildende Alkohol beträgt etwa 0,2—0,4%, der Verlust an Substanz beim Backen beträgt etwa 2%.

Der Säuregehalt des Brotes (Ameisensäure, Essigsäure, Milchsäure) ist nicht unbeträchtlich. Wird Brot alt, altbacken, so wird es trockener, besonders leicht das Weizenbrot gegenüber dem Roggenbrot.

Von der Verwendung verschimmelten oder rotgefleckten Brotes (Bacillus prodigiosus) oder fadenziehenden Brotes (im Sommer an schwülen Tagen) ist diätetisch abzusehen, ja diese Brote können als gesundheitschädlich angesehen werden. Im allgemeinen ist ein Brot diätetisch als um so verdaulicher und bekömmlicher zu beurteilen, je leichter es ist und je größer die Poren sind, d. h. je lockerer es ist. Daher der Unterschied in der Verdaulichkeit zwischem dem lockeren Weißbrot und dem porenarmen Schwarzbrot (Pumpernickel).

Anhangsweise seien noch einige Ausführungen über sog. **Konditorwaren** angefügt. Darunter versteht man sowohl eigentliche Backwaren, wie aus Zucker, Schokolade und Früchten usw. hergestellte Süßigkeiten. Der Konditor bereitet: Hefeteigwaren aus Butter, Eiern, Milch und Zucker, zum Teil mit Zusatz von Früchten oder süßen Samenfrüchten (Teebackwaren), Mandel- und Nußbackwaren (hart), Schaum und Rahmbackwaren, Kuchen und Torten, bei denen Eier, Milch, Mehl, Sahne und Zucker neben allen möglichen Früchten und Fruchtmassen, wie Gewürzen die hauptsächlichsten Ingredienzen bilden. Besonders sei noch auf die Lebkuchen (Pfeffer- und Honigkuchen) hingewiesen, die mit Mehl und Honig bereitet und durch Backpulver gelockert werden.

Die Crêmes, Sulzen und Gefrorenes werden ohne Backvorgang aus Milch, Rahm, Eiern, Zucker, Gewürzen, Fruchtsäften bereitet. Die Bonbons bestehen aus im Vakuumapparat geschmolzenem Zucker, der gewürzt, bzw. parfümiert ist; bei Fondantbonbons, Konservebonbons ist die Erwärmung des (meist mit Milch versetzten) Zuckers keine so große (etwa 90°) wie bei den eigentlichen Bonbons. Bei Pralinés ist um die eigentliche Fondantmasse ein Schokoladenüberzug. Schließlich seien noch die mit Zucker eingekochten und mit Zucker überzogenen Früchte: kandierte Früchte und Schalen erwähnt. So ist Zitronat die kandierte Schale der Zedratfrucht (Zitronenart). Türkischer Honig (Türkenbrot) besteht aus invertiertem Rohrzucker, Mandeln, Nüssen und eßbaren Früchten. Sultanbrot besteht aus Mandeln und mit einem Himbeer- oder Orangenauszug versetzten Rohrzucker.

3. Wurzelgewächse.

Diese besitzen einen hohen Wassergehalt (70—90%). Neben Eiweiß findet sich in diesen ein großer Teil des Stickstoffs als Amidstickstoff, worauf vielleicht die physiologische Bedeutung des Kartoffeleiweißes zurückzuführen ist. Der Gehalt an N-haltiger Substanz ist aber bei den Wurzelgewächsen außerordentlich gering, dagegen der Kohlenhydratgehalt sehr groß. Diese Kohlenhydrate bestehen in Kartoffeln fast nur in Stärke, in den Rüben (Zucker-, Mangoldrübe und Möhre) in Zucker, bei Topinambur, Schwarzwurz, Zichorienwurzeln in Inulin und Lävulin, d. i. eine Stärke, die beim Aufschließen linksdrehenden Zucker ergibt. Wurzelgewächse sind aschereicher als Getreide und kalireicher.

Diätetisch eine große Rolle spielt die Kartoffel. Sie besteht aus 75% Wasser, etwa 20% Stärke, etwa 2% Eiweiß (bzw. N-haltiger Substanz) und rund 1% Asche. Über die Bedeutung des Kartoffeleiweißes vgl. 81. Unter den N-haltigen, nicht eiweißdarstellenden Substanzen finden sich Asparagin, Glutaminsäure, Leucin, Tyrosin u. a. Amidosäuren. Nach E. Schultze u. a. findet sich der Stickstoff bei der Kartoffel im Mittel von 45% als Asparagin und Amidosäuren.

Wichtig ist die Art der Aufbewahrung der Kartoffel. Bei Kälte, d. h. Frost, wird ein Teil der Stärke in Zucker umgewandelt; daher das Süßwerden der Kartoffel.

Topinambur (Erdartischocke, Erdapfel). Die Knollen von Helianthus tuberosus kommen den Kartoffeln sehr nahe, nur haben sie einen sehr süßlichen Geschmack, sind daher schlecht zu Gemüse zu verwenden, dagegen gut als Zutat zu Fleischsuppen. Topinamburknollen enthalten 80% Wasser, 2% N-haltige Substanz, 1,2% Asche. Die Zusammensetzung der N-haltigen Substanzen ist ähnlich wie bei der Kartoffel.

Von sonstigen Wurzelgewächsen ist für unsre Ernährung indirekt zur Zuckerbereitung die Zuckerrübe von großer Bedeutung; als unmittelbares Nahrungsmittel kann sie aber nicht in Betracht kommen, dagegen die Möhren, die wegen ihres süßen Geschmackes allerdings bei nur geringem Zuckergehalte (6%) als Nahrungsmittel verwandt werden. Die kleine Varietät der Möhren wird als Gemüse angebaut und wird weiter unten noch besprochen. Viel verwandt während des Krieges wurde die Kohlrübe, die außerordentlich wasserreich (etwa 90%), nur 2—3% Zucker enthält bei 1% Sickstoffsubstanz und etwa 1—1½% Rohfaser. Als besonderes Nahrungsmittel ist sie jedenfalls nicht zu schätzen; im Kriege hat sie vielfach die Stelle der Kartoffel ersetzen müssen, ohne allerdings diesen Platz auszufüllen. Die kleine Abart: Teltower Rübchen, wird als Gemüse registriert.

4. Gemüse.

Die Gemüse stellen sehr wasserreiche, aber kohlenhydrat-, fett- und eiweißarme Nahrungsmittel vor, die indessen einen verhältnismäßig großen Aschegehalt aufweisen. Durch ihren Gehalt an wohlschmeckenden Stoffen tragen sie viel zur Abwechslung in der Kost bei, indessen eignen sie sich nicht direkt als kalorisch wertvolle Nahrungsmittel, vielmehr indirekt dadurch, daß man sie mit Fett anrichten kann. Die Haupteigenschaft der Gemüse liegt in ihrer die Peristaltik erregenden Wirkung.

Die Gemüse stellen Wurzeln, Knollen, Blätter oder Blüten dar.

1. Knollen und Wurzeln: Einmach-Rotrübe, kleine Garten-Speisemöhre, Teltower Rübchen, Kohlrabie, Rettich, Radieschen, Schwarzwurz, Sellerie, Meerrettich, Pastinak.

2. Zwiebel: Rohe Zwiebel, spanische Zwiebel, Porree.

3. Sprossen: Spargeln (Stangen- und Brechspargeln), über der Erde der grüne Spargel, junge Hopfensprossen, Meisterwurz.

4. Kräuter: Römischer Sauerampfer, Kresse, Gartenmelde, Spinat, Neuseeländer Spinat, grüner Salat, Mangold, Gartenbibarnelle, Meerkohl, Wirsingkohl, Rosenkohl, Weißkraut (auch Kappis genannt), Blau- und Rotkraut (auch bayerisches Kraut genannt), Löwenzahn (Zichoriengemüse genannt), Endivie, Portulak.

5. Blumen- und Blütenstände: Blumenkohl (Carfiol), Artischocke, Kardonen.

6. Schoten: Wachsbohne, Schneidebohne, Perlbohne; Schoten aus frischen grünen Schoten = grüne Erbse.

Die Schwierigkeit der diätetischen Verwendung im allgemeinen (über speziellere Indikationen vgl. über das bei der Diätetik der Obstipation Gesagte), liegt in der Schwerverdaulichkeit der Gemüse; man wird daher diätetisch auch nur einen kleinen Teil der Gemüse zum Krankentisch zulassen.

Von den Zubereitungsarten der Gemüse: Kochen in Wasser oder Dampf, oder Fett, Backen und Braten wird allein die Zubereitung mit kochendem Wasser oder Dampf in Frage kommen. Desgleichen wird man bei der Küchenzubereitung der Gemüse auf eine möglichst feine Verteilung (womöglich die Gemüse zu wiegen und zerstoßen) zu achten haben.

Jürgensen teilt die Gemüse hinsichtlich ihrer diätetischen Verwertbarkeit in folgende Rangstufen der Verdaulichkeit:

1. Ranges: Junge grüne Kräuter, wie Spinat, Salat, Sauerampfer und die gewöhnlichen Sommergemüse wie Spargel (besonders die Köpfe), grüne Erbsen (Schoten), grüne Bohnen, Wachsbohnen, Perlbohnen, Artischocken (eßbaren Teile), Blumenkohl, Porree, wenn sie jung und frisch.

2. Ranges: Die Wurzelgemüse; die mehlige Kartoffel, Erdartischocke, Stachys, der ersten Gruppe noch sehr nahestehend, außerdem Möhre, Pastinak, Petersilienwurzel, Sellerie, Rabe, Kohlrabi, Zwiebel. Besonders ist hier auf die Frische und Jugend der Gemüse zu achten; sie müssen mürbe und nicht holzig sein. In der Zubereitung ist genügende Wärmeeinwirkung notwendig!

3. Ranges: Die Blattkohlarten, wegen ihrer derben festen Textur und ihres Reichtums an blähenden Stoffen. Jürgensen empfiehlt deshalb eine gründliche Wärmebeeinflussung bei ihrer Zubereitung: Am besten mit zweimal Wasser oder mit einmal Wasser und dann mit Dampf zu kochen.

Bezüglich der Zubereitung werden Kräuter (Spinat, Salat, Sauerampfer) am besten zwei Stunden in Dampf gekocht, Wurzeln (mit

Ausnahme von jungen Karotten, mehligen Kartoffeln, Erdartischocken, Stachys) bis vier Stunden, Blattkohlarten vier Stunden und mehr.

Gemüsedauerwaren.

Manche Gemüse überwintern, z. B. Rosenkohl, andere soweit sie vor Frost geschützt sind (z. B. Weißkohl, Möhren, Rotkohl; wenn man sie mit Erde bedeckt). Andere Gemüse wiederum müssen ähnlich wie das Fleisch konserviert werden.

Dörrgemüse. Der Vorgang der Trocknung geschieht in einer durch Dampf erwärmten Luft, nachdem das Gemüse zuvor geputzt und geschnitten worden ist. Die so getrockneten Gemüse, die in ihrer Zusammensetzung dem frischen Gemüse bis auf den Wassergehalt gleichen, müssen vor ihrem Gebrauch erst 30—40 Minuten in laues, dann 2 Stunden in kaltes Wasser eingelegt werden, um sie zum Quellen zu bringen.

Konservierung im Weckschen Apparat. Die Gemüse werden in Wasser gekocht, und zwar in hitzebeständigen Gläsern, die sofort luftdicht abgeschlossen werden.

Einsäuern (Weißkraut, Gurken, Rüben, Tomaten, Äpfel). Die zerschnittenen Gemüse werden mit oder ohne Zusatz von Kochsalz eingestampft; das Salz zieht das Wasser aus, ohne sonst die Milchsäuregärung, die ihrerseits antiseptisch wirkt, zu hindern. Saure Gurken und Sauerkraut werden auf diese Weise gewonnen.

Einmachen von Gurken und Rüben mit Essig. Die Gurken erhitzt man auf 80—90° in Essig und füllt den abgedunsteten Essig nach. Hierher gehören auch die „Mixed Pickles“, die aus jungen Gurken, Zwiebeln, Maiskolben, Vißbohnenschoten usw. bestehen; der Essig ist stark gewürzt mit spanischem Pfeffer, Ingwer, Meerfenchel usw.

5. Pilze.

Abgesehen von der Giftigkeit vieler Pilze, sind diese im allgemeinen schwerverdaulich, dabei ist ihr Wassergehalt groß (bis 90%!). Einige Pilze, wie z. B. die Trüffel, sind relativ reicher an Stickstoffsubstanz (7,5%), im allgemeinen sind aber die Pilze stickstoffarm. Im lufttrocknen Zustande enthält der Feldchampignon etwa 42%, der Steinpilz 37%, die Speiselorchel 25% und die Speisemorchel 28%, die Trüffel 34% Stickstoffsubstanz. Der Gehalt an stickstofffreien Extraktivstoffen beträgt zwischen 20—37% dabei für die lufttrocknen Pilze (21% Feldchampignon und 37% die Speiselorchel). Manche Pilze (z. B. Champignon und Trüffel) stellen als solche oder in Form von Extrakten eine Feinschmeckerkost dar.

6. Obst.

Die Bedeutung des Obstes liegt in seinem Wohlgeschmack (aromatische Stoffe, Säuren und Zucker) und in seinem Nährwert.

Man unterscheidet:

a) Steinobst: Kirsche, Pflaume, Reineclaude und Zwetschen, Aprikose, Pfirsich, Nektarine.
b) Kernobst: Apfel, Birne, Quitte, Mispel.
c) Beerenobst: Himbeere, Brombeere, Maulbeere, Erdbeere und Feige.
d) Schalenobst: Walnuß, Kastanie, Haselnuß, Mandel.

Der Wassergehalt der Früchte ist groß (80—90%), der Stickstoffgehalt gering (0,5—1%); die Zucker bestehen aus Invertzucker und Sacharose. Im allgemeinen beträgt der Gesamtzuckergehalt nicht mehr als 10%; einen höheren Wert haben die Weintrauben (15%), Mispeln (11%), Granatäpfel 12% und Feigen 16%.

Die Menge der in Wasser löslichen Stoffe beträgt nach König bei Äpfel 13%, Birnen 11,5%, Pflaumen 9,8%, Kirschen 11,8%, Erdbeeren 8,2%, Himbeeren 7,4%, Johannisbeeren 9,3%, Heidelbeeren 9,63%, Wacholderbeeren 9,61%.

Obstkonserven.

Getrocknete Früchte: Dies geschieht bei etwa 60—65° Temperatur. Durch die Trocknung wird eine wesentliche Änderung der chemischen Zusammensetzung, abgesehen vom Wasserverlust, nicht hervorgerufen, doch verliert das Obst das Aroma.

Kandierte Früchte: Die Haltbarmachung geschieht durch Tränkung oder Überziehung des Obstes mit Zuckerlösungen (s. S. 43).

Marmeladen, Pasten werden aus Breien oder Säften von Früchten unter Zusatz von Zucker oder Sirup hergestellt.

Der Wassergehalt der Marmeladen beträgt rund 40%, der Stickstoffgehalt rund $^1/_2$%, der Zuckergehalt rund 50% (manche Marmeladen bis zu 60%).

Fruchtsäfte werden durch Ausfließen des Obstes, ferner durch Abpressen der gekochten oder ungekochten Früchte erhalten. Man kann diese Fruchtsäfte mit Rohrzucker zu Fruchtsirupen oder Fruchtgelees einkochen. Werden die Fruchtsäfte ohne Rohrzuckerzusatz eingedünstet, so entsteht ein Sirup, den man je nach der Herkunft Äpfel-, Birnen- oder Obstkraut nennt (auch „Rheinischkraut"). Auch aus Möhren gewinnt man ein Zuckerrübenkraut.

In den natürlichen Fruchtsäften liegt der Zuckergehalt zwischen 5—10%, der Säuregehalt um 2%, der Aschegehalt etwa 0,5% (hauptsächlich Kali und Phosphor).

Anhang:

Süßstoffe.

Ein Teil der hauptsächlich wegen ihres süßen Geschmackes genossenen Lebensmittel ist bereits unter „Konditorwaren und Obstkonserven" besprochen. Hier erübrigt sich noch die Besprechung einiger zum Süßen von Speisen bzw. als Beigabe zu andern Nahrungsmitteln verwendeter Lebensmittel.

Rohr- und Rübenzucker. In Deutschland kommt sog. Rohrzucker praktisch nur noch als sog. Rübenzucker in Betracht, der in vier Sorten in den Handel kommt:

1. als Kristallzucker in losen Kriställchen,
2. als Melis, bestehend in dicht verwachsenen Kristallen,
3. als Farin, fein gemahlen, mehr oder minder weiß,
4. als Kandiszucker, ausgebildete Kristalle in weißer oder brauner Farbe.

Der Zucker besteht zu 98—99,9% aus reiner Sacharose, ist praktisch wasser-, eiweiß- und aschefrei.

Eines andern Süßstoffes sei hier noch gedacht, des **Milchzuckers,** dessen Süßkraft nur $^1/_3$ so groß ist wie die des Rohrzuckers; daher eignet er sich auch am besten als Zusatz zur Milch. Milchzucker wird langsamer resorbiert als Rohrzucker und hat abführende Wirkung. Seine Verwendung im Körper unterscheidet sich von der des Rohrzuckers, insofern Milchzucker kein Glykogen in der Leber bildet; es kommt daher auch leicht zu einer Überschwemmung des Blutes mit Milchzucker und u. U. zur Milchzuckerausscheidung mit dem Harn. Bei der Säuglingsernährung ist der Milchzucker der Verwendung des Rohrzuckers vorzuziehen.

Stärkezuckersirup wird in der Nahrungsmitteltechnik vielfach noch zur Herstellung von Fruchtsirupen und als Honigersatz verwandt eignet sich aber praktisch nicht zu diätetischer Verwendung.

Honig. Darunter versteht man den von den Arbeiterbienen den Blüten entzogenen Zuckersaft, der durch den Honigmagen der Bienen in Honig umgearbeitet wird.

Die Beschaffenheit des Honigs hängt von der Art der Blüten ab. Den besten Honig liefern Lindenblüten, Heidekraut und Buchweizen. Minderwertiger ist Koniferenhonig, hauptsächlich wegen seines terpentinartigen Geruchs. Überseeische Honigsorten sind fast durchweg minderwertig. Man unterscheidet weiter den Honig nach der Art der Gewinnung. a) Man läßt den Honig aus den Waben ausfließen, b) man schleudert ihn mittels Zentrifugen aus (reinster Honig). Beide Sorten heißen Jungfernhonig. Unreiner ist der durch Auspressen und Erwärmen gewonnene Honig, welcher nachträglich durch Kochen mit Wasser und Tonerdezusatz gereinigt und auf das ursprüngliche Volum eingedampft werden kann.

Frisch ausgelassener Honig ist klar und dünnflüssig. Die sich beim Stehen abscheidenden Kristalle bestehen aus Glykose, der flüssige Rest enthält die Fruktose. Guter Honig enthält etwa 17—20% Wasser, 0,3% Stickstoffgehalt, etwa 36% Glykose, 37% Fruktose, 2,6% Sacharose, 0,24% Asche.

Von künstlichen Süßstoffen sei schließlich noch das **Sacharin** genannt, dessen Konstitutionsformel $C_6H_4 < \genfrac{}{}{0pt}{}{CO}{SO_2} > NH$ und chemisch Orthosulfaminbenzoësäureanhydrid oder Orthobenzoësäuresulfimid ist.

Das gewöhnliche Sacharin des Handels ist gelblichweiß, löst sich in Wasser schwer (3 g in 1 Liter); es besitzt antiseptische und gärungshemmende Eigenschaft, die Süßkraft ist 300mal so groß als die des Rohrzuckers, doch besitzt es keinen Nährwert, zumal das Sacharin zunächst nur in geringen Mengen aufgenommen, dann aber als solches wieder ausgeschieden wird. Die Verträglichkeit des Sacharins ist individuell verschieden; bei manchen Menschen ruft es Durchfälle hervor, bei andern wieder Magenbeschwerden. Das auch im Handel befindliche leichter lösliche Sacharinnatrium scheint in dieser Beziehung noch vorteilhafter zu sein als das schwerlösliche Sacharin. Das Sacharin gilt in Deutschland als Medikament, das nur ärztlich verschrieben werden darf; während des Krieges ist dieses Gesetz durchbrochen worden.

7. Gewürze.

Man unterscheidet diese nach den Pflanzenteilen, denen sie entstammen.

A. Samengewürze.

1. **Senf**, aus Senfsamen, und zwar aus den geschroteten Preßrückständen gewonnen (Tafelsenf, Mostrich); er wird tafelfertig durch Vermischen des Senfmehles mit Wasser oder Weinessig gewonnen.

Wirksam ist der Senf durch seinen scharfen Geschmack und Geruch, den er dem Senföl verdankt.

2. **Muskatnuß**, bildet den Samenkern des Muskatnußbaumes. Als Pulver darf es nicht in den Handel kommen.

3. **Muskatblüte** (flores macis). Sie hat nichts mit dem Muskatbaum zu tun. Verwandt wird sie wegen ihres Gehalts an aromatischen Stoffen.

B. Gewürze von Früchten.

1. **Sternamis** (Badian). Der chinesische Sternamis riecht wie Fenchel, schmeckt angenehm gewürzig.

2. **Vanille**, die Kapselfrucht eines zu den Orchideen gehörigen Kletterstrauchs, wird hauptsächlich wegen ihres aromatisch-gewürzigen Geschmacks geschätzt. Das auch synthetisch darstellbare Vanillin ist nicht der einzige das Aroma bewirkende Stoff der Vanille.

3. **Kardamomen**, das sind die Früchte verschiedener schilfartiger Pflanzen, die getrocknet in den Handel kommen. Besonders beliebt waren früher die Ceylon-Kordamomen als Gewürzzusätze zu Lebkuchen und Backwaren.

4. **Pfeffer.** Der schwarze Pfeffer stammt von der unreifen, der weiße Pfeffer von der reifen Frucht. Der scharfe Geschmack beruht auf einem ätherischen Öle und dem Piperin.

5. **Nelkenpfeffer,** Jamaikapfeffer. Der wirksame Bestandteil besteht in der Nelkensäure oder dem Eugenol.

6. **Paprika** (spanischer Pfeffer). Die Samen haben nicht den brennenden Geschmack wie die ganze Frucht. Die beste Sorte Paprikapulver ist der sog. Rosenpaprika. Der wirksame Stoff ist das Kapsaicin. Paprika wird besonders in Ungarn und den Balkanländern zur Würzung der Speisen benutzt. Berühmt ist das ungarische Paprikagulyas. Auch in den englischen Mixed Pikles ist Paprika enthalten, ferner im englischen Senf.

7. **Cayenne- oder Guineapfeffer.** Der wirksame Stoff ist der gleiche wie in Paprika.

8. **Kümmel** (Carvum carvi). Die Wirkung beruht auf den ätherischen Ölcarven.

9. **Anis** (Früchte der Anispflanze: Pimpinella Anisum). Wirksames Prinzip: Anisöl. Neben Kümmel ist der Anis als Würze zu Backwerken sehr beliebt.

10. **Koriander** (Früchte von Coriandrum sativum). Wirksames Prinzip: Korianderöl.

11. **Fenchel** (Foeniculum officinale), beruht in der Wirksamkeit auf dem Fenchelöl.

C. Gewürze von Blüten und Blütenteilen.

1. **Gewürznelken** (Caryophyllus aromaticus); sie enthalten am meisten ätherisches Öl.

2. **Safran** (Crocus sativus), dient zum Färben von Speisen und Nahrungsmitteln.

3. **Kapern,** das sind in Essig oder Salz eingelegte Blütenknospen des Kapernstrauches.

Die eingemachten Sorten unterscheidet man als Nonpareilles, Superfines, Capucines und Capotes ohne wesentliche chemische Unterschiede.

4. **Zimtblüten** (Flores cassiae). Die Blüten werden im Handel höher geschätzt als der Holzzimt.

D. Gewürze von Blättern und Kräutern.

Von solchen seien genannt:

Dill, Petersilie, Beifuß (Estragon), Bohnen- oder Pfefferkraut, Becherblume, Gartensauerampfer, Lorbeerbaum, Majoran.

Diese Blattgewürze sind hauptsächlich wegen der in ihnen enthaltenen ätherischen Öle beliebt. Besonders bemerkenswert ist der Gehalt des Gartensauerampfers an Oxalsäure. Auch Thymian und Salbei seien hier noch genannt.

E. Gewürze von Rinden.

Zimt. Wegen seines würzigen Geschmacks außerordentlich beliebt. Im Handel sind:

1. Ceylon-Zimt
2. chinesischer Zimt
3. Holzzimt.

Der Ceylon-Zimt ist der teuerste und wird in der Küche meist nicht verwandt. Der Holzzimt enthält am wenigsten des aromatischen ätherischen Öles, d. i. des Zimtöles.

F. Gewürze von Wurzeln.

1. **Ingwer,** d. i. der knollige Wurzelstock der Ingwerpflanze. Beste Sorte der Jamaikaingwer. In den Handel kommt der Ingwer als Ingwerpulver.

2. **Zittwerwurzel** (Curcuma Zedoaria), wird wie die Ingwerwurzel verwandt.

3. **Galgant.** Ähnlich wie Ingwer, heute aber sehr selten verwandt.

4. **Süßholz,** besitzt kaum diätetisches Interesse.

8. Genußmittel.

Im Gegensatz zu den Gewürzen, wo scharf riechende oder schmeckende Stoffe, meist ätherische Öle, das wirksame Prinzip bilden, ist hier das wirksame Prinzip in einem Alkaloid gelegen, das an sich auf unsre Geschmacks- und Geruchsnerven keinen wesentlichen Eindruck macht, dagegen eine Wirkung auf das zentrale Nervensystem ausübt. Darin liegt die große Bedeutung dieser alkaloidhaltigen Genußmittel: sie regen die Centra, nicht zuletzt auch die Centra der Allgemeingefühle an. Daneben können einzelne Genußmittel (Schokolade, Kakao) auch noch einen gewissen Nährwert haben.

Kaffee wird aus den Kaffeebohnen bereitet; diese sind Samenkerne bestimmter Arten der Kaffeestaude. Die Kaffeebohnen werden zunächst einem Röstprozeß (200—250°) ausgesetzt, der zur braunen Färbung führt. Gleichzeitig entsteht dadurch das Aroma. Zu starkes Rösten führt zum Verlust von Aroma; ebenso muß die geröstete Kaffeebohne in luftdicht geschlossenen Gefäßen aufbewahrt und erst vor der Bereitung des Kaffeeaufgusses vermahlen werden. Das wichtigste wirksame Prinzip des Kaffees ist das Koffein. Seine erregende Wirkung auf die Centra besteht in einer Steigerung des Wohlgefühls, des Gefühls der Leistungsfähigkeit, der Apperzeptions- und Denkfähigkeit, in einem Verschwinden des Ermüdungsgefühls; außerdem steigt der Blutdruck. In einer Tasse Kaffee, die aus 15 g Kaffeebohnen und 200 ccm Wasser zubereitet ist, genießen wir etwa 0,20 g Koffein, d. h. eine medizinale Dosis. Das Kaffeeöl ist der aromatische Stoff des Kaffees.

Kaffee-Ersatzmittel können naturgemäß nicht die Koffeinwirkung des Kaffees besitzen, sind indessen doch beliebt, als sie wie der Kaffee wohlschmeckende Getränke liefern und damit die Möglichkeit den Menschen geben, ihren Flüssigkeitsbedarf auf mehr oder minder geschmackvolle Weise zu decken. Den Ersatzmitteln fehlt neben dem Koffein auch das Kaffeöl. Was daher „wohlschmeckend" an den

Kaffee-Ersatzmitteln sein kann, sind schließlich nur die durch das Rösten entstandenen brenzligen Stoffe. Hier seien einige der Kaffee-Ersatzmittel angeführt:

Zichorienkaffee, gebrannter Zucker, Feigenkaffee, Roggen-Gerstenkaffee, Gerstenmalzkaffee, Eichelkaffee.

Der Tee besteht aus den getrockneten und zusammengerollten Blattknospen und Blättern des Teestrauches. Die Teesorten unterscheiden sich je nach dem Alter der Blätter; die besten Teesorten sind Blattknospen mit nur dem ersten Blatt, die geringsten Sorten bestehen nur aus dem 2.—4. Blatte. Die Unterscheidung des Tees in grünen, gelben, schwarzen oder roten Tee beruht auf der Behandlung; so werden die grünen Blätter im Schatten getrocknet, die gelben in der Sonne; bei dem schwarzen Tee durchlaufen die Blätter noch einen Gärungsprozeß. Ähnlich wird der rote Tee gewonnen. Wir führen hier einige Teesorten an:

I. Chinesischer Tee:
   a) schwarzer Tee: Pekko (beste Sorte), Souchong (fünfte Sorte),
   b) grüner Tee: Haysan (beste Sorte), Imperial (sechste Sorte),
   c) gelber Tee: Karawanentee und gelber Mandarinentee.

II. Ceylontee: Pekko (beste Sorte), Souchong, Kongo (minderste Sorte).

III. Javatee:
   a) schwarzer Tee: Pekko (beste Sorten), Souchon, Stof (mindere Sorten),
   b) grüner Tee: Joosges, Schesi.

IV. Ostindischer Tee: Orange, Flowery, Pekko, Souchong, Kongo, Dust.

Das wirksame Prinzip im Tee ist in dem Tein enthalten (= Koffein); das Tein ist als gerbsaure Verbindung enthalten, die sich nur in heißem Wasser löst, in kaltem wieder ausfällt. Darum trübt sich auch kalter Tee. Der Tee enthält auch noch Theophyllin (Diuretikum) und Amide. Ausgezeichnet ist der Tee durch seinen aromatischen Geschmack; durch zu langes Ziehen wird der Aufguß zu stark gerbsäurehaltig.

Als Ersatzmittel kommen in Frage:

Maté oder Paraguaytee (Blätter von Ilex paraguyaensis), er enthält aber Tein! Kaffebaumblätter, böhmischer und kroatischer Tee, Harzer Gebirgstee (Blüten von Schafgarbe), Perltee, Homerianatee u. a. m.

Kakao und Schokolade. Die Kakaobohnen sind die Samen des echten Kakaobaumes. Um sie als Genußmittel verwendungsfähig zu machen, müssen sie geröstet und von ihrer Schale befreit werden. Die so befreiten Bohnen werden alsdann unter Erwärmen auf 70—80° zu einer gleichförmigen Masse, der sog. Kakaomasse, zerrieben. Die Bohnen werden allerdings meist vorher entfettet (durch erwärmte Pressen).

Man spricht von entöltem **Kakao**, Kakaopulver, löslichem Kakao, was alles das gleiche bedeutet. Häufig wird der Kakao durch allerlei Zusätze wohlschmeckender gemacht (z. B. Nelken, Zimt, Vanille, Perubalsam u. a.). Auch Proteinsubstanzen werden zugesetzt, oder Malzextrakte u. dgl. mehr (s. u. Nährpräparate).

Die **Schokolade** ist ein Gemisch von enthülsten Kakaobohnen, Zucker mit Gewürzen (Vanille, Nelken, Zimt).

Bessere Schokolade enthält auf etwa 50 Teile Kakaomasse etwa die gleiche Menge Zucker. Kakao und Schokolade enthalten Theobromin zu etwa 1%. Der Kakao enthält etwa 20%. Der Gehalt an Fett ist wohl die Ursache seiner diätetischen Schwerbekömmlichkeit, die in keinem Verhältnis zu seinem Nährwert steht.

9. Alkoholische Getränke.

Darunter verstehen wir Bier, Wein und Branntwein. Im Anschluß daran wird auch der Essig zu besprechen sein.

Bier enthält Alkohol, Kohlensäure neben einer Menge unvergorener Extraktivstoffe. Man unterscheidet helle und dunkle Biere, je nach der Menge des verwendeten Malzes; obergärige und untergärige Biere, wobei bei ersteren die Gärung schneller verläuft und bei höherer Temperatur, die Hefe auftreibt, bei letzteren die Gärung langsamer verläuft und die Hefe sich absetzt; stark und schwach eingebraute Biere, je nach der angewandten Stammwürze; hoch und niedrig vergorene Biere, je nach der Höhe des Vergärungsgrades.

Das Bier enthält zwischen 83—92% Wasser, 0,1—0,4% Kohlensäure, zwischen 3—5% Alkohol, 1—6% Malzzucker, 2—4% Dextrin, ferner Milchsäure und Glyzerin.

Den höchsten Alkohol haben Porter und Ale, Schankbier hat etwa 3,4% Alkohol.

Unter **Wein** versteht man nach dem Weingesetz das durch alkoholische Gärung aus dem Safte der Weintraube hergestellte Getränk.

Tisch- oder Trinkwein enthalten in 100 ccm 6—12 g Alkohol, höchstens 0,1 g Zucker, 1,5—2,5 g Extraktstoffe.

Der Mosel- und Saarwein enthalten 7,36% Alkohol, Rheingauwein 8,12%, Frankenwein 7%, Pfälzerwein 8,54%, von deutschen Rotweinen haben die Weine vom Ahrtal 9,47%, von Rheinhessen 8,80%, Baden 7,57% Alkohol (durchschnitttlich), französischer Rotwein 8,16%, ungarischer Rotwein 9,15%.

Sog. Dessertweine sind reicher an Alkohol und Zucker als die obengenannten Weine; sie zeichnen sich auch durch eine eigenartige Feinheit des Geschmacks, wie Milde, aus, z. B. Tokayer Ausbruchweine mit 7,8—17,6 Vol.-% Alkohol, sizilianischer Muskatwein 15,3 Vol.-%, Malagawein 13—19 Vol.-%, griechischer Malvasiawein 6—15 Vol.-%. Demgegenüber sind sog. Likörweine durch niedrigen Extraktgehalt, aber hohen Alkoholgehalt ausgezeichnet: Marsalla 19,8—24,4 Vol.-%, Sherry 18—25 Vol.-%, Portwein 15—24 Vol.-%, Madeira 18—20 Vol.-%, Cypernwein 17 Vol.-%.

Bei den Schaumweinen beträgt der Alkoholgehalt zwischen 9,5 bis

10,5% Alkohol; der Zuckergehalt beträgt bei den süßen Schaumweinen 11%, bei den herben 0,5%.

Hier sei auch noch der sog. Obst- und Beerenweine gedacht, deren Alkoholgehalt ein hoher ist, wie beifolgende Tabelle lehrt.

	Für 100 ccm in g		
	Alkohol	Extrakt	Zucker
Kirschwein	5,71	6,60	0,37
Stachelbeerwein, herb . .	8,06	1,97	0,08
„ süß . . .	10,74	12,78	9,79
Johannisbeerwein, herb . .	10,09	2,25	0,09
„ süß . .	11,15	9,51	7,39
Heidelbeerwein, herb . . .	7,56	2,28	0,11
„ süß . . .	7,86	9,21	7,96
Erdbeerwein	9,59	16,34	14,11
Himbeerwein	9,91	15,43	12,44

Branntweine und Liköre. Die gewöhnlichen Trinkbranntweine enthalten zwischen 25—45 Vol.-% Alkohol bei einem geringen Abdampfrückstand; die bekanntesten sind: Kornbranntwein (Nordhäuser Korn, Whisky) und Branntweine aus Kartoffeln, ferner Edelbranntweine aus Früchten: Äpfelbranntwein, Birnenbranntwein, Kirschbranntwein, Zwetschenbranntwein und sonstige Branntweine, Tresterbranntwein, ferner der aus der Destillation des Weines gewonnene Kognak, der Rum.

Liköre (und Bittere) bestehen aus Weingeist mit Zucker, Pflanzenextrakten, aromatischen Ölen usw. Man unterscheidet Doppel- oder Tafelliköre, erstere enthalten im Liter 500 g, letztere bis zu 1000 g Zucker; der Alkoholgehalt beträgt bis zu 56 Vol.-% (so z. B. der Curaçao), der Boonekamp 50%, Benediktiner 52%, schwedischer Punsch aber nur 26,3%.

Anhang:

Essig.

Dieser wird durch Gärung aus Alkoholhaltigem gewonnen; danach unterscheidet man Weinessig, Bier-, Malz- und Getreideessig. Kräuteressige werden dadurch gewonnen, daß man den fertigen Essig auf die trockenen Kräuter gießt und einige Tage stehen läßt (so z. B. Estragonessig, Senfessig, Räucheressig usw.).

Sog. Essigessenz (durch Holzdestillation gewonnen) ist zum diätetischen Gebrauche nicht zu empfehlen, höchstens als Gewürzmittel; sie muß vor ihrem Gebrauche mit Wasser verdünnt werden.

10. Kochsalz.

Die salzende Kraft des Kochsalzes hängt von der Menge des hygroskopisch gebundenen Wassers ab und seiner Grobkörnigkeit. Das sog. Tafelsalz salzt besser, weil es feiner und trockener ist. Es empfiehlt sich, um die salzende Wirkung zu erhöhen, Kochsalz vorher auf einer heißen Platte, eventuell in der Ofenröhre zu trocknen.

11. Nährpräparate inkl. der Fleischextrakte.

Künstliche Nährpräparate haben unter physiologischen Verhältnissen keine Berechtigung in der Ernährung; sie sind, wenn überhaupt, höchstens bei Kranken indiziert, und zwar dann, wenn es gilt, hochwertigere Nährstoffe in kleinem Volumen, in leicht löslicher und gut assimilierbarer Form einem Kranken beizubringen. Dabei ist noch zu berücksichtigen, daß die trockenen, eiweißhaltigen Präparate schlechter ausgenutzt werden als das Eiweiß der frischen Nahrungsmittel, weil dieses gequollen ist.

Eiweißpräparate.

Dazu gehört nicht, wie gleich hervorgehoben sein mag, das Fleischextrakt.

Unter Fleischextrakt versteht man die zur festen Konsistenz eingedampfte Fleischbrühe aus Ochsenfleisch (nach dem Vorbilde von Justus Liebig). Ein Kilogramm Fleischextrakt enthält die löslichen Bestandteile von 45 kg Ochsenfleisch.

Ihr Wert beruht in den Extraktivstoffen, die die sekretorische Magenfunktion anregen. Liebigs Fleischextrakt enthält 20,5% lösliches Eiweiß und 38% Extraktivstoffe. Valentines Meat juice, der Fleischsaft Carno haben eine ähnliche Bedeutung wie Liebigs Fleischextrakt, desgleichen Brands Meat juice und die Präparate Toril und Fluid meat. Man verwendet Fleischextrakt als Zusatz zu Bouillon, Suppen, Gemüsen, Soßen usw.

Als Eiweißpräparate zu beurteilen sind die folgenden Peptonpräparate: Pepton, Liebig, Kemmerich, Witte, Koch, Merck, Antweiler, Denayer, Eibel. Der Zweck dieser Präparate ist, dem Magen die Verdauung des Eiweißes abzunehmen; indessen eine spezielle Indikation in der Diätetik der Magenerkrankungen, peptonisiertes Eiweiß zu verabreichen, existiert nicht, da selbst bei fehlender Salzsäuresekretion des Magens koagulables Eiweiß im Darm so weit genügend abgebaut werden kann, um resorbiert zu werden.

Die Somatose, ebenfalls bis zu Albumosen abgebautes Eiweiß darstellend, mit einem Eiweißgehalt von 89—90%, zeichnet sich durch leichte Resorbierbarkeit aus, macht indessen, in größeren Mengen genossen, leicht Durchfälle.

Vor dem Kriege haben die Höchster Farbwerke ein bis zu Aminosäuren und Peptiden abgebautes Eiweiß unter dem Namen Erepton in den Handel gebracht, das als Zusatz zu Nährklistieren empfohlen wurde.

Als Fleischpulver kommen Tropon und Soson in den Handel; das Tropon besteht aus Fleisch- und Fleischabfällen mit zerstoßenen Getreidekörnern versetzt, vom Pflanzeneiweiß Aleuronat, und Roborat. Aus Milcheiweiß besitzen wir das Eukasin (Kaseinammoniak), Nutrose (Kaseinnatrium) und Plasmon (Kaseinnatriumbikarbonat). Sanatogen enthält außerdem noch glyzerinphosphorsaure Salze. Sanatogen ist ein sehr reines Eiweißpräparat.

Von sonstigen Eiweißpräparaten sollen noch die Eiereiweißpräparate: Nährstoff Heyden, ferner Protogen erwähnt werden, auch ein Gelatinepräparat, das Gluton.

Es sei hier eine Reihe derartiger Präparate nach Wegele zusammengestellt. Diese Präparate sind durchaus nicht alle in Wasser löslich; sie quellen meist nur auf und sind infolgedessen schwerer verdaulich als das Eiweiß unserer frischen Nahrungsmittel.

100 g	Eiweiß	Wasser	Salze	Fette	Kohlenhydrate	Kalorien	Preis
Sanatogen	95,0	?	?	—	—	390	3,20
Hämalbumin	95,4	—	4,6	—	—	390	3,40
Roborat	94,2	—	?	—	—	386	0,60
Hämatineiweiß (Dr. Plönies)	79,0	9,8	1,2	0,5	9,5	362	2,00
Tropon	90,0	8,5	0,8	0,15	—	370	0,60
Fersan	90,0	5,45	4,5	0,7	1,0	370	5,20
Aleuronat	91,4	—	0,7	—	—	357	0,20
Alkarnose	23,8	—	3,4	17,7	55,3	348	2,50
Somatose	81,4	10,0	6,7	—	—	382	5,00
Protylin	81,0	7,26	2,7	—	—	—	5,00
Plasmon	74,5	12,5	8,3	1,7	2,7	328	0,55
Galaktogen	73,3	9,1	6,6	0,4	—	300	0,50
Bioson	89,3	6,25	3,8	5,8	10,8	382	0,60
Liebigs Fleischpepton	58,0	30,0	7,0	—	—	238	1,80
Fleischsaft Puro	33,2	36,6	?	—	—	136	1,70

Zuntz hat die Präparate in bezug auf Kaufpreis und Nährwert geordnet. Man erhält

von Aleuronat in 500 g etwa 1785 Kalorien,
von Galaktogen in 200 g etwa 600 Kalorien,
von Roborat in 166 g etwa 645 Kalorien,
von Tropon in 166 g etwa 615 Kalorien,
von Bioson in 166 g etwa 637 Kalorien,
von Plasmon in 180 g etwa 600 Kalorien,
von Hämatineiweiß in 50 g etwa 180 Kalorien,
von Alkarnose in 40 g etwa 140 Kalorien,
von Liebigs Fleischpepton in 55 g etwa 130 Kalorien,
von Sanatogen in 30 g etwa 120 Kalorien,
von Fleischsaft Puro in 60 g etwa 80 Kalorien,
von Hämalbumin in 20 g etwa 80 Kalorien,
von Fersan in 20 g etwa 70 Kalorien,
von Somatose in 20 g etwa 65 Kalorien.

Wie weit in dem Gehalt einiger dieser Präparate an Hämatin, Eisen, Lezithin usw. spezielle Indikationen liegen, sei dahingestellt. Eisen, Hämoglobin usw. in Nährpräparaten zuzuführen, halten wir nicht für notwendig.

Unter den Kohlenhydrat-Präparaten seien die feinst vermahlenen Mehle (s. d. Tabelle nach G. Klemperer) angeführt. Sie bestehen hauptsächlich aus Stärke, von der ein kleiner Teil (etwa 10%) bei den Knorrschen und Hartensteinschen Mehlen aufgeschlossen ist.

	Wasser	Eiweiß	Fett	Kohlenhydrate	Asche
Knorrsches Hafermehl . . .	9,4	11,1	5,1	73,6	0,7
„ Reismehl	12,8	6,9	0,7	78,8	0,6
„ Gerstenmehl . .	10,9	7,9	1,4	77,5	1,4
„ Hafergrütze . . .	10,5	14,1	5,5	67,9	2,0
„ Hafermak. . . .	7,2	10,6	6,2	74,3	1,7
„ Tapioka	7,9	—	—	91,9	0,2
„ Bohnenmehl . .	10,3	23,2	2,13	59,4	1,7
„ Erbsenmehl . . .	10,4	25,2	2,01	57,2	2,9
„ Linsenmehl . . .	10,4	25,5	1,8	57,3	2,6
Maizena	14,3	0,5	—	89,9	0,3
Mondamin	11,9	0,5	—	87,2	0,3
Arrowroot	16,9	0,9	—	82,4	0,2

Hartensteins Leguminosenmehle kommen in vier verschiedenen Zusammensetzungen in den Handel:

Mischung I enthält 27 g Eiweiß, 62 g Kohlenhydrate,
Mischung II enthält 21 g Eiweiß, 68 g Kohlenhydrate,
Mischung III enthält 18 g Eiweiß, 69 g Kohlenhydrate,
Mischung IV enthält 15 g Eiweiß, 72 g Kohlenhydrate.

Als leichter verdaulich, d. h. aufschließbar und assimilierbar kann man die aufgeschlossenen, dextrinisierten Mehle verwenden, die in der Säuglingsernährung gute Dienste leisten; wir nennen nur Löfflund, Nestle, Kufeke, Timpe, Theinhardt, Rademann u. a. m. Diese Präparate enthalten daneben auch noch Eiweiß.

Als reine Malzpräparate nennen wir die Präparate von Liebe, Löfflund, Schering, Brunnengräber. Sehr brauchbar ist die Braunschweiger doppelte Schiffsmumme. Übrigens stellt der Honig mit einem Zuckergehalt von 80% ein nahrhafteres Kohlenhydrat dar als manche Malzpräparate mit einem Malzzuckergehalt von 50%.

Die Malzbiere haben ebenfalls mit einem Extraktgehalt von 16 bis 20% einen höheren Nährwert als gewöhnliche Biere.

Als kombinierte Nährpräparate bezeichnen wir die kohlenhydratreichen Präparate, wie Hygiama, letzteres von gutem Geschmack; es besteht aus kondensierter Milch, präparierten Mehlen und, zum Teil entfettetem Kakao (22,8% Eiweiß, 6,6% Fett, 52,8% lösliche Stärke und 10,5% unlösliche Kohlenhydrate); man kann es zweckmäßig mit Milch verabreichen. Ferner Odda, hergestellt aus Eigelb, Kakaofett, Molken, dextrinisiertem Mehle und löslichen Kohlenhydraten. Odda M. R. enthält zudem noch Kakao. Schließlich Riedels Kraftnahrung (Mischung von Eigelb und Malz). Unter den Kakaopräparaten Merings Kraftschokolade (Kakao und Ölsäure), Rademanns Nährkakao (25% Kohlenhydrat und 21% Fett).

Zusammensetzung der gewöhnlichen Nahrungsmittel

nach Atwater und Bryant,

Report of the Storr's Agricultural Experiment Station 1899, S. 113.

Nahrungsmittel	Ungenießbare Abfälle	Genießbarer Anteil						
		Wasser	Unverwertbare Nährstoffe	Verwertbare Nährstoffe				
				Eiweiß	Fett	Kohlenhydrate	Asche	Brennwert pro 100 g
Animalische Nahrungsmittel.	%	%	%	%	%	%	%	Kal.
Rindfleisch (roh).								
Brust	23,3	54,6	2,1	15,3	27,1	—	0,7	325
Bauchfleisch	10,2	60,2	1,9	18,3	19,9	—	0,7	270
Nierenbraten (mager)	13,1	67,0	1,2	19,1	12,1	—	1,0	200
Nierenbraten (mittel)	13,3	60,6	1,8	17,9	19,2	—	0,8	260
Nierenbraten (fett)	10,2	54,7	1,9	17,0	26,2	—	0,9	324
Hals	27,6	63,4	1,6	19,5	15,7	—	0,7	234
Rippen	20,8	55,5	2,0	17,0	25,3	—	0,7	317
Lendenstück	20,7	56,7	2,0	16,9	24,2	—	0,7	304
Unterschenkel	36,9	67,9	1,4	19.8	11,0	—	0,7	190
Zunge	26,5	70,8	1,3	18,3	8,7	—	0,8	163
Schulter	16,4	68,3	1,5	19,0	10,7	—	0,8	185
Vorderes Viertel	18,7	60,4	1,8	17,4	20,3	—	0,7	270
Hinteres Viertel	15,7	59,8	1,8	17,8	20,5	—	0,7	273
Seite (mager)	19,5	67,2	1,3	18,7	12,5	—	0,9	200
Seite (mittel)	17,4	59,7	1,8	17,6	20,9	—	0,7	275
Seite (fett)	13,2	47,8	2,5	15,7	34,6	—	0,5	280
Leber	7,0	71,2	1,2	20,4	4,3	1,7	1,2	137
Rindfleisch (in Konserven und gekocht).								
Geräuchert	4,7	54,3	3,5	29,1	6,2	—	6,8	187
Brust in Konserven	21,4	50,9	3,2	17,8	23,5	—	4,2	302
Bauchfleisch, gewürzt als Konserve	12,1	49,9	2,7	14,2	31,4	—	2,2	360
Rumpf als Konserve	6,0	58,1	2,2	14,8	22,1	—	2,8	275
Gekocht, eingelegt	—	51,8	2,2	24,7	21,4	—	1,0	312
Gebraten, eingelegt	—	51,8	2,7	25,5	17,8	—	3,0	281
Gekochtes Rindfleisch	—	38,1	2,7	25,4	33,2	—	0,7	425
Filet, gekocht	—	48,2	2,4	21,6	27,2	—	1,0	310
Nierenbraten, gekocht	—	54,8	2.0	22,8	19,4	—	0,9	274
Kaldaunen, mit Gewürz eingelegt	—	86,5	0,6	11,3	1,1	—	0,2	61
Kalbfleisch (frisch).								
Brust	21,3	66,0	1,5	18,9	13,3	—	0,8	210
Kotelett	3,4	70,7	1,3	19,7	7,3	—	0,8	156
Bauchfleisch	—	68,9	1,3	19,9	9,9	—	0,8	182
Keule	14,2	70,0	1,3	19,6	8,6	—	0,9	167
Lende	16,5	69,0	1,3	19,3	10.3	—	0,8	205
Hals	31,5	72,6	1,1	19,7	6,6	—	0,8	150
Rippen	24,3	72,7	1,2	20,1	5,8	—	0,8	140

Zusammensetzung der gewöhnlichen Nahrungsmittel.

Nahrungsmittel	Ungenießbare Abfälle	Genießbarer Anteil						
		Wasser	Unverwertbare Nährstoffe	Verwertbare Nährstoffe				
				Eiweiß	Fett	Kohlenhydrate	Asche	Brennwert pro 100 g
Animalische Nahrungsmittel.	%	%	%	%	%	%	%	Kal.
Unterschenkel	62,7	74,5	1,0	20,1	4,4	—	0,8	130
Vorderes	24,5	71,7	1,2	19,4	7,6	—	0,7	157
Hinteres	20,7	70,9	1,2	20,1	7,9	—	0,8	163
Seite	22,6	71,3	1,2	19,6	7,7	—	0,8	160
Leber	—	73,0	0,9	9,7	5,0	—	1,0	90
Lamm (frisch).								
Brust	19,1	56,2	2,0	18,5	22,4	—	0,8	294
Keule	17,4	63,9	1,7	18,6	15,7	—	0,8	231
Lende	14,8	53,1	2,2	18,1	26,9	—	0,8	335
Hals	17,7	56,7	1,9	17,2	23,6	—	0,8	300
Schulter	20,3	51,8	2,2	17,6	28,2	—	0,8	344
Vorderes	18,8	55,1	2,0	17,8	24,5	—	0 8	310
Hinteres	15,7	60,9	1,8	19,0	18,4	—	0,8	255
Seite	19,3	58,2	2,0	17,1	21,9	—	0,8	283
Lamm (gekocht).								
Schnitzel, rasch abgebraten	13,5	47,6	2,5	21,0	28,4	—	1,0	361
Keule, gebraten	—	67.1	1,4	19,1	12,1	—	0,6	200
Schaf (frisch).								
	21,3	50,9	2,4	14,6	31,9	—	0,7	366
Bauchfleisch	9,9	46,2	2,6	14,7	36,4	—	0,5	410
Keule	18,4	62,8	1,7	17,9	17,1	—	0,8	241
Lende	16,0	50,2	2,4	15,5	31,4	—	0,6	365
Hals	27,4	58,1	2,0	16,4	23,4	—	0,7	395
Schulter	22,5	61,9	1,7	17,2	18,9	—	0,7	255
Vorderes	21,2	52,9	2,2	15,1	29,4	—	0,7	345
Hinteres	17,2	54,8	2,1	16,2	26,7	—	0,6	325
Seite	18,1	54,2	2,1	15,8	27,5	—	0,7	330
Schaf (gekocht und in Blechdosen).								
Gebratene Keule	—	50,9	2,1	24,3	21,5	—	0,9	310
Gewürzt, in Blechdosen	—	45,8	3,0	27,9	31,7	—	3,2	330
Zunge in Blechdosen	—	47,6	3,1	23,7	22,8	—	3,6	330
Schwein (frisch).								
Rippen und Schulter	18,1	51,1	2,3	16,8	29,5	—	0,7	353
Bauchfleisch	18,0	59,0	1,9	17,9	21,1	—	0,8	278
Lende, Schnitzel	19,7	52,0	2,2	16,1	28,6	—	0,8	342
Keule	10,7	53,9	2,1	14,8	27,5	—	0,6	326
Schulter	12,4	51,2	2,3	12,9	32,5	—	0,6	365
Seite	11,5	34,4	3,2	8,8	52,5	—	0,4	517

Zusammensetzung der gewöhnlichen Nahrungsmittel.

Nahrungsmittel	Ungenießbare Abfälle	Genießbarer Anteil: Wasser	Unverwertbare Nährstoffe	Verwertbare Nährstoffe: Eiweiß	Fett	Kohlenhydrate	Asche	Brennwert pro 100 g
Animalische Nahrungsmittel.	%	%	%	%	%	%	%	Kal.
Schwein (gewürzt, eingesalzen und geräuchert).								
Speck	7,7	18,8	4,8	9,6	64,0	—	3,3	650
Schinken	13,6	40,3	3,6	15,8	36,9	—	3,6	420
Schulter	18,2	45,0	3,8	15,4	30,9	—	5,0	361
Mageres Salzfleisch	11,2	19,9	5,1	8,1	63,7	—	4,3	540
Fettes Salzfleisch	—	7,9	5,4	1,8	81,9	—	2,9	785
Schweinsfüße, gewürzt	35,5	68,2	1,4	15,8	14,1	—	0,7	202
Schwein (gekocht).								
Gebratene Schweinskotelettes	—	33,6	3,1	24,1	35,7	—	1,7	445
Gebratene Steaks	—	33,2	3,3	19,3	43,1	—	1,1	495
Würste.								
Bologneser	3,3	60,0	2,4	18,1	16,7	0,3	2,8	240
Frankfurter	—	57,2	2,3	19,0	17,7	1,1	2,6	255
Schweinswurst	—	39,8	3,1	12,6	42,0	1,1	1,7	458
Geflügel und Wild (frisch).								
Junge Hühner, am Rost gebraten	41,6	74,8	1,0	20,9	2,4	—	0,8	115
Huhn	25,9	63,7	1,6	18,7	15,5	—	0,8	230
Gans	17,6	46,7	2,5	15,8	34,4	—	0,6	400
Truthahn	22,7	55,5	1,9	20,5	21,8	—	0,8	187
(Gekocht und in Dosen).								
Kapaun	10,4	59,9	1,7	26,2	10,9	—	1,0	220
Gebratener Indian	—	67,5	1,3	17,1	10,9	0,8	2,4	188
Charadrins (gebraten und in Dosen)	—	57,7	1,7	21,7	9,7	1,6	7,6	217
Wachtel in Dosen	—	66,9	1,6	21,1	7,6	1,1	1,7	172
Fische (frisch).								
Barsch, schwarz	54,8	76,7	1,0	20,0	1,6	—	0,9	103
Blaufisch	48,6	78,5	1,0	18,8	1,1	—	1,0	92
Stockfisch	29,9	58,5	0,5	10,8	0,2	—	0,6	50
Filets vom Stockfisch	9,2	79,7	0,9	18,1	0,5	—	0,9	85
Flunder	61,5	84,2	0,7	13,8	0,6	—	1,0	66
Filet von Heilbutte	17,7	75,4	1,1	18,0	4,9	—	0,8	125
Seeforelle	48,5	70,8	1,3	17,3	9,8	—	0,9	170
Makrele	44,7	73,4	1,3	18,1	6,7	—	0,9	145
Weißfisch	53,5	69,8	1,4	22,2	6,2	—	1,2	156

Zusammensetzung der gewöhnlichen Nahrungsmittel.

Nahrungsmittel	Ungenießbare Abfälle	Genießbarer Anteil						
		Wasser	Unverwertbare Nährstoffe	Verwertbare Nährstoffe				
				Eiweiß	Fett	Kohlenhydrate	Asche	Brennwert pro 100 g
Animalische Nahrungsmittel.	%	%	%	%	%	%	%	Kal.
Schaltiere (frisch).								
Mya arenaria in Schalen	41,9	85,8	1,0	8,3	0,9	2,0	2,0	43
Venus mercenaria in Schalen	67,5	86,2	0,9	6.3	0,4	4,2	2,0	45
Austern in Schalen	81,4	86,9	0,8	6,0	1,1	3,7	1,5	52
Austern	—	88,3	0,6	5,8	1,2	3,3	0,8	50
Krabben mit harten Schalen	52,4	77,1	1,4	16,1	1,9	1,2	2,3	94
Hummer	61,7	79,2	1,1	15,9	1,7	0,4	1,7	88
Fische (in Konserven und Blechdosen).								
Eingesalzener Stockfisch	24,9	53,5	6,8	20,9	0,3	—	18,5	95
Eingesalzener Stockfisch ohne Gräten	1,6	55,0	5,5	24,9	0,3	—	14,3	112
Heilbutte, geräuchert	7,0	49,4	5,0	20,1	14,3	—	11,3	225
Hering, geräuchert	44,4	34,6	5,2	35,8	15,0	—	9,9	300
Makrele, eingesalzen	19,7	43,4	5,0	16,8	25,1	—	9,7	311
Lachs in Dosen	14,2	63,5	1,9	21,1	11,5	—	2,0	201
Sardinen in Dosen	5,0	52,3	3,1	22,3	18,7	—	4,2	275
Hummern in Dosen	—	77,8	1,3	17,6	1,0	0,4	1,9	88
Venus mercenaria in Dosen	—	82,9	1,0	10,2	0,8	3,0	2,1	65
Austern in Dosen	—	83,4	0,8	8,5	2,3	3,9	1,1	75
Eier.								
Eier, roh	11,2	73,7	1,1	13,0	10,0	—	0,8	153
Eier, gekocht	11,2	73,2	1,2	12,8	11,4	—	0,6	166
Molkereiprodukte usw.								
Vollmilch	—	87,0	0,5	3,2	3,8	5,0	0,5	68
Magermilch	—	90,5	0,3	3,3	0,3	5,1	0,5	37
Kondensierte Milch, gesüßt	—	26,9	1,2	8,5	7,9	54,1	1,4	321
Obers	—	74,0	1,1	2,4	17,6	4,5	0,4	190
Käse	—	34,2	3,4	25,1	32,0	2,4	2,0	415
Butter	—	11,0	4,9	1,0	80,8	—	2,3	750
Oleomargarine usw.	—	9,5	5,7	1,2	78,9	—	4,7	745
Schweineschmalz usw.	—	—	5,0	—	95,0	—	—	880
Diverse animalische Nahrungsmittel.								
Aspik	—	13,6	3,2	88,7	0,1	—	1,6	468
Sülze	—	77,6	0,3	4,2	—	17,4	1,5	90

Zusammensetzung der gewöhnlichen Nahrungsmittel.

Nahrungsmittel	Ungenießbare Abfälle	Genießbarer Anteil: Wasser	Unverwertbare Nährstoffe	Verwertbare Nährstoffe: Eiweiß	Fett	Kohlenhydrate	Asche	Brennwert pro 100 g
Pflanzliche Nahrungsmittel (Zerealien usw.).	%	%	%	%	%	%	%	Kal.
Rollgerste	—	11,5	4,0	6,6	1,0	76,1	0,8	360
Buchweizenmehl	—	13,6	3,5	5,2	1,1	75,9	0,7	352
Kornmehl, fein	—	12,6	3,6	5,8	1,2	76,3	0,5	358
Kornmehl, grob	—	12,5	4,0	7,5	1,7	73,5	0,8	358
Zerealine	—	10,3	4,2	7,8	1,0	76,3	0,4	364
Hominy	—	11,8	3,8	6,8	0,5	76,9	0,2	368
Hominy, gekocht	—	79,3	0,9	1,8	0,2	17,4	0,4	83
Hafermehl und Hafergrütze	—	7,8	5,6	13,4	6,6	65,2	1,4	395
Reis	—	12,3	3,7	6,5	0,3	76,9	0,3	354
Reis, gesotten	—	72,5	1,1	2,3	0,1	23,8	0,2	111
Reismehl	—	12,9	3,6	5,3	0,8	76,9	0,5	354
Weizenmehl	—	11,4	4,5	10,7	1,7	70,9	0,8	362
Klebermehl	—	12,0	4,6	11,0	1,6	70,1	0,7	360
Kleienmehl	—	11,3	4,7	10,3	2,0	70,4	1,3	361
Weizenpräparate:								
„Frühstückspeise“	—	9,6	4,5	9,3	1,6	74,0	1,0	367
Makkaroni	—	10,3	4,5	10,4	0,8	73,0	1,0	361
Makkaroni, gekocht	—	78,4	1,3	2,3	1,4	15,6	1,0	89
Spaghetti	—	10,6	4,0	9,4	0,4	75,1	0,5	361
Nudeln	—	10,7	4,2	9,1	0,9	74,3	0,8	361
Brot:								
Schwarzbrot	—	43,6	2,8	4,2	1,6	46,2	1,6	228
Kornbrot	—	38,9	3,5	6,5	4,2	45,2	1,7	257
Roggenbrot	—	35,7	3,4	7,3	0,5	52,0	1,1	255
Grahambrot	—	35,7	3,4	6,9	1,6	51,3	1,1	261
Weizenbrot	—	38,4	3,2	7,5	0,8	49,1	1,0	248
Weißes Weizenbrot	—	35,3	3,3	7,1	1,2	52,3	0,8	263
Soda-Biskuits	—	22,9	4,7	7,2	12,3	51,8	1,1	364
„Roles“	—	29,2	3,6	6,9	3,7	55,8	0,8	300
Gebähtes Brot	—	24,0	4,1	8,9	1,4	60,3	1,3	306
Zwieback:								
Boston (spit)	—	7,5	5,0	8,5	7,7	69,9	1,4	405
Milch- und Oberszwieback	—	6,8	5,0	7,5	10,9	68,5	1,3	402
Grahamzwieback	—	5,4	4,8	7,7	8,5	72,5	1,1	418
Austernzwieback	—	4,8	5,4	8,8	9,5	69,3	2,2	419
Sodazwieback	—	5,9	4,9	7,6	8,2	71,8	1,6	430
Wasserzwieback	—	6,8	5,0	8,3	7,9	70,6	1,4	407
Kakes, Kuchen usw.								
Bakers Kakes	—	31,4	3,3	4,8	4,1	55,8	0,6	294
Kaffeekakes	—	21,3	3,8	5,5	6,8	61,9	0,7	348
Lebzelten	—	18,8	4,3	4,5	8,1	62,1	2,2	356
Schwammkuchen	—	15,3	4,4	4,8	9,6	64,5	1,4	382
Dropkuchen	—	16,6	4,5	5,9	13,2	59,2	0,6	397
Melassenkuchen	—	6,2	4,7	5.6	7,8	74,0	1,7	408

Zusammensetzung der gewöhnlichen Nahrungsmittel.

Nahrungsmittel	Ungenießbare Abfälle	Genießbarer Anteil: Wasser	Unverwertbare Nährstoffe	Verwertbare Nährstoffe: Eiweiß	Fett	Kohlenhydrate	Asche	Brennwert pro 100 g
Pflanzliche Nahrungsmittel (Zerealien usw.).	%	%	%	%	%	%	%	Kal.
Zuckerplätzchen	—	8,3	4,5	5,4	9,2	71,6	1,0	410
Pfeffernüsse	—	6,3	4,7	5,0	7,7	74,3	2,0	406
Waffeln	—	6,6	4,8	6,7	7,7	73,0	1,2	408
In Fett gebackene Kuchen	—	18,3	4,8	5,2	18,9	52,1	0,7	417
Pasteten, Puddings usw.								
Apfelpastete	—	42,5	3,1	2,4	8,8	41,8	1,4	267
Oberspastete	—	62,4	2,2	3,2	5,7	25,7	0,8	175
Pudding aus indischem Mehl	—	60,7	2,5	4,5	4,3	26,9	1,1	173
Reiscrêmebudding	—	59,4	2,1	3,2	4,1	30,7	0,5	182
Tapiocapudding	—	64,5	1,0	2,8	2,9	28,2	0,6	157
Zucker, Stärke usw.								
Zucker, gekőrnt	—	—	—	—	—	100,0	—	394
Staubzucker	—	—	—	—	—	100,0	—	394
Rohzucker	—	—	—	—	—	95,0	—	374
Ahornzucker	—	—	—	—	—	82,0	—	327
Melasse	—	—	—	—	—	70,0	—	276
Ahornsirup	—	—	—	—	—	71,0	—	280
Kornstärke	—	—	—	—	—	90,0	—	377
Tapioca	—	11,4	0,1	0,3	0,1	88,0	0,1	371
Sago	—	12,2	1,4	7,7	0,4	78,1	0,2	366
Gemüse.								
Spargel, frisch	—	94,0	0,7	1,3	0,2	3,3	0,5	21
Spargel, gekocht	—	91,6	1,0	1,7	3,0	2,1	0,6	43
Limabohnen, grün	55,0	68,5	2,7	5,3	0,6	21,6	1,3	116
Limabohnen, getrocknet	—	10,4	6,7	12,8	1,4	65,6	3,1	344
Französische Bohnen, frisch	7,0	89,2	1,0	1,7	0,3	7,2	0,6	40
Französische Bohnen, gekocht[1]	—	95,3	0,5	0,6	1,0	1,9	0,7	20
Weiße Bohnen, getrocknet	—	12,6	7,5	15,8	1,6	59,9	2,6	337
Bohnen, gebacken	—	68,9	2,8	4,8	2,3	19,6	1,6	124
Rote Rüben, frisch	20,0	87,5	1,0	1,2	0,1	9,4	0,8	45
Rote Rüben, gekocht[1]	—	88,6	1,2	1,7	0,1	7,2	1,2	37
Kohl	15,0	91,5	0,7	1,2	0,3	5,5	0,8	31
Karotten, frisch	20,0	88,2	1,0	0,7	0,4	8,9	0,8	44
Blumenkohl	—	92,3	0,7	1,3	0,5	4,7	0,5	30
Sellerie	20,0	94,5	0,6	0,8	0,1	3,2	0,8	18
Süßer Mais	61,0	75,4	1,8	2,3	1,0	19,0	0,5	98
Gurken	15,0	95,4	0,4	0,6	0,2	3,0	0,4	17
Lattich	15,0	94,7	0,5	0,9	0,3	2,9	0,7	19
Zwiebel, frisch	10,0	87,6	0,8	1,2	0,3	9,6	0,5	47
Zwiebel, gekocht	—	91,2	0,8	0,9	1,6	4,8	0,7	39

[1] Mit Butter.

Zusammensetzung der gewöhnlichen Nahrungsmittel.

Nahrungsmittel	Ungenießbare Abfälle	Genießbarer Anteil						
		Wasser	Unverwertbare Nährstoffe	Verwertbare Nährstoffe				
				Eiweiß	Fett	Kohlenhydrate	Asche	Brennwert pro 100 g
Pflanzliche Nahrungsmittel (Zerealien usw.).	%	%	%	%	%	%	%	Kal.
Pastinaca edulis	20,0	83,0	1,2	1,2	0,5	13,0	1,1	64
Erbsen, getrocknet	—	9,5	7,6	17,3	0,9	62,5	2,2	232
Grüne Erbsen	45,0	74,6	2,2	5,2	0,5	16,7	0,8	95
Grüne Erbsen, gekocht[1])	—	73,8	2,5	5,1	3,1	14,4	1,1	108
Kartoffeln	20,0	78,3	1,4	1,7	0,1	17,7	0,8	81
Kartoffeln, gekocht, gesotten	—	75,5	1,7	1,9	0,1	20,0	0,8	91
Kartoffelpüree	—	75,1	2,0	2,0	2,7	17,1	1,1	105
Kürbis	50,0	93,1	0,6	0,7	0,1	5,0	0,5	24
Rettich	30,0	91,8	0,7	1,0	0,1	5,6	0,8	29
Rhabarber	40,0	94,4	0,6	0,4	0,6	3,5	0,5	22
Spinat, frisch	—	92,3	1,0	1,6	0,3	3,2	1,6	22
Spinat, gekocht[1])	—	89,8	1,1	1,6	3,7	2,7	1,1	52
Süße Kartoffeln, frisch	20,0	69,0	2,1	1,3	0,6	26,2	0,8	120
Süße Kartoffeln, gekocht	—	51,9	3,0	2,2	1,9	40,3	0,7	195
Tomaten	—	94,3	0,4	0,7	0,4	3,8	0,4	22
Kohlrüben	30,0	89,6	0,8	1,0	0,2	7,8	0,6	39
Gemüse (in Dosen)								
Spargel	—	94,4	0,6	1,2	0,1	2,8	0,9	18
Bohnen, gebacken	—	68,9	2,7	4,8	2,3	19,7	1,6	122
Französische Bohnen	—	93,7	0,7	0,8	0,1	3,7	1,0	20
Limabohnen	—	79,5	1,7	3,0	0,3	14,3	1,2	74
Süßer Mais	—	76,1	1,7	2,1	1,1	18,3	0,7	95
Erbsen, grün	—	85,3	1,4	2,7	0,2	9,6	0,8	52
Tomaten	—	94,0	0,5	0,9	0,2	3,9	0,5	22
Obst usw. (frisch).								
Äpfel	25,0	84,6	1,6	0,3	0,5	12,8	0,2	57
Aprikosen	6,0	85,0	1,5	0,9	—	12,2	0,4	53
Bananen	35,0	75,3	2,7	1,0	0,5	10,9	0,6	88
Brombeeren	—	86,3	1,5	1,0	0,9	9,9	0,4	52
Kirschen	5,0	80,9	2,0	0,8	0,7	15,1	0,5	70
Johannisbeeren	—	85,0	1,7	1,2	—	11,6	0,5	51
Feigen	—	79,1	2,2	1,2	—	17,0	0,5	73
Trauben	25,0	77,4	2,4	1,1	1,4	17,3	0,4	86
Heidelbeeren	—	81,9	2,0	0,5	0,5	14,9	0,2	66
Zitronen	30,0	89,3	1,2	0,8	0,6	7,7	0,4	40
Muskatellermelonen	50,0	89,5	1,1	0,5	—	8,4	0,5	39
Orangen	27,0	86,9	1,4	0,6	0,2	10,5	0,4	46

[1]) Mit Butter.

Zusammensetzung der gewöhnlichen Nahrungsmittel.

Nahrungsmittel	Ungenießbare Abfälle	Genießbarer Anteil						
		Wasser	Unverwertbare Nährstoffe	Verwertbare Nährstoffe				
				Eiweiß	Fett	Kohlen-hydrate	Asche	Brennwert pro 100 g
Vegetabilische Nahrungsmittel.	%	%	%	%	%	%	%	Kal.
Obst (frisch).								
Birnen	10,0	84,4	1,7	0,5	0,4	12,7	0,3	56
Korinthen	5,0	78 4	2,2	0,8	—	18.2	0,4	76
Pflaumen	6,0	79.6	2,1	0,7	—	17,1	0,5	72
Himbeeren	—	84,1	1,7	1,4	0,9	11,4	0,5	59
Erdbeeren	5,0	90.4	1,0	0,8	0,5	6,8	0,5	39
Wassermelonen	60,0	92,4	0,9	0,3	0,2	6,0	0,2	28
Obst usw. (getrocknet).								
Äpfel	—	28,1	7,5	1,3	2,0	59,6	1.5	262
Aprikosen	—	29,4	7,7	3,7	0,9	56,5	1,8	249
Zitronen	—	19,0	8,3	0,4	1,3	70,3	0,7	295
Korinthen	—	17,2	8,6	1,9	1,5	67,0	3,8	289
Datteln	10,0	15.4	8.8	1,6	2,5	70,7	1,0	311
Feigen	—	18,8	8,7	3.4	0,3	67,0	1,8	284
Rosinen	10,0	14,6	9.1	2,0	3,0	68,7	2,6	310
Pflaumen	15,0	22,3	8,3	1,6	—	66,1	1,7	271
Früchte usw. (in Dosen).								
Aprikosen	—	81,4	1,9	0,7	—	15,7	0,3	65
Brombeeren	—	40,0	6.1	0,6	1,9	50,9	0,5	223
Blaubeeren	—	85,6	1,6	0,5	0,5	11,5	0,3	53
Kirschen	—	77,2	2.3	0,9	0,1	19,1	0,4	80
Holzäpfel	—	42,4	5,7	0,3	2,2	49.0	0,4	117
Pfirsiche	—	88,1	1,3	0.5	0,1	9,8	0,2	42
Birnen	—	81,1	1,9	0,3	0,3	16,2	0,2	68
Erdbeeren (gedämpft)	—	74,8	2,6	0,5	—	21,7	0,4	88
Nüsse.								
Mandeln	45,0	4,8	10,9	17.8	49.4	15,6	1,5	591
Ölnüsse	86 0	4,4	11,4	23,7	55,1	3,2	2,2	617
Kastanien (frisch)	16,0	45,0	5,9	5,3	4,9	37,9	1,0	200
Kokosnüsse	49.0	14,1	9,2	4,8	45.5	25,1	1,3	542
Haselnüsse	52,0	3,7	10,7	13,3	58,8	11,7	1,8	645
Walnüsse	62,0	3,7	10,6	13,1	60,7	10,3	1,6	656
Erdnüsse	25,0	9,2	10,7	21,9	31,7	22,0	1,5	496

IV. Die diätetische Küche.

Die Küche des Hauses, die dem Gesunden die Nahrung zubereitet, erfüllt auch dem Kranken die gleiche Aufgabe. Auch in Lazaretten und Krankenhäusern gilt das gleiche, wenigstens insofern, als die Küche für den Kranken auch für das Personal die Speisen bereitet. Und mit Recht! Zwischen der Küche für Gesunde und Kranke ist kein prinzipieller Unterschied, nur ein gradlicher. Die Krankenküche soll sich auf den Kranken feiner hinstellen als die Küche es für den Gesunden notwendig hat. Der Gesunde ißt, was ihm die Küche bietet, dem Kranken soll aber die Küche bieten, was der Kranke essen kann. Ein Unterschied in den Mitteln besteht insofern, als man in der Krankenküche sowohl von Nahrungsmitteln wie von technischen Hilfsmitteln einen ausgedehnten Gebrauch machen soll. Das kann und muß aber praktisch jede Küche leisten. Es gibt nichts in der sog. Krankenküche, was nicht jede gewöhnliche Küche in einem Haushalt zu leisten imstande wäre. Darum ist der hier gewählte Ausdruck „diätetische Küche" auch nicht der Ausdruck für eine Küche, die nun etwa ganz anders aussieht wie eine gewöhnliche Küche, sondern wir wollen damit nur die technischen Notwendigkeiten einer Küche im allgemeinen ausdrücken, die allen Anforderungen einer sog. Krankenernährung gerecht wird. In Kliniken und Krankenhäusern hatte sich allerdings die Neigung zur Anlage reiner „diätetischer Küchen" vor dem Kriege herausgestellt. Das hatte aber eine eigne Bewandnis insofern, als das Zubereiten des Essens für manchen Kranken in der Hauptküche, wo schablonenmäßig in großen Gefäßen die Kost zubereitet wird, schwer durchführbar ist. Man hat daher gemeint die Zubereitung bestimmter Kostformen, das Zubereiten leicht verdaulicher Speisen, die Bereitung einer gewürzarmen oder kochsalzarmen Diät, einer nukleinfreien, fettarmen, oder fettreichen und kohlenhydratfreien Diätform besser in einer von der Hauptküche abgetrennten Nebenküche durchführen zu können. Dem soll nicht widersprochen werden. Zur Individualisierung der Kost ist eine Massenspeisebereitungsküche schlecht geeignet. Aber man sieht doch in manchen Küchen von Krankenhäusern, wie der gute Wille oft mehr tut als die beste Küche! Die diätetische Küche als gesonderte Küche ist nicht die conditio sine qua non des diätetischen Kochens und auf dieses kommt es an. Die diätetische Küche heißt diätisches Kochen. Was heißt diätetisches Kochen? Darunter hat man die Zubereitung, Auswahl und Anrichtung der Speisen zu verstehen, die einem Kranken notwendig sind. Wir werden uns also mit diesen Dingen im allgemeinen hier zu beschäftigen haben.

Diätformen im allgemeinen.

Die Küche verarbeitet die Nahrungsmittel, die dem Kranken tischfertig geboten werden müssen. Die erste Bedingung ist daher die Auswahl der Nahrungsmittel. Hier kommt es naturgemäß auf die Anforderungen an, die an die Krankenküche gestellt werden. Handelt es sich um einen akut fiebernden Kranken, so ist die Aufgabe nicht schwer; aber nehmen wir einmal an, eine Küche hätte die Aufgabe die Diät für akut Fiebernde zu beschaffen, ferner für Magen-Darmkranke, Stoffwechselkranke, Nierenkranke u. a. m., wie sind alle diese Anforderungen und nach welchen allgemeinen Prinzipien zu erfüllen? Wir wollen einmal die Aufgaben ganz allgemein charakterisieren:

I. Diät für Fiebernde: . . .	leicht verdaulich, vorzugsweise flüssig oder breiig, wenig sättigend, erfrischend.
II. Diät für Magen-Darmkranke:	Die Kost soll leicht verdaulich und reizlos sein, der Sättigungswert gering sein.
III. Diät für Gichtkranke: . .	Die Diät soll nukleinfrei sein.
IV. Diät für Zuckerkranke: . .	Die Diät soll sättigend sein, dabei kohlenhydratfrei.
V. Diät für Fettsüchtige: . .	Die Diät soll sättigend sein, eiweißreich aber fettarm, dabei kalorisch niedrig.
VI. Übernährungskuren: . . .	Diät wenig sättigend, kalorisch überreichlich.
VII. Diät für Nierenkranke: . .	Diät eiweißarm, Bevorzugung von Milch und vegetabilischem Eiweiß, reizlos, kochsalzarm.

Damit ist zunächst nur eine ganz allgemeine Übersicht über die Notwendigkeiten diätetischer Maßnahmen zur Auswahl der Nahrungsmittel im allgemeinen gegeben, um eine Richtlinie für eine diätetische Küche zu schaffen.

Nehmen wir das I. Prinzip heraus, wie es für die Kategorie 1 (Diät Fiebernder) in Frage kommt:

F l ü s s i g e, bzw. h a l b f l ü s s i g e w e n i g s ä t t i g e n d e, e r f r i s c h e n d e D i ä t (D i ä t f o r m A).

Wir ordnen nach dem Sättigungswerte:

1. Getreidemehlsuppen:	Der Sättigungswert (und kalorische Wert) steigt durch Zusatz von Eigelb, Fett.
2. Obstsuppen: . . .	Halbflüssig: Obstgelees; erfrischend: Obstsäfte.

3. Milchsuppen: . .	Der Sättigungswert steigt bei reiner Milch und Buttermilch.
4. Fleischbrühen: . .	Der Sättigungswert und kalorische Wert steigt mit der Zuführung von Suppeneinlagen (Gries, Reis, Nudeln) vor allem aber durch Fleischextrakt und Fleischzulage (durchgerührt), Fettzulage (Eigelb, Butter).
5. Fleischsäfte: . . .	Fleischpeptone, Fleischgelees.
Als Genußmittel mit geringem Brennwerte:	Kaffee, gesüßt mit Zucker und Milch. Thee, gesüßt mit Zucker und Milch. Alkoholika.
6. Getränke ohne Nährwert oder nur mit geringem Brennwerte:	(Eis-)Wasser, Mineralbrunnen. Reiswasser, Zuckerwasser, Brotwasser. Limonaden.

Gehen wir jetzt zu einer zweiten Diätform, wie sie vorzugsweise für Magen-Darmkranke (aber auch für andere Kranke!) in Frage kommt und die wir die Diätform B nennen wollen.

Dabei wollen wir indessen den Gesichtspunkt einer für die Magen-Darmkranken aufgestellten leichtverdaulichen und reizlosen Diät mit geringem Sättigungswerte auch noch insofern erweitern, als wir für diese Diätform den kalorischen Wertzuwachs berücksichtigen.

Wieder ordnen wir nach dem Sättigungswerte:

Getreidemehlbreie: Reisbreie: . . . Kartoffelbreie: . .	Der Sätttigungswert steigt durch Zusatz von Fleischextrakt, Fett bzw. Ei und Milch. Die drei letzten erhöhen den kalorischen Wert.
Fleischbreie: . .	Der Sättigungswert und kalorische Wert steigt durch Zusatz von Fetten und Ei.
Gemüsebreie: . .	Der Sättigungswert und kalorische Wert dieser an sich sowohl hinsichtlich des Eiweiß wie kalorischen Wertes geringen Breie steigt durch Hinzufügung von Fett und Eigelb.
Obstbreie: . . .	Der kalorische Wert ist gering.

(Fleisch- und Obstgelees siehe Diätform A).

Das Steigen des Sättigungswertes erhöht durchaus nicht den Grad der Verdaulichkeit bei Magen-Darmkranken; durch Zusatz von Fleischextrakt kann diese gehoben werden, Fette setzen diesen Grad von Verdaulichkeit herab.

Diese Diätformen A und B sind die technisch wichtigsten Formen der diätetischen Küche, der wir nun noch folgende Kombinationen angliedern können.

Diätform C: ovo-lakto-vegetabilische Diät:
Eier.
Milch, Rahm, Käse.
Vegetabilien: Zerealien [Brot- und Mehlspeisen], Gemüse (Wurzel, Knollen, Blättergemüse), Leguminosen [mit Einschränkung], Obst in jeder Form.

Diese Diät kann salzlos verabreicht werden [salzlose Nierenkost], wobei die Menge der Milch und der Eier bestimmt werden muß; kann aber ebenso gut auch gesalzen gegeben werden [Gichtkranke].

Es ist aus der Diätform C ohne weiteres durch Zusammenstellung bzw. durch den Unterschied im Salzen bei der Zubereitung die Nierendiät (VII) und die Diät für Gichtkranke (III) zu kombinieren. Der kalorische Wert und der Sättigungswert dieser Diätform C ist abhängig, abgesehen von dem Volum der Kost, von der Zahl der Eier, der Menge der Milch und den Zusätzen von Fett.

Es fragt sich nun, macht die Aufstellung von Diätformen für Überernährungskuren und Entfettungskuren wie für Diabetiker die Aufstellung neuer Kostformen notwendig? Die Antwort kann nein lauten, wenn man als vierte Form (Diät D) zunächst eine normale gemischte Diät (Fleisch und Vegetabilien) wählt, zu der Zusätze ebenso zu machen möglich sind, wie Abstriche vorgenommen werden können.

Es ist dabei die diätetische Kost (für die allerdings mitunter ganz besondere Aufgaben zu erfüllen sind, z. B. bei der Hafermehlkur) nur hinsichtlich der Menge der Kohlenhydrate in den Vegetabilien wie der Eiweißmenge in den animalischen Nahrungsmitteln zu begrenzen unter notwendiger gleichzeitiger Bestimmung der Fettmenge; eine gleiche Aufgabe ist für die sog. Entfettungsdiät durchzuführen, wobei der Sättigungswert und Eiweißgehalt der Nahrung auf der einen Seite und auf der anderen Seite das Volum der zu wählenden Nahrungsmittel eine Rolle spielen, was schließlich immer wieder auf eine fettarme, sonst aber gemischte Diät herauskommt. Und für die Überernährungskuren ist es leicht möglich, durch Fettzulagen den Kalorienwert der Nahrung heraufzusetzen, wie man andererseits den Sättigungswert der Nahrung durch Anwendung der Breiform herabsetzen kann.

Ich möchte die Aufstellung dieser Diätformen hier nicht ohne die Diskussion der in Krankenhäusern bisher üblichen Formen abschließen, wobei ich mich auf eine detaillierte Literaturübersicht über diese Frage nicht einlassen möchte. Ich will hier nur aus meiner eigenen Erfahrung an Krankenhäusern bzw. Lazaretten sprechen. Meist sind 3 Diätformen aufgestellt. I. Form = volle Form, II. Form = breiige Form, III. Form = flüssige Form. Zu dieser III. Form können dann Zulagen gereicht werden. Das kommt also praktisch auf eine volle Form und eine flüssige Form mit Zulagen heraus. Die Diätformen in dieser Weise sind unzureichend. Schon daß man der I. Form keine Zulagen geben kann, ist ein großer Fehler, andererseits der flüssigen Form alle Zulagen zu überlassen, ein Nonsens. Die flüssige Form ist gerade die, die meist nur wenige Tage in Anwendung kommt und keiner Zulagen bedarf. Ist dagegen die volle Form zulagefähig (ebenso wie abstrichfähig), so gewinnt man damit weit größere Kombinationsfreiheiten, wie wir ja zeigen konnten. Andererseits kommt man um die selbständige Formaufstellung einer ovo-lakto-vegetabilischen Diät und einer (zulagefähigen) breiigen Diätform nicht herum. Es sind also in der Krankenhausküche fraglos genügend Gründe zur Neuregelung und Vereinheitlichung der Diätformen, um allen Kranken gerecht zu werden, vorhanden. In den medizinischen Kliniken wird allerdings genau wie in den Krankenhäusern meist stark schablonisiert. Ich habe häufig genug gefunden, daß z. B. auf chirurgischen Stationen die Schwestern die Diät nach Schema F und nach Gunst bestimmen, statt daß der Arzt die Diät angibt. Das trifft aber durchaus nicht nur für chirurgische Stationen zu.

Nach den Forderungen der Diätformen (so wie sie der Arzt aufstellt und wie wir sie hier allgemein zu charakterisieren versucht haben) muß die diätetische Küche die Auswahl der Nahrungsmittel treffen, die, wenn sie roh eingekauft, meist erst einem Prozesse unterworfen werden müssen, den wir die Zubereitung nennen. Aber schon der erste Prozeß der Auswahl der Nahrungsmittel auf dem Markte im weiten Sinne erfordert offene Augen, denn die ausgewählten Nahrungsmittel müssen frisch und einwandsfrei sein. Dies ist die allererste Vorbedingung für die diätetische Küche. Die zweite Bedingung ist eine verständige Aufbewahrung der Nahrungsmittel bzw. der zubereiteten Speisen.

Aufbewahrung und Zubereitung der Nahrungsmittel im allgemeinen.

Was die erste Forderung anbetrifft, so ist bereits bei der Milch (S. 30) und bei den Eiern (S. 32) das erforderliche zur Beurteilung der Frische gesagt worden; es ist vielleicht nur noch bei der Milch nachzutragen, daß — besonders wo die Kinderernährung eine Rolle spielt — diese sofern sie frisch ist, keinen hohen Säuregrad besitzen darf, ja sie darf selbst 12 Stunden bei 24° gehalten, noch keine Zunahme der Säuerung aufweisen. Für den schnellen Nachweis der Säuerung empfiehlt sich als praktische Methode der Zusatz einer doppelten Menge 60—70% Spiritus (nicht denaturiert!). Bei einem abnormen Grad von Säuerung tritt Gerinnung ein. Die Säuerung der Milch zeigt sich nicht immer durch abnormen Geruch oder Geschmack. Auch gekochte Milch kann einen guten Boden abgeben für Fäulnisbakterien; das gleiche gilt besonders für pasteurisierte Milch. Verdorbene Milch riecht meist fade, seltener eigentlich sauer.

Sehr wesentlich ist die richtige Aufbewahrung der Milch und des Rahms, besonders schon darum, weil die Milch sehr schnell aus der

Luft Unreinlichkeiten und schlechten Geruch aufnimmt. Darum soll sie auch schon nachdem sie aus dem Euter gekommen ist, sauber und behutsam behandelt werden, und in geschlossenen Gefäßen transportiert und aufbewahrt werden. Sehr sauber müssen die Milchgefäße behandelt werden, d. h. gründlichst und am besten mit reinem Sodawasser gewaschen sein. In Küche oder Speisekammer darf die Milch nicht offen stehen. Am besten wird sie im Sommer im Eisschrank oder wenigstens in kaltem Wasser aufbewahrt. Ist das nicht möglich, so kocht man sie sofort bis zum Siedepunkt auf und bewahrt sie in einer Flasche mit Wattepfropf, der als Bakterienfilter wirkt. Das Aufkochen geschieht am besten in einem eisernen Emailletopf oder Tongeschirr ohne Sprünge und Risse. Um das Anbrennen zu vermeiden, kann man das Geschirr mit Butter anstreichen oder mit kaltem Wasser vorher abspülen. Das Überkochen der Milch wird durch beständiges Rühren vermieden, das die Bildung eines die Dampfblasen zurückhaltenden Häutchens verhindert. Gleiche Gesichtspunkte wie für die Konservierung der Milch gelten naturgemäß auch für den Rahm.

Bezüglich der Aufbewahrung der Eier ist folgendes zu berücksichtigen. Die Eier müssen rein sein, trocken und kalt in einem Regale unterzubringen, wobei sie einmal in der Woche gewendet werden. Will man sie konservieren, so empfiehlt sich die vorherige Bestreichung mit Wasserglas (Lösung 1 : 10 Wasser) oder Aufbewahrung in reinem Kochsalz.

Hinsichtlich des Fleisches ist zunächst vor dem Ankauf gesundheitsschädlichen Fleisches zu warnen, als solches gilt Fleisch, das Finnen und Trichinen enthält. Auch die von Distoma hepaticum durchsetzte Leber ist als gesundheitsschädlich zu betrachten. Gesundheitsschädlich ist ferner das Fleisch von Tieren, die an Aktinomykose, Milzbrand, Rotz, Tuberkulose oder Perlsucht erkrankt sind, das gleiche gilt vom Typhus, Paratyphus bzw. infektiöser Enteritis und Rinderpest. Gesundheitsschädlich ist das in Fäulnis geratene Fleisch (Botulismus, Wurstvergiftung). Ungenießbar ist das Fleisch krepierter oder vor dem Abschlachten überanstrengter Tiere. Auch das Fleisch neugeborener Tiere oder von Kälbern unter 4 Wochen alt ist als ungenießbar zu betrachten. Auf die Möglichkeit von Vergiftungen durch Miesmuscheln (Kochen zerstört das Gift nicht!), Fischeier, Krabben und Austern sei hier ebenfalls verwiesen.

Das für die Küche zu wählende Fleisch soll nach Möglichkeiten von jungen, gut gefütterten Tieren stammen; der natürliche Geruch ist fade, doch soll das Fleisch keinen ausgesprochenen unangenehmen Geruch haben. Es soll elastisch und trocken, nicht schleimig sein. Die Farbe soll klar sein.

Schlachtfleisch für Suppekochen soll frisch sein; verwendbare Stücke sind Schwanzstück, Spitzfleisch, Blume, Brust; weniger gut sind Hesse, Halsstück.

Schlachtfleisch für Braten; vom Rind: Filet, flaches, hohes Roastbeef; vom Kalb, Lamm, Schwein: Rücken, Keule. (Jürgensen.)

Bezüglich der Beurteilung von Fischen seien die von Fiebiger-Wien aufgestellten Gesichtspunkte hier wiedergeben:

Die Unterschiede, die sonst zwischen unbedingt und bedingt gesundheitsschädlichem, zwischen minderwertigem und verdorbenem Fleisch gemacht werden, sind bei den Fischen hinfällig; alle Fische, deren Fleisch eine derartige Bezeichnung verdient, sind genußuntauglich und vom Verkauf ausgeschlossen. Mit Rücksicht auf unsere geringen Kenntnisse von den Fischkrankheiten erklärt Fiebiger jedoch, in zweifelhaften Fällen solle man bei sonst normalem Aussehen mit der Bezeichnung „verdorben" sehr zurückhaltend sein, aber um so energischer gegen den Verkauf fauler Fische vorgehen. Fiebiger unterscheidet vom Standpunkt der Marktpolizei genußuntaugliche und genußtaugliche Fische. Genußuntauglich sind die gesundheitsschädlichen und die verdorbenen Fischwaren. Als gesundheitsschädlich sind zu betrachten Fische mit Finnen vom breiten Bandwurm, alle faulen Fische, der Rogen von Barben und gewisse andere als giftig erkannte Teile mancher Fische. Als verdorben sind zu bezeichnen alle Fische, die an Infektionskrankheiten, (Furunkulose, Rotseuche, Beulenkrankheit, Fleckenkrankheit) eingegangen sind, also tote Fische mit deutlichen Krankheitsanzeichen, ferner aber auch alle Fische, die überhaupt, seien sie tot oder lebendig, hochgradige Krankheitserscheinungen zeigen (wie z. B. Geschwürsbildungen, Verpilzung, Schuppensträubung, hochgradige Pockenkrankheit usw.), sowie endlich Fische mit abnormem Geruch und Geschmack. Für genußtauglich erklärt Fiebiger Fische mit leichter Röte des Bauches, mit geringem Grade von Pocken und auch solche, die äußerlich mit Parasiten behaftet sind, deren befallene Stellen jedoch leicht entfernt werden können. Insbesondere sind Fische mit Knötchen auf den Kiemen nicht zu beanstanden. Die Kabeljauarten, die häufig Spulwürmer in großer Menge beherbergen, können nach Entfernung der Eingeweide verkauft werden; nur wenn die Muskulatur diese oder andere (im übrigen für den Menschen unschädliche) Schmarotzer in gehäufter Menge enthält, dürften die stark befallenen Stücke als „verdorben" zu bezeichnen sein. Fische mit Kokzidien in der Fischblase sind verkäuflich nach Entfernung der Schwimmblasen. Kleinere Fische mit Geschwülsten sind vom Verkauf auszuschließen, während größere nach Entfernung kleiner vorhandener Geschwülste für Fiebiger als genußfähig gelten. Mit letzterer Ansicht, steht Fiebiger wie Dr. med. Franz in den „Mitteilungen des Deutschen Seefischerei-Vereins" bemerkt, in Gegensatz zu anderen Forschern.

Da das Fleisch frisch geschlagener Tiere zähe und ungenießbar ist, muß es abhängen (vgl. S. 33). Die Abhängezeit beträgt 2—4 Tage im Sommer, 8—14 Tage im Winter. Das Fleisch muß an einem kühlen und sauberen Ort abhängen.

Die beste Temperatur zur Aufbewahrung des Fleisches ist etwa 0°. Größere Kältegrade bringen das Bindegewebe zum bersten und bewirken nach Auftauen des Fleisches ein leichteres Eindringen der Spaltpilze und damit Fäulnis. Eisschränke sind wenig zur Konservierung von Nahrungsmitteln geeignet, weil die Ventilation schlecht ist und das sich kondensierende Wasser auf die Nahrungsmittel niederschlägt. (Daher schimmeln manche Nahrungsmittel so außerordentlich leicht in Nahrungsmitteln-Kellern.) Am besten eignen sich zum Aufbewahren gut ventilierte, kühle Räume. Auch ein Kamin kann im Sommer zweckmäßig als Aufbewahrung verwandt werden. Fische müssen im Sommer auf Eis aufbewahrt werden.

Die Küche vollzieht mit dem Fleische Prozesse, die dieses genießbar machen sollen und zwar mechanisch: durch Klopfen oder durch Zerkleinern — was gewöhnlich in der Fleischmaschine geschieht — und ferner durch einen Hitzeprozeß. Der letztere wird als Kochen oder Braten beim Fleische angewandt. Hierbei verliert das Fleisch an Eiweiß, Salzen und Wasser, die Eiweißstoffe koagulieren und schrumpfen; andererseits gewinnt das Fleisch dadurch an Verdaulichkeit, indem die Bindegewebsfaser zu Leim verwandelt und so erweicht wird, indem sich ferner gewisse aromatische Produkte bilden, die ganz besonders anregend auf den Appetit bzw. die Magensaftsekretion wirken. Den geringsten Flüssigkeitsverlust erleidet das Fleisch beim Rösten, indem sich eine Kruste bildet, die die Verdampfung der Flüssigkeit verhindert. Dem Rösten des Fleisches ähnlich ist das Braten, nur daß hierbei die Krustenbildung nicht so gleichmäßig stattfindet wie beim Rösten am Spieß bzw. am Rost. Auch das Braten im Fette führt zu einer Krustenbildung, die allerdings nicht so abschließend ist, wie die auf freiem Feuer am Rost bewirkte. Beim Kochen des Fleisches kommt es zur Auslaugung der wasserlöslichen Stoffe, zum Verlust von Eiweiß und gleichzeitig von Lösung des Leims aus der erweichten Bindegewebsfaser; Hand in Hand geht damit die Schrumpfung des Fleisches. Dämpfen und Schmoren bedeutet eine Art Kochen in Dampf und steht im gewissen Sinne in der Mitte zwischen Kochen und Braten bzw. Rösten. Diätetisch ist das appetiterregendere Kochprodukt das Brat- oder Röstprodukt, während andererseits das gekochte Fleisch diätetisch das verdaulichere darstellt. Fettgehalt und Fettzusätze setzen naturgemäß den Verdaulichkeitsgrad herab. (Vgl. S. 24.)

Bei Fischen kommt in erster Linie der Kochprozeß in Frage. Braten der Fische führt nicht zur Bildung einer Kruste, das Fett dringt stark in das Fischfleisch ein; diese Infiltration setzt infolgedessen diätetisch die Verdaulichkeit des Fischfleiches herab. Im einzelnen muß hier noch auf den Anhang: Diätetische Kochrezepte verwiesen werden.

Über die pflanzlichen Nahrungsmittel sei hinsichtlich ihrer Zubereitung im allgemeinen nur das gesagt, daß hier die Zellulose, die das Gerüst der Pflanze und die Zellenwände bildet, ein nur im geringen Maße verdaulicher Stoff ist und zwar um so weniger je verholzter sie ist. Selbst bei den zartesten Gemüsen ist die Hemizellulose ein nur partiell, durch die Verdauung (des Magens) aufschließbarer

Stoff. Andererseits kommt die Peristaltik anregende Wirkung, die allerdings auch wieder eine Verschlechterung der Resorption bewirkt, mit in Betracht, von der diätetisch besonders bei Obstipation reichlicher Gebrauch gemacht werden kann, wie später noch auseinandergesetzt werden wird.

Durch den Hitzeprozeß erfährt die Zellulose einen gewissen Aufschluß, einen stärkeren indessen die Stärke, die in den Zellulosehüllen eingeschlossen ist, indem sie in Dextrin bzw. Zucker umgewandelt wird. Gegenwart von Säuren und Kochsalz befördert diesen Umwandlungsprozeß. Der Prozeß, durch den die pflanzlichen Nahrungsmittel in der Küche zubereitet werden, bezweckt in der Hauptsache die Umwandlung der Zellulose bzw. Stärke in den wasserlöslichen, d. h. resorptionsfähigen bzw. der Verdauung leicht zugänglichen Zucker. Wir haben in dem vorherigen Kapitel über die pflanzlichen Nahrungsmittel uns bereits eingehender mit dieser Frage beschäftigt, so daß wir hier auf dieses Kapitel verweisen können; im einzelnen ist nur noch folgendes zu sagen. Bei den Gemüsen ist die Zubereitung von ausschlaggebender Bedeutung. Sie alle müssen mehr oder minder einem Hitzeprozeß unterworfen werden. Zuvor ist aber gerade das Reinmachen der Gemüse, das Abstoßen aller verwelkten und verdorbenen Teile, das Abpflücken von Deckblättern, Schalen, Hülsen usw. notwendig. Die Gemüse müssen sauber gewaschen werden; Wurzelgemüse gut gebürstet und geschabt werden. Kartoffeln und Schwarzwurzeln sollen (nach Jürgensen) im Spülwasser liegen bleiben bis sie gekocht werden. Auch hier sind die Methoden der Küchenzubereitung: Kochen in Wasser, in Dampf oder Fett, Backen bzw. Braten. Beim Kochen der Gemüse (bei Blattkohlarten ist ein Zusatz von doppeltkohlensaurem Natron zweckmäßig), soll das Kochen in wenig Wasser bei festgeschlossenem Deckel geschehen; das Weggießen des Kochwassers bedeutet einen wertvollen Verlust der Salze und leicht löslichen Stoffe! Zweckmäßiger noch ist das Kochen im Dampfkochapparate. Sehr empfehlenswert ist das Backen von Kartoffeln und roten Rüben im Ofen. Wenig zu empfehlen ist das Kochen der Gemüse in Fett, nicht viel anders das Braten derselben.

Was das Würzen der Gemüse anlangt, so ist gegen ein mäßiges Würzen dieser nichts einzuwenden. Nach Jürgensen sind Muskatnuß, Muskatblüte, Estragon, Basilikum, Kümmel, Ingwer, Kapern, Rosmarin, Dill, Gewürze leichterer Art.

Schließlich sei nochmals die diätetische Stufenleiter der Gemüse hier nach Jürgensen angeführt.

Gemüse I. Ranges: junge grüne Kräuter, wie Spinat, Salat, Sauerampfer und die gewöhnlichen Sommergemüse, wie Spargel (besonders die Köpfe), grüne Erbsen (Schoten), grüne Bohnen, Wachsbohnen, Perlbohnen, Artischocken (eßbare Teile), Blumenkohl, Porree, wenn sie jung und frisch sind.

Gemüse II. Ranges: die Wurzelgewächse, die mehlige Kartoffel, Erdartischocke, Stachys, der ersten Gruppe noch sehr nahestehend; außerdem Möhren, Pastinak, Petersilienwurzel, Sellerie, Rübe (ganz junge Teltow-Rüben gewiß auch der ersten Gruppe sehr nahestehend), Kohlrabi, Zwiebel.

Bei diesen Gemüsen II. Ranges ist darauf zu achten, daß sie jung und mürbe sind und wenig holzig. Gegen Frühjahr sind sie holzig. Auf gut und gründlich durchgeführte Wärmeeinwirkung ist Gewicht zu legen.

Ausgewachsene Schneidebohnen sind niederen Ranges.

Gemüse III. Ranges: Blattkohlarten wegen ihrer derben Struktur und ihres Gehaltes an blähenden Stoffen. Wärmebeeinflussung möglichst intensiv! Am besten mit zweimal Wasser oder einmal Wasser und dann Dampf.

Bezüglich von Zubereitung der Zerealien kann füglich auf die Kochprinzipien, wie sie im Anhang dargelegt sind, verwiesen werden; über das Brot verweisen wir auf S. 38.

Noch ein Wort über die Früchte, deren Zuckergehalt groß und deren Zellulosegehalt meist gering ist; sie können deswegen meist im rohen Zustande genossen werden; indessen als unverdaulich haben zu gelten: Schalen, Hülsen, Kerne, Gerüst, Steine. Meist lassen diese sich ausschälen oder abschälen. Da, wo indessen beim Beerenobst das nicht möglich ist, ist ein Durchseihen durch ein Haarsieb oder ein Tuch notwendig. Die besonders fetthaltigen Nußfrüchte lassen sich ausgeschält gut mechanisch zerkleinern und in Emulsion mit Flüssigkeiten bringen. Über ihre diätetische Verwendung und über die Darstellung dieser Emulsionen wird noch berichtet werden. (Vgl. im Anhange: „Vegetabile Milch“ nach Fischer.)

Wo man bei Früchten eine Wärmeeinwirkung durchführen will, ist am besten das Kochen im Wasserbade zweckmäßig. Auch der Backprozeß kann in Frage kommen. Über getrocknete Früchte vgl. S. 47.

Einrichtung der diätetischen Küche in Krankenhäusern und Sanatorien.

Soll eine diätetische Küche für Krankenhäuser oder Sanatorien eingerichtet werden und zwar neben einer Hauptküche, so kann man etwa in einem Krankenhause auf 10—15% der Krankenbelegzahl die Verpflegungszahl der diätetischen Küche berechnen. Durchschnittlich wird auch in größeren Krankenhäusern der Verpflegungssatz nicht über 25—50 Kranken für die diätetische Küche hinausgehen. In der Anlage der Küche wird zweckmäßig die eigentliche Kochküche von der Spülküche und der kalten Küche, die auch als Aufbewahrungsraum dienen muß, getrennt. Eine diätetische Küche bedarf eines geräumigen Gaskochherdes mit Bratofen und Wärmeofen. Sehr zu empfehlen ist für die Zubereitung von Speisen, die einer längerdauernden Hitzeinwirkung bedürfen, ein Grudeherd oder eine Kochkiste; auch die Tip-Topkochtöpfe bzw. die Dampfkochtöpfe, die 20 bis 30 l fassen, sind anzuraten.

Zur Zubereitung von Fleisch und Gemüsen dient der Fleischklotz zum groben Zerhacken des Fleisches, ein sog. Wolf zur Zerkleinerung des Fleisches. Um eine noch feinere Zerkleinerung vorzunehmen, empfiehlt Straßner den „Reibstein“. Dieser besteht aus einem 45 cm hohen Sockel, auf dem der aus Marmor gearbeitete, der Sauberkeit und besseren Handhabung halber innen und außen gut polierte, 24 cm hohe Mörser (der eigentliche Reibstein) sich befindet. Mit der 153 cm langen Packholzkeule läßt sich eine sehr feine Zerkleinerung der Speisen, vor allem der Trennung der bindegewebigen Teile von dem Fleisch erzielen. Schließlich können die feinzerteilten Speisen noch durch engmaschige Haarsiebe mit Hilfe von hölzernen Pilzen getrieben werden.

Zur Bereitung von Kartoffelbrei empfiehlt sich die Anwendung einer Kartoffelquetschmaschine, d. i. ein Holzgefäß mit auswechselbarem Nickelinsieb, auf dem die Kartoffeln durchgetrieben werden. Zum Kochen des Gemüses ist ein Dampfkochapparat notwendig. Ferner ist zur Fleischröstung ein Grill notwendig. Ein Wasserbad mit Raum für mehrere größere und kleinere Töpfe ist ferner notwendig. Zur Bereitung von Fleischsaft dient eine Fleischpresse.

Folgende kleinere Geräte sind noch zur diätetischen Küche notwendig (nach einer Zusammenstellung von Straßner): Wage mit Gewichtskasten, verschiedene Litermaße, Mörser, Wiegemesser, Hackemesser, Semmelreibemaschine, Schöpflöffelbrett zum Abtropfen, kleinere und größere Kasserollen, verzinnte Gefäße, Töpfe und Schüsseln aus Emaille, größere Wannen zum Gemüsewaschen, Kartoffelwaschen, verschiedene größere Siebe, Puddingformen, kleine einfache Formen für Gelatinespeisen, verschiedene Bratpfannen, Reibeisen, Toaströster, Messer, Gabeln, Löffel in verschiedener Größe und möglichst reichlich, ein dazu gehöriger Messerkasten, Büchsenöffner, Fleischklopfer, Fischschupper, Wiegemesser, Korkzieher, Brotkörbchen, Brotbeutel aus Leinen, Kaffeemühle, Gefäße für Öl, Essig, Zitrone, Fruchtpressen, Pinsel zum Ausstreichen der Gefäße, Quirle, Schaumschläger, Spicknadeln, Teller, Tassen, Kaffeetrichter resp. -maschine, Eierkuchenstecher, Fischheber, Pfeffermühle, Semmelkörbchen, verschiedene Gläser und Porzellannäpfe, vier bis fünf große Eimer zum Aufbewahren von Milch, Bouillon usw. Emaillegefäße zum Aufbewahren von Kaffee, Tee, Weizenmehl, Weizenstärke, Kartoffelmehl, klaren Zucker, Würfelzucker, Sago, Erbsen, Schokolade, Kakao, Bohnen, Puddingpulver, Gewürze, Nudeln, Tapioka, Hirse, Graupen, Gries, Tee, Makkaroni, Reis, Hafergrütze. Alle diese Gegenstände finden Aufstellung in der Kochküche. In der Spülküche haben Abwaschtische bzw. Küchengeschirrspülapparat und ein Geschirrschrank Aufstellung zu finden. In der kalten Küche muß sich der Tisch zur Zubereitung kalter Speisen mit einer Wage befinden; ferner die Vorratsschränke mit größeren Vorräten, die in Holztonnen zweckmäßig aufbewahrt werden. Ein Milchkühlschrank, in dem mehrere Eimer von Milch eingestellt werden und ein Eisschrank, der ein besonderes Butterfach enthalten muß.

V. Die Kost des Normalen, Wahl der Nahrungsmittel, Wahl der Reiz- und Genußmittel, Verteilung der Mahlzeiten, Allgemeine Diätetik bei Erkrankungen.

1. Normalkost.

Wir wenden uns jetzt einem Kapitel zu, das nicht frei von großen Schwierigkeiten der Beurteilung ist, einmal schon, weil das, was wir normales Individuum nennen, „variiert", wobei die Variationen allmählich in die Breiten des anormalen hinübergehen, zweitens, weil bei verschiedenen Personen die Ernährungsbedingungen, selbst in der Breite der Norm des Individuums, verschieden liegen, je nach den inneren oder äußeren Bedingungen des Individuums. Nicht nur in den fünf Weltteilen sind diese Bedingungen verschieden, selbst in einer kleinen Populationsgruppe, sei es weil soziale Verhältnisse und Erziehung Unterschiede geschaffen haben, sei es, weil körperliche Veranlagung individuelle Verhältnisse schaffen, sei es, weil berufliche Unterschiede, Temperament, Betätigungsdrang und Lebensweise solche Unterschiede bedingen. Wenn wir also von einer Normalkost reden wollen, so können wir nur ganz im allgemeinen dieses Problem einer Besprechung unterziehen. Die Physiologen haben sich allgemein um die Aufstellung einer Normalkost bemüht, d. h. einer solchen Kost, die kalorisch zureichend ist, schmackhaft ist, möglichst wenig den Darmkanal belästigt. Eine solche Kostaufstellung hat unzweifelhaft vom nationalökonomischen Gesichtspunkte aus für Fragen der Massenernährung einen großen Wert.

Voit hat zuerst als Grundlage einer solchen Kost folgendes Maß empfohlen: 118 g Eiweiß, 500 g Kohlenhydrate, 56 g Fette; sie repräsentieren 3055 Kalorien.

Diese Nahrungsmittel sollen in gut assimilierbarer Form in leicht verdaulicher Kost gegeben werden. Voit hält die Nahrung für ausreichend für einen Menschen, der täglich 8—10 Stunden mäßig schwer arbeitet. Auch Rubner und Atwater haben ähnliche Kostaufstellungen gemacht, die wir hier mit der Voitschen Kostaufstellung anführen.

		Voit	Rubner	Atwater
Leichte Arbeit	Eiweiß	— g	123 g	100 g
	Fett	— g	46 g	— g
	Kohlenhydrate	— g	377 g	— g
	Kalorien	— g	2445 g	2700 g

		Voit	Rubner	Atwater
Mittelschwere Arbeit	Eiweiß	118 g	127 g	125 g
	Fett	56 g	52 g	— g
	Kohlenhydrate	500 g	509 g	— g
	Kalorien	3055 g	2968 g	3400 g
Schwere Arbeit	Eiweiß	145 g	165 g	150 g
	Fett	100 g	70 g	— g
	Kohlenhydrate	500 g	565 g	— g
	Kalorien	3574 g	3362 g	4150 g

Später hat Rubner bei Umrechnung der Voitschen Zahlen die Werte auf 110 g Eiweiß, 60 g Fett und 500 g Kohlenhydrate reduziert. Das Eiweiß ist dabei brutto angegeben als 96 g resorbierbarer Eiweißsubstanz.

Daß im allgemeinen die Kostsätze von Voit, Rubner und Atwater im täglichen Leben vor dem Kriege erfüllt wurden, beweisen Erhebungen, die von den verschiedensten Seiten bei Leuten verschiedenster sozialer Schichten und in den verschiedensten Orten gemacht worden sind. Es sei davon abgesehen, im einzelnen diese Erhebungen hier anzuführen, sie decken sich im wesentlichen mit den angeführten Kostsätzen; am wichtigsten erscheinen noch die Erhebungen Atwaters und von A. E. True, die nicht nur die Menge der eingekauften, sondern auch die der wirklich verzehrten Nährstoffe ermittelten und den ausgenutzten Anteil derselben abschätzten. Aus den Einzelbestimmungen ist das Mittel genommen worden. (Die Tabelle ist nach König, Menschl. Nahrungs- und Genußmittel, IV. Aufl., 2 Bde., wiedergegeben.)

Stand und Beschäftigung	Eingekaufte Nährstoffe			Verzehrte Nährstoffe			Ausgen. Nährstoffe			Kalorien		
	Protein	Fett	Kohlen-hydrate	Protein	Fett	Kohlen-hydrate	Protein	Fett	Kohlen-hydrate	eingekauft	verzehrt	ausgenützt
1. Neun Farmerfamilien . .	101	128	476	97	121	465	88	117	453	3560	3435	3305
2. Neun Handwerkerfamilien	113	153	420	106	142	406	97	137	395	3605	3420	3295
3. Neun Chemikerfamilien .	110	136	442	107	129	437	99	124	426	3530	3430	3305
4. Fünf Studenten.	127	181	402	106	146	363	98	141	354	3880	3305	3170
5. Eine schwedische Familie, März	121	116	486	118	112	479	109	107	469	3565	3490	3365
Eine schwedische Familie, April	137	129	651	133	123	636	123	119	622	4440	4300	4160
6. Familie in Hartford. . .	87	76	510	87	75	509	77	72	498	3155	3140	3025
7. Beamtenfamile in Hartford	109	102	434	108	100	432	99	96	422	3175	3145	3030
8. Kosthaus in Middletown, gut bezahlte Arbeiter . .	126	188	426	103	152	402	—	—	—	4010	3490	—
9. Privatspeisehaus	96	133	343	92	119	339	86	116	330	3035	2975	2785
10. Ziegelarbeiter in Massachusetts bei angestrengtester Arbeit	180	365	1150	—	—	—	—	—	—	8850	—	—
11. Grobschmiede in Massachusetts bei angestrengtester Arbeit	200	304	365	—	—	—	—	—	—	6905	—	—
12. Arbeiter im Adisondacks-Gebirge	—	—	—	200	216	367	190	209	358	—	4335	4190
13. Fußballspieler in der Übung	181	292	557	—	—	—	—	—	—	5740	—	—
14. Sandow, Athlet.	244	151	502	—	—	—	—	—	—	4462	—	—

Stand und Beschäftigung	Eingekaufte Nährstoffe			Verzehrte Nährstoffe			Ausgen. Nährstoffe			Kalorien		
	Protein	Fett	Kohlenhydrate	Protein	Fett	Kohlenhydrate	Protein	Fett	Kohlenhydrate	eingekauft	verzehrt	ausgenützt
15. Lehrerfamilie Illinois	124	158	487	101	113	441	—	—	—	3975	3275	—
16. Lehrerfamilie Indiana	110	110	349	106	102	340	—	—	—	2910	2780	—
17. Beamtenfamilie bei wenig Arbeit Konnektikut	110	136	442	107	129	437	—	—	—	3530	3430	—
18. Beamtenfamilie bei wenig Arbeit Pennsylvania	98	155	396	91	145	380	—	—	—	3465	3280	—
19. Fünf Mechanikerfamilien bei mäßiger Arbeit . . .	114	170	436	105	154	407	—	—	—	3826	3524	—
20. Studentenklubs Weibliche (Mittel von 4)	101	139	414	—	—	—	—	—	—	3405	—	—
21. Studentenklubs Männliche (Mittel von 16)	105	147	465	—	—	—	—	—	—	3705	—	—

Man hat aber den Rationssätzen, die physiologischerseits aufgestellt wurden, auch widersprochen, man hat namentlich das Eiweiß vielfach als zu hoch bezeichnet und nicht mit den Erfahrungen des täglichen Lebens übereinstimmend. Pflüger, Boland und Bleibtreu fanden beispielsweise den Proteinumsatz, berechnet nach dem ausgeschiedenen Harnstickstoff, für den Erwachsenen bei mäßiger Arbeit:

	Im ganzen	Für 1 kg Körpergewicht
Erster Fall	92,715 g Protein	1,326
Zweiter Fall	81,700 g „	1,249
Dritter Fall	96,467 g „	1,464

Andrerseits hat man speziell auch den Gesichtspunkt des Eiweißminimums schärfer herausgekehrt, indem man sich fragte, ob es nicht außer geeigneten Bedingungen auch möglich wäre, die Eiweißmenge herunterzusetzen.

So kann nach Hirschfeld sich ein gesunder Mensch mit 40 g Eiweiß ins Stickstoffgleichgewicht setzen bei hohem Kalorienwert der Nahrung (etwa 45 Kal.), zu ähnlichen Ergebnissen kamen auch Klemperer, Breisacher und Peschel, ferner Kumagawa u. a. Andererseits zeigen Erfahrungen des täglichen Lebens, daß diese Frage doch keine akademische ist. C. v. Rechenberg fand in der Nahrung der Erwachsenen bei sächsischen Handwerkerfamilien im Mittel an Roheiweiß 65 g, an ausnutzbarem Eiweiß 47 g, bei 2728 Roh- und 2455 ausnutzbaren Kalorien. Es hat aber auch nicht an Erhebungen gefehlt, die zeigen, daß es wieder nicht möglich ist, mit niedriger Eiweißration (34,9 und 55,1 g Protein) erwachsene Individuen ins Stickstoffgleichgewicht zu bringen. Gegenüber allen diesen mehr vereinzelten Feststellungen sind aber von großer Bedeutung Untersuchungen von Sivén und Chittenden, die den Vorteil der Länge der Durchführung mit der physiologischen Exaktheit und Anlage der Versuche verbanden. Chittenden hielt sich neun Monate hindurch im N-Gleichgewicht bei einer Kost, die pro Kilogramm Körpergewicht 27—28 Kalorien darbot und etwa 400 g Eiweiß pro Tag betrug! Weitere Versuche Chittendens an Professoren, Lehrern, Athleten, Soldaten über Monate hindurch ergaben, daß man mit einer Kost bestehen kann, bei der die Eiweißzufuhr auf die Hälfte etwa gegenüber den oben genannten Kostsätzen heruntergedrückt ist. Chittenden hält für einen Soldaten eine Kost im Felde für zureichend, die 50 g Eiweiß (8 % der Gesamtkalorien) enthält, während das Voitsche Kostmaß bei 118 g Eiweiß dieses zu 15 % der Gesamtkalorien in der Nahrung ansetzt. Diese Versuche sind noch durch Hindhede überboten worden, der in monatelangen Versuchen, zum Teil Selbstversuchen, zeigte, daß das Eiweißminimum, mit dem ein Erwachsener sich dauernd im Stickstoffgleichgewicht zu halten vermag, etwa um 40–50 g Eiweiß liegt. Hindhede verabreichte in erster Linie eine aus Kartoffeln und Fett bestehende Kost die Kartoffeln enthalten nicht mehr als 1–2% Eiweiß!, doch vermochte er auch bei reinen Brotversuchen mit 44—47 g verdaulichem Eiweiß das Gleichgewicht zu erzielen. Als Eiweißminimum gibt Hindhede für 3000 Kalorien 20 g verdauliches Eiweiß an. „Da nach Rubner das Eiweißminimum für Milch und Fleisch bei 4 g Urin-N = 25 g verdaulichem Eiweiß liegt, kann weiter daraus geschlossen werden: „Eiweiß in Kartoffeln, Brot, Milch und Fleisch hat wesentlich denselben Wert." Auch Abderhalden kommt nach ähnlich angelegten Versuchen zu dem Schlusse: „Der Eiweißbedarf kann eingeschränkt werden. Wie weit er reduziert werden darf muß noch an einem größeren Material studiert werden." Auch Schittenhelm schreibt: ‚So konnte Wiener in meiner Klinik eine Frau nach Hindhedeschen Prinzipien vornehmlich durch Kartoffelfütterung mehrere Wochen bei einer Stickstoffzufuhr von etwa 3,4 g = 21,25 g Eiweiß, bei 2800 Kalorien in positiver Stickstoffbilanz ohne Herabsetzung des Körpergewichts halten."

Von wesentlicher Bedeutung war es, daß sich der größte lebende Ernährungsphysiologe Rubner gegen die allgemeinen Schlußfolgerungen von Chittenden und Hindhede wand, indem er zwar das Eiweißminimum zu 25—30 g Eiweiß angab, indessen dieses nur für animalische Nahrung, Kartoffeln, Reis, gelten ließ; „von Broteiweiß muß man fast dreimal, von Mais fast viermal so viel reichen, um ein Minimum zu erhalten"; dazu kommt noch nach Rubner die schlechte Ausnutzbarkeit vegetabilischen Eiweißes im Darm, die für manche Brotsorten, wie solche aus ganzem Korn oder Schwarzbrot, einen N-Verlust von 2,8—3,3 g im Darm beträgt, was annähernd 20 g Eiweiß entspricht. Daß Rubner die alte Norm des Normalkostsatzes von 110 g Eiweiß, 60 g Fett und 500 g Kohlenhydraten festhalten will, liegt hauptsächlich an dem Broteiweiß. „Mit Brot war kein anderes Gleichgewicht zu erreichen, als mit 90 N-Substanz = 81 Reineiweiß." Rubner kommt zu der Erwägung, daß zwar ein Mann bei körperlicher Arbeit und einem Kalorienverbrauch von 3080 Kalorien diesen Verbrauch durch 1500 g Schwarzbrot und mit dem im Schwarzbrot enthaltenen 88 g „Reineiweiß den Eiweißbedarf decken kann, daß das aber schon nicht mehr möglich sei bei einem Kopfarbeiter mit einem Kalorienverbrauche von 2400 Kalorien, da die diesen Verbrauch deckende Kost nur 2400 Kalorien erfordert, während sie nur 63 g „Reineiweiß" enthält. Es müsse bei dieser Kost alsdann Eiweißunterernährung mit allen ihren Folgen kommen.

Gegenüber den Versuchen von Rubner, aus denen er seine Schlüsse zieht, wendet Hindhede (auf Grund seiner eigenen, bereits angeführten Versuche) ein, daß ein Eiweißminimum erst nach längerer Dauer 8–12 Tagen) erreichbar ist, daß genügende Kalorien verabreicht werden müssen und daß das Versuchsindividuum ganz normal sein muß. „Selbst beim leichtesten Unwohlsein steigt die N-Ausscheidung." Insofern seien die Ergebnisse Rubners bzw. seines Mitarbeiters Thomas hinsichtlich der Brotversuche zu beanstanden.

Einen ganz neuen Gesichtspunkt in die Frage des sog. Eiweißminimum, d. h. derjenigen Eiweißmenge, unter die man ungestraft, ohne dem Organismus Schaden zuzufügen, nicht hinuntergehen darf, haben in den letzten Jahren C. Röse und Ragnar Berg aus dem Lahmannschen Sanatorium eingeführt. In sehr lang ausgedehnten Selbstversuchen haben sie mit dem Eiweißstoffwechsel auch den Mineralstoffwechsel verfolgt. Sie sind dabei zu einem anscheinend bemerkenswerten Resultat gekommen, daß die Erreichung eines Eiweißminimums abhängig sei von der Menge der anorganischen Basen. „Eine zweckmäßige und gesunderhaltende Nahrung muß im Durchschnitte mehr Äquivalente anorganischer Basen als anorganischer Säuren enthalten." Zur Feststellung dieses Basenüberschusses der Nahrung genügt nach den Autoren lediglich die Titration des Harnes mit $\frac{1}{10}$ Normal-Lauge bzw. Säure und einem Indikator. Die Autoren halten es für vollkommen verfehlt, „wenn man ohne weiteres annimmt, der Stickstoffbedarf sei 40 oder 100 g Eiweiß; es ist vielmehr notwendig, daß man einerseits berücksichtigt, ob die Nahrung säurereich oder basenreich ist (denn nur in dem letzteren Falle darf man sich auf die wirklichen Minimalwerte des Bedarfs stützen), andererseits muß man auch angeben, woraus die Ernährung besteht, da ja die verschiedenen Eiweißarten ganz verschiedene physiologische Ausnützungswerte haben.“ Auf die Frage der Basen-Säureäquivalente sei zunächst einmal nicht eingegangen, sondern nur das faktische Ergebnis der Autoren über das erreichte Eiweißminimum verschiedener eiweißhaltiger Nahrungsmittel ganz ohne Berücksichtigung des Basenäquivalentwerts angeführt. Röse und Berg stellen den Minimalbedarf an Eiweiß fest

bei Milch	zu 19,8 g	Rohprotein
bei Kartoffeln (je nach der Sorte)	zu 19.8 g	„
	bis 26,0 g	„
bei Eiern	zu 26,7 g	„
bei Fleisch	zu 32.6 g	„
bei Bananen	zu 43,6 g	„
bei Roggenbrot (je nach der Feinheit der Vermahlung und dem Kleiegehalt)	zu 39,3 g	„
	bis 55.5 g	„
bei Weizenbrot	zu 50.9 g	„
	bis 55,1 g	„
bei Wirsing	zu 67,5 g	„
bei Kohlrüben	zu 79,4 g	„

Diese Befunde decken sich mit denen von Hindhede und Rubner, indem beide für Eiweiß in Kartoffeln, Milch und Fleisch ein Eiweißminimum bei 25 g verdauliches Eiweiß festgestellt haben. Hinsichtlich des Broteiweißes weichen diese Feststellungen von denen Hindhedes ab, der ebenfalls bei 25 g verdaulichem Eiweiß hier dieses Minimum sieht, und decken sich fast mit denen Rubners, der das Eiweißminimum hier wesentlich höher sein läßt.

Welche Schlußfolgerungen sind daraus erlaubt? Zunächst ganz allgemein die, daß es eine Skala der physiologischen Wertigkeit des Eiweißes für die Ernährung des Menschen gibt und daß die Wertigkeit mit dem Bau des betreffenden Eiweißes in Zusammenhang stehen muß. Aus den Spaltstücken des Nahrungseiweißes restituieren wir ja unser Körpereiweiß. Je höherwertig ein Eiweiß ist für unsere Ernährung, um so kleiner ist das Eiweißminimum, mit dem wir uns (vorübergehend oder selbst für längere Zeit) ins Gleichgewicht zu setzen vermögen. Die Skala dieser Eiweißwertigkeit lautet:

			Eiweißminimum (Roheiweiß)
I.	Kartoffeln, Reis	Eier, Fleisch, Milch	etwa 20—40
II.	Brot, Mais		„ 40—70
III.	Gemüse		„ 70—80

Die Ursachen dieser physiologischen Wertigkeit, die am geringsten beim Gemüse ist, am besten bei animalischem Eiweiß, Kartoffeln und Reis heute schon auf einen bestimmten Faktor, d. h. also auf ein Koordinatensystem, zu beziehen, ist jedenfalls zu relativ. Ich halte es für verfrüht, so lange wir noch nicht restlos das Eiweiß aufschließen und jede Aminosäure bestimmen können, in dem Unterschiede einzelner Aminosäuren die ganze Frage gelöst zu sehen. Genau so falsch ist aber die Beziehung der verschiedenen Wertigkeit auf das Basen-Säureäquivalent. Abgesehen davon, daß sich erweisen läßt, daß die Aciditätsvermehrung keinen Einfluß auf das Stickstoffgleichgewicht hat (vgl. z. B. die Versuche von Jansen, von Feulgen aus dem Waisenhaus Prof. Erich Müller, auch meine eigenen Erfahrungen bestätigen es), besteht auch praktisch die Gefahr, daß schließlich die unzureichende oder zureichende Eiweißernährung gewissermaßen mit dem Reagenspapier am Harn geprüft wird, und daß das Heil der zureichenden Ernährung in der Verabreichung von Nährsalzen gesehen wird. Diesen praktischen Schlußfolgerungen muß man von vornherein vorgreifen, doch soll durchaus nicht die Verdienstlichkeit verkannt werden, daß Röse und Berg das Problem der Mineralstoffwechsel in mühsamer Arbeit in Verbindung mit dem Eiweißstoffwechsel aufgenommen haben.

Nun eine Frage: Ist es möglich mit dem Eiweißminimum sich für längere Zeit im körperlichen Gleichgewicht zu halten? Die Aussicht dazu muß um so geringer sein, je einseitiger das Eiweiß in der Nahrung ist, je größer, je gemischter das Eiweiß ist. Zur Veranschaulichung diene für den ersten Satz der Säugling als Exempel: Länger als ein Jahr lang kann man den Säugling nicht mit Milch ernähren, dann streikt der Körper, man muß zur gemischten Kost übergehen. Auch Zulagen von Milcheiweiß würden an dieser Tatsache nichts ändern. Man könnte den Einwand machen, daß der Körper ja auch Salze braucht (z. B. Eisen), an denen event. die Milch arm sei; aber auch unter diesen Gesichtspunkten würde ein Zusatz von Aschen zur Milch nicht eine Änderung im Ergebnis erzielen. Wenn, wie in einer Ernährungsdebatte behauptet wurde, die Warthebrucher Schnitter nur von Kartoffeln und Leinöl leben sollen, so trifft das nicht ganz zu, da diese Menschen auch saure Milch und Brot zu ihren Mahlzeiten bei aller ihrer Anspruchslosigkeit verwenden; immerhin ist gerade die Kartoffel eines der Nahrungsmittel, mit denen man sich fraglos längere Zeit im Eiweißgleichgewicht halten kann, sofern eben der Umfang der Kost ein zureichender ist. Wie lange jemand nur bei Kartoffeln und Fett sich halten kann, ist aber doch noch eine offene Frage.

Die Feststellung des Eiweißminimums, mit dem der Mensch bei einem bestimmten Eiweiß sich ins Stickstoffgleichgewicht zu setzen vermag, ist insofern von Bedeutung für die Beurteilung der Ernährungsfrage, als wir daraus erkennen, inwieweit das in Untersuchung stehende Eiweiß imstande ist, dem Ersatze des Körpereiweißes zu dienen. Das Eiweiß von Kartoffeln, Fleisch, Eiern und Milch steht da annähernd auf gleicher Stufe, diese Eiweiße sind die physiologisch am meisten adäquaten und es ist das große Verdienst von Hindhede gerade die Bedeutung des Kartoffeleiweißes in dieser Hinsicht klar erkannt zu haben. Viel weniger physiologisch-adäquat ist das Eiweiß des Brotes und am allerwenigsten das der Gemüse. Zu bedenken ist allerdings, daß ein solches Eiweißminimum nur für relativ kürzere Zeit erreicht wird, daß es immer noch eine offene Frage ist, ob etwa jahrelang die Ernährung mit einem Eiweiß allein möglich ist, wissen wir doch selbst von der Milch, daß wir kaum länger als ein Jahr einem Säugling nur Milch zuführen können, ohne ihm schwere Schädigung zuzufügen.

So ist also die Frage des Eiweißminimums nur eine theoretische Frage, die praktisch insofern zu Schlüssen geeignet ist, als sie uns sagt, daß erstens ein Gemisch verschiedener Eiweiße die größte Sicherheit in dem Ersatz verloren gegangenen Eiweißes geben muß, daß — abgesehen von der Kartoffel — animalisches Eiweiß physiologisch-adäquater in der Ernährung ist als vegetabilisches und drittens, daß ein heruntergehen der Eiweißmenge in der Ernährung auf den Wert des Eiweißminimum immer eine Gefahr bedeuten muß für den Organismus, der in einem solchen Falle der Reserven bar ist, ein Gesichtspunkt, der für die Ernährung der Gesunden gerade in Hinblick auf etwaige Erkrankungen von besonderer Bedeutung ist. Es soll dabei durchaus nicht verkannt werden, daß man imstande ist, auch mit Eiweißwerten auszukommen, die im Eiweißminimum liegen, ja selbst Monate lang, ja selbst bei einer Kost, die kalorisch gegenüber dem normalen Satze eingeengt ist. Wir werden im Kapitel VI auf die Frage der Unterernährung eingehen und dort auch der Frage der Einschränkung des Umsatzes bei chronischer Unterernährung näher treten, doch verweise ich hier schon auf eine Beobachtung an einem Arzte (70 kg Körpergewicht) der bei gemischter Nahrung sich monatelang (vielleicht sogar jahrelang) im Gleichgewicht gehalten hat bei etwa 25 g verdaulichem Eiweiß der Nahrung und 1400—1600 Kalorien der Nahrung unter einer ärztlichen Tätigkeit, die doch den ganzen Menschen körperlich in Anspruch nahm. (Diese Einstellung ist aber nur, wie im Kapitel VI gezeigt wird, möglich durch Abschmelzung von Protoplasma.)

Wenn wir alles in allem die Frage des Eiweißminimum zusammenfassend würdigen, so kommen wir zu dem Schlusse, daß es ein absolut genommenes Eiweißminimum nicht gibt; das Eiweißminimum kann nur für jedes Eiweiß in einem Nahrungsmittel für sich bestimmt werden. Ganz anders steht es aber mit der Frage des Eiweißoptimum. Was Voit als Eiweißwert der Nahrung gegeben hat, kann unter dem Gesichtspunkte des **Eiweißoptimum** gewürdigt werden.

In der praktischen Ernährung wollen wir wissen, welches ist die optimale Ernährungseinstellung, sowohl nach Umfang wie Qualität. Um diese Frage zu beantworten, müssen wir allerdings den Begriff optimal näher definieren. Optimal kann die Zusammensetzung der Kost sein hinsichtlich des subjektiven Befindens des Menschen (Bedürfnisbefriedigung), der objektiven Bedarfsdeckung, wobei die Frage der Leistungsfähigkeit unter niedrigen wie erhöhten Bedingungen und auch pathologische Zustände des Organismus zu berücksichtigen sind und drittens muß der Gesichtspunkt der Preiswürdigkeit berücksichtigt werden. In den Fragen praktischer Ernährung spielt Erziehung und Gewohnheit eine dominierende Rolle. Wenn beispielsweise die Schnitter aus dem Warthebruch von Kartoffeln und Leinöl leben und so dem Hindhedeschen Ideal sehr nahe kommen, so kann andererseits die gleiche Anspruchslosigkeit nicht von einem städtischen Kopfarbeiter verlangt werden, der in seinem Nahrungsbedürfnis wählerisch und „verwöhnt“ ist. Man würde vielleicht einwenden können, das sei ja gerade der Vorteil physiologischer Untersuchungsergebnisse, daß man auf Grund dieser eine rationelle Ernährungsweise durchführen könne, doch ist zunächst das Eine einzuwenden, daß, wenn man beispielsweise die Kost wechseln ließe, sich der städtische Kopfarbeiter nicht bei Kartoffelkost mit Leinöl wohlfühlen könnte: sie schmeckt ihm nicht und liegt ihm schwer im Magen — er müßte denn die Beschäftigung des Warthebrucher Schiffers aufnehmen — und daß der Letztere auch bei der Kost des Stadtbewohners nicht glücklich wäre: er würde wahrscheinlich einen gewissen Widerwillen zu überwinden haben; zudem wäre die Kost ihm nicht ausreichend. Die Kost des Städters ist aber vorwiegend animalisch, eiweißreich, die des Landarbeiters vegetabilisch, eiweißarm, fettreich und kohlenhydratreich. Es wird bei der Bewertung der Kostformen zu sehr auf die Berechnung der Kalorien Gewicht gelegt, zu wenig auf den Sättigungswert der Nahrung, eine Tatsache, auf die wir ja schon oben S. 18 eingegangen sind. Die Fleisch enthaltende Kost des Städters hat aber einen großen Sättigungswert. Der arbeitende Landmann, der eine kalorienreiche Kost einnimmt, kann aber mit einem Nahrungsmittel, das einen großen Sättigungswert hat, garnicht das Hereinbringen so großer Kohlenhydrat- bzw. Fettmengen bewerkstelligen, so wählt er die Nahrung mit niedrigem Sättigungswert, dafür aber großem Volum. So liegt in dem Sättigungswert als Ausdruck für das Bedürfnis des Individuums die prinzipielle Entscheidung zu gunsten der eiweißreicheren animalischen Nahrung des Städters und der eiweißärmeren vegetabilischen Nahrung des Landbewohners. Wohl kann sich der Städter mit einer eiweißärmeren Kost (vegetabilischen Kost) ins Gleichgewicht setzen, aber sie ist unpraktisch für ihn, da sie ihn nicht sättigt. Ißt er aber so viel, daß die Kost ihn sättigt, dann belästigt ihn die Kost, sie wird schwer verdaulich, sofern er nicht körperlich tätig ist. Die Entscheidung, ob animalisches oder vegetabilisches Eiweiß, läßt sich leicht treffen für den nicht arbeitenden Städter zugunsten des ersteren, da das vegetabilische einen Sättigungswert besitzt! Somit läßt sich die geringere Frage der optimalen Kost vom Standpunkte des „Bedürfnisses“ aus einwandfrei dahin lösen, daß für den körperlich wenig arbeitenden Organismus die an animalischem Eiweiß reichere Kost die vorzuziehende ist, für den körperlich tätigen die kalorien- (fett-, kohlenhydrat-) reiche Kost, die aber arm an animalischem Eiweiß ist, dagegen durch die Vegetabilien voluminös ist. Je kleiner der Sättigungswert der Nahrung ist, desto größer ist die Möglichkeit der Aufnahme größerer Nahrungsmengen; damit sind wir bereits auch auf die Frage des Kostsatzes bei niedrigem Umsatze wie hohem Umsatze eingegangen und haben nur noch ganz allgemein die Frage zu beantworten, deckt sich das Eiweißoptimum mit den Voit-, Rubner-, Atwaterschen Zahlen? Legen wir den Gesichtspunkt des subjektiven Bedürfnisses zugrunde, so zeigt, wie eingangs dieses Kapitels dargelegt ist, die durchschnittliche Kost der Menschen — besonders in der Stadt — den Voitschen Wert! Was den objektiven Bedarf anlangt, so kommt man auch mit weniger Eiweiß in der Nahrung aus, es ist selbst ein Heruntergehen des Eiweißes in der Nahrung bei kalorisch nicht allzu reichlich bemessenem Nahrungsumfang (gemessen nach Kalorien!) noch möglich. Sehr interessant ist eine Gegenüberstellung der Werte, die wir seit Jahren an den Kranken der Charité in der zweiten medizinischen Klinik erheben konnten:

1912/13:

Durchschnittsgewicht der Männer: 68 kg.
Mit der Nahrung verabreichte Kalorienmenge: 2600 (Schwankungen 2200—2800).
Durchschnittlicher Eiweißwert der Nahrung = 85 g (verdauliches Eiweiß).
Wöchentliche Gewichtszunahme: 0,6—0,7 kg.

Winter 1915/16:

Durchschnittsgewicht der Männer: 65 kg.
Brennwert der Kost mindestens 1500—1800 Kalorien.
Durchschnittlicher Eiweißwert: 61 g (verdauliches Eiweiß).
Wöchentliche Gewichtszunahme: 0,4 kg.

Anfang 1919:

Durchschnittsgewicht der Männer: 53 kg. (Durchschnittsgew. der Frauen: 45 kg!)
Brennwert der Kost mindestens 1200—1400.
Durchschnittlicher Eiweißwert = 45 g (verdauliches Eiweiß).
Wöchentliche Gewichtszunahme: 0,08 kg.

Berücksichtigen wir die Tatsache, daß von den etwa 100 Patienten, die 1919 der Beurteilung zugrunde gelegt wurden, 12% überhaupt nicht an Gewicht zunahmen, 44% an Gewicht verloren und nur 44% an Gewicht zunahmen, wobei es möglich, ja mehr als wahrscheinlich ist, daß diese sich nicht auf die knappe Charitékost beschränkt haben, sondern noch von Haus aus sich Zusätze zur Nahrung verschaffen ließen, so kann man zu dem Schlusse kommen, daß bei einer Kost, deren Eiweißgehalt dicht über dem Eiweißminimum liegt, selbst bei Rekonvaleszenten, die sonst am allerleichtesten zunehmen, weil hier eine starke Restitutionsavidität vorliegt, keine Gewichtszunahme zu erzielen ist, wenn der Umfang der Nahrung eben zureichend, vielleicht sogar noch unzureichend ist, daß dagegen bei 60 g Eiweißgehalt der Nahrung und immerhin knapp aber eben doch noch zureichenden Umfang der Nahrung eine Gewichtszunahme bei Rekonvaleszenten zu erzielen ist. Mit Leichtigkeit läßt sich diese bei 85 g verdaulichem Eiweiß erzielen und einer kalorisch überreichlichen Kost. Das bezieht sich naturgemäß auf Rekonvaleszenten, doch ist der Umfang der Nahrung gerade so groß, daß ein einigermaßen tätiger Mann von 68 kg gerade eben sein Auslangen mit dieser Kost findet. Rechnet man bei der gemischten Kost eine Nichtausnutzung von 15% (wegen des Vollkornbrotes!) in den Jahren 1916 und 1919, dagegen von 10% in den Jahren 1912/1913, so kann man sagen, bei selbst knapper Diät ist bei rund 70 g Roheiweiß in der Nahrung noch Gewichtsansatz bei Kranken bzw. Rekonvaleszenten möglich, bei 50 g nicht mehr. Man wird also 70 g Rohprotein als immerhin untere zulässige Grenze des Eiweißwertes für die Ernährung von Kranken noch zulassen können. Der optimale Wert liegt aber höher (bis 90 g), für den Gesunden, der herumgeht, auch müssen die Kalorienwerte der Nahrung höher liegen als im Krankenhause für untätige bzw. bettlägerige Kranke bzw. Rekonvaleszenten. Deswegen wird der optimale Eiweißwert der Nahrung auch mehr an 90 g Eiweiß (Roheiweiß) liegen als an 70 g, doch dürfte auch 70 g die zulässige untere Grenze des Eiweißes vom Standpunkte der Massenernährung sein. Voits, Rubners, Atwaters Zahlen mögen ja etwas hoch gegriffen sein, wesentlich aber ist die Voitsche Zahl nicht zu hoch gegriffen. Der untere Wert des zulässigen Heruntergehens des Nahrungseiweißes darf auf etwa 70 g Roheiweiß bei gemischter Nahrung festgesetzt werden; für einen mittelschweren (70 kg schweren) und mittelschwer arbeitenden Mann dürfte 70 g verdauliches oder 80 g Bruttoeiweiß bei etwa 3000 Kalorien das Optimum des Eiweißes bei gemischter Kost darstellen. Über die Wahl der Nahrungsmittel vgl. den folgenden Abschnitt.

2. Wahl der Nahrungsmittel.

Eingangs unseres Buches führten wir aus, daß sich der Gesunde nach den Gewohnheiten seines Landes und seiner Familie, wobei die Erziehung eine Rolle spielt, instinktmäßig ernährt. Das schließt aber nicht Unzweckmäßigkeiten der individuellen Ernährungsweise aus. Vergleicht man den Tisch verschiedener Gesellschaftsklassen, so lassen sich solche Unzweckmäßigkeiten, die zur Gewohnheit geworden sind, in Hülle und Fülle feststellen. Die Ernährung der Reichen war im Frieden zu opulent: morgens, mittags und abends eine Tafel, die sich durch Abwechslung und Reichhaltigkeit auszeichnete, dadurch stark die Appetenz anregte, dabei aber bei großem Fettreichtum das Fleisch und die Eierspeisen, also das animalische Eiweiß, bevorzugten. So leistete die Tafel der Reichen dem, was man Surmenage nennt, Vorschub und war verantwortlich zu machen für viele Störungen der Magentätigkeit (Sekretionsstörungen) für die Stoffwechselerkrankungen (Fettsucht, Gicht, Diabetes) und sicherlich auch für viele Herz- und Gefäßerkrankungen (z. B. Arteriosklerose des Splanchnikusgebietes, Nierensteine usw.). Andererseits fanden wir im Frieden bei der ärmeren Bevölkerung eine Kost, die verhältnismäßig eiweißarm, dafür aber kohlenhydratreich ist: also eine Bevorzugung der vegetabilischen Kost, wobei als Kohlenhydratträger Brot und Kartoffeln die dominierende Rolle gespielt haben. Aber wenn wir auch anerkennen, daß man — es ist das im Kapitel Normalkost ja auseinandergesetzt worden — mit einem Eiweißminimum auskommt, so zeigt gerade in den Städten die ärmere Bevölkerungsschicht vielfach eine Körperkonstitution, die in erster Linie auf das Konto einer unzureichenden Ernährung gesetzt werden muß. Wir können es uns ersparen, hier noch einmal auf die Frage des Eiweißminimums oder Optimums einzugehen und betonen nur summarisch, daß wir am Eiweißoptimum in der Ernährung festhalten müssen (nicht am Eiweißminimum) und daß auch die Qualität des Eiweißes nicht gleichgültig ist. Wir sprachen schon vom physiologisch-adäquaten Eiweiß und betonten, daß ein Eiweiß um so zweckmäßiger in der Ernährung sei, je adäquater es sei:

obenan stehen Fleisch, Ei, Milch, Kartoffeln — am letzten Ende Gemüseeiweiß, Wurzeleiweiß, dazwischen Zerealieneiweiß. Wir müssen aber auf diese Dinge zum Verständnis einer zweckmäßigen Ernährung, besonders auch in Krankheiten, noch etwas näher eingehen.

Man hat Stoffwechselversuche an Tier und Mensch mit sogenannten reinen Eiweißstoffen gemacht, um den Nährwert dieser Eiweißstoffe festzustellen und ist sehr bald schon zu den Unterschieden gekommen, wie sie sich für den Menschen in der Skala der verschiedenen physiologischen Verdauungswertigkeit ausdrücken lassen. Es liegt aber in dieser physiologischen Wertigkeit noch ein Begriff enthalten, der verdient, näher beleuchtet zu werden. Es kann dies am besten durch Beispiele aus praktischen Stoffwechselversuchen, wie sie Röhmann (Über künstliche Ernährung und Vitamine, Berlin 1916) und Osborne und Mendel (Carnegie Institut 1911) durchgeführt haben, gezeigt werden. Die Autoren wählten zur Aufzucht und zum Halten von Mäusen und Ratten ein Gemisch von einem bzw. mehreren reinen Eiweißarten, Rohrzucker und Stärke, Fett, Agar und ein künstliches Salzgemisch. Aus diesen Versuchen ergab sich zunächst die verschiedene Wertigkeit der Eiweißstoffe für die Ernährung im allgemeinen, d. h. es war nicht möglich, mit dem einen oder anderen Eiweißstoffe die Tiere zu erhalten bzw. junge Tiere aufzuziehen, was nur mit wenigen Eiweißstoffen gelang; daraus kamen die Autoren im speziellen zu der Vorstellung eines „vollständigen oder unvollständigen Eiweißes“. Ein solcher vollständiger Eiweißstoff ist beispielsweise das Kasein. Dieses erfüllt die Forderung, daß es alle für den Stoffwechsel erforderlichen Atomgruppen enthält, die in Fetten und Kohlenhydraten nicht enthalten sind. Dem gegenüber gibt es Eiweißstoffe, die unvollständig sind. Am berühmtesten ist der Leim, der gegenüber anderen Eiweißkörpern sich durch einen hohen Glykokollgehalt auszeichnet, dem aber die Tyrosin-, Tryptophan- und Zystingruppen fehlen. Man weiß schon lange in der Ernährungslehre, daß Leim kein Eiweißersatz ist, ja, wegen seiner stark von den eigentlichen Eiweißkörpern abweichenden Zusammensetzung rechnet man ihn auch gar nicht erst zu den eigentlichen Eiweißkörpern. Aber auch andere Eiweißkörper sind, wie sich aus den Tierversuchen ergibt, nicht vollständige Eiweißkörper.

So fehlt z. B. dem Gliadin aus Weizen und Roggen, dem Hordein aus Gerste, dem Zein aus Mais — das sind alles Zerealieneiweißkörper — vollkommen die Lysin- und Glykokollgruppe, dem Zein auch die Tryptophangruppe. Stickstoffhaltige Körper, die diese fehlenden Gruppen enthalten, können als Ergänzungskörper zu unvollständigen Eiweißkörpern angesehen werden. Sehr interessant sind in dieser Beziehung die Wachstumsversuche von Osborne und Mendel, die bei jungen Ratten unter Ernährung mit unvollständigen Eiweißkörpern das Wachstum durch Zusatz der fehlenden Aminosäuren zustande brachten. So begünstigte der Zusatz von Zystin zum zystinarmen Kasein entschieden das Wachstum, ähnlich der Zusatz von Lysin zum lysinarmen Edestin, ferner begünstigte das Laktalbumin mehr das

Wachstum als Kasein und Edestin. Vergleicht man weiter das Leguminoseneiweiß in den Wachstumsversuchen, so zeigt sich, daß dieses zu den unvollständigen gerechnet werden muß. Der Begriff des unvollständigen Eiweißes bzw. des Ergänzungsstoffes ergänzt wesentlich unsere Vorstellung über die Bedeutung des Eiweißes für die Ernährung, wobei es naturgemäß ist, daß die Bedeutung des unvollständigen Eiweißes im Stoffwechselversuche wachsender Individuen viel schärfer hervortritt als etwa bei ausgewachsenen Individuen, wo es nur auf Erhaltung ankommt. So treten Unterschiede in der physiologischen Wertigkeit des Eiweißes auch für die Ernährung der erwachsenen Menschen viel langsamer und weniger erkenntlich in Erscheinung als bei Kindern. Ein Eiweiß, das im Stoffwechselversuch ein niedriges Minimum beim Menschen abgibt, hat den Charakter des vollständigen Eiweißes, während man noch nicht einmal bei den Eiweißstoffen, die ein hohes Eiweißminimum haben, sagen kann, sie seien vollständig, oder eine solche „Probe aufs Exempel" sich erst durch eine sehr lange Probezeit erfüllen ließe.

Für uns gilt die Frage, kann man hinsichtlich der Wahl der Nahrungsstoffe etwas über die Vollständigkeit und damit die ernährungstechnische Brauchbarkeit der Eiweißstoffe in unseren Nahrungsmitteln im allgemeinen sagen? Wir möchten diese Frage, und können sie auf breiter Basis beantworten. Die Erde trägt nicht mehr Animalia, als es Vegetabilia gibt. Dieser erste Satz beweist im allgemeinen, daß das Tierreich aus keinen anderen Stickstoffkörpern aufgebaut sein kann, als denen des Pflanzenreiches. Damit ist naturgemäß nicht gesagt, daß in einem Pflanzeneiweiß bereits die Vollständigkeit des Eiweißes für den einen oder anderen Tierkörper gegeben sein muß. Die Mannigfaltigkeit der Ernährung der Tiere beweist eigentlich schon das Gegenteil zur Genüge. Was speziell den Menschen anlangt, so ist von reinsten Vegetarianern der praktische Beweis geliefert, daß sie mit reiner vegetarischer Diät ihr Dasein fristen können und die physiologischen Versuche von Hindhede haben gezeigt, daß speziell die Kartoffeln (bei kalorisch ausreichender Nahrung, also unter Zusatz von Fett) sogar ein so kleines Eiweißminimum erkennen lassen, daß man hier von einem vollständigen Eiweiß zu sprechen sich berechtigt fühlt. Diese Tatsache erkannt zu haben, halten wir für ein nicht zu verkennendes Verdienst Hindhedes. Broteiweiß, also Zerealieneiweiß, allein besitzt aber nicht den Charakter der Vollständigkeit für den Menschen, einfach wohl aus dem Grunde, weil der Mensch infolge der Zellulosehüllen der Kleie das Eiweiß nicht ganz resorbieren kann: Das Eiweiß des Obstes — auch wenn es nur in geringen Mengen vorhanden ist — vermag das Broteiweiß für den Menschen zu ergänzen, wie sich ebenfalls aus den Hindhedeschen Versuchen ergibt. Daß dem vegetabilischen Eiweiß gegenüber für den Erwachsenen Fleischeiweiß, Eiereiweiß und Milcheiweiß den Charakter des vollständigen Eiweißes besitzen, brauchen wir nicht erst zu betonen; dabei ist es durchaus aber noch nicht ausgemacht, ob das Fleisch aller Tiere die gleiche Wertigkeit besitzt, denn auch der Begriff der Vollständigkeit des Eiweißes ist nur ein relativer und richtet sich nach dem Bedarf des Organismus. So ist beispielsweise schon ein wachsendes Individuum in dieser Hinsicht herausfordernder, als ein erwachsenes. Löwen kann man in zoologischen Gärten meines Wissens mit Pferdefleisch ernähren, das Pferd wird mit Hafer und Heu ernährt, so ist letzten Endes das Eiweiß aus Hafer und Heu auch für den Löwen ein vollständiges. Man kann aber nicht einen Hund, der sonst ein Karnivore ist und den man gut mit Ochsenfleisch halten kann, mit Pferdefleisch ernähren. Pflüger hat zuerst die Beobachtung gemacht, daß bei Hunden, die mit Pferdefleisch gefüttert werden, sehr bald Durchfälle und Abmagerung eintreten, die man aber durch Zugabe einiger Gramm von Schweineschmalz vermeiden kann. Beim Menschen hat sich in der praktischen Ernährung gerade das Ochsenfleisch gut bewährt und es ist auch eine alte Erfahrung, daß der Mensch täglich Rindfleisch essen kann, ohne dieses Fleisches über zu werden, aber nicht täglich Schweinefleisch oder Geflügel; der danach sich bald einstellende Widerwille ist unseres Erachtens ein instinktiver Regulationsfaktor.

Der Mensch ist das Produkt seiner Kultur und kann als solches nicht unmittelbar mit dem Menschen vor der Stein- und Feuerzeit verglichen werden. Der damalige Mensch war Vegetarianer, der jetzige Mensch ist das, was er ist, unter dem Einflusse der Ernährung geworden. Das sollten wir jedenfalls nie vergessen, ohne daß wir uns darum etwa einer Analyse der Frage, ob denn die Ernährung, wie wir sie vor dem Kriege genossen haben, d. h. die stark fleischhaltige, die richtige ist, entziehen wollen.

Gehen wir zur Beantwortung der Frage, die ja immer darauf hinausläuft, wo beziehen wir am besten unser Eiweiß her, v a folgendem praktischen Gesichtspunkte aus: Die reine animalische Kost ist nicht durchführbar beim Menschen, weil die Verdauuagsorgane nicht so viel Fleisch bewältigen können, als zur Deckung des Umsatzes notwendig ist. Eine Ernährung mit Milch ist beim Erwachsenen ebenfalls nicht durchführbar, weil der Magen nicht ein solches Quantum aufnehmen kann. Mit Eiern ist eine solche Ernährung ebenfalls nicht durchführbar, zumal sehr bald Widerstreben und starke Darmfäule, Verstopfung usw. eintreten würde.

Die Möglichkeit einer rein vegetabilischen Ernährungsform müssen wir prinzipiell zugeben. Für eine gewisse Zeit (ob für Jahre, erscheint mir indessen noch recht fraglich) ist sogar die Ernährung, Brot und Obst durchführbar. Aber auch darüber hinaus ist eine vegetabilische Diät, die aus Zerealien, Leguminosen, Obst, Gemüsen, Wurzeln, Pilzen usw. besteht, in der Lage, den Körper des Menschen zu erhalten. Will man die Ernährung mit Kartoffeln durchführen, so ist technisch die Notwendigkeit des Zusatzes von Fetten zu den Kartoffeln gegeben. Hindhede hat Margarine, anscheinend aus tierischen Fetten, verabreicht. Es bleibt zu entscheiden, ob auch das Öl (etwa Leinöl, Olivenöl usw.) die Margarine (bzw. Butterfett) ersetzen kann.

Nehmen wir das einmal an, dann wäre hier wieder die Durchführbarkeit einer vegetarischen Diätform in aller Einfachheit gegeben. Welches sind nun die Vorteile der vegetarischen Diät und welches sind die Nachteile für den Menschen? Wir wollen beide gegeneinander abwägen. Vorteile: Zunächst ist die vegetarische Diät billig, sodann reizlos, d. h. es fehlen Extraktivstoffe und damit körperschädigende Elemente, weiter wirkt sie je nach ihrem Gehalt an Zellulose peristaltikanregend, ist sie volumreich ohne zu sättigen (es fehlt ihr der Sättigungswert, vgl. S. 18), sie ist kohlenhydratreich und eiweißarm. Die Nachteile sind: zwar billig, dafür aber im allgemeinen nicht wertvoll, da im ernährungstechnischen Sinne das Wertvolle im Wohlgeschmacke, im Gehalte an physiologisch-adäquaten Eiweiß und an Fett, in letzter Linie erst an Kohlenhydraten besteht, die Reizlosigkeit ist ein Nachteil hinsichtlich des Geschmackes, die peristaltikanregende Wirkung im Übermaß schädigt den Darm insbesondere im Verein mit der Neigung der Zellulose zu vergähren. Das Fehlen der Sättigungswerte vermindert den Wert der Nahrung besonders auch durch die Fettarmut der meisten Vegetabilien. Die Eiweißstoffe sind im einzelnen wegen ihrer schlechten Resorbierbarkeit für den Menschen „unvollständig", im allgemeinen daher physiologisch nicht adäquat. Wägt man Vorteile und Nachteile ab, so sind, wenn wir heute als Kulturmenschen die vegetarische Diät bewerten sollen, für uns die Nachteile größer als die Vorteile: Die reine vegetarische Diät garantiert nicht so leicht den Körperbestand wie eine gemischte Diät, sie gibt uns auch nicht die größte Leistungsfähigkeit, sie befriedigt den Gaumen nicht wie eine gemischte Diät und belastet den Magen und Darm stärker als die gemischte Diät. Sie hebt mit einem Worte nicht die kulturelle Entwicklung des Menschen, dessen Verdauungsorgane als Teile der gesamten körperlichen Arbeitsmaschine das vollbringen müssen, was ein Ochse, eine Kuh und eine Henne als Lebenswerk vollbringen. Das große Verdienst von Rubner ist es, bewiesen zu haben, daß bei dem Prozeß, der Leben heißt, die potentielle Energie der Nahrungsstoffe in die kinetische Energie der Arbeit und in die Wärme übergeht. Will man nun wissen, ob im speziellen das vegetabilische Eiweiß einen höheren Brennwert besitzt als das animalische, so bleibt nur der eine Weg, beide Eiweiße (schlechthin) zu kalorimatrieren und — man wird keinen wesentlichen Unterschied finden.

Nun wird allerdings gegen all' diese praktischen Vorstellungen zugunsten der vegetarischen Diät eingewendet, daß die Medizin bei der Beurteilung der vegetarischen Diät eins nicht berücksichtige, das „chemische Potential". Derartige Vorstellungen sind von Birch-Benner verbreitet, sie liegen auch dem „Kombismus" zugrunde, dessen praktische Erfolge bei Parisern, die eine Surmenage der Ernährung im Frieden getrieben und bei vegetarischer Diät (Combe's Regime) wieder in einen normalen Ernährungszustand unter Steigung des Wohlbefindens gebracht wurden, große waren, ich finde sie auch neuerdings in einer kleinen Flugschrift (No. 4) der Medizinisch-Biologischen Gesellschaft 1919 von Dr. Simonson vertreten.

Dieser sagt: „Die medizinischen Forscher wissen ganz überwiegend nicht, was ein chemisches Potential bedeutet. Jede Energieform stellt man sich heute als ein Produkt aus zwei Faktoren vor, dem Kapazitätsfaktor (nach Ostwalds Terminologie ‚materielle Faktoren') und dem Intensitätsfaktor. Bei der Wärme wird z. B. die Intensität mit dem Thermometer gemessen, bei der elektrischen Energie nach Volt. Den Intensitätsfaktor der chemischen Energie nennt man das chemische Potential."

Darin soll Simonson recht gegeben werden. Aber er verschweigt, daß man das chemische Potential, das ein Maß für die Affinität bedeutet, chemisch nicht meßbar ist. Dagegen gilt für die Thermochemie auch der erste Hauptsatz der Energetik oder Thermodynamik, das Gesetz der Erhaltung der Energie. Soll das chemische Potential eines Körpers gemessen werden, so müssen die Beziehungen der chemischen Energie zur mechanischen Energie, zur Wärmeenergie und zur elektrischen Energie aufgesucht werden. Es lassen sich, wenn man diese Beziehungen kennt, die energetischen Größen messen mit Hilfe der Äquivalentfaktoren, die die einzelnen Maße verbindet. Die Beziehungen der chemischen Energie zur mechanischen scheinen nach dem bisherigen Stande unseres Wissens rein (oder vorwiegend) äußerlicher Art zu sein, kommen daher auch hier für die Beurteilung nicht direkt in Frage, dagegen ist jeder chemische Vorgang mit Wärmeproduktion oder Absorption verknüpft. Diejenigen Vorgänge, die mit (positiver) Wärmetönung einhergehen, heißen exotherme Reaktionen, diejenigen, die Wärme aufnehmen und in chemische Energie umsetzen, heißen endotherme. Die synthetischen Prozesse sind oft endothermer Natur; Pflanzen bilden die Hauptstätte endothermer Reaktionen in der Natur, sie führen zur Bildung von Substanzen mit hohem Energiegehalte. Eine große Bedeutung in der Thermochemie nehmen die viel untersuchten Lösungs- und Verdünnungswärmen ein, die hier, wo es sich um das chemische Potential so komplexer Körper wie dem Eiweiß handelt, nicht diskutiert zu werden brauchen. Beziehungen der chemischen Energie zur elektrischen Energie sind ebenfalls bekannt und durch Äquivalentfaktoren ausdrückbar, da aber ein lebender Organismus nicht als elektrische Maschine zu betrachten ist, auch wenn jegliches Geschehen mit elektrischen Erscheinungen verknüpft ist, so braucht auf diese Beziehungen zur Beurteilung des chemischen Potentials des Eiweißes nicht eingegangen zu werden. So bleibt also zur Beurteilung der chemischen Energie für den Organismus (wie für die Maschine) nur die Verbrennungswärme bzw. die nach dem Äquivalentmaßstabe aus der Verbrennungswärme zu berechnende mechanische Energie (nach Maßgabe des ökonomischen Koeffizienten des Organismus). Wenn daher die chemische potentielle Energie des vegetabilischen Eiweißes gegenüber dem animalischen Eiweiß bestimmt werden soll, so besteht keine andere Möglichkeit, als diese kalorimetrisch zu bestimmen, wobei von den mit Hilfe der Bombe ermittelten Verbrennungswerten der Brennwert des Kotes und des Harnes, die Quellungswärme des Eiweißes und die Lösung des Harnstoffes abgezogen werden muß.

Rubner ermittelte auf diese Weise 3,96 Kalorien für pflanzliches und 4,23 Kalorien für animalisches Eiweiß, als Mittelmaß werden daher für die menschliche Nahrung 4,1 angenommen.

Gerade Rubner, der von einem Kreise von Autoren angegriffen wird, die sich der immensen Verdienste Rubners um die Begründung eines festgefügten Baus der wissenschaftlichen Ernährungslehre nicht bewußt zu sein scheinen, ist aufs glänzendste von Atwater bestätigt worden, dessen Versuche mit einer nur mit amerikanischen Mitteln möglichen Präzision am Menschen über Monate und Tage nachgeprüft worden sind. Im Mittel aller Einzelversuche war die Nettoeinnahme (potentielle Energie der im Körper oxydierten Stoffe) der Nettoausgabe (als Wärme und Arbeit vom Körper abgegebene Energie) absolut gleich. Die Fehler überschritten selten 1%. Es ist also gegen die Richtigkeit der Werte kein Einwand zu erheben.

Simonson hat also Unrecht, wenn er meint, daß die Mediziner das „chemische Potential" nicht kennen, oder nicht berücksichtigen und er hat Unrecht, wenn er meint, das des vegetabilischen Eiweißes sei größer. Wie kommen aber immer wieder die Menschen auf solche Vorstellungen, daß im Eiweiß der Pflanzen ein höheres Potential stecke als in dem tierischen? Ich glaube aus der Tatsache, daß die Vegetabilien mit Hilfe der Sonnenstrahlenenergie (Wärme) die Synthese des Eiweißes zustande bringen, während man dem Tiere diese Fähigkeit abschreibt und nur die Zersetzung des Eiweißes zuschreibt. Das läßt sich aber in einer solchen krassen Form nicht behaupten. Das Eiweiß der Tiere ist differenzierter und organisierter als das der Vegetabilien, dem Tiere geht auch nicht die synthetische Fähigkeit zur Bildung eines Eiweißes ab, sofern man ihm nur bestimmte Bruchstücke (Aminosäuren) mit der Nahrung zuführt. Es wird ja überhaupt das ganze Eiweiß praktisch vom Organismus durch den Verdauungsprozeß bis auf die Bruchstücke, d. h. Aminosäuren, zerschlagen, das Eiweiß seiner Spezifität beraubt (daher entfaltet es euteral keine Giftwirkung im Gegensatz zur Zufuhr parenteralen Eiweißes). Man kann auch durch Eiweißabbauprodukte statt des reinen Eiweißes die Ernährung bewerkstelligen (vgl. hierzu die Versuche von Loewy, Abderhalden u. a.). Tatsächlich baut sich jedes Tier sein Eiweiß synthetisch. Es ist eine falsche Vorstellung, wenn man meint, das Kasein der Muttermilch würde ohne weiteres als solches zur Synthese verwandt: im Gegenteil, auch dieses wird genau wie jedes Eiweiß im Darm zerschlagen, und der wachsende Säugling baut sein Eiweiß neu auf. Sollte darum also das synthetische Tiereiweiß ein solches mit niederem Potential sein? Tier und Pflanzen unterscheiden sich im Prinzip darin, daß das Tier zwar aus einer Aminosäure eine andere machen kann (allerdings nicht aus einer aliphalischen eine solche mit zyklischem Kern), nicht aber — im Gegensatz zur Pflanze — überhaupt die Aminosäuren synthetisieren kann. Wenn daher ein Eiweiß ein höheres Potential haben sollte, so würde a priori dem animalischen Eiweiß ein solches zuzuschreiben sein. Praktisch aber existiert es nicht.

Man kann also mit Sicherheit behaupten, daß das vegetarische Eiweiß kein höheres chemisches Potential als animalisches für den menschlichen Organismus besitzt und daß jede Propaganda für die ausschließliche Verwendung des vegetabilischen Eiweißes für unsere Ernährung, die sich darauf stützt, auf falschen Voraussetzungen basiert.

Man wird mir wahrscheinlich einwenden, daß ich den Begriff „chemisches Potential" falsch auffaßte. Dagegen kann ich nur sagen, daß „Potential" ein mathematisch-physikalischer Begriff ist und daß es keine andere Deutung dafür gibt, sollte aber von den Autoren der Ausdruck mißverstanden und etwas anderes gemeint sein, so kämen vielleicht folgende Dinge dafür in Frage. Erstens die spezifisch-chemische Struktur des vegetabilischen Eiweißes gegenüber dem animalischen. Es wäre alsdann das Problem von der energetischen Seite nach der rein stofflichen, d. h. chemischen Seite verschoben, wobei allerdings in zweiter Linie auch physikalische Vorstellungen mit in das Kalkül der Betrachtung gezogen werden könnten. So wäre es denkbar, daß zwei Eiweiße dasselbe Potential hätten, das eine aber im Stoffwechsel nur den

Wert eines Brennmaterials hätte, das andere aber stofflich zur Synthese herangezogen würde. Das käme aber immer auf die Problemstellung unseres Kapitel V, 1, S. 81 hinaus, die in dem Ausdruck physiologische Wertigkeit (physiologisch-adäquates Eiweiß) scharf präzisiert ist. Es wäre auch denkbar, daß Spaltprodukte des einen Eiweißes unmittelbar zur Energielieferung herangezogen werden könnten, andere dagegen nicht. Ein gutes Beispiel ist dafür die Kohle. Man kann die Kohle verbrennen, dann liefert die frei werdende Wärme durch die Maschine die kinetische Energie (Prinzip der Carnotschen Wärmemaschine). Es wäre aber auch möglich, daß man die Kohle zerlegte in Teere, Öle, aromatisch-zyklische Produkte (wie z. B. Benzin), deren Zersetzungen unmittelbar explosiv die Energie lieferten, Wärme nur als Nebenproduckt. Dann würde eine derartig betriebene Maschine nicht nach dem Prinzip der Carnotschen Wärmemaschine arbeiten, die Wärme würde sich nur als Nebenprodukt gewinnen lassen. Das trifft für den tierischen Organismus im allgemeinen, den Menschen im speziellen zu. Aber ist darum die potentielle Energie der Kohle dem Wertmaße nach anders zu beurteilen als kalorimetrisch? Bestenfalls kann ja nie mehr kinetische Energie entwickelt werden als dem Energiegesetz entspricht, wonach 1 Kal. = 425 kg äquivalent sind. Für den Vergleich verschiedener Eiweiße käme daher nur in Frage, ob das eine Eiweiß potentiell in einem Organismus mehr kinetische Energie und weniger Wärme als etwa ein anderes entwickelt.

Auch diese Frage läßt sich ganz allgemein beantworten: Zur eigentlichen Arbeitsleistung, d. h. zur Entfaltung meßbarer Energie, wird der NH_2 haltige Anteil des Eiweißes nicht verwandt, dagegen kann der desamidisierte Anteil herangezogen werden, wahrscheinlich aber nur in Form von Zucker, so daß (wahrscheinlich über die Glyzerose) aus den Fettsäuren (d. s. desamidisierte Aminosäuren) erst auf einem synthetischen Umbau dieser Zucker entsteht. Darin sind aber die Eiweiße verschieden, das vegetabilische liefert intermediär, wie wir vom Diabeteskranken her wissen, weniger Zucker als das animalische. Daraus würde hervorgehen, daß der in kinetische Energie übertragbare Anteil der potentiellen Energie beim vegetabilischen Eiweiß geringer ist als beim animalischen. Würden wir auf den Vergleich der Kohle zurückgehen, so wäre danach das vegetabilische Eiweiß eine schlechtere Kohle, wenn man die Zwischenprodukte zum Betriebe wählt, als das animalische Eiweiß, auch wenn beide an sich gleiche potentielle Energien besäßen. Der Grund liegt in der verschiedenen spezifisch-dynamischen Wirkung dieser Körper, die wieder an die Struktur gebunden ist. Wo wir auch eine Erklärung oder sagen wir mögliche Auslegung für den falsch angewandten Begriff chemisch-potentieller Energie suchen, überall sehen wir in einem solchen Sinne keinen Vorteil des vegetabilischen Eiweißes vor dem animalischen, sehen wir keine stichhaltigen Einwände gegen den von uns durchgeführten Vergleich von vegetabilischer Nahrung mit animalischer Nahrung.

Unter den Verkündern des Glaubens an die körperliche Seligkeit durch die vegetarische Diät gibt es aber noch zwei verschiedene Kategorien, die einen, „Rohkostler", sehen in der Rohkost die Reinerhaltung des ominösen und schwer mißverstandenen chemischen Potentials der vegetabilischen Nahrung, die anderen dagegen erweitern die vegetarische Diät durch Zusätze von Milch und Milchprodukte, wie Eier, unter Ausschluß des Fleisches. Gegen die zweite Kategorie, die auch „Garkostler" sind, ist gar nichts einzuwenden, als daß diese ihre Kost eines unnatürlichen gewohnheitswidrigen Prinzips wegen einengen, ihre Kost bleibt trotzdem eine gemischte Diät, die sich nur durch eine gewisse Eintönigkeit von der gewöhnlich genossenen gemischten fleischhaltigen Diät der übrigen Menschen unterscheidet. Die erste Kategorie, die Vegetarier vom reinsten Wasser, die nur rohes Obst, Nüsse, Samen usw. verzehren, glauben wie gesagt, daß durch das Kochen der vegetabilischen Nahrung „Potential" verloren ginge. Auf diesen Punkt müssen wir notgedrungen eingehen. Mit dem Kochen der Nahrung (vgl. Kapitel IV) wollen wir die Nahrung aufschließen; zerfällt sie durch den Kochprozeß, so verliert sie wohl etwas an potentieller Energie, dieser (minimale) Verlust ist aber gleichgültig, da die Verdauung des Organismus selbst diese Aufspaltung vornimmt. Dabei betrifft die Aufspaltung aber fast n u r die Zwischensubstanzen; für roh genießbare Nahrungsmittel besteht allerdings eine Einschränkung: das Eiweiß beispielsweise der Milch, das koaguliert, kommt aus einem physikalischen Kolloidalzustand in den einer Suspension, dabei wird der chemische Charakter und die potentielle Energie des Albumins wenig geändert. Kocht man Milch, so verliert sie an Wohlgeschmack; das frische Ei hat ein Aroma, das beim Kochen verloren geht, das gleiche gilt vom Obst. Für viele vegetabilischen Nahrungsmittel ebenso wie die meisten animalischen Nahrungsmittel ist aber der Kochprozeß und Back- bzw. Bratprozeß wegen der Aufspaltung der Zwischensubstanzen einerseits und wegen der Bildung aromatischer Röstprodukte andererseits die Voraussetzung der Genußfähigkeit; dieser Tatsache kann ein einsichtiger Arzt sich nicht verschließen. Ich hätte alle diese Fragen nicht aufgerührt, wenn nicht gerade in der jetzigen Zeit die Frage der Aufbesserung unserer Nation von so außerordentlicher Bedeutung ist und gerade in der Ernährungsfrage noch so maßlos viele falschen Ansichten, auch unter den Ärzten herrschten. Es kann nicht scharf genug betont werden, daß geschmacklich wie gesundheitlich, sowohl was Erhaltung der Gesundheit, Leistungsfähigkeit und Resistenz gegen Krankheiten anlangt, die gemischte Kost, bei der etwa die Hälfte des Eiweißes animalisch sein soll, die beste ist. Über den kalorischen Wert, die Größe des Eiweißsatzes usw., finden sich nähere Ausführungen in den früheren Kapiteln.

3. Wahl der Reiz- und Genußmittel.

Sind Reizmittel, Würzen, für unsere Speisen unbedingt notwendig? Diese Frage läßt sich wohl mit ja beantworten. Im Gegensatz zum kulturlosen Tiere macht sich der Mensch seinen Nahrungstisch schmackhaft durch die Zubereitung mittels des Koch-, bzw. Back- und Röstprozeß und mittels des Würzens, beides zielt auf dasselbe hinaus, die Anregung des Appetits; es kommt dem Würzen wie dem Kochen dieselbe prinzipielle Eigenschaft zu, daß die Verdauungssäfte durch die Funktion des Geschmacksinns erregt werden. Insofern ist das Würzen der Speisen wichtig, so wichtig, wie überhaupt der Satz der Ernährungslehre ist, daß die erste Voraussetzung jeglicher Speisebereitung die ist, die Speise soll schmackhaft sein. Man will nicht „energetisch“ essen, man will satt werden und Vergnügen am Essen haben; man kann sich aber nicht sättigen an Speisen, die keinen Geschmack haben. Ebenso wichtig ist aber die andere Tatsache, daß ein Übermaß des Gewürzes oft gerade das Gegenteil des gewünschten Resultates erreicht, die Speise wird dadurch schlecht schmeckend. Dazu kommt noch Eines: die Gewürze, besonders die scharfen, wie Pfeffer, Paprika usw. haben eine direkt erregende Wirkung auf die Magenschleimhaut, die u. a. bei schwer verdaulichen Speisen als Erregung auf die Magensekretion von Nutzen sein kann, andererseits aber, im Übermaß und häufig verwandt, können diese Gewürze auch krankhafte Veränderungen des Magens hervorrufen. Gerade was das Würzen der Speisen anlangt, existieren viele verschiedene Gewohnheiten örtlicher und familiärer Natur, daß es schwer ist, hier allgemeine Regeln aufzustellen. Nur zu einem besonderen Gewürz müssen wir noch Stellung nehmen: zum Kochsalz. Dessen Bedeutung liegt tiefer. Das Kochsalz müssen wir mit der Nahrung aufnehmen, weil es uns zur Erhaltung des Salzgehaltes unseres Blutserums dient, damit zur Erhaltung eines Gleichgewichtes, von dem vitale Funktionen abhängig sind. Je kochsalzärmer eine Nahrung ist, dafür aber kalireicher, um so mehr muß sie mit Kochsalz gewürzt werden, daher die vegetabilische, kalireiche Diät so starkes Salzen notwendig macht. Andererseits liegt aber im starken Kochsalzgehalt einer Nahrung auch eine Gefahr für den Organismus: es wird sein Gefäßsystem besonders belastet. Es sei hier besonders auf die Kapitel „Ödemkrankheit“ und „Herz- und Nierenerkrankungen“ verwiesen. Im ganzen ist es zweckmäßig nicht allzustark die Speisen zu salzen. Meist wird zum Würzen einer gemischten Diät eine Kochsalzmenge von 8—12 g pro 24 Stunden genügen.

Zu den Genußmitteln möchten wir auch Stellung nehmen. Der abgehetzte Städter, an dessen Nervensystem tagaus tagein große Anforderungen gestellt werden (psychischer Art, ferner starke akustische Reize, sensorische Reize), der oft einen über den Achtstundentag hinausgehenden Arbeitstag erfüllt, braucht Entmüdungs- und Abspannungsmittel. Jedes Kulturvolk, selbst auch kulturlose Völker, verfallen den Genußmitteln, die wiederum den Völkern adäquat sind. Die nördlichen Völker (wir) bevorzugen als Genußmittel den Alkohol, der unser Persönlichkeitsgefühl stärkt, der Orientale fröhnt den Opiaten, die ihm eine Traumwelt vorgaukeln, andere Völker verfallen dem Kokainismus, der durch Täuschung des Empfindungsleben aus der Misere des Daseins ein Paradies macht. Von allen Genußmitteln ist dabei der

Alkohol, in mäßiger Menge genommen, für den Erwachsenen weder lebensverkürzend noch schädlich, vor allem ist er sozial, indem er die Freude an der Geselligkeit hebt. Alles das sind schon Eigenschaften, die ihn wertvoll machen, dazu kommt aber noch sein diätetischer Wert. Ohne Zweifel regt der Alkohol Appetit und Magensekretion an, dazu kommt seine allgemein erregende Wirkung, so daß man ihm — in bescheidenen Grenzen — das Wort reden muß. Nicht anders ist es mit den koffeinhaltigen Getränken. Wer ohne sie auskommen will, mag es tun, aber so gut der Mensch des Morgens eine Toilette macht und sich wäscht, womit er die ersten Reize auf sein Nervensystem ausübt, so gut kann er auch von seinem Verdauungskanal solche Reize auf das vegetative Nervensystem ausüben. Eine Tasse Kaffee zum Frühstück bringt uns erst wieder voll in Gang, wenigstens uns Städter und Vertreter eines Lebensberufes, der nur mit Hetzen und Jagen durchführbar ist. So aber ergeht es vielen und darum hat sich der Kaffee eingebürgert, ebenso der Tee, und es hieße hier Vorteile aus der Hand zu lassen, die uns die Natur in so geschmackreicher Form darbringt, wenn wir statt des morgendlichen Kaffeegetränkes allgemein eine Schleimsuppe einführen wollten. Für den Kranken gilt das Gleiche! Geben wir ja doch das Koffein durchgehends dem Infekt- und auch vielen dekompensierten Herzkranken, warum wollen wir etwa den Kaffee unterdrücken? Also, die weise Verwendung der Genußmittel ist eine weise Lehre der Diätetik!

4. Verteilung der Mahlzeiten.

Hier mögen einige Worte Platz finden über Anordnung und Größe wie Umfang der einzelnen Mahlzeiten. Die Landesgewohnheiten spielen ja dabei eine große Rolle. In Deutschland beispielsweise wird die Hauptmahlzeit auf den Mittag verlegt, eine kleinere Mahlzeit auf den Abend. In England, Frankreich, Schweiz usw. wird die Hauptmahlzeit auf den Abend in nicht zu später Stunde verlegt, um die Mittagszeit pflegt die Mahlzeit (das sog. Frühstück) eine kleinere Mahlzeit darzustellen. Morgens nimmt der Deutsche zum allerersten Frühstück gewöhnlich nur wenig weißes Gebäck zu sich, der Engländer und der Däne wiederum nach Möglichkeit eine reiche, besonders fleischhaltige Mahlzeit. Wenn man aus praktischen Gesichtspunken die Zweckmäßigkeit, Einteilung und Größe der Mahlzeiten beurteilen soll, so erscheint es am zuträglichsten, die Abendmahlzeit nicht allzu spät auf den Abend zu verlegen, sodann den Magen des Abends nicht allzusehr zu belasten, weil erfahrungsgemäß die Verdauung während der Nacht leicht den Schlaf stört und andererseits im Schlaf auch der Ablauf der Verdauung ein stärker gehemmter ist. Am zweckmäßigsten erscheint die große Mittagsmahlzeit (zwischen 12—3 Uhr). Das Gefühl starker Sättigung, das man nach einer Mittagsmahlzeit haben soll gehört zu den Forderungen des täglichen Lebens, eine Verteilung der Nahrung auf häufige (5—6) kleinere Mahlzeiten am Tage kann nicht als ein befriedigender Normalzustand angesehen werden, sondern muß für die diätetische Behandlung der Kranken (speziell des Verdauungsapparates) vorbehalten werden. Auch für die fleischfressenden Tiere gilt das Gesetz, daß sie am besten gedeihen, wenn sie bei animalischer Diät womöglich nur eine einzige, dann aber eine große Mahlzeit genießen. Die Frühstücksmahlzeit soll möglichst reichlich sein, soll auch nicht nur in erster Linie Kohlenhydrate enthalten, sondern auch bereits eiweißreich, bzw. fleischhaltig sein. Die Hauptmenge des Fleisches wird (wie die Hauptmenge der Vegetabilien) am besten der Mittagsmahlzeit vorbehalten. Die Sitte der Deutschen, abends reichlich Kohlenhydrate mit verhältnismäßig wenig Fett und wenig Eiweiß zu sich zu nehmen, erscheint als eine außerordentlich zweckmäßige, weil erfahrungsgemäß gerade reichlich Eiweiß und große Fettmengen des Abends schlecht vertragen werden.

5. Allgemeine Diätetik in Krankheiten.

Die Diätetik bei Erkrankungen des Menschen, sei es bei Erkrankungen des Stoffwechsels, des Magen-Darmkanals, sei es bei Erkrankungen des Kreislaufs, der Nieren, der Haut usw., oder bei Ernährungsstörungen, hat im großen ganzen dasselbe Ziel zu verfolgen wie beim Gesunden: d. h. ausreichende Ernährung zur Erhaltung der Leistungsfähigkeit des Individuums bzw. zur Herbeiführung eines derartigen Zustandes. Dieses Ziel läßt sich indessen nur erreichen durch eine weitgehende Anpassung der dargereichten Nahrung an den speziellen Krankheitsfall. Haben wir es doch bald mit Störungen des Kohlenhydratstoffwechsels, mit Störungen des Purinstoffwechsels, Fettstoffwechsels, Eiweißstoffwechsels und bald mit Störungen der Resorption bzw. der Verdauung, d. h. der Zerlegung der Nährstoffe im Magen-Darmkanal oder aber mit Störungen der Exkretion der Nahrungsschlacken, der Salze usw. zu tun, die uns zu einer engen Auswahl der Nährstoffe, d. h. der Nahrungsmittel zwingen. So muß der Arzt auch über eine genaue Kenntnis der diätetischen Mittel verfügen, deren Auseinandersetzung wir in den vorhergehenden Kapiteln angestrebt haben. Übernimmt er die Behandlung eines Kranken, so ist er, sofern die Ernährung notzuleiden droht, oder sofern es sich um eine Ernährungsstörung handelt, verpflichtet, nicht nur im allgemeinen Anweisungen über die Art der Ernährung zu geben (es sei denn, daß es sich um eine kurzdauernde fieberhafte Erkrankung handelt), er soll vielmehr den Speisezettel skizzieren. Bei der Aufstellung des Speisezettels muß er von kalorischen Gesichtspunkten ausgehen. Das ist schnell gelernt: bei bettlägerigen Kranken genügen pro Kilogramm Körpergewicht 30—35 Kal. Mit dieser Kalorienmenge vermag auch der Rekonvaleszent durchaus bei ausreichender Eiweißmenge sein verlorenes Eiweiß wieder zu ergänzen und Fett anzusetzen (vgl. S. 85), der Kranke durchaus sein Auslangen zu finden. Man berechnet als notwendige Eiweißmenge 60—80 g (vgl. S. 7 u. 8), d. h. 15% der Gesamtkalorien (wobei die Entscheidung ob vegetabilisches, oder animalisches Eiweiß, oder gemischtes Eiweiß der Beurteilung im Einzelfalle vorbehalten bleiben muß) und deckt den Rest durch Kohlenhydrate und Fette. Man legt dabei Wert auf physiologisch-adäquates Eiweiß und auf die Verdaulichkeit desselben. Leicht verdauliches Eiweiß ist in der Milch enthalten, die man durch Rahm kalorisch hochwertiger gestalten kann. (Überhaupt ist von dem Rahm, wo er vertragen wird, nach Möglichkeit Gebrauch zu machen.) Indessen kann man Eiweiß auch in Form von Fleisch geben, das fettfrei weit verdaulicher und um so verträglicher ist, je lockerer die Faser ist. Die Kraftbrühen usw. sind keine Eiweiß enthaltenden Nahrungsmittel! Sie haben einen anderen Zweck zu erfüllen, nämlich den der Anregung des Appetits, jenes mächtigen Faktors der Verdauung. Eier als Mittel zur Deckung des Eiweißbedarfs sind ebenfalls willkommen, dabei der Eidotter in Emulsion als kalorisch hochwertiges Nahrungsmittel zu schätzen. In guter frischer Butter, die sich reichlich allen Nahrungsmitteln beimengen läßt und die auch roh auf Zwieback usw. gern genossen zu werden pflegt, haben wir das bequemste Mittel auch schwereren Kranken eine reichliche Kalorienmenge mit der Nahrung zuzuführen. Speck, Knochenmark, Wurst usw. sind nur für derben Magen, z. B. bei einem Diabeteskranken als Kalorienspender geeignet.

Was die Kohlenhydrate anbelangt, so wird man sie nur in Form feinstvermahlener Mehle als Suppen, Breie oder Speisen anwenden. Schwarzbrot, d. h. zellulosereichere Brote haben ihre spezielle Indikation; bei darniederliegendem Ernährungszustande haben nur die Weißbrote oder noch besser die gerösteten Weißbrote oder Zwiebacke, die zum Teil dextrinisiert, zum Teil in Maltose schon übergeführt sind, Anwendung zu finden. Ein sehr willkommenes diätetisches Mittel ist auch die Kartoffel; ist ihr Eiweißgehalt auch nur gering, so ist das Kartoffeleiweiß doch ein physiologisch-adäquates Eiweiß; die fast nur aus Stärke bestehende Kartoffel kann außerdem im Kartoffelmus Zusätze von Eiweiß (Milch) und Fett (Rahm, Butter) weitgehendst erfahren. Die Gemüse, die eine spezielle Indikation haben, verwenden wir diätetisch meist nur in Musform (durchs Sieb) geschlagen. Von den schwer verdaulichen Leguminosen halten wir uns nach Möglichkeit fern und benützen höchstens die Leguminosenmehle. Obst ist roh nur ohne Schalen zu genießen, nach Möglichkeit aber gekocht und durchs Sieb geschlagen als Kompott zu verabreichen. Als erfrischend, Peristaltik anregend und schmackhaft, wird das Obst von Kranken und Rekonvaleszenten erfahrungsgemäß sehr gern genommen. Fruchtsäfte, z. B. als Zutaten zu Mehlspeisen, als Getränke mit Wasser können sehr erwünscht sein, und sind auch in vielen Fällen (z. B. Obstipation) indiziert. Bedacht werden soll auch jeweils die Flüssigkeitsmenge, die man in Speisen und Getränken verabreicht, ferner auf die Salz- und Wassermenge, wie das in den einschlägigen Kapiteln, besonders bei Herz- und Nierenkrankheiten auseinander gesetzt worden ist. Im Einzelnen muß hier auf die folgenden Kapitel verwiesen werden.

VI. Unterernährung.

Abmagerung und Überernährungskuren — Avitaminosen — Hungerödem — Skorbut.

Wenn wir hier von Unterernährung sprechen, so müssen wir diesen Begriff schärfer präzisieren. Es gibt eine Unterernährung bestehend in einer konzentrischen Einengung der gesamten Nahrung unter dem Bedarfswert der Nahrung, und zweitens gibt es partielle Unterernährungsformen bedingt durch Fehlen bestimmter Nahrungsbestandteile, z. B. von bestimmten Eiweißkörpern bzw. Eiweißabkömmlingen, die man Vitamine genannt hat, die aber von anderer Seite als Ergänzungsstoffe eines unvollständigen Eiweißes betrachtet werden. Diese und andere Formen partieller Unterernährung, die sich klinisch als Krankheitsbilder darstellen, rechtfertigen wegen ihrer praktisch-diätetischen Bedeutung ebenfalls eine eingehende Besprechung.

Allgemeine Unterernährung.

Die ärztliche Beurteilung einer solchen ist zunächst nur möglich nach objektiv feststellbaren Merkmalen; d. h. Körpergewichtsverluste mehr oder minder erheblicher Art einerseits, andererseits das Untergewicht, d. h. das Bestehen eines Körpergewichts das unter dem Normalgewicht liegt. Es kann allerdings eine Unterernährung auch statt haben, bei Individuen, die noch ein über dem Normalgewicht liegendes Körpergewicht haben, dann wird bei weiterer Unterernährung schließlich eines Tages aber doch der Moment eintreten, wo das Normalgewicht unterschritten ist und schließlich Stillstand des Körpergewichts auch bei stärker konzentrisch eingeengter Kost erreicht wird, es sei denn, daß es sich um eine Unterernährung handelt, die praktisch der absoluten Inanition sehr nahe kommt.

Wenden wir uns zunächst der Frage der

Abmagerung

zu; die Abmagerung kann zustande kommen

1. durch völlige Nahrungsenthaltung
2. durch Unterernährung
   a) bei normalem Umsatz
   b) bei pathologisch gesteigertem Umsatz
   c) bei Infekten
   d) bei Kachexie.

Während eine Inanition kompletter und inkompletter Art, z. B. bei einer Ösophagusstenose, durch Nahrungszufuhr repariert werden kann,

7*

ja selbst ein gesteigerter Umsatz durch Erhöhung der Nahrung ausgeglichen werden kann, ist ein Ausgleich bei einer toxischen Schädigung des Protoplasmas, wie sie bei Infekten und bei der sog. Krebs-Kachexie statt hat, nicht möglich. Dadurch gewinnt die Kachexie wie die Unterernährung in zehrenden fieberhaften Krankheiten eine besondere Bedeutung.

Es ist zweckmäßig — die Abmagerung graduell einzuteilen. Über das Normalgewicht und über seine Bestimmung s. w. u.

Ein Individuum erscheint inspektorisch mager, wenn das Normalgewicht um 10% und mehr nach unten überschritten wird. Öder gibt zur inspektorischen Beurteilung von Magerkeit an:

1. Eingesunkensein der Zwischenrippenräume (in der Regel vorn neben dem Brustbein, über dem 2., 3. und 4. Interkostalraum);

2. Eingesunkensein der Wangen, Halsgruben, des Bauches und der Zwischensehnenräume am Handrücken;

3. Vorspringen der Processus mastoidei, claviculae, Pomum Adami, Spinae oss. il., eventuell auch scapul. und vertebr.;

4. das Vorspringen oder die Sichtbarkeit der Konturen oberflächlicher Muskeln am Hals und Rumpf.

Als Magerkeit bzw. Abmagerung ersten Grades bezeichnen wir ein Unterschreiten des Normalgewichts um 10%; in solchen Fällen kann es sich noch um den Zustand der Magerkeit handeln, der als durchaus zufriedenstellender, die Leistungsfähigkeit des Organismus keineswegs herabsetzender Zustand empfunden werden kann. Länger dauerndes Training erzeugt bei vielen einen derartigen Grad der Abmagerung ohne den geringsten Grad der Störung des subjektiven Wohlbefindens.

Es ist natürlich etwas anderes (s. w. u.), ob ein Individuum durch Inanition, interkurrente Krankheit usw. in diesen Grad der Magerkeit verfällt. der — falls er durch Training erreicht wird — als wohltuend empfunden werden kann. Jähe Gewichtsstürze innerhalb kurzer Zeit selbst auf den ersten Grad der Abmagerung wirken fast stets schwächend.

Als zweiten Grad der Magerkeit bzw. Abmagerung bezeichnen wir die Herabsetzung des Körpergewichts auf einen Wert von 20% unter dem Normalgewicht; in diesem Falle pflegt die Magerkeit namentlich bei konstitionell asthenischen, kleingebauten Individuen mit subjektiv krankhaften Erscheinungen einherzugehen, während größere Menschen meist noch subjektiv verschont bleiben; auch hier ist allerdings für die Symptome der Abmagerung maßgebend die Schnelligkeit des Eintritts der Abmagerung.

Erst der dritte Grad der Magerkeit bzw. Abmagerung (Unterschreiten des Normalgewichts um mehr als 20%) geht mit subjektiven Beschwerden zweifellos einher und ist bei jähem Eintritt der Abmagerung von großer klinischer Bedeutung.

Wir wollen hier die Bestimmung des Normalgewichtes einfügen.

Man hat zur Bestimmung dieses sich praktisch meist der Brocaschen Formel bedient:

Normalgewicht (in kg) = (Körperlänge in cm — 100) kg.

Diese Formel trifft aber nur für die Körperlängen 155—165 cm zu; für höhere Körperlängen muß sie abgeändert werden; beisp. für die Körperlänge 165—175 cm

Normalgewicht = (Körperl. in cm — 105) kg,

für die Körperlänge 185—175

Normalgewicht = (Länge in cm — 110) kg.

Bei dieser Bestimmungsart (die grob ist) ist gewissermaßen der Normalgewichtswert auf einen Durchschnittswert festgelegt. Es spielen aber bei der unterschiedlichen Statur der Menschen nicht nur die Längenwerte eine Rolle, sondern auch die Entwicklung in die Breite. Bei gleicher Länge ist das Normalgewicht eines Engbrüstigen ein anderes als das eines Weitbrüstigen. Dazu kommt das Alter! Mit 25 Jahren ist das Wachstum abgeschlossen, dann folgt eine allmähliche Gewichtszunahme. Aus diesem Grunde geben wir hier zwei Tabellen. Die eine nach eigenen Untersuchungen an 25jährigen Männern, die andere ist die Hassingsche Tabelle, die das Durchschnittsgewicht (ebenfalls ohne Kleider) von 74102 bei amerikanischen Gesellschaften versicherten Männern wiedergibt. Diese Tabelle soll die prozentischen Körpergewichtszunahmen demonstrieren.

Durchschnittskörpergewichte nach Messungen an 1200 Männern nach Längen- und Breitenentwicklung.

Körperlänge	Durchschnittsgewicht in kg		
	Engbrüstige	Normalbrüstige	Weitbrüstige
188—187	74,3	78,1	81,5
186—185	73,3	77,8	81,5
184—183	73,6	77,5	81,0
182—181	68,3	71,2	76,3
180—179	66,3	70,8	76,4
178—177	65,8	70,4	77,6
176—175	62,2	67,3	75,0
174—173	63,3	66,8	75,6
172—171	62,1	66.4	75,3
170—169	58,6	66,05	75,9
168—167	57.2	64,0	73,2
166—165	56.8	63.5	73,1
164—163	57,4	63,0	72,6
162—161	55,7	61,5	70,3
160—159	55,2	60,3	70.2
158—157	54,4	58,4	69,6
156—155	48,7	55,0	68,0
154—153	—	—	—
152—151	—	—	—
150—149	—	—	—
149—148	—	—	—
147—146	—	—	—
145—144	—	—	—

(Daß die Zahlenreihe keine stetigen Kurven ergeben, liegt für manche Längen an der zu geringen Zahlenreihe. Hervorzuheben ist die Tatsache des starken Divergierens der Reihen nach unten!)

Körperlänge cm	15—24 Jahre	25—29 Jahre	30—34 Jahre	35—39 Jahre	40—44 Jahre	45—49 Jahre	50—54 Jahre	55—59 Jahre	60—64 Jahre	65—69 Jahre
150	53,43	56,28	57,10	59,37	60,00	60,02	60,02	60,02	58,12	—
152	54,27	56,14	57,94	59,40	60,30	60,71	60,71	60,71	59,20	—
154	55,00	56,98	58,36	57,43(?)	60,62	61,37	61 37	61,37	60,20	—
156	55,72	57,23	58,94	59,87	61,18	62,02	62,07	62,17	61,37	—
158	56,54	58,33	59,71	60,65	61,96	62,90	62,90	62,90	62,45	—
160	57,60	59,41	60,77	61,68	63,05	63,95	63,95	63,95	63,50	63,50
162	59,08	60,90	62,20	63,10	64,45	65,05	65,37	65,37	64,94	64,52
164	60,20	62,00	63,40	64,30	65,63	66,11	66,80	66,80	66,34	65,82
166	61,44	63,25	64,59	65,53	66,86	67,28	68,23	68,23	67,98	67,28
168	62,88	64,76	66,11	67,02	68,40	68,74	69,77	69,77	69,77	68,72
170	64,30	66,42	67,84	68,78	70,19	70,59	71,50	71,50	71,50	70,56
172	65,73	67,94	69,32	70,53	71,94	72,36	73,29	73,29	73,29	72,87
174	67,18	69,40	71,00	72,32	73,73	74,15	75,10	75,10	75,10	75,10
176	68,62	70,85	72,83	74,13	75,50	75,90	76,90	76,90	77,02	77,02
178	70,10	72,34	74,58	76,00	77,30	77,74	78,64	78,64	79,25	79,25
180	71,82	74,09	76,39	78,10	79,09	79,89	80,42	80,42	81,23	81,23
182	73,91	76,18	78,45	80,22	80,83	82,02	82,23	82,23	83,13	83,13
184	75,82	78,51	80,58	82,40	82,82	84,21	84,21	84,21	84,71	84,71
186	77,61	81,00	82,82	84,61	85,12	86,45	86,27	86,27	86,02	86,02
188	79,88	83,52	85,33	87,10	88,08	88,98	88,00	88,00	87,10	87,10
190	81,70	85,70	87,86	89,14	—	—	—	—	—	—

Hassingsche Tabelle.

Das Durchschnittsgewicht der Frau kann man rund 3—4 kg niedriger setzen als das des Mannes.

Es erscheint zweckmäßig gerade zum diätetischen Verständnis der Frage des Umsatzes hier einiges über die Stoffwechselvorgänge bei der kompletten Inanition und der chronischen Unterernährung (inkompletten Inanition) anzuführen.

I. Hunger.

Im Hunger lebt der Organismus auf Kosten seiner eigenen Körpersubstanz, dabei zeigt sich im Hunger, in dem jede Nahrungszufuhr ausgeschlossen und nur Wasser aufgenommen wird, keine eigentliche Herabsetzung des Umsatzes, im Gegenteil bewahrt, pro Kilogramm Körpergewicht berechnet, der Gesamtumsatz eine auffällige Konstanz (in der Ruhe etwa 30 Kalorien pro Kilo Körpergewicht beim Menschen). Das gilt nicht nur für den Hunger in den ersten Tagen, sondern auch für die späteren Tage des Hungers (8. bis 20. Tag). Das gilt für Menschen wie auch für Tiere. Die Kosten des Umsatzes im Hunger bestreitet das Fett, das Eiweiß, und in den ersten Hungertagen auch das Glykogen, wenngleich das ganze Glykogen nicht in den ersten Tagen aufgebraucht wird, da sich auch nach längerem Hungern noch Glykogen in Leber und Muskeln, vielleicht allerdings aus dem stickstofffreien Anteil des umgesetzten Eiweißes herrührend, nachweisen läßt. Der Eiweißumsatz im Hunger beim Menschen, in vielfachen Untersuchungsreihen bei Männern wie Frauen untersucht, ergibt eine allmählich sinkende Kurve, wobei der tägliche Umsatz von 90—80 g Eiweiß auf 70, allmählich dann auf 40 g herabsinkt (Eiweißminimum). Dieses Hunger-Eiweißminimum wird oft erst nach einer ganzen Reihe (4—5—6) von Tagen erreicht, was wohl darauf beruht, daß neben dem in den ersten Tagen in Umsatz geratenen Organeiweiß auch noch am ersten Tage eiweißsparendes Glykogen, ferner Eiweiß umgesetzt wird, das aus der Zeit der vollen Ernährung erspart ist. Die N-Abgabe ist außerdem bei mageren und kleinen Personen relativ größer als bei fetten und großen Menschen, ebenso bei Männern erheblicher als bei Frauen. Das Nuclein (Zellkerneiweiß) wird mehr geschont als das übrige Organeiweiß (Zellprotoplasma). Berechnet man den Anteil des Eiweißes und des Fettes an dem gesamten Umsatz beim hungernden Menschen, so entfallen rund 80 % auf die Zersetzung des Fettes, 20—15 %, unter Umständen sogar noch weniger Prozent auf die Zersetzung des Eiweißes. Unmittelbar vor dem Tode ist eine sog. prämortale Eiweißumsatzsteigerung zu beobachten, die von manchen als allgemeiner progredienter Zelluntergang gedeutet wird. Im Hunger pflegt die Gewichtsabnahme des Körpers eine nicht unerhebliche zu sein. Beim Menschen liegt über die Gewichtsabnahme an sog. Hungerkünstlern eine ganze Reihe von längerdauernden Beobachtungen vor, die wir hier anführen.

So verlor:

Cetti		nach	10täg. Hungern	6,35 kg	= 11,14 %	des Anfangsgewichtes
Breithaupt		„	6 „ „	3,62 „	= 6,0 %	„ „
Succi, Versuch	I	„	30 „ „	14,3 „	= 22,7 %	„ „
„ „	II	„	30 „ „	13,1 „	= 21,7 %	„ „
„ „	III	„	30 „ „	11,96 „	= 19,2 %	„ „
„ „	IV	„	30 „ „	13,5 „	= 17,2 %	„ „
Hungerkünstlerin	Schenk	„	16 „ „	8,1 „	= 15,0 %	„ „

Ein 10tägiges Hungern führt also etwa zur Abnahme von 10 % des Ausgangsgewichtes (in das Stadium der ersten Abmagerung), ein mehr als 30tägiges Hungern in das Stadium der zweiten Abmagerung. Daß das Körpergewicht anfangs so jäh sinkt und dann allmählicher, beruht auf starken Wasserverlusten des Organismus in den ersten Tagen. Es gleicht somit die Kurve der täglichen Gewichtsverluste einer Parabel.

Will man einen Wert für die durchschnittlichen Körpergewichtsverluste im Hunger pro Tag haben, so kann man aus obigen Beobachtungen für länger dauernden Hunger 0,7 % des Körpergewichts angeben, für kürzer dauernden Hunger (die ersten 10—14 Tage) etwa 0,8—1 %. Über die Frage, wie lange ein Mensch den Hunger aushalten kann, ohne zugrunde zu gehen, liegt eine ganze Reihe von Beobachtungen vor. Der Hungerkünstler Succi hat 40 Tage den Hungerzustand gut ertragen, es sollen sogar Menschen 50 Tage gehungert haben, wenngleich diese Beobachtungen nicht ganz einwandfrei sind. Die Möglichkeit für diese Annahme bei einem vorher gut ernährten Individuum liegt, vor allen Dingen nach den Beobachtungen an dem Hungerkünstler Succi, vor. Hungernde Tiere sterben, wenn sie etwa 40 % ihres ursprünglichen Gewichts eingebüßt haben, doch spielt dabei Alter, Gewicht und Ernährungszustand eine gewisse Rolle. Darnach würde ein Mensch den Hungerzustand 60 bis 70 Tage aushalten können, doch darf man nicht dabei die Rolle des Herzens im Hunger vergessen. Die Gewichtsabnahme der einzelnen Organe im Hunger ist ungleich. Am allermeisten nimmt an Gewicht das Fettgewebe ab, dann die Muskulatur, Leber, Pankreas und Nieren. Die Muskulatur kann 40 und mehr Prozent an Gewicht verlieren, die Leber 50 und mehr Prozent, auch die Gewichtsabnahme des Pankreas kann einen ähnlichen Wert erreichen. Gehirn und Rückenmark bleiben in ihren Gewichten konstant. Auch das Herz nimmt, was außerordentlich wichtig erscheint, sicher in vielen Fällen an Gewicht ab, wenn auch manche Beobachtungen wieder für die Gewichtskonstanz des Herzens im Hunger sprechen. Es will mit der Gewichtskonstanz von Gehirn und Rückenmark, eventuell auch des Herzens, nicht gesagt sein, daß diese Organe vom Hunger verschont bleiben, vielmehr darf man annehmen, daß die lebenswichtigen Organe auf Kosten der anderen gespeist werden. Die chemische Analyse der Organe im Hunger ergibt, daß der hungernde Organismus, wie ja naheliegend, verhältnismäßig fettärmer gegenüber dem Eiweiß wird, dazu wird er relativ wasserreicher. Besonders werden die Knochen wasserreicher, Leber, Gehirn und Blut verhältnismäßig wasserärmer. Der Knochen schmilzt einen Teil seiner Aschebestandteile ab, er wird poröser, das Ossein indessen nicht kalkärmer. Das Blut wird eingedickter, es besteht Leukopenie. Aus dem Blut wird das Serumalbumin vermindert, während der Paraglobulin- und der Fibringehalt zunimmt, die molekulare Konzentration des Blutes bleibt normal. Es sistiert auch im Hungerzustand die Sekretion der Verdauungsorgane nicht vollständig. Zwar wird die Gallensekretion vermindert, doch versiegt sie nicht. Auch von seiten des Darmes ist eine Sekretion und die Bildung von Schleim zu beobachten, so kommt es auch zur Bildung des Hungerkotes aus den Sekreten des Darmes und der Galle, dem Schleim usw. Wichtig sind die Ausscheidungsverhältnisse des Harns im Hunger. Die ausgeschiedenen Harnmengen halten sich, auch wenn Hungernde ad libitum Wasser trinken, unter der Norm, weil die Hungernden im allgemeinen die Aufnahme größerer Wasserquantitäten vermeiden. Die Stickstoffmengen im Harn, anfänglich in den ersten Tagen noch groß, werden allmählich gering, vom 5., 6. Hungertage ab beträgt die tägliche Stickstoffausscheidung 5—6 g, eventuell noch weniger (bei Frauen 2—3 g!). Unter den stickstoffhaltigen Substanzen im Harn tritt insofern eine Änderung ein, als nicht etwa mehr 85 % des Stickstoffs als Harnstoff ausgeschieden wird, wie in der Norm, es sinkt die Harnstoffmenge prozentualiter (55—70 %) und relativ vermehrt sich der Ammoniakstickstoff. Die Ursache dieser relativen Ammoniakvermehrung liegt in der gleichzeitig beim Hungernden sich findenden Acidosis. Auf diese werden wir noch weiter eingehen, weil sie von großer praktischer Bedeutung ist. Die Chlorausscheidung ist im Hunger gering. Während in den ersten Tagen der ganze Chlorvorrat aus dem Organismus eliminiert wird, sinkt allmählich die Chlorausscheidung auf Werte unter 1 g bis auf Spuren pro die herab. Das Verhältnis der Na- zur K-Ausscheidung wird gegen die Norm umgekehrt entsprechend der Einschmelzung des K-reicheren Organeiweißes. Ferner ändert sich das Verhältnis des ausgeschiedenen Stickstoffs zur ausgeschiedenen Phosphorsäure derart, daß man annehmen muß, daß im Hunger neben dem Eiweißgewebe ein stickstoffarmes, aber phosphorsäurereicheres Gewebe in Zerfall gerät, nämlich der Knochen. Sehr wichtig ist das Auftreten der Acetonkörper im Hunger. Während normale Menschen bei gemischter Kost etwa 1—3 cg Aceton mit dem Harn und etwa $^1/_2$ cg mit der Luft und keine β-Oxybuttersäure mit dem Harn ausscheiden, tritt im Hunger, wo der Organismus nur von seinem Eiweiß und Fett lebt, eine erhebliche Vermehrung der Acetonkörper im Harn und in der Atemluft auf. Gleichzeitig werden größere Mengen β-Oxybuttersäure mit dem Harn ausgeschieden. So kann man bis zu 15 g täglicher β-Oxybuttersäureausscheidung und 1—3 g Acetonausscheidung beim Hungernden beobachten. Diese Acidosis im Hunger muß als etwas Physiologisches gedeutet werden. Sie hängt nicht zusammen mit einer Störung im Kohlenhydratstoffwechsel, sie ist nur die Folge des Fehlens der Kohlenhydrate im intermediären Stoffwechsel. bzw des insbesondere im Verhältnis zu den Kohlenhydraten außerordentlich erhöhten Körperfettverbrauchs. (Sonst verbrennen die Fette vollständig im Feuer der Kohlenhydrate!) Eine solche Acidosis pflegt für Hungernde ohne Gefahr zu sein (physiologische Acidosis!) Die ausgeschiedenen Basen, Natron, Kali und Ammoniak sind in der Lage, beim Hungernden die Acetonkörper abzusättigen und bewirken so bei extremem Hungerzustand eine sehr geringe Acidität des Harns.

Die Ruhewerte der CO_2-Ausscheidung sinken stärker als die des O_2-Verbrauches, weil der Hungernde von Eiweiß und Fett lebt, nachdem der Glykogenvorrat aufgebraucht ist.

Der völlige Hunger mit Enthaltung des Wassers ist eine sehr seltene Erscheinung beim Menschen und kommt eigentlich nur da in Frage, wo Individuen von allen Subsistenzmitteln abgeschnitten sind, z. B. durch Verschüttung. Klinisch sind wir, selbst in den Fällen, wo durch Verschluß des Ösophagus usw. völlige Unmöglichkeit der Ernährung besteht, in der Lage, auf anderem Wege (durch Klysma usw.) Wasser zuzuführen. Auch Geisteskranke, Verbrecher, Selbstmörder, die sich der Nahrung enthalten, pflegen vom Durst so gequält zu werden, daß sie Wasser zu sich nehmen, und auch die Schlafsüchtigen erwachen vorübergehend zur Aufnahme von Flüssigkeit. Die komplette Inanition mit Wasseraufnahme ist beim Menschen ein durchaus nicht so seltenes Vorkommnis. Wir sehen dabei ab von den sog. Hungerkünstlern und haben nur die Fälle im Auge, wo wir Inanition durch Verschluß der Speiseröhre, bei Melancholikern, bei Menschen, die sich das Leben nehmen wollen, finden, z. B. die Verbrecher. Symptomatisch ist dabei beim Hungernden, abgesehen von der Reduktion des Körpergewichts, ein Langsamerwerden des Pulses und der Respiration zu konstatieren. Die Körpertemperatur verhält sich tagsüber normal, nachts sinkt sie gewöhnlich etwas ab. Die geistige Tätigkeit pflegt wenig zu leiden, dagegen zeigt sich beim Menschen (wie Tiere) eine größere Anfälligkeit gegenüber Erkältungen und Infektionen. Erst unmittelbar (einige Tage) vor dem Tode pflegt unter Absinken der Temperatur ein Verfall der Kräfte einzutreten und auch geistige Depression sich einzustellen. Sehr wichtig ist das Verhältnis hungernder Menschen gegenüber der Arbeit. So fand schon Friedrich Müller bei den Hungerkünstlern Cetti und Breithaupt eine Schwächung des Herzens, deutlich besonders nach kräftigerer Muskelleistung, z. B. Treppensteigen. Es trat Atemnot, schneller Puls auf, Absinken des Blutdrucks. Es sind dies Erscheinungen, die individuell natürlich von dem Zustande des Herzens vor dem Hungern abhängig sind, die aber im allgemeinen doch charakteristisch erscheinen, so daß man sagen kann, daß länger dauerndes Hungern zu einer nachweislichen Schwächung des Herzens führt, die allerdings, wie z. B. die Beobachtungen am Hungerkünstler Succi lehren, wieder reparaturfähig sind. Besondere Organgefühle krankhafter Natur erzeugt der Hungerzustand nicht. Das krankhafte Hungergefühl, das in den ersten 20 Stunden auftritt und von Hungerkünstlern gewöhnlich in dieser Zeit betäubt zu werden pflegt, verschwindet vollständig. Schlecht wird das Hungern von Kindern und Greisen vertragen, wenn auch die Greise gegen den Hungerzustand weniger als Kinder empfindlich sind, die überhaupt auf jede Art von Entziehungskur schlecht reagieren. Es ist die Kenntnis der Physiologie des Hungers für die klinische Beurteilung außerordentlich wichtig. Der Laie glaubt oft, wenn er als Kranker einige Tage nichts gegessen hat, verhungern zu müssen, und auch der Arzt selbst, besonders bei Verdauungsstörungen, ist über die Möglichkeit und die Ausdehnungsfähigkeit des Hungerns beim Menschen meist wenig orientiert, weshalb sich die eingehende Besprechung der natürlichen Folgen des Hungerns notwendig erwiesen hat. Anderseits darf aber auch nicht der gegenteilige Schluß gezogen werden, daß lang anhaltendes Hungern für den Organismus gleichgültig sei (s. oben das über das Verhalten des Herzens Gesagte).

II. a) Inkomplette Inanition (Unterernährung).

Wir gehen davon aus, daß ein gesundes, ausgewachsenes Individuum

bei absoluter Bettruhe	24—30 Kalorien
„ gewöhnlicher Bettruhe	30—34 „
außer Bett ohne Körperarbeit . . .	34—40 „
bei mittlerer Arbeitsleistung	40—45 „
„ starker Arbeitsleistung	45—60 „

braucht. Diese Werte gelten nur für Individuen mittlerer Ernährung.

Ein Mensch bleibt im Stoffgleichgewicht, wenn er eine seinem Umsatz entsprechende Nahrung erhält. Diese Nahrung wird nach Kalorien bewertet und setzt voraus, daß in dieser Nahrung die stickstofffreien Stoffe (die Kohlenhydrate und Fette) zu den stickstoffhaltigen sich in einem bestimmten Verhältnis halten. Es ist in dem Kapitel „Normalkost“ auf diese Frage besonders Rücksicht genommen worden und auch dort zum Ausdruck gebracht, daß für ein 70 kg schweres, mittelschwer arbeitendes Individuum der Wert von 70 g Eiweiß ein optimaler ist, daß aber die Eiweißmenge als Minimum geringer sein kann, sofern man ein entsprechendes physiologischadäquates Eiweiß (Fleisch, Eier, Milch, Kartoffeln) bei kalorischzureichender Kost wählt.

Unterernährung tritt nur ein, wenn sich die Nahrung längere Zeit unter dem kalorischen Wert des notwendigen Bedarf hält, oder wenn das Eiweißminimum wesentlich unterschritten wird. Dieses wirkliche Eiweißminimum, dessen Wert bei einem etwa 70 kg schweren Individuum etwa 40 g beträgt, also gerade soviel Eiweiß wie etwa der 10—20 Tage Hungernde ausscheidet, kann wie eben kurz erwähnt worden durch ein physiologisch-adäquates Eiweiß in gleicher resorbierbarer Menge ersetzt werden; ist es aber nicht physiologisch-adäquat, so muß die Menge des Eiweißes größer sein, weil sonst Defekte entstehen. So kann vegetabilische Ernährung sehr leicht zu einer Unterernährung führen, weil die Eiweißmengen in den Vegetabilien an sich schon gering sind und oft selbst das Minimum nicht decken.

Was geschieht nun, wenn dem Organismus zu wenig Kalorien geboten werden und zwar über eine längere Zeit hin? Um diese höchstwichtige Frage zu beantworten, kann auf die Erfahrungen während der Kriegsjahre 1917—1919 verwiesen werden. Statt der notwendigen kalorienreichen Nahrung bekam das Einzelindividuum statt freier Kost eine rationierte Kost, deren Kalorienwert durchschnittlich etwa 1200 bis 1400 Kalorien betrug. Ja selbst unter weitgehendster Ausnutzung des Schleichhandels war es vielen nicht möglich mehr als durchschnittlich etwa 2000 Kalorien dem Körper zuzuführen. Ein 70 kg schweres Individuum hat aber notwendig zur Deckung seines Umsatzes in der Ruhe etwa 2100 Kalorien; bei leichter Arbeit etwa 2300 bis 2400 Kalorien. Nehmen wir einmal an, das Individuum habe durchschnittlich nur 1800 Kalorien zugeführt, dagegen 2200 Kalorien gebraucht. Was war die Folge? Es mußten die 400 Kalorien Defizit vom Körper gedeckt werden. Diese Deckung geschieht nach einer gewissen Zeit nur durch Einschmelzung von Eiweiß und Fett; erfahrungsgemäß haben solche Individuen täglich etwa 10 g (und mehr) Eiweiß abgeschmolzen, dazu eine bestimmte Fettmenge. Der durchschnittliche Körpergewichtsverlust betrug zunächst etwa 0,1—0,2 kg, was in den ersten Monaten der Unterernährung bereits 5—10 kg ausmachte. In dem Maße, als aber das Eiweiß des Körpers abgeschmolzen, das Körpergewicht reduziert war, nahm der Kalorienbedarf ab. Die respirierende Protoplasmamenge verminderte sich, so daß ein Individuum, das vorher 2000 Kalorien bekam, 2400 Kalorien bei leichter Arbeit brauchte, schließlich, wenn es von 70 auf 60 kg abgemagert war, mit 2000 Kalorien annähernd ins Gleichgewicht kam. Leider aber war einem großem Teil der (Stadt!) Bevölkerung nicht einmal eine solche Kalorienmenge der Nahrung vergönnt; die meisten bekamen nur zwischen 1400—1600 Kalorien mit der Nahrung täglich; sie mußten also ihr Körpergewicht weiter abschmelzen, so daß im Verlaufe von 1—2 Jahren das Körpergewicht auf noch tiefere Werte sank: bis auf 50 und einige Kilo. Schließlich konnte bei Individuen, die von Haus aus schwach und klein waren, ein Stillstand erreicht werden, bei anderen aber ging der Eiweiß- und Körpergewichtsverlust allmählich weiter herunter und wenn die männlichen Individuen auf etwa 50 kg angelangt waren, kam er plötzlich

— oft unter Eintritt psychischer starker Reizungen, dem Gefühl stärkster subjektiver Schwäche, Herzerscheinungen usw. zu einer Steigerung des Umsatzes erneut, in der man fast die prämortale Steigerung des Umsatzes sehen kann. Immerhin sind diese Ereignisse selten, aber doch möglich. Alles in allem schmilzt also der Unterernährte nicht nur Fett, sondern Eiweiß ab; dadurch kommt es gradatim durch die Verminderung der respiratorischen Protoplasmamasse zur Verminderung des Umsatzes und im gewissen Sinne zu einer Anpassung an die Unterernährung. Diese Anpassung geht aber mit Verlust von wertvollem Eiweiß und Leistungsfähigkeit der Person einher und gleichzeitig mit Verlust an Widerstandskraft gegenüber Infekten. Vollständig verfehlt ist es aber zu glauben, daß diese Art minderwertiger Anpassung ein Beweis dafür sei, daß wir im Frieden zu üppig gelebt hätten, daß unsere Kost in jeder Beziehung eine Luxuskost gewesen wäre und daß der Krieg uns die Erfahrung gebracht habe, daß die früher von den Physiologen aufgestellten Ernährungssätze zu hoch gewesen seien. Das ist nicht der Fall.

Die unzureichende Ernährung des Organismus hinsichtlich des Gesamtumfanges der Nahrung ist noch von verschiedenen Gesichtspunkten aus zu bewerten. So kann z. B. eine Ernährung mit reinem Eiweiß bei einem Organismus mit Vermeidung sämtlicher stickstoffhaltigen Nahrungsstoffe (Fette, Kohlenhydrate) geschehen. Eine derartige reine Eiweißkost beim Menschen ist indessen auf die Dauer nicht durchführbar, da wir zur Deckung des Gesamtumsatzes mindestens einer Fleischmenge von 2—3 kg zur Erhaltung des Kaloriengleichgewichts bedürfen. Eine solche Fleischmenge vermag unser Organismus nicht zu bewältigen, dazu reichen unsere Verdauungssäfte schon nicht aus. Es würden schwere Indigestionen eintreten und anderseits würde durch den Purinreichtum der Nahrung, durch Beanspruchung der Leber in bezug auf die Harnstoffbildung eine derartige Überlastung der Leber eintreten, daß innerhalb kurzer Zeit eine Erkrankung des Organismus eintreten würde. Allerdings werden z. B. Entfettungskuren, wie die Banting-Kur, mit starker Eiweißzufuhr durchgeführt. Da diese Kur aber eine kalorisch unzureichende Nahrung darbietet, so kommt es zur Einschmelzung von Fett, nicht indessen zur Einschmelzung von Körpereiweiß, und darin liegt bei unzureichender Ernährung dem Gesamtumfange der Nahrung nach der Vorteil der eiweißreichen Kost. Sie eignet sich besonders zu Entfettungskuren und vermag die Widerstandsfähigkeit des Organismus auch bei der Abmagerung zu bewahren. Entfettungskuren werden deshalb auch mit einer Diät durchgeführt, bei der zum mindesten eine Eiweißzufuhr von 120—130, eventuell mehr Gramm Eiweiß dargeboten wird. Unter solchen Verhältnissen pflegt auch die Muskulatur des Herzens nicht zu leiden, pflegt das Individuum nicht der plötzlichen Gefahr der Herzschwäche ausgesetzt zu werden, auch gegenüber Infektionen resistenter zu sein.

Eine reine Fettkost kommt praktisch beim Menschen nicht in Frage. Wird eine fettreiche, eiweißfreie Errährung durchgeführt, so verfällt das Individuum genau so rasch dem Exitus wie bei völliger Inanition. Dasselbe gilt bis zu einem gewissen Grade auch für die reine Kohlenhydratkost, wenngleich die Kohlenhydrate doch noch mehr den Eiweißhunger in die Länge zu ziehen vermögen.

Einige Anhaltspunkte zur Beurteilung des Ernährungszustandes aus dem Harn (quantitative und qualitative Prüfung).

Es ist wichtig, namentlich da, wo die Schnelligkeit der Unterernährung und der Grad nicht ohne weiteres übersehen werden kann, Harnuntersuchungen heranzuziehen. In dieser Hinsicht seien einige kurze Bemerkungen hier eingefügt.

Komplette Inanition wie vorübergehendes Fehlen der Kohlenhydrate in der Nahrung führt zum Auftreten einer Acidosis. Daher positive Acetonprobe und Gerhardtsche Eisenchloridprobe; der Harn dreht alsdann links.

Das trifft auch für den Diabetiker selbst leichter Observanz zu, wenn ihm vom Arzte plötzlich die Kohlenhydrate entzogen werden; das wird gewöhnlich in der Praxis von Ärzten falsch gedeutet und dann oft zum Anlaß der Durchführung einer Haferkur usw. genommen. Bei längerem Fehlen der Kohlenhydrate (indessen nicht im kompletten Hunger) verschwindet die Acidosis wieder langsam. (Gewöhnung an die kohlenhydratfreie Diät.)

Kompletter Hunger geht mit sehr niedriger Salz- und speziell Kochsalzausscheidung einher. Normalerweise beträgt bei mittlerer Ernährung die Kochsalzausscheidung durch den Harn 10—15 g! Im Hunger nur wenige Gramm! Eine quantitative Kochsalzbestimmung im Harn ist daher wichtig zur Beurteilung der Inanition.

Wichtig ist auch die Feststellung der ausgeschiedenen Stickstoffmenge. Voraussetzung ist dabei die Feststellung der in 24 Stunden ausgeschiedenen Harnmenge und die Bestimmung des Gesamtstickstoffs in diesem. Der normale Mensch scheidet bei mittlerer Ernährung zwischen 10 20 g N durch den Harn aus. Sehr niedrige Stickstoffwerte finden sich bei protrahierter (kompletter oder partieller Inanition. Toxischer Eiweißzerfall vergrößert oft den Wert enorm. Bei Pneumonie, akuten Exanthemen kann man trotz Enthaltung der Nahrung Werte von 20—30 g finden! Die Harnsäureausscheidung ist kein Maßstab für den Ernährungszustand.

b) Unterernährung auf der Basis gesteigerten Umsatzes.

Gegenüber den gewöhnlichen Umsatzwerten finden sich Steigerungen des Umsatzes beim Menschen unter dem Einfluß innersekretorischer Stoffe. So gibt es sehr erhebliche Umsatzsteigerungen unter dem Einfluß der inneren Sekretion der Schilddrüse. Man kann durch länger dauernden innerlichen Gebrauch von tierischer Schilddrüse, bzw. Jodothyrin den Umsatz des Menschen auf Werte von 15—20% über die Norm erhöhen, wobei allerdings der längere Gebrauch dieser Schilddrüsenstoffe Voraussetzung ist. Diese Steigerung des Umsatzes bezieht sich sowohl auf die Steigerung des Eiweißumsatzes, wie auch auf die Steigerung des eiweißfreien C-haltigen Materials. Therapeutisch macht man, wie schon bei der Besprechung der Fettsucht hingewiesen ist, unter Umständen bei der Entfettungskur davon Gebrauch. Unterernährung dauernden Charakters auf Grund eines künstlichen Hyperthyreoidismus kann hier vollkommen aus der Besprechung fortbleiben, da er praktisch als etwas Undenkbares nicht in Frage kommt. Viel wichtiger ist der endogene Hyperthyreoidismus, dessen prägnantesten Ausdruck wir in der Basedowschen Krankheit finden. Wir sprechen bei der Basedowschen Krankheit speziell von Hyperthyreoidismus, solange noch solche Umsatzsteigerungen nachweisbar sind. Erst in dem Moment, wo der Hyperthyreoidismus durch Reduktion der Umsatzwerte auf die Norm geschwunden ist, sind die thyreotoxischen Basedow-Erscheinungen in ihrer Hauptbedeutung zum Verschwinden gebracht. Diese Umsatzsteigerungen beim Basedow-Kranken betragen oft fast das Doppelte der normalen Umsatzwerte. Diese Umsatzsteigerungen im Verlauf der Basedowschen Krankheit sind nicht andauernde. Es gibt Perioden im Verlauf der Basedowschen Krankheit, z. B. im Beginn, wo die Umsatzsteigerungen prägnant sind, dann vermindert sich die Größe des Umsatzes, führt in eine Periode verhältnismäßig nur wenig gesteigerten Umsatzes, dann können wieder Exazerbationen eintreten, in denen der Umsatz sich wieder zu enormen Werten steigert. Andere Basedow-Fälle wieder zeigen andauernd einen gleichmäßig gesteigerten Umsatz. Daß die Umsatzsteigerung in jeder Beziehung mit der Schilddrüse in Zusammenhang zu bringen ist, lehren experimentell-therapeutische Erfahrungen, nach denen die Teilexstirpation der Schilddrüse die Umsatzsteigerung zum Schwinden zu bringen vermag, annähernd proportional der Größe des exstirpierten Schilddrüsenanteils. Bedenkt man, daß für den normalen Menschen die Deckung des Umsatzes bei normaler gemischter Kost durch den Hunger und Appetit vollauf zu regeln ist, ferner durch das Sättigungsgefühl, das anderseits die Verdauungsorgane gerade soweit in Anspruch nehmen läßt, daß diese vollauf beschäftigt sind und darüber hinaus nur verhältnismäßig wenig mehr beansprucht werden können, ohne die Gefahr der Indigestionen herbeizuführen, so wird es verständlich, daß der Basedow-Kranke, dessen Appetit und Leistungsfähigkeit nicht etwa proportional der Steigerung des Umsatzes wächst, nicht imstande ist, eine seinen Umsatz befriedigende Kost zu sich zu nehmen. Beispielsweise gibt es Basedow-Kranke, die nur mit einer Nahrung befriedigt werden können, deren Kalorien für 24 Stunden berechnet 4000—5000 beträgt und noch mehr. So erklären sich die rapiden Gewichtsstürze der Basedow-Kranken, welche durch die Schwäche infolge der thyreotoxischen Eiweißeinschmelzungen besonders bedeutungsvoll werden.

So wird es auch erklärlich, wenn man bei Basedow-Kranken Abmagerung zweiten und dritten Grades antrifft, Abnahme des Körpergewichts innheralb von 14 Tagen um 30%, d. h. Werte, die noch über die Körpergewichtsabnahme hinausgehen, die man bei kompletter Inanition antrifft. Für den Arzt ist die Beurteilung dieses thyreotoxischen Unterernährungszustandes von außerordentlicher Wichtigkeit. Er muß aus ihm den Grad der thyreotoxischen Stoffwechselsteigerung gewissermaßen indirekt zu erkennen versuchen und wird es am einfachsten aus der Berechnung des täglichen Körpergewichtsverlustes unter Berücksichtigung der dargereichten Nahrung tun können. Diese

Berechnung beansprucht nicht etwa, ein Maßstab für die exakte Beurteilung des Gesamtumsatzes zu sein, sie ist nur ein Maßstab für die Beurteilung des Falles hinsichtlich der Indikation zu chirurgischer Therapie und muß als Indikator zur Durchführung einer Ruhekur zwecks Herabsetzung der Umsatzsteigerung und Bestimmung der zu verabreichenden Kost dienen. Wenn beispielsweise ein Basedow-Kranker innerhalb von 20 Tagen bei freigewählter Kost, und zwar einer solchen, mit der er früher sein Auslangen gefunden hat (Erhaltung des stofflichen Körpergleichgewichts) plötzlich 5% seines Körpergewichts verliert, so kann man nach den Erfahrungen, die man bei kompletter Inanition gemacht hat (s. o.), berechnen, daß hier etwa eine Umsatzsteigerung stattgefunden hat über den Kalorienwert der Nahrung hinaus, die pro Kilo Körpergewicht etwa 10 Kalorien beträgt. Die therapeutische Konsequenz muß dann die sein, daß eine Kost verabreicht wird, die eine solche Mehrzulage von 10 Kalorien pro Kilo Körpergewicht gibt. Dabei betonen wir ausdrücklich, daß das Schwergewicht einer solchen Ernährung hauptsächlich auf dem Reichtum an Kohlenhydraten basieren soll und daß auch die Eiweißzufuhr beim Basedow-Kranken wegen der großen Neigung zur Einschmelzung des Eiweißes nicht zu gering bemessen sein darf (nicht unter 100 g). Da indessen kohlenhydratreiche Kost für die Basedow-Kranken zu voluminös zu sein scheint bei einem z. B. auf das Doppelte gesteigerten Umsatz, so wird man in vielen Fällen gezwungenermaßen zu einer Bevorzugung der Fette greifen müssen, muß dann aber für höhere Eiweißzulagen in der Nahrung Sorge tragen, weil die Fette verhältnismäßig schlechtere Eiweißsparer sind.

Der Hyperthyreoidismus als endogener, umsatzsteigernder Faktor kommt praktisch wohl als einzigster in Frage. Umsatzsteigerungen durch Sekrete anderer Drüsen spielen praktisch keine Rolle. Wir verweisen in dieser Beziehung auf die entsprechenden Ausführungen im Kapitel: „Innere Sekretion".

c) Unterernährung in Krankheiten.

Wohl selten wird eine länger andauernde Krankheit ohne Abmagerung für den Kranken einhergehen. Das ist eine alte praktische Erfahrung, mit der sich der Arzt und Laie abgefunden hat, und ganz besonders galt schon seit jeher das Fieber als zehrend, ja man hatte sich schon im Altertum bis in unsere Zeit hinein mit der zehrenden Wirkung des Fiebers soweit abgefunden, ja diese sogar so stark überschätzt, daß man den Fiebernden nicht einmal Nahrung darzubieten wagte, um nicht das Fieber anzufachen und den Kranken dadurch zu schädigen. Noch ein Kliniker wie Traube lehrte, daß das Fieber am Krankenbett das Resultat sei der durch den Krankheitsprozeß erzeugten Wärme, weniger derjenigen Temperaturherabsetzung, die durch magere und sparsame Fieberkost bewirkt werde. Erst die letzten Dezennien haben uns die Überzeugung gebracht, daß es auch gilt, den fiebernden Kranken, wie allen Kranken, den Körperbestand nach Möglichkeit zu erhalten, ja daß in dieser Erhaltung des Körperbestandes ein wichtiges Moment für die Gesundung des Organismus zu suchen ist. Die Abmagerung jedes Kranken in erster Linie ist bedingt durch die Verminderung der Eßlust und dadurch verringerte Nahrungsaufnahme, oft primär beruhend in der Schwäche der Verdauungsorgane (Sekretion und Resorption). Die Unterernährung pflegt in vielen Fällen weiter zum Teil auch bedingt zu sein durch eine Umsatzsteigerung, und zwar in jenen Fällen, wo infektiös-toxische Prozesse eine Rolle spielen. Es ist die Abmagerung schließlich auch denkbar und erklärbar durch die primäre erhebliche Resorptionsverminderung der Ingesta im Darmkanal.

Als die wichtigste Form der Abmagerung wollen wir hier diejenige besprechen, die bei infektiös-toxischen Erkrankungen zu finden ist. Man hat früher die Vermehrung des Umsatzes durch das Fieber im allgemeinen überschätzt. Heute wissen wir, daß durch Infektionen allerdings vermehrter Eiweißumsatz zustande kommt und daß auch der Gesamtumsatz durch das Fieber selbst gesteigert wird, aber diese Steigerungen des Gesamtumsatzes betragen im allgemeinen höchstens 20% der Werte der Norm und auch die Eiweißumsatzsteigerung ist keine derartige, daß sie nicht jederzeit bei entsprechender Funktionstüchtigkeit des Darmes durch eine kohlenhydratreiche und verhältnismäßig eiweißreiche Kost reduziert werden könnte. Wenn wir daher von der Unterernährung bei infektiös-toxischen Krankheiten sprechen, so verstehen wir in der Hauptsache die Unterernährung, wie sie durch Darniederliegen der Verdauungsfunktionen bedingt wird mit der besonderen Stigmatisierung eines gesteigerten Eiweißstoffwechsels, der naturgemäß bei länger dauernder ungenügender Ernährung zu erheblicheren Eiweißverlusten des Organimus führen muß, und darin liegt die krankhafte Bedeutung dieser Form der Unterernährung. Während selbst ein dauernd unterernährtes, sonst aber infektionsfreies und als solches gesundes Individuum sehr bald sich an niedrige Eiweißzufuhr und verminderte Nahrungszufuhr, falls diese nicht zu abnorm tiefe Werte hat, einstellen kann, ist eine derartige Adaptierung an den niederen Umsatz bei Infektionskrankheiten schwer möglich, weil eben dauernd abnorme toxische Eiweißverluste zustande kommen und diese abnormen toxischen Eiweißverluste sind es, die in erster Linie starke Reduktion der Muskulatur, ja überhaupt des gesamten Protoplasmas bewirken, die zur Schwächung des Körpers führen, zum Darniederliegen des Kreislaufs (Herabsetzung der Strömungsgeschwindigkeit des Blutes), die die Ernährungsstörung der Gewebe verursachen, Neigung zu Decubitus, Neigung zu Thrombosenbildung hervorrufen usw. und die so die Resistenz des Organismus wesentlich herabsetzen und ihn der originären Infektion gegenüber weniger widerstandskräftig machen und auf der andern Seite immer wieder dazu die Neigung zu interkurrenten Krankheitserscheinungen erzeugen. Darum kommt dieser Abmagerung in fieberhaften, durch toxischen

Eiweißzerfall bedingten Krankheiten eine große klinische Bedeutung zu. v. Leyden hat schon im Jahre 1869 darauf aufmerksam gemacht, daß nach seinen zahlreichen Bestimmungen über die Gewichtsverluste im Fieber ein Typhuskranker, bei dem die Nahrungsaufnahme nach den alten Prinzipien geleitet würde („Suppendiät"), in etwa 8 Wochen soviel an Körpergewicht verliert, daß dadurch der Tod infolge Inanition zu erwarten stünde. Die heutige Therapie der Infektionskrankheiten hat zu einer völligen andersartigen Auffassung in der Ernährungstherapie geführt. Eine vollständige Hungerdiät wird bei längerdauernden fieberhaften Krankheiten wohl in den seltensten Fällen in Frage kommen. Wenn wir nun die Gewichtsverluste bei akuten, mit fieberhaften Erscheinungen einhergehenden und schnell verlaufenden Krankheiten werten, z. B. Pneumonie, Scharlach, Masern usw., so finden wir, trotz einer versuchsweisen Ernährung mit kalorienreicheren Nahrungsstoffen, Gewichtsverluste, die oft weit über die eines komplett Hungernden hinausgehen. Es ist da allerdings der vermehrte Umsatz des Wassers mit anzuschuldigen. Die Wasserverluste Fiebernder sind größer als beim normalen Menschen. Bei der Pneumonie, beim Scharlach und Masern und anderen Infektionen sind große Wasserverluste, die zu starken Gewichtsstürzen innerhalb kurzer Zeit führen können, unvermeidbar. Daneben finden sich dann tägliche Umsatzwerte des Eiweißes zur Zeit der Fieberhöhe, die bei weitem über die Werte hinausgehen, wie man sie bei kompletter Inanition nach den Erfahrungen an Hungerkünstlern beobachten kann. (Man kann da doppelte und dreifache Umsatzwerte finden!) Dieser vermehrte Eiweißumsatz ist weiter nichts wie der Ausdruck für das gesteigerte Untergehen des Protoplasmas. Bei akut-fieberhaften Krankheiten diesen Protoplamauntergang gewissermaßen von vornherein durch eine entsprechende eiweißreiche Kost bekämpfen zu wollen, ist aber ein Ding der Unmöglichkeit. Nur für den Typhus gilt (wie natürlich auch die chronischen Infektionen) infolge seines protahierten fieberhaften Verlaufs die Ausnahme, denn hier sind wir in der Tat in der Lage, mit unseren heutigen Kenntnissen des Stoffwechsels und der Ernährung der Gewebsreduktion weitgehendst zu begegnen. Man kann in einzelnen Fällen den Typhuskranken nach dem Überstehen der fieberhaften Periode oft als fetteres Individuum in die Rekonvaleszenz hinübergehen lassen, während allerdings bei akuten exanthematischen Erkrankungen, überhaupt bei den akuten Infektionskrankheiten ein derartiger Ausgleich durch die Ernährung unmöglich ist, ja auch nicht nötig ist. Man kann nach unseren Beobachtungen eine Minderung des Körpergewichts für 10 Tage fieberhafter Periode und einer Ernährung, die im allgemeinen nur flüssig ist, bei der die Eiweißzufuhr eine minimale ist und deren Kalorienwert vielleicht 500—600 beträgt, auf etwa 10% des Körpergewichts berechnen, wobei allerdings die Voraussetzung gemacht werden muß, daß die Fieberwerte sich in der Breite ausgesprochener Fiebertemperaturen bewegen. Bei chronischen Infektionskrankheiten, wie der Lungentuberkulose beispielsweise, darf man derartig hohen Gewichtsverlusten, die teils durch Wasserverluste, teils durch erhöhte Einschmelzung von Eiweiß (Zugrundegehen protoplasmatischer Substanzen usw.), teils durch Fetteinschmelzung bedingt sind, nicht im entferntesten begegnen. Gewiß sind toxische Einflüsse in manchen Perioden der gesteigerten Aktivität auch bei der Lungentuberkulose im Decursus morbi zu verzeichnen, daher plötzliche Abmagerung ein sehr wichtiges Symptom für die Aktivität des Prozesses. Im allgemeinen aber vermag der Lungentuberkulöse mit einer der Norm angepaßten Nahrung auch zu Zeiten leicht febriler Temperaturen seinen Umsatz zu befriedigen. Das gilt für alle chronischen Infektionen und chronischen Krankheiten!

Ein Wort nur noch über die Ernährung bei akuten Infektionskrankheiten! So intensiv toxische Einschmelzungen des Eiweißes in erster Linie hier auch sein können, so ist — wie schon betont — damit nicht die Notwendigkeit gegeben, durch die Nahrung diesen Verlust zu decken; man sorge nur für reichliche Flüssigkeitszufuhr, Zufuhr leicht resorbierbarer Nahrungsstoffe, wobei Kohlenhydrate und Eiweiß eine größere Rolle spielen mögen, ganz gleichgültig, ob es gelinge, den Umsatz zu decken oder nicht. Der Gewebsaufbau in der Rekonvaleszens pflegt nach akuten Infektionen ein großer zu sein; hier hat die Ernährungstherapie dann einzusetzen. Nur der Typhus und chronische Krankheiten erfordern eine sofort durchgeführte Ernährungsanpassung an den Umsatz, um die Kräfte zu erhalten.

Anhangsweise sei noch darauf hingewiesen, daß auch bei chronischen, nicht infektiösen Krankheiten, z. B. destruierenden Arthritiden, wenn sie zu einer Bewegungshinderung der Kranken führen, bei chronischen Lungenkranken, wenn starke Säfteverluste da sind, bei Darmerkrankungen usw. oft Ernährungszustände sich finden, die wir als Magerkeit zweiten und dritten Grades zu klassifizieren haben. Derartige Störungen haben meist ihren Grund in einer durch die Krankheit bedingten Zirkulationsschwäche und daraus resultierenden Minderwertigkeit des Darmkanals, in einer verminderten Turgeszens der Gewebe, die auch wieder zu einer Herabsetzung des Nahrungsaufnahmereizes, zu Anämie usw. führt. Auch arterielle Veränderungen, z. B. im Splanchnikusgebiete, mögen, wie schon oben angedeutet wurde, sowie bei der Arteriosklerose, regressive Ernährungsstörungen verursachen. Alle diese Krankheiten aber, auch wenn sie ohne Fieber und ohne Toxinbildungen einhergehen, bieten ein gleiches mit Eiweißeinschmelzung der Organe einhergehendes Bild des Marasmus mit allen Störungen der Haut und der Gewebe, wie sie auch bei Infektionen zu beobachten sind. Schließlich sei auch noch darauf aufmerksam gemacht, daß ausgesprochene Störungen der Darmverdauung (Pankreaserkrankungen), schwere Erkrankungen der Darmwand (Tuberkulosis, Amyloidosis) zu Resorptionsstörungen führen können, die sehr bald erhebliche Grade von Abmagerung zur Folge haben.

d) Kachexie.

Es sei vor allen Dingen auf das prinzipiell Wichtigste der Kachexie hingewiesen, d. s. Eiweißverluste, die durch keine Ernährung aufzuhalten sind. Also weder eine eiweißreiche, noch eiweiß-kohlenhydratreiche Diät ist in solchen Fällen imstande, den toxischen Zerfall, wie wir ihn bei Karzinomkranken, ferner bei anderen Krankheiten, wie Sarkom, manchen Blutkrankheiten usw. zur Beobachtung bekommen, zu beseitigen. (Gegensatz zur Abmagerung bei anderen chronischen Krankheiten.) Wenn auch das Wesen der Kachexie viel weniger etwa in der dauernden Vermehrung des Eiweißumsatzes gegenüber der Zufuhr besteht, sondern vielmehr in einer Degeneration wertvollen Protoplasmas, z. B. des Herzens, des Blutes usw., so ist doch eine entsprechende Überernährung in der Lage, wenigstens manchmal die Konsumtion hinauszuschieben.

Überernährungskuren.

Die Therapie jeder Abmagerung erstrebt die Gewichtszunahme des Kranken durch Gewebsansatz. Die Gewichtszunahme ist dabei als Maßstab zu betrachten. Von vornherein sei auf die Tatsache hingewiesen, daß geringe Gewichtszunahmen durch Wasserretention vorgetäuscht werden können. Das beobachtet man beispielweise bei Leuten nach starken Wasserverlusten durch Diarrhöen, bei Nephritiskranken im Zustande der Wasserretention u. a. Bei letzteren kann sogar Gewichtszunahme mit Gewebseinschmelzung einhergehen. Man wird also nur dann Gewichtszunahme mit Gewebsansatz identifizieren können, wenn sich die Werte in stetig aufsteigender Linie halten und mit einiger Wahrscheinlichkeit die Wasserretention an sich ausgeschlossen werden kann, wobei auch auf das Moment subjektiven Wohlbefindens, wie die Steigerung der körperlichen Leistungsfähigkeit ein größeres Gewicht gelegt werden muß. Der Gewebsansatz kann in Aufspeicherung von Fettgewebe bestehen, er kann aber auch gleichzeitig in Aufspeicherung von Eiweiß bestehen. Indessen ist gerade über diesen Punkt einiges zu sagen. Die sog. Eiweißmast ist bei einem sich im stofflichen Gleichgewicht befindlichen Menschen auch unter der Voraussetzung eines gewissen Grades von Magerkeit nicht möglich. Wenn manche Autoren, z. B. Bornstein, angeben, daß Verabreichung von Eiweißpräparaten eine für den Körper positive Stickstoffbilanz in vielen Fällen verursacht, so bedeutet das noch keineswegs Eiweißansatz, sondern ist nur zurückzuführen auf eine Retention von sog. zirkulierendem Eiweiß im Organismus, das bei der nächsten Gelegenheit wieder verloren geht. Durch noch so große Zulagen von Eiweiß in der Nahrung ist es prinzipiell nicht möglich, Eiweißansatz zu erzielen. Nur unter folgenden Voraussetzungen kommt Eiweißansatz als Protoplasmabildung in Frage: erstens beim wachsenden Organismus, zweitens beim trainierenden Organismus, wobei eine Zunahme der Muskelsubstanz stattfindet, drittens bei einem unterernährten Organismus, sei es, daß seine Unterernährung Folge kompletter oder inkompletter Inanition war, bei letzterer vor allen Dingen in der Voraussetzung, daß die Eiweißzufuhr eine relativ zu geringe war, und schließlich kommt nach infektiös-toxischem Eiweißzerfall der Eiweißansatz in Frage, den wir in spezie als Rekonvaleszenteneiweißansatz auffassen. So kann z. B. nach einem Typhus der Eiweißansatz ein enormer sein und ist, was das Wesentlichste ist, auch möglich, selbst wenn in der Rekonvaleszenz der Gesamtbrennwert der Nahrung ein verhältnismäßig nur wenig über den Normalwert hinausgehender ist und die mit der Nahrung gereichten Eiweißmengen sich niedrig halten. Sowohl im Wachstum wie beim Training, wie nach der Rekonvaleszenz infektiöser Krankheiten besteht mithin eine große Tendenz zur Aufnahme von Eiweiß als Gewebseiweiß. Umgekehrt betonen wir, daß in der Periode der Einwirkung infektiös-toxischer Momente zwar die Möglichkeit gegeben ist, diesen infektiös-toxischen Eiweißzerfall durch reichliche Zufuhr von Eiweiß in der Nahrung hintanzuhalten. Es ist aber gerade in dieser Periode das Aufhalten von Eiweißverlusten technisch nur durch große Eiweißzulagen, bzw. Kohlenhydrat-Eiweißzulagen in der Nahrung zu erzielen und unendlich viel schwerer zu erzielen als wie in der Rekonvaleszenz, wo die Eiweißgewebsbildung mit den geringsten Eiweißmengen schon zustande kommt. Es wird das für die praktische Frage der Ernährung Infektiöskranker von Wichtigkeit sein. Man wird in akuten Infektionskrankheiten nicht gewaltsam den Wiederersatz von zerfallenem Gewebseiweiß durch große Eiweißmengen in der Nahrung aufzuhalten versuchen. Man wird mit einiger Vorsicht nur Eiweißmengen zuführen, die nach Möglichkeit das Eiweißdefizit herabdrücken, dabei aber den Kranken hinsichtlich der Aufnahme der Kost durch Belastung seines Verdauungsapparats keine zu großen Beschwerden verursachen. Dagegen soll die Kost speziell den Eiweißansatz in der Rekonvaleszenz und im Muskeltraining begünstigen.

Fettansatz ist jederzeit leicht zu erzielen und ist lediglich zu werten vom Standpunkte der Einnahmen und Ausgaben durch den Körper. Selbst den Fettzerfall, wie übrigens auch den Eiweißzerfall der Basedow-Kranken kann man durch eine kalorisch ausreichende Kost beheben, ja es kann, wie z. B. die Beobachtungen von Alt auf dem Kongreß für innere Medizin 1906 gelehrt haben, sogar durch eine entsprechende kalorisch hochwertige Kost unter solchen Umständen noch zur Gewichtszunahme kommen. In allen Formen der Unterernährung wird, sofern nicht pathologischer Eiweißzerfall besteht (Krebskachexie u. ä.), die Abmagerung aufgehalten und in Körpergewichtszunahme übergeführt durch eine kalorisch hochwertige Kost. Diese Kuren nannte man früher Mastkuren, ein Ausdruck, der, wenig schön, der Landwirtschaft entnommen ist und dieser auch reserviert bleiben kann. Solche Überernährungskuren sind in starrer Form, wie manche Entfettungskuren, berühmt geworden, z. B. die Kur von Weir-Mitchell bei hysterischen Personen, die isoliert und nur der Pflege eines Arztes und einer Pflegerin überlassen wurden. Weir-Mitchell hielt die Kranken im Bett, verordnete ihnen zunächst Milch, die er ihnen alle 2 Stunden zu 100 cm^3 reichen ließ, wobei er allmählich die Zufuhr vergrößerte, so daß er schon in 4 Tagen auf 3 l Milch kam. Dann gab er Zusätze von Weißbrot, Kartoffelmus, schließlich Fleisch, Brot und Gemüse. Die einzigste Körperbewegung, die er dem Kranken auferlegte, war die Massage.

Burkart modifizierte diese Kost etwas; so gab er am ersten Tage:

$7^1/_2$ Uhr $^1/_2$ l Milch;
10 „ $^1/_2$ l Milch;
$12^1/_2$ „ Suppe mit Ei, 50 g gebratenes Fleisch, Kartoffelbrei;
$3^1/_2$ „ $^1/_2$ l Milch;
$5^1/_2$ „ $^1/_2$ l Milch;
8 „ $^1/_2$ l Milch, 50 g kaltes Fleisch, Weißbrot und Butter.

Vom zweiten Tag ab werden täglich zwei Zwiebacke mehr zugelegt bis zum fünften Tag:

$7^1/_2$ Uhr $^1/_2$ l Milch, 2 Zwiebacke;
$8^1/_2$ „ Kaffee mit Sahne, Weißbrot mit Butter;
10 „ $^1/_2$ l Milch, 2 Zwiebacke;
12 „ $^1/_2$ l Milch;
1 „ Suppe mit Ei, 100 g Fleisch mit Kartoffeln, 75 g Pflaumenkompott;
$3^1/_2$ „ $^1/_2$ l Milch, 2 Zwiebacke;
$5^1/_2$ „ $^1/_2$ l Milch, 2 Zwiebacke;
8 „ $^1/_2$ l Milch, 60 g Fleisch, Weißbrot mit Butter;
$9^1/_2$ „ $^1/_3$ l Milch, 2 Zwiebacke.

Am siebenten Tag werden um $8^1/_2$ Uhr 80 g Fleisch zugegeben.

Am achten Tag werden um 1 Uhr 150 g Fleisch und 125 g Pflaumenkompott gegeben.

Am neunten Tag werden um 1 Uhr 200 g Fleisch gegeben, um 8 Uhr abends 80 g Fleisch.

Der Speisezettel des zwölften Tages lautet dann:

$7^1/_2$ Uhr $^1/_2$ l Milch, 2 Zwiebacke;
$8^1/_2$ „ Kaffee mit Sahne, 80 g Fleisch, Weißbrot mit Butter und gerösteten Kartoffeln;
10 „ $^1/_4$ l Milch, 3 Zwiebacke;
12 „ $^1/_2$ l Milch;
1 „ Suppe mit Ei, 200 g Fleisch, Kartoffeln, Gemüse, 125 g Pflaumenkompott, süße Mehlspeisen;
$3^1/_2$ „ $^1/_2$ l Milch, 2 Zwiebacke;
$5^1/_2$ „ $^1/_3$ l Milch, 2 Zwiebacke;
8 „ $^1/_2$ l Milch, 80 g Fleisch, Weißbrot mit Butter;
$9^1/_2$ „ $^1/_3$ l Milch, 2 Zwiebacke.

Bei dieser Kost wird dann vier Wochen geblieben; damit führt man täglich dem Individuum 195,5 g Eiweiß, etwa 100 g Fett und 413 g Kohlenhydrate, in Summa 3642,0 g Kalorien zu.

Bei dieser Kost, deren Befolgung z. B. für normal genährte hysterische Individuen falsch wäre, denn sie würden dadurch fettsüchtig werden, liegt der Fehler in der Zufuhr des Eiweißes, weil es keine Eiweißmast gibt; denn alles Eiweiß, was in der Nahrung zugeführt wird, selbst wenn es Werte von 100—120 g pro die stark überschreitet, wird sofort wieder umgesetzt; sollten aber kleinere oder größere Stickstoffmengen einmal erspart werden, so gehen sie bei der nächsten Gelegenheit, d. h. sobald die Eiweißzufuhr wieder etwas heruntergeht, wieder verloren. Große Eiweißzufuhr bedeutet aber angesichts der spezifisch-dynamischen Wirkung des Eiweißes eine irrationelle, verschwenderische Überernährung. Überernährungskuren, die den Zweck verfolgen, Fettgewebe zum Ansatz zu bringen, müssen ihr Heil vor allen Dingen in der Zufuhr von Kohlenhydraten und in der Zufuhr von Fett suchen. Darin fehlt die Weir-Mitchellsche, bzw. Burkartsche Kur, da Eiweißmengen von 80—100 g pro die vollständig ausreichend sind, ja bei Überernährungskuren besser noch niedriger (60—80 g) bemessen werden sollen. Im Gegensatz zum Eiweiß sind aber Kohlenhydrate und Fette in ihrer spezifisch-dynamischen Wirkung weit geringer, so daß z. B. von Kohlenhydraten und Fetten rund 90% von den über den Kalorienbedarf zugeführten Kalorien als Fett, zum geringen Teil auch als Glykogen eingespart werden können.

Von diesem Gesichtspunkt aus ist jede Überernährungskur leicht zu gestalten. Man berechnet sich unter Beziehung auf das Normalgewicht den Umsatz des Individuums und legt als Eiweißminimum der Nahrung etwa 60—80 g in Rechnung. Der Ansatz von Fett ist zu erzielen, wo die Nahrungszufuhr größer gewählt wird, als sie dem zu berechnenden Umsatz entspricht. Die Berechnung geschieht aus den Zahlen, wie sie S. 43 angegeben sind. Zur Feststellung des Kalorienwertes der Nahrung dient die sog. Nahrungsanalysentabelle tischfertiger Speisen.

Daß es mit den einfachsten Nahrungsmitteln gelingt, eine solche Überernährungskur durchzuführen, beweist z. B. ein Speisezettel von Hirschfeld, an dem der Eiweißwert der Nahrung reichlich hoch bemessen ist:

	Eiweiß	Fett	Kohlenhydrate
250 g Fleisch, roh gewogen, dann gebraten .	50	40	—
1 l Milch	33	30	40
250 cm³ Sahne	10	45	10
400 g Brot (Weizen und Roggen)	30	—	200
50 g Zucker	—	—	50
Gemüse und Suppe in geringer Menge . . .	10	10	60
150 g Butter	—	130	20
50 g Kognak	—	—	20

Man verabreicht mit dieser Nahrung etwa 4600 Kalorien. Eine derartige intensive Überernährung ist zur Durchführung einer Kur indessen noch gar nicht immer notwendig. Mit einem Überschuß von 1000—1500 Kalorien erreicht man schon einen Fettansatz von 110 bis 160 g Fett und einen Gewichtsansatz (da Wasser zugleich retiniert wird) von vielen Pfunden im Monat. Die Schwierigkeit besteht bei einer Überernährungskur lediglich in der mangelnden Kapazität der Kranken, für längere Zeit größere Nahrungsmengen zu bewältigen. Hierin liegt die Kunst des Arztes, durch geschickte Auswahl der Speisen und Anordnung der Mahlzeiten den Verdauungstraktus der Zufuhr gewachsen zu machen. Am meisten empfiehlt es sich, dem Kranken alle zwei Stunden Nahrung reichen zu lassen, ferner in der ersten Zeit die Kalorienzufuhr nicht zu hoch zu bemessen, so daß man von 2000—2500 Kalorien allmählich im Verlauf von 14 Tagen, auf 3000, 3500, 4000 Kalorien ansteigt, ähnlich wie es bei der Burkartschen Kur (s. o.) durchgeführt ist.

Will man leichtere Grade von Überernährung erzielen, so legt man der bisherigen Nahrung, vorausgesetzt, daß sie einigermaßen zureichend war, 50—75 g Butter zu, die man bequem auf Brot oder in Gemüsen, Mehlspeisen usw. unterbringen kann; oder aber man verabreicht zu der bisherigen Mahlzeit 1 l Milch (etwa 500—600 Kalorien mehr) oder 3/4 l Milch, 1/4 l Sahne (etwa 750 Kalorien mehr); nur muß man Milch und Sahne stets eine Stunde nach den Hauptmahlzeiten verabreichen, also nach dem ersten Frühstück, 1 Stunde nach dem Mittag, nach dem Abendbrot. Sehr empfehlenswert ist auch die Verabreichung einer Mehlsuppe oder Mehlbreies mit reichlich Butter und Zucker (z. B.: 40 g Mehl, 30 g Butter, 20 g Zucker, 200 cm^3 Milch, 20 Minuten zu kochen) am frühen Morgen (7 oder 8 Uhr), 1 Stunde später läßt man dann erst das sog. erste Frühstück nehmen. Da, wo eine prinzipielle Abneigung gegen Milch vorhanden ist, lasse man Kumys oder Kefir trinken, gebe reichlich Fettkäse; ferner eignen sich wegen ihres Fettreichtums die Gelbeier als Kalorienspender (Eierspeisen, Eiersaucen, Eierpunsche usw.); auch die Mandelmilch kann als kalorisch hochwertiges Getränk einspringen.

Statt reichlicherer Mengen Gemüse verabreiche man Mehlspeisen, Makkaroni, Nudeln, Wasserspatzen, Strudel, Eierkuchen, Pudding usw. mit Frucht-, Eiersaucen usw. unter reichlicher Zugabe von Butter oder aber man gebe die Gemüse in Breiform (Spinat, Maronen, Blumenkohl, Mohrrüben, Artischockenböden, grüner Salat usw.) und mische in das Gemüse reichlich Butter hinein.

Auch das Bier, namentlich die maltosereichen, dunkel eingebrauten Biersorten, deren Kalorienwert man durch Hinzufügen von Schiffsmumme noch verstärken kann, kann herangezogen werden, die anderen Alkoholika, Wein und Schnäpse, aber nur als verdauungsbefördernde Mittel.

Nährpräparate erübrigen sich im allgemeinen völlig bei den Überernährungskuren, doch wird man da, wo die Milch wenig bekömmlich ist, unter Umständen einmal von fettreichen und kohlenhydratreichen Präparaten Gebrauch machen können. Das Eiweiß läßt sich allerdings in Form der Milcheiweißpräparate in billiger Form verwerten, immerhin hat es den Charakter eines Präparates und keines Nahrungsmittels; ebenso verhält es sich mit den Pflanzeneiweißpräparaten.

Am meisten zu empfehlen als Zusätze zu Überernährungskuren sind Hygiama, die mit Milch oder Wasser angerührt verabreicht werden kann, desgleichen Odda. Von Schiffsmumme läßt man mehrmals am Tage einen Eßlöffel voll reichen. Auch die Sahnenschokolade kann man wegen ihres Fettreichtums empfehlen.

Es sei hier noch die Frage angeschnitten, ob man Patienten, denen man eine Überernährungskur angedeihen lassen will, im Bett liegen lassen soll oder nicht. Jedenfalls führe man bei erschöpften, körperlich stark heruntergekommenen Patienten die Kur im Bett durch. Patienten, deren Kräftezustand ein Außerbettbleiben gestattet, z. B. manchen neurasthenischen, hysterischen Individuen, Frauen mit Gastroptose, solchen, die durch das Wochenbett heruntergekommen sind, gestatte man das Aufsein wenigstens zu gewissen Tageszeiten und verordne nur Bettruhe während des ersten Frühstücks, ferner eine 1—2stündige Bettruhe nach der Mittagsmahlzeit. Durch warme Umschläge auf den Leib kann man die Verdauung entschieden befördern. Einigermaßen kräftigen Patienten verordne man Muskelbewegungen (Freiluftbewegungen, leichte Apparatengymnastik, Spaziergänge in der Ebene und von geringer Dauer). Auch Massage ist durchaus angezeigt. Bei manchen Personen (neurasthenischen, hysterischen) empfehlen sich warme Bäder abends vor dem Schlafengehen.

Man kann auch zur Anregung des Appetits sich der Amara bedienen oder des Orexinum tannicum. Da, wo die Unterernährung ihren Grund hatte in Anomalien der Magentätigkeit, ist eine besondere Anpassung der Diät an diese funktionellen Schwächen durchzuführen (s. das Kapitel der diätetischen Therapie der Magenkrankheiten).

Schließlich sei noch ein sehr zweckmäßiges Schema von Umber angeführt, an das sich mit entsprechenden leicht durchführbaren Änderungen der Mindergeübte in der Aufstellung von diätetischen Kostsätzen halten kann.

8 Uhr morgens.

g		KH	Fette	Eiweiß	N	Kalorien
250	Rahm	10,57	56,65	9,4	1,5	607
100	Kaffee	—	—	—	—	—
100	Weißbrot	56,6	—	7,06	1,2	265
30	Butter	0,15	25,3	0,22	0,03	237
20	Zucker	20,0	—	—	—	82
		87,32	81,95	16,68	2,73	1191

g		KH	Fette	Eiweiß	N	Kalorien
	Dazu eventuell noch					
100	= 2 Eier	—	10,9	11,3	1,8	150
	oder					
36	= 2 Eigelb	—	10,0	5,2	0,8	116
	oder					
50	Speck	—	47,8	—	—	445

Auf diese Weise werden im ersten Frühstück 1200—1600 Kalorien dargeboten. Statt dieses Frühstücks können auch z. B. Quäker Oats oder Hohenlohes Haferflocken mit Milch oder Rahm (Porridge) gereicht werden, worin noch reichlich Butter untergebracht werden kann, so daß die Kalorienwerte des obigen Frühstücks erreicht oder noch übertroffen werden können. Diese Mahlzeit kann auch eventuell auf zwei Zeiten verteilt werden.

10 Uhr vormittags.

g		KH	Fette	Eiweiß	N	Kalorien
200	Fette Bouillon mit 2 Eigelben . . .	5,16	12,0	5,76	0,9	156
30	Kakes	21,9	1,5	3,3	—	117
20	Butter	—	16,9	—	—	158
		27,06	30,4	9,06	0,9	431

Statt dessen kann man auch eine Grütze darreichen oder eine Eiermilch (250 g Milch, 2 Eier geschlagen, 20 g Zucker), die ca. 400 Kalorien enthält, oder geröstetes Brot mit reichlich Butter und Kaviar, welcher in 10 g etwa 24 Kalorien enthält.

1 Uhr Mittagsmahlzeit.

g		KH	Fette	Eiweiß	N	Kalorien
200	Fette Bouillon mit Grieß, Reis, Tapioka usw.	5,0	4,0	0,6	0,1	etwa 40
100	Gebratenes Fleisch	—	2,0	25,0	4,0	121,1
200	Gemüse mit reichlich Butter oder Makkaroni, Reis, Nudeln mit viel Butter und Sahne, wodurch die Kalorienzufuhr um 600—800 Kalorien leicht erhöht werden kann	—	16—20	etwa 5.0	—	etwa 170 bis 207
200	Kartoffelbrei mit Butter	—	30,0	6,0	1,0	etwa 300
	Kompott von gekochtem Obst . . .	—	—	—	—	50—100
200	Flammerie . . . . oder leichte Kohlenhydratpuddings, Fruchtomelettes usw.; oder etwas Rahmkäse, z. B. Crême de Normandie (= Gervais en pot), mit welchem man in 20 g etwa 100 Kalorien zuführt, dazu geröstetes Brot oder Salzkakes mit Butter.	38,6	7,2	6,6	1,0	etwa 250

So werden also insgesamt bei der Mittagsmahlzeit leicht 900 bis 1200 Kalorien zugeführt, bei gutem Appetit erheblich mehr.

4 Uhr Vesper.

g		KH	Fette	Eiweiß	N	Kalorien
250	Rahm, eventuell mit Tee oder Kaffee; oder eine Eiermilch, 250 g Milch, 2 geschlagene Eier, 20 g Zucker = etwa 400 Kalorien, oder 2 Tassen Kakao (= 340 Kalorien) mit Zwiebacken oder Biskuits od. dgl. . .	10,57	56,65	9,4	1,5	607

8 Uhr abends.

Die Abendmahlzeit soll leicht verdaulich sein (daher keine englische Tischzeit), Reis, Grieß, Tapioka, Maizena, Mondamin in Milch gekocht, mit ausgerührter Butter, in welcher Form leicht 300 bis 400 Kalorien verabfolgt werden; dazu geröstetes Weißbrot mit Butter oder Zwieback oder von Brosamen befreites Weißbrot mit Butter, allenfalls eine kleine Zulage von kaltem, feingeschnittenen Braten oder geschabtem Schinken oder leichter Eierspeise.

Die Überernährungskur, wie sie für manche Krankheiten in Frage kommt, z. B. Arteriosklerose, soll hier nicht besprochen werden. Wir müssen in dieser Beziehung auf die einschlägigen Abhandlungen verweisen. Die Krebskachexie ist ebenfalls durch eine Überernährungskur nicht zu behandeln. Gewiß kann man durch eine kalorisch hochwertige Kost, wie schon erwähnt, die Konsumtion des Kranken hinausschieben. Jede mit Gewalt forzierte Überernährungskur bereitet dem Patienten nur Qual, führt zu Indigestionen und erreicht praktisch gar nichts. Desgleichen werden wir auch bei akuten exanthematischen Erkrankungen, bei akuten Infektionskrankheiten im Stadium hoher Temperaturen nicht daran denken, eine Überernährungskur durchzuführen, ja selbst nur eine Ernährung durchzuführen, die den Umsatz deckt. Der Widerwille gegen feste Speisen, der brennende Durst des Kranken, der nur die Aufnahme von Flüssigkeiten zuläßt, verbietet das von selbst. Auch fühlen sich erfahrungsgemäß die Kranken im Stadium febriler Erscheinungen wohler, wenn sie von dem Nahrungszwange im engeren Sinne des Wortes befreit sind. Dafür soll die Überernährung in der Rekonvaleszenz Platz greifen, hier wieder unter der Berücksichtigung der oben entwickelten Prinzipien. So wie die Abmagerung prädisponiert zu Infektionen, vermag umgekehrt die Überernährung Schutz davor zu geben. In der Überernährung selbst liegt in diesem Sinne ein Heilungsfaktor gegenüber manchen Infektionen. So ist es Dettweilers Verdienst gewesen, die Überernährung als einen wesentlichen Faktor in der Therapie der Lungenschwindsucht erkannt zu haben. Diese Überernährung ist auch heute noch — neben der Zuführung frischer

Luft — als das Wesentlichste anzusehen, was man therapeutisch dem Phthisiker bieten kann.

Daß diese Überernährung auch in den Volkslungenheilstätten durchgeführt wird, als Beleg dessen sei eine Zusammenstellung von Moeller (Behandlung der Lungenschwindsucht in Heilstätten 1905) hier angeführt. Es gestaltet sich da der Verbrauch pro Kopf und Tag in einer Lungenheilstätte im Durchschnitt:

Fleisch: 400 g zubereitet; dieses entspricht etwa 650 g roh. (Je nach der Fleischsorte wechselt das sehr; am größten ist die Differenz zwischen zubereitetem und rohem Fleisch beim Hammelfleisch, am kleinsten beim Schweinefleisch).

Gemüse: zubereitet etwa $^1/_3$ l.

Kartoffeln: 450 g.

Obst (gekocht): 120 g (nur an bestimmten Tagen).

Süße Speise (an Ausnahmetagen): von Grieß, Sago, Reis usw. zubereitet 120 g.

Eier: 1 Stück; wird zum Abendbrot Eierspeise gegeben, 3 Stück.

Brot und Brötchen: 320 g.

Butter: auf Brot 90 g zum Bereiten der Speisen 30 g.

Kaffee: 40 g oder

Kakao: 20 g

Zucker: 40 g

Milch: etwa 2—3 l, davon $1^1/_2$—2 l zum Trinken, den Rest zum Zubereiten der Speisen.

(Besonders empfiehlt Moeller das Schweinefleisch für die Phthisiker einesteils wegen des Fettgehalts, ferner wegen des Salzgehalts.)

Aus alledem läßt sich ein Kaloriengehalt von etwa 4000 bis 5000 Kalorien berechnen, was für die meist liegenden Tuberkulösen eine gewaltige Überernährungskur darstellt.

Hier muß auch noch einer Erkrankung gedacht werden, deren diätetische Therapie eines der wesentlichsten Behandlungs- und vielleicht auch Heilfaktoren ist: die Basedowsche Krankheit. Über die Steigerung des Umsatzes, über den thyreotoxischen Gewebseiweißzerfall war schon berichtet worden. Will man den Basedow-Kranken vor Einschmelzung seines Körpergewebes (und zwar sowohl seines Körpereiweißes wie seines Fettes) behüten, so muß man, um ihn in Kaloriengleichgewicht zu bringen, eine Diät verschreiben, die außerordentlich kalorienreich ist. (Oft mögen pro Kilogramm Körpergewicht 50—60 Kalorien bei Bettruhe gerade ausreichen!) Dabei ist auf zweierlei Rücksicht zu nehmen, erstens auf die Eiweißmenge, die man wegen des oft nachweisbaren toxischen Eiweißzerfalls nicht zu klein wählen soll (am besten nicht unter 120 g Eiweiß pro die) und zweitens auf die Menge der Kohlenhydrate. Viele Basedow-Kranke haben die Neigung zu spontaner transitorischer, bzw. alimentärer Glykosurie; man wird also die Kohlenhydratmenge nicht höher wählen, als mit dem etwaigen Auftreten einer Glykosurie gerade verträglich ist. Den Rest der notwendig erscheinenden Kalorien muß man dann durch Fett decken. Gilt es im Ernährungszustande stark reduzierte Basedow-Kranke zu überernähren, so muß die Kalorienzufuhr eine oft gewaltige sein, und anderseits muß der Kranke während der Überernährungskur im Bett bleiben. Am meisten empfehlen sich zur Ernährung solcher Kranken als Kalorienspender Milch, Sahne und Butter. Man steige indessen mit der Milchmenge nicht ohne Not über 2 l, statt dessen kann man die Milch durch Zusätze von Sahne kalorisch hochwertiger gestalten. Es wird auch empfohlen (Alt, M. med. Woch. 1905), dem Basedow-Kranken eine kochsalzarme Diät zu verabreichen, doch scheint uns eine Indikation nach dieser Richtung nur dann gegeben zu sein, wenn sich irgendwie funktionelle Störungen der Niere zeigen. Dagegen möchten wir bei der Basedowschen Krankheit nach Möglichkeit für eine lakto-vegetabilische Diät plädieren, wobei man zu den Gemüsen in Breiform reichliche Mengen eventuell ungesalzener Butter hinzusetzt und viel Mehlspeisen mit Fruchtsaucen und Kompotten verabreicht.

Auf eines müssen wir besonders hinweisen, d. i. der günstige Einfluß, den die gleichzeitige Übung der Muskulatur (Training) auf den Eiweißgewebsansatz hat. Gerade bei der konstitutionellen Form der Abmagerung wirkt eine entsprechend vorsichtig geleitete Übungstherapie nicht nur muskelplastisch, sondern hat auch Rückwirkungen auf Herz, Gefäßsystem und das Skelet. Hier ist der Kunst des Arztes in der Durchführung einer solchen kombinierten Überernährungskur mit Muskelübung ein weiter Spielraum gegeben. Die reine Überernährungskur in vielen solcher Fälle führt oft zum völligen Versagen. Die gleichzeitige Kombination mit Arsen dagegen stellt an sich einen gewebsplastischen Reiz dar, der aber hinter dem zurücktritt, der durch die gleichzeitige Beanspruchung und Übung der Muskulatur zu erzielen ist.

Partielle Unterernährung.

A. Avitaminosen.

Die Ursache der Beri-Beri (Kakke) beruht, wie wir heute wissen, auf der einseitigen Ernährung mit geschältem (polierten) Reis. Wechsel der Nahrung läßt die Erkrankung verschwinden. Auch bei Hühnern ist, zuerst von C. Eijkman durch Verfütterung von gekochtem poliertem Reis ein Krankheitsbild in etwa 3—4 Wochen erzeugbar, das man Polyneuritis gallinarum nennt und das in seiner Entstehungsursache identisch mit der Beri-Beri ist. Beweisend für eine Ernährungsstörung als Ursache ist die von Eijkman gemachte Entdeckung, daß die Reiskleie zur Reisnahrung hinzugesetzt das Auftreten der Erkrankung verhindert, bzw. die schon ausgebrochene Krankheit zur

Heilung bringt. Darnach war es anzunehmen, daß in der Reiskleie ein Stoff enthalten ist, der unbedingt zur Ernährung notwendig ist. Man hat auch Extrakte hergestellt, die aber im ganzen weniger wirksam sind, als die Reiskleie selbst. C. Funk nimmt nun in der Reiskleie bestimmte Stoffe an, die er Vitamine und deren Fehlen er als die Ursache der erwähnten Erkrankungen ansieht. C. Funk schloß das Eiweiß der Reiskleie, das allem Anscheine nach aus Albuminen und Globulinen besteht, durch hydrolytische Spaltung auf und isolierte die basischen Produkte, unter denen er eine wirksame Substanz fand (Oryzanin), von der bereits 4 mg die Polyneuritis gallinarum zur Heilung brachte. Indessen sind die Angaben über die chemische Natur dieses Körpers zu unsicher, um heute schon den klinischen Ausbau einer Lehre der „Avitaminosen" zu gestatten. Wir haben im Kapitel V, 2 darauf hingewiesen, daß ein unvollständiges Eiweiß eines Ergänzungsstoffes bedarf; es ist das Vitamin von C. Funk schließlich auch nichts anderes als ein solcher Ergänzungsstoff, also nur ein Spezialfall und ehe man nicht genaueres über die Zusammensetzung dieses Stoffes weiß, ist es mißlich, die Lehre der Vitamine bzw. der Avitaminosen zu erweitern. Für die Diätetik aber gilt der Satz, daß zur Vermeidung solcher Erscheinungen wie der Avitaminosen am besten die komplexe Ernährung (gemischtes Eiweiß) schützt und daß gerade die einseitige Ernährung der Zerealien solche Gefahren in sich bergen muß. Im Anschluß daran möchte ich Hindhedes Versuche anführen über die er in einer Schrift über das Fettminimum der Nahrung berichtet. Hindhede zeigte, daß er kräftige Männer 16 Monate lang in voller Kraft und Wohlbefinden von einer Kost leben lassen konnte, die aus Brot, Kartoffeln, Kohl, Rhabarber und Äpfeln bestand. Dagegen war es — nach einem dreimonatlichen Versuch — nicht möglich, von Buchweizengrütze und Zucker zu leben. Bei dieser Kost geht das Körpergewicht zurück und der Appetit nimmt ab. Dagegen gelang der Versuch bei gleicher Versuchsanordnung und Margarine, wobei das eine Individuum sogar noch 10 kg zunahm. Hindhede zieht daraus den Schluß, daß im Fette gewisse Vitamine enthalten seien, die sich auch im frischen Gemüse und in den Früchten vorfinden, weshalb bei letzterer Diät auch bei fettloser Kost ein Gleichgewichtszustand zu erreichen sei. Diese Schlußfolgerung erscheint nicht nur unbewiesen, sondern sogar unwahrscheinlich. Daß Funksche Vitamine in der Margarine sich finden, wäre ja immerhin denkbar, aber doch erst zu beweisen! Das näherliegende ist aber doch, daß im tierischen Fette Lipoide enthalten sind, die zur Nahrung und zum Gewebeaufbau ebenso notwendig sind wie die sog. Vitamine. Es ist anzunehmen, daß diese Lipoide auch aus vegetabilischer Nahrung synthetisiert werden können, daher die Ernährung mit der gemischten vegetarischen Diät auch ohne Fett das Gleichgewicht möglich machte. Ich erwähne diese Versuche, um zu zeigen, wie gerade die Lehre von den Vitaminen schon zu einem Schlagwort geworden ist und zur Einseitigkeit verleiten kann.

B. Skorbut.

Von den neueren Erfahrungen über Skorbut sind die interessantesten die von Holst und Fröhlich, die nachwiesen, nach den beim Menschen gemachten Erfahrungen, daß wenn man sich längere Zeit — Monate bis ein Jahr — ausschließlich oder vorwiegend von Brot und Zerealien (Graupen, Mehlspeisen) ernährt, daß dann das Krankheitsbild des Skorbuts ausbricht mit seiner typischen Zahnfleischerkrankung (Blutungen), Haut- und Muskelblutungen, Organblutungen usw. Diese Erkrankung ist jederzeit durch den Genuß von frischen Gemüsen, Obstsäften, Himbeeren und Brombeeren, Zitronensaft zu beseitigen. In einer großen Epidemie von Skorbut bei der Truppe, die auch auf vorwiegende Ernährung mit Zerealien (Zwieback, Graupen und teilweise Büchsenfleisch) zurückzuführen war, haben wir ausgezeichnete Resultate durch die Verabreichung von Spinat und frischen Fleischsaftes erzielt.

Man kann nun auch den Skorbut experimentell bei Tieren erzeugen, so, wenn man junge Kaninchen mit sterilisiertem ungemahlenem Reis, Hafer- und Gerstenkörnern füttert oder wenn man Meerschweinchen mit trockenen Erbsen oder Linsen füttert. Analog von Erfahrungen beim menschlichen Säugling, daß ein kindlicher Skorbut durch einseitige Ernährung mit Mehl oder länger dauernden Genuß stark erhitzter Milch zustande kommt, können junge Meerschweinchen ebenfalls durch stark erhitzte Milch ein skorbutartiges Krankheitsbild bekommen (Fröhlich). Auch beim wachsenden Affen konnte Karl Hart durch Ernährung mit kondensierter Milch ein gleiches Krankheitsbild erhalten.

Diese durch Zerealien, Leguminosen oder überhitzte Milch hervorgerufene Erkrankung führt C. Funk mit in die Reihe der Avitaminosen auf, indessen ist gerade die Tatsache der verschiedenen Ernährungsätiologie ein Grund gegen die Theorie der „Avitaminose“. Zerealien enthalten wie die Leguminosen ein Eiweiß, das vielleicht unter idealen Bedingungen ein vollständiges sein könnte, es aber normaler Weise beim Menschen nicht ist: es ist praktisch unvollständig. Ebenfalls zerstört das starke Erhitzen der Milch die Eiweißstoffe, so daß gewisse Gruppen verloren gehen, die die Vollständigkeit bedingen; so wird auf diese Weise der Genuß der rohen Milch zur Voraussetzung der Heilung. Das Gleiche gilt vom Genuß einer gemischten möglichst wenig denaturierten Ernährung. Es ist allerdings beim Skorbut nicht von der Hand zu weisen, daß neben der eigentlichen primären Ernährungsstörung durch unvollständiges Eiweiß noch sekundäre Stoffwechselstörungen auftreten (z. B. eine intermediäre Acidose), die Bilanzstörungen in der Richtung des Kalkstoffwechsels bedingen. Die praktische diätetische Bedeutung des Skorbutes sowohl seiner Entstehung wie seiner Beseitigung nach liegt in einer durch gemischte Diät behebbaren Form der Eiweißunterernährung. Als ganz besonders zweckdienlich erscheint frisches (in Dampf gekochtes Gemüse), frische Fleischsäfte und Fruchtsäfte bzw. Obst.

C. Hungerödem.

Dieses Krankheitsbild, das man bei der Unterernährung im Kriege reichlicher zu beobachten Gelegenheit hatte, ist charakterisiert durch: Abmagerung, Körperschwäche, Brodykardie, Blutdrucksenkung, Ödeme und Polyurie, niedrigen Eiweißgehalt des Blutserums ohne Erniedrigung des Hämoglobins und der Erythrozytenzahl, Schmerzen in den Beinen und Druckempfindlichkeit der Nervendruckpunkte an den Unterschenkeln, in einzelnen Fällen Hemeralopie und gelegentlich herabgesetzte Patellarreflexe ohne ausgesprochene neuritische Symptome. Die Ödeme — bald nur an den Knöcheln und den Unterschenkeln, bald über den ganzen Körper einschließlich des Gesichts verbreitet, sind das auffallendste, doch liegt die Ursache nicht primär in den Nieren. Man muß vielmehr nach der Möglichkeit, diese Erkrankung, die auf dem Boden einer Unterernährung entsteht und durch eine kalorisch reichlich gemischte Diät zu beseitigen ist, zu den Unterernährungsstörungen rechnen, denen eine gewisse Note eigen ist und die liegt in der Schädigung der Kapillaren. Die kalireiche kalorisch unzureichende vegetabilische Diät hat im Kriege zu der Notwendigkeit starken Salzens geführt. Da das Blutserum in der ganzen Säugetierreihe konstant wie beim Menschen auf etwa 17 Teile Natron nur einen Teil Kali enthält, und dieses Verhältnis nicht geändert werden darf, ohne den Diffusionsmechanismus zwischen Blut und Gewebe zu stören, so muß das mit der Nahrung aufgenommene Kali durch Kochsalz entgiftet werden und dieses so entgiftete Kali und 17 mal mehr Natron mit den Nieren wieder ausgeschieden werden. Darauf beruht auch die Polyurie, ebenso ist die Bradykardie wohl durch eine geringe Ionenverschiebung des Blutes zu erklären. Dazu kommt als weiteres die generelle Unterernährung, die naturgemäß auch den Zustand der Gefäße nicht bessert. So kann die Salzüberladung des Serums, die eventuell bei zu starker Inanspruchnahme der Nieren zu einer Störung der Salzkonzentration des Blutserums führt, die Störung des Flüssigkeitsaustausches zwischen Blut und Geweben bedingen, indem die Wahrung der molaren Konzentration des Blutserums durch Abschieben von Ionen durch die Gefäße in die Gewebe (ähnlich wie beim nephritischen Ödem) zu erstreben versucht wird. Bettruhe und reichliche, besonders fettreiche Ernährung führen sehr bald zu einer Wiederherstellung. Die Tatsache, daß Fettzulage besonders gut die Ödemkrankheit beseitigt, hat Maase und Zondek zu der Annahme verleitet, daß die Ödemkrankheit primär durch das Fehlen von Fett bedingt sei, doch gilt hier der Einwand, daß die Fettzulage zur Nahrung das Eiweißminimum reduziert und so dem Körper zur stofflichen Verwendung Eiweißstoffe läßt, die dieser bei unzureichender Ernährung rein energetisch verwenden muß.

VII. Überernährung — Fettleibigkeit — Fettsucht.

(Entfettungskuren).

Eine Kost, die den Nahrungsbedarf des Menschen wesentlich überschreitet, führt zur Ablagerung von Fett. Daraus ergibt sich das Entstehen der Fettsucht durch Surmenage, d. h. durch Überkost. Es kommt hinzu, daß, wenn ein Individuum bei etwas überreichlicher Ernährung infolge eines angeborenen phlegmatischen Temperaments wenig zu körperlicher Betätigung neigt, die Möglichkeit der Ersparung von Fett eine um so größere sein wird. Im praktischen Leben sind es daher zwei Momente, die vorwiegend zum Entstehen eines überreichlichen Fettpolsters führen: Überkost und Trägkeit. Diese Art von Fettsucht setzt dabei voraus einen von Haus aus normalen Stoffumsatz und ein zu starkes Angebot von Nahrung. v. Noorden bezeichnet diese Art der Fettsucht als exogene Fettsucht und teilt sie ein in Überfütterungsfettsucht, Faulheitsfettsucht und eine Fettsucht durch Überfütterung und Faulheit. Dieser Einteilung schließen wir uns im wesentlichen an, wenngleich in praxi diese einzelnen Entstehungsursachen nicht immer zu scharfer Definierung der exogenen Fettsucht geeignet sind.

Wenn man die Kurve des Gewichts eines Menschen in seiner Jugend, in der Blüte seines Lebens und in dem Greisenalter hindurch verfolgt, so wird das Körpergewicht des ausgewachsenen, ausgereiften Mannes mit 40 Jahren das Körpergewicht mit 30 Jahren vielleicht um 5 kg, das des 20jährigen um 10 kg überschreiten. Nach den 40er Jahren mag vielleicht noch eine Steigerung des Körpergewichts um einige Kilogramm zu beobachten sein. Es wird sich dann aber das Körpergewicht auf dieser nunmehr erreichten Basis halten, um im Greisenalter wieder abzunehmen. Eine derartige geringe, innerhalb von 20 Jahren vielleicht nur 10 kg betragende Gewichtzunahme müssen wir als physiologisch betrachten. Sie ist damit zu erklären, daß der mit 25 Jahren ausgewachsene Körper keinen Wachstumsansatz mehr hat, daß vom 25. Jahre ab etwa der Körper nur Erhaltungsdiät notwendig hat, und daß bei zunehmenden Jahren die Lebhaftigkeit und Rührigkeit nachläßt, m. A., die phlegmatische Natur stärker hervortritt. Berechnet man die Kostsätze von Menschen, die normal gemischte Kost genießen, durchaus keine Trinker oder Esser sind, und stellt sie in Rücksicht zu dem erforderlichen berechenbaren Umsatz, so erkennt man in solchen (physiologischen) Fällen, daß die Einnahmen approximativ dem wirklichen Umsatz entsprechen. Das, was als Fett erspart wird und im Laufe der Jahre zur geringen Gewichtsvermehrung führt, kann nur einige Gramm Fett täglich betragen. Aber diese einigen Gramm können genügen, daß es innerhalb eines Jahres zur Ablagerung von 1 kg Fett kommt. Das erscheint so natürlich, d. h. entspricht der Neigung des Körpers, mit zunehmendem Alter Fett abzulagern, daß man es als etwas Auffälliges bezeichnen kann, wenn ein älterer Mensch, sei es ein Mensch von 40 oder 50 Jahren, dasselbe Körpergewicht aufweist wie etwa mit 20 oder 30 Jahren. Um täglich etwa 5 g Fett zu sparen, ist aber nur nötig ein Überschuß von rund 50 Kalorien der Nahrung. Ein solcher Überschuß ist z. B. in einigen Gramm Butter gegeben, die der Mensch täglich über den Bedarf hinaus zu sich nimmt, und so fein auch der Hunger und Durst, das Sättigungsgefühl, die Völle des Magens gewissermaßen als Regulatoren für unsere Deckung des Umsatzes anzusehen sind, so sind doch diese Regulatoren nicht fein genug, um derartigen kleinen Überschüssen zu begegnen. Anders ist es mit den Fettleibigen. Der Fettleibige, der aus Gewohnheit zu viel gegessen hat, sündigt entweder dadurch, daß er eine Kost genießt, die zu kalorienreich ist, oder dadurch, daß er bei einer etwa den Bedarf deckenden Kost zu reichliche Quanten Alkohol zuführt. Er braucht dabei nicht starker Esser zu sein. Es gibt z. B. Menschen, die mit Vorliebe außerordentlich fettreich essen, und bei der Analyse solcher Kosten habe ich gefunden, daß in Fleisch und Saucen oft 150 g oder mehr Fette zugeführt wurden. Bei Frauen wiederum sind es vor allen Dingen Süßigkeiten, die in allzu reichlicher Menge genossen werden. Beträgt der Kalorienüberschuß in der Nahrung täglich nur 200—300 Kalorien, so kann ein derartiger Überschuß im Jahr schon zu einer Anhäufung von 4—5 kg Fett führen. In 10 Jahren wäre das bereits ein Überschuß von 40—50 kg Fett. Daß das ein vollentwickeltes Bild der Fettsucht ergibt, leuchtet ein. Trotzdem erscheint es gering, was wir an 200 Kalorien in der Nahrung als Plus aufnehmen. Man kann wohl sagen, daß derjenige, der täglich etwa einen Überschuß von 200 Kalorien (u. m.) in seiner Nahrung zu sich nimmt, im Laufe der Jahre der Fettsucht verfällt. Der Körper besitzt nun gewisse Regulatoren, die durch gewisse körperliche Allgemein- und Spezialempfindungen repräsentiert werden, um de norma Nahrungsaufnahme und Nahrungsbedarf in absolute Harmonie zu bringen, ein Mechanismus, der von bewundernswerter Feinheit ist. Die Anpassung der Nahrungsaufnahme an unseren Umsatz kann so fein sein, daß manche Menschen imstande sind, ihr körperliches Gewicht oft Jahre hindurch konstant zu erhalten, und diese Regulatoren sind Hunger, Durst, Appetit, Sättigungs- und Völlegefühl, und dazu kommt noch ein allgemeiner Regulator, das ist ein schwer zu definierendes Temperament des Körpers, das uns zur Muskelleistung anspornt. Es braucht wohl nicht näher auseinandergesetzt zu werden, daß man sehr häufig das Gefühl hat, man müsse sich körperlich bewegen, spazierengehen, turnen, arbeiten usw. Diese allgemeinen Empfindungen können wohl ohne weiteres als eine Anpassung des Umsatzes an die Nahrungsaufnahme gedeutet werden, und es wäre verständlich, daß viele Fälle von Fettleibigkeit, die wir als Faulheitsfettsucht bezeichnen müßten, lediglich durch den Mangel oder Verlust jener Empfindungen zustande kommen, so daß also gewissermaßen nicht das Primäre eine Nahrungsaufnahme ist, die über den Bedarf hinausgeht, indem gewissermaßen der Betreffende über den (regulierenden) Appetit hinaus ißt, sondern daß eben jenes Empfinden, das uns zur Muskelarbeit antreibt, verloren gegangen ist. Es wäre das gewissermaßen auch eine Definition des phlegmatischen Temperaments, wenigstens in somatischer Beziehung.

Daß solche Störungen vorkommen, beobachtet man sehr häufig bei Frauen im Wochenbett, ferner bei Rekonvaleszenten, denen man zwangsweise körperliche Schonung auferlegen muß. Wir erinnern z. B. an die Rekonvaleszenz nach dem Typhus. Wohl mag in der Rekonvaleszenz der Gewebehunger, die Appetenz, zunächst vergrößert sein, aber dann, wenn der frühere Gewebsansatz in der Rekonvaleszenz erreicht ist, wie er früher bestanden hat, bleibt trotzdem noch die Appetenz, bzw. Nahrungsaufnahme gewöhnlich eine über den Umsatz große, wobei gleichzeitig die Neigung zu körperlicher Bewegung durchaus nicht immer in dem den entsprechenden Nahrungsumsatz regulierenden Maße vorhanden ist. Bei Frauen, wie gesagt, beobachtet man es häufig im Wochenbett. Solange die Gravidität bestanden hat, die Frucht also an sich, ein Stimulans für die erhöhte Nahrungsaufnahme zur Deckung des durch die Frucht entstandenen Verbrauchs, gewesen ist, solange wird sich gewissermaßen bei der Gravida Umsatz und Nahrungsbedarf decken, vielleicht sogar aus zweckmäßigen physiologischen Gründen die Nahrungsaufnahme größer sein als der Umsatz. Wenn dann aber nach der Geburt die Frucht fehlt, der Umsatz also wieder geringer geworden ist, wird sich die Frau in bezug auf Appetenz und Nahrungsaufnahme nicht immer sofort wieder, wie vorher, auf das normale Umsatzniveau mit der Nahrungszufuhr einstellen, sondern es wird gewöhnlich eine viel größere Nahrungszufuhr stattfinden (wir sehen hier ab von dem Falle, wo die Frau ihr Kind nährt). Es ist also gewissermaßen dieses feine Regulationsgefühl auch hier verloren gegangen, und so beobachtet man in der Tat nach der Geburt häufig größere Fettzunahme. Wenn man nun von diesem Standpunkte aus die sog. exogene Fettsucht, die man also nach v. Noorden als Fütterungs-, bzw. Faulheitsfettsucht bezeichnet, näher untersucht, so wird man sicherlich nicht in allen Fällen das schuldige Moment in einer gewohnheitsmäßigen Belastung des Magens oder gewohnheitsmäßigen Faulheit, also gewissermaßen einem bequemen Verschulden zu suchen haben, sondern man kann wahrscheinlich für einen sehr großen Teil der Fälle den Verlust jener feinen Regulation anschuldigen, die vor allen Dingen die Bewegung zur Ausgleichung des Umsatzes mit der Nahrungsaufnahme reguliert. Es ist das zugleich eine Definition für das, was man im praktischen Leben als Bequemwerden bezeichnet. Je älter man wird, desto mehr tritt ja die Neigung zur körperlichen Trägheit hervor. Man läuft weniger, man bewegt sich langsamer und schränkt die scheinbar unnützen Bewegungen ein. Die Jugend hat allerdings etwas, was einem zu großen Umsatz auf der anderen Seite steuert, das ist das Schlafbedürfnis. Durch langen Schlaf wird der Umsatz gegenüber dem wachen Zustand erniedrigt. Wenn vielleicht auch das Schlafbedürfnis im zunehmenden Alter ein geringeres wird, so kann dieses verminderte Schlafbedürfnis gegenüber dem jugendlichen Alter nicht etwa den Ausgleich für das Plus an körperlicher Bewegung in der Jugend bringen.

Um sich einigermaßen über die Umsatzverhältnisse bei einem Menschen zu orientieren, der eine exogene Überkost- oder Trägheitsfettsucht aufweist, wollen wir hier einige Beispiele anführen.

Ein 70 kg schwerer Mann bedarf, wie wir auseinandergesetzt haben, zur Deckung seines Umsatzes in der Ruhe, ausgehend von dem Hungerumsatz, 32 Kalorien, die um diejenigen Kalorien vermehrt werden müssen, die auf Rechnung der spezifisch dynamischen Wirkung der Nahrung zu setzen sind. Das wären bei einer Kost, die aus 20% Eiweißkalorien, 30% Fettkalorien und 50% Kohlenhydratkalorien besteht, etwa 4 Kalorien pro 1 kg Körpergewicht mehr. Die Tätigkeit eines Menschen, etwa eines Lehrers, eines Arztes oder eines Kaufmannes, der nicht über das normale Maß beschäftigt ist, erfordert für jede Leistung pro 1 kg Körpergewicht etwa 5—10 Kalorien des weiteren, so daß also das Erfordernis an Kalorien zur Deckung des Umsatzes 40—45 Kalorien beträgt. Eine tägliche Mehrzufuhr über den Bedarf hinaus von insgesamt 3 Kalorien pro 1 kg Körpergewicht ergäbe schon einen Überschuß in der Nahrung von rund 200 Kalorien; ein solcher Überschuß wird durch etwa 200 g Fleisch, $^1/_4$ l Milch, $^4/_{10}$ l Bier, 25 g Butter repräsentiert. Dieses Plus an Kalorien könnte der Betreffende durch eine körperliche Geharbeit ausgleichen, die, etwa einem Spaziergange von $1^1/_2$ Stunden oder einer Steigarbeit bei 25% Neigung des Berges von etwa $^1/_2$ Stunde entspricht. Es läßt sich daher verstehen, daß ein Individuum, das früher regelmäßig spazieren ging, nunmehr bei Unterlassung jener anscheinend doch kleinen Spaziergänge pro Tag 200 Kalorien aus der Nahrungszufuhr erspart. Diese 200 Kalorien entsprechen etwa 20 g Fett und bedeuten einen Fettzuwachs von etwa 7 kg pro Jahr. Sowie aber erst einmal das Phlegma eingetreten ist, d. h., sowie sich das Individuum an die Minderung der körperlichen Bewegung (über seine berufliche Tätigkeit hinaus) gewöhnt hat, wird die Zunahme des Körpergewichtes progressiv die Lust zur körperlichen Leistung weiter einschränken, und so resultiert, sobald innerhalb eines Jahres eine größere Fettmenge einmal aufgestapelt ist, eine weitere Verminderung der körperlichen Arbeit auch innerhalb des Berufes, und weitere größere Ersparungen finden statt; man kann daher oft beobachten, wie, sobald erst einmal eine stärkere Gewichtszunahme stattgefunden hat, der weitere Fettansatz nun nicht mehr gewissermaßen in arithmetischer Progression weiter statthat, sondern jetzt sehr schnell vor sich geht. So beobachtete ich bei einem Manne, der mit 30 Jahren 70 kg Körpergewicht hatte, mit 33 Jahren 75 kg, bereits mit 34 Jahren ein Körpergewicht von 87—88 kg. Dann fing der Betreffende an, infolge der schnellen Gewichtszunahme, körperliche Übungen bei stets gleichbleibender Nahrungszufuhr zu machen, und es begann wieder sein Körpergewicht innerhalb kurzer Zeit um einige Kilogramm (innerhalb eines Jahres um 5 kg) zu sinken.

Die Grade, die die Trägheits- oder Überkostfettsucht im Laufe des Lebens erreicht, stellen anscheinend nicht die allerhöchsten Grade der Fettsucht dar. Es ist allerdings nicht zu leugnen, daß man häufig, z. B. bei Restaurateuren, die eine reichliche Menge Alkohol bei geringer körperlicher Bewegung genießen, erheblichen Graden von Fettsucht (Gewichte von 200—250 Pfund) begegnet. Diejenige Fettsucht, die man als Trägheits- oder Überkostfettsucht bezeichnet, weist Überschreitungen des normalen Körpergewichtes um 10—20 kg auf, was einem Körpergewicht von etwa 80, 85, 90, 95 kg entspricht. Die höchsten Grade der Fettsucht trifft man aber bei derjenigen Fettsucht, die wir als konstitutionelle bezeichnen, an. Wenn die Therapie der ersteren Form eine außerordentlich leichte und diätetische, bzw. physikomechanische ist, ist die Therapie der Form, die wir als konstitutionelle bezeichnen, eine weit schwierigere und gegen diätetische Maßnahmen oft refraktäre.

Konstitutionelle Fettsucht.

Man begegnet im täglichen Leben unter den Fettleibigen einer Anzahl von Individuen, bei denen die Fettleibigkeit gewissermaßen von Haus aus besteht. Es sind das Individuen, die oft hereditär schon zur Fettleibigkeit disponiert sind, und die bei näherer Analyse des Falles auch aufs bestimmteste angeben, daß es ihnen nicht möglich ist, der Zunahme ihres Körpergewichtes, die etwa von einer bestimmten Lebensperiode an entstanden ist, durch Einschränkung der Diät zu steuern, oder die auch aufs bestimmteste berichten, daß es ihnen außerordentlich schwerfällt, durch Einschränkung der Diät ihr Körpergewicht zu dezimieren. Ein etwa erreichtes Defizit wird ohne weiteres bei ihnen durch eine schnell darauf erfolgende Gewichtszunahme wieder ausgeglichen. Diese Individuen, die entweder schon in der Kindheit das Stigma der Fettsucht an sich tragen oder aber ihre Fettsucht erst von der Pubertät an, manchmal ausgesprochen erst später, erwerben, werden auch als konstitutionelle Fettsüchtige bezeichnet.

Die Analyse solcher Fälle fordert zunächst einmal zur Diskussion der Frage auf, ob es wirklich Individuen gibt, bei denen etwa der Gesamtumsatz ein derart niedriger ist, daß bei einer Appetenz, die wir als normal bezeichnen müssen, und bei einer Nahrungsaufnahme, die wir auch als durchschnittlich ganz normal bezeichnen müssen, eine Ersparung von Fett stattfindet. Eine solche Ersparung wäre durchaus möglich beispielsweise durch Verminderung des Grundumsatzes, d. h. desjenigen Umsatzes, den ein nüchternes und vollständig ruhendes Individuum aufweist, sie wäre auch denkbar etwa durch die Möglichkeit, mit größerem Nutzeffekt aus den Energien der zugeführten Nahrung Arbeit zu leisten. Eine solche Ersparung wäre schließlich auch denkbar durch eine bessere Ausnutzung der Nahrung, bzw. durch einen geringeren Energieverlust, den der Körper bei der Verdauungsarbeit aufweist. Alles zusammengenommen wäre aber in diesen Fällen das Wesentliche ein in der Tat verminderter Umsatz gegenüber der Norm, und diese Fettsucht, die man konstitutionelle Fettsucht nennen müßte (v. Noorden bezeichnet sie gegenüber der exogenen Fettsucht als endogene Fettsucht), würde sich mit dem decken, was man seit Bouchardat als Verlangsamung des Stoffwechsels bezeichnet. Man hat nun in der Stoffwechsellehre eine Reihe von Versuchen angestellt, um den Nachweis zu erbringen, daß in der Tat bei einer Reihe von Fettsüchtigen wirklich eine Herabminderung des Umsatzes besteht.

Allerdings ist auch hier mit der einfachen Definition „Verminderung des Gesamtumsatzes" das Wesen der Fettsucht nicht definiert. Es wäre ja denkbar, daß z. B. eine Reihe von Fällen sog. konstitutioneller Fettsucht weniger als Fälle primärer Verringerung des Gesamtumsatzes aufzufassen sind; es ist durchaus annehmbar, daß das Primäre der Störung in einer lipogenen Tendenz, d. h. in einer Neigung des Körpers ein reichliches Fettgewebe zu bilden, bestände. Unter dieser Prämisse wäre es beispielsweise durchaus möglich, daß ein Organismus Fett aufspart, ganz gleichgültig, ob seine Nahrungszufuhr 40 Kalorien oder 20 oder 30 Kalorien pro 1 kg Körpergewicht beträgt. Diese Vorstellung ist nicht nur nicht als etwas vom stoffwechselpathologischen Standpunkte aus Unwahrscheinliches von der Hand zu weisen, sie ist vielmehr aus zwei Gesichtspunkten heraus mit Recht diskutierbar. Der eine Gesichtspunkt liegt in der Tatsache, daß wir bei manchen Menschen auch ohne das Auftreten von Fettsucht niedere Umsatzwerte finden. Der andere Gesichtspunkt ist die Beobachtung bestimmter Formen von Fettablagerung, zu denen wir erstens die Lipome, zweitens die Fettsucht in der Form der Dercumschen Krankheit und drittens die Dystrophia adiposo-genitalis zu rechnen haben. Bei diesen drei Störungen der Fettbildung, wenn sie auch nur partielle Störungen der Fettbildung darstellen, ist es unmöglich, das Fettgewebe durch rein diätetische Maßnahmen zum Einschmelzen zu bringen. Ja, wenn man beispielsweise Menschen mit Lipombildungen der intensivsten Hungerkur aussetzt, so bleiben die Lipome nach wie vor bestehen, trotzdem, wie Untersuchungen von Gideon Wells zeigen, der Fettstoffwechsel der Lipome gar kein anderer sein kann, als der Fettstoffwechsel des im subkutanen Bindegewebe abgelagerten Fettes. Genau so verhält es sich auch bei der Dercumschen Krankheit und bei dem Fröhlichschen Symptomenkomplex. In diesen Fällen muß eine dem allgemeinen Stoffwechsel entzogene Fettbildung, bei der zugleich das Fett so gut wie unangreifbar gemacht ist, vorhanden sein, und fraglos kann man in vielen Fällen von konstitutioneller Fettsucht ähnlichen Verhältnissen begegnen. Gewiß verlieren die meisten Fälle konstitutioneller Fettsucht bei einer diätetischen Abmagerungskur zunächst etwas von ihrem Gewicht. Aber dieser Gewichtsverlust, der natürlich zu einem Teile auf Verlust von Fett zurückzuführen ist, zum großen Teile aber auch auf Verlust des in dem Bindegewebe aufgestapelten Wassers, entspricht nicht immer den aus dem diätetischen Regime zu erwartenden Fetteinschmelzungen, selbst wenn man auf eine Nahrungsmenge heruntergeht, die noch weit unter dem Wert liegt, den man selbst in hochgradigen Fällen von konstitutioneller Fettsucht als Umsatzwert ansehen muß. Diese Tatsache spricht sehr für das Bestehen der Möglichkeit, daß das Wesen der konstitutionellen Fettsucht in der Tat primär in einer lipogenen Tendenz zu suchen ist, und daß sekundär erst diese lipogene Tendenz, wie auseinandergesetzt wurde, zu einer Einschränkung des Umsatzes führt. So würden sich auch die aus Stoffwechseluntersuchungen vor allen Dingen kurzfristiger Natur ergebenden negativen Erfahrungen erklären lassen. Daß trotzdem bei der konstitutionellen Fettsucht die Möglichkeit besteht das Fettgewebe eventuell zum Einschmelzen zu bringen, ist uns ja durch die Empirie bei der Verwendung der Organpräparate (Schilddrüse usw.) bekannt geworden. Es ist wohl eine der gesichertsten Tatsachen der Stoffwechsellehre, daß die Schilddrüse ein inneres Sekret absondert, daß den Gesamtumsatz zu steigern vermag, und auf der anderen Seite wissen wir, daß da, wo diese Absonderungen des inneren Schilddrüsensekrets fehlen, z. B. beim Myxödem, eine Verminderung des Gesamtumsatzes in zum Teil ganz erheblichem Grade vorhanden ist. Andererseits ist es wahrscheinlich, daß die Schilddrüse nicht das einzige, den Umsatz regulierende Organ ist, daß wahrscheinlich auch das Pankreas, die Nebennieren, auch die Hypophysis und die Glandula pinealis Beziehungen zum Fettstoffwechsel haben, daher einige dieser Drüsen, wenn sie erkrankt sind, klinische Krankheitsbilder mit dem Syndrom der Fettsucht aufweisen können. Auf diese Dinge kann naturgemäß hier nicht näher eingegangen werden.

Prophylaxe der Fettsucht.

Wir müssen auf die Ursache der Fettsucht nochmals mit einigen Ausführungen eingehen, weil die Diätetik ja die richtige, d. h. zweckmäßige Einstellung Fettsüchtiger erfordert. Bei der endogenen Fettsucht liegen die Ursachen im Menschen und nicht in der Diät. Aber die Mehrzahl aller Fettsuchtsfälle ist doch — und das hat uns der Krieg gelehrt — eine Mastfettsucht. Wir müssen daher die diätetischen Schäden analysieren, um die Lebensweise zweckmäßig gestalten zu können.

Analysiert man den Speisezettel aus der Haushaltung der Fettsüchtigen, so erkennt man als häufigste Schäden oft schon das reichliche Essen von Kartoffeln und Süßspeisen. Manchmal werden mehrere **100 g** Kartoffeln allein bei der Mittagsmahlzeit konsumiert. Viele Fettsüchtige essen allzu reichlich Brot zu Tisch. Dabei ist auch die Zubereitung der Speisen selbst in manchen Fällen eine außerordentlich fettreiche, besonders wenn mit den Kartoffeln Soßen in großen Mengen konsumiert werden und fettreiches Fleisch, überhaupt das Fett bevorzugt wird. Bei Frauen besteht wiederum die Vorliebe für die Süßigkeiten. Manche Frau, die fettsüchtig ist, zieht vor, am Tage wenig zu essen, konsumiert mehrere 100 g Konfekt oder Schokolade, ohne zu bedenken, daß sie oft den halben Bedarf ihres Umsatzes damit deckt. Ferner kommt als Plus über den Bedarf der Genuß von Alkoholica in Form von Bier und Wein. Die Unsitte der Deutschen, mehrere Flaschen Bier oder Wein, besonders des Abends zu trinken, stellt eine Mehrzufuhr über den Bedarf hinaus dar, die oft hohe Werte erreicht. (Daher auch der Alkoholgenuß oft mit die Hauptursache der Fettsucht.) Alle diese Schäden, die in quantitativer und qualitativer Richtung laufen, muß der Arzt erkennen können, was natürlich nur möglich ist unter Beachtung der Lebensgewohnheiten und Lebensführung der Patienten. Die Prophylaxe hat sich deshalb auch in erster Linie auf eine zweckmäßige Regelung der Lebensweise, z. B. Ausschaltung der Fette (Butter, Soßen usw.), Verbot von Süßigkeiten. Reduzierung des Umfanges einzelner Mahlzeiten, Ausschaltung der alkoholischen Getränke, Beschränkung der Fette usw. zu richten. Eine Frage wollen wir im speziellen noch berühren, das ist die Frage der Suppen. Gewöhnlich wirft man den Suppen vor, daß sie dick machen. Von der Bouillon kann man das gewiß nicht behaupten. Die Schweningersche Behauptung, daß Fernhaltung der Flüssigkeit während der Mahlzeiten die Fettaufnahme in den Organismus und damit den Fettansatz verringert, kann dabei als unwissenschaftlich übergangen werden. Aber selbst, wenn man die mehlhaltigen Suppen bezüglich ihres Kalorienwertes bewertet, so muß man sagen, daß ihr kalorischer Wert verhältnismäßig sehr gering ist: $^1/_4$ l Haferschleimsuppe enthält vielleicht 100 Kalorien. Der Wert der Suppe im Hinblick auf die Gesamtkalorienzufuhr ist also ein relativ geringer. Anderseits füllen aber Suppen den Magen, und wenn auch die Bouillon den Magen schnell verläßt, so füllen gerade sämige Suppen vor der Mittagsmahlzeit den Magen so, daß das Sättigungsgefühl früher und mit weniger Kalorien erreicht wird als sonst. Man kann darum sagen, daß die Suppen entschieden nicht dem Fettansatz Vorschub leisten.

Was schließlich noch die körperliche Bewegung anbelangt, so kann es bei dem einzelnen Individuum bei minderer körperlicher Bewegung und gleichbleibender Ernährung gegenüber früher zu einer Ersparung von Fett und damit zum Fettansatz kommen. Wir sind auf diese Frage bereits zahlenmäßig eingegangen und verweisen auf diese Auseinandersetzung. Hinsichtlich der Prophylaxe der Fettsucht ergibt sich deswegen ohne weiters die Verpflichtung des Arztes, bei seinem Patienten auf entsprechende körperliche Bewegung hinzuwirken (vgl. auch weiter unten).

Allgemeine Indikationen der Entfettungskuren.

Die Indikation zur Entfettungskur wird meist vom Patienten selbst, höchst selten vom Arzt gestellt. Da auch in Laienkreisen — vor allem in der Praxis aurea — die Entfettungskuren dieser oder jener Form gekannt, propagiert und oft genug ohne Anraten und Gutheißen des Arztes probiert werden, so tritt der Arzt bei der Behandlung der Fettsucht oft nur dann auf, wenn es gilt, die Schäden wieder gutzumachen, die laienhafter Unverstand sich selbst beigebracht hat. Es ist auch nicht leicht, haarscharf die Indikationen und die Art der Durchführung einer Entfettungskur zu präzisieren; es gehört dazu eine gute Kenntnis der Lebensgewohnheiten des Individuums, es gehört dazu auch eine Kenntnis der somatischen Qualitäten, die sich nicht immer bei einmaliger Untersuchung eines Patienten beurteilen lassen.

Wir können hier, um im allgemeinen die Indikationen zu zeichnen, nur halb schematisch vorgehen, ohne scharf umrissene und für alle Fälle gültige Regeln geben zu wollen:

1. Absolute Indikation zur Entfettung. Diese ist indiziert bei Fettsüchtigen dritten Grades (Körpergewichte von 100—110—120 und mehr kg). Voraussetzung ist zunächst mittleres Lebensalter (cave über 60 Jahre!), guter Zirkulationsapparat. Das Greisenalter stellt eine relative Kontraindikation zur Einleitung der Entfettungskur dar, ebenso wie das jugendliche Alter bis zu 20 Jahren. Auf beide Fälle werden wir noch im einzelnen eingehen, wenn wir die zweckmäßigste Wahl der Entfettungsmethode besprechen.

2. Relative Indikation zur Entfettung bei Fettsüchtigen zweiten Grades (Körpergewichte von 70—80—90—100 kg, Überschreiten des Normalgewichtes um 10—15—25 kg). Die Entfettungskur ist gewissermaßen hier nur eine prophylaktische Maßregel gegen das weitere Zunehmen des Fettpolsters, das erfahrungsgemäß in solchen Fällen in gleichmäßig raschem Tempo wächst, wenn man nicht energische Maßregeln dagegen ergreift. Derartige Fettsüchtige pflegen außer dem ästhetischen Manko noch keine ausgesprochenen Beschwerden von ihrer Fettsucht aufzuweisen. Bezüglich der Wahl der Entfettungskuren und der Durchführung der späteren Lebensweise siehe das nächste Kapitel: Wahl der Entfettungskuren.

3. Leichte Grade von Fettsucht (Überschreiten des Normalgewichtes bis zu 10%) erheischen nicht die Vornahme einer Entfettungskur; hier ist lediglich die Prophylaxe der Fettsucht am Platze: Steigerung der körperlichen Bewegung, bzw. Beschränkung der Mahlzeit, Änderung der Kost, Beschränkung alkoholischer Getränke usw. Der Fettleibige ersten Grades braucht nicht, im Gegensatz zu den eigentlichen Entfettungskuren, quantitativ (unter Beschränkung) eingestellt zu werden, es genügt eine qualitative Beschränkung. Eine derartige prophylaktische Beschränkung mit Regulierung der Lebensweise ist sowohl im Kindesalter als auch in der Reife und im Greisenalter durchführbar.

Spezielle Indikationen.

Besondere Indikationen erfordern die Fettsucht im Kindesalter, bzw. in der frühen Jugend, im Greisenalter und die konstitutionellen

Formen der Fettsucht, desgleichen diejenigen Fettsuchtsfälle, in denen die Fettsucht eine Komplikation verschiedener ernster Krankheiten darstellt.

4. Fettsucht im Kindesalter. Sofern es sich nicht um ausgesprochene Hypophysenerkrankung handelt, ist die Fettsucht der Kinder, bzw. Jugendlichen nicht in erster Linie rein diätetisch durch eine Entfettungsdiät zu bekämpfen. Eine reine Entfettungskur ist nicht am Platze; im Gegenteil warnen wir vor weitgehender Beschränkung der Nahrungszufuhr sowohl in allgemeinquantitativer Beziehung als auch was das Eiweiß anbetrifft, und empfehlen lediglich Prophylaxe der Fettsucht, wie reichliche körperliche Bewegung, eventuell Behandlung mit Organpräparaten (Schilddrüse usw.)

5. Fettsucht im Greisenalter. Hier ist lediglich eine mäßige prophylaktische Beschränkung der Nahrungszufuhr am Platze; jede erheblichere Beschränkung der Nahrungszufuhr ist kontraindiziert, da erfahrungsgemäß sehr leicht bedrohliche Erscheinungen von Herzschwächezuständen auftreten können. Erfahrungsgemäß besser werden hier Organpräparate vertragen und führen auch zu (leidlichem) Erfolge.

6. Endogene Fettsucht. Ihre Indikation ist im allgemeinen abgehandelt unter 1 und 2; indessen, da sie in vielen Fällen hereditär ist oder sich in manchen Fällen an gewisse physiologische Geschehnisse (Geburt, Klimakterium usw.) anschließt, erwähnen wir ihre Indikation in specie. Wir halten bei ausgesprochen konstitutioneller Fettsucht die Einleitung einer Entfettungskur für relativ indiziert; so wichtig und erfolgreich in vielen solcher Fälle auch die Durchführung der Schilddrüsenkuren usw. hier ist, so erfolglos und schwächend können anderseits rein diätetische Entfettungskuren sein; immerhin wird man in Fällen konstitutioneller Fettsucht auch eine Beschränkung der Nahrungszufuhr — ohne indessen zu einer intensiven Entfettungskur überzugehen — eintreten lassen. Im allgemeinen sind also diätetische Entfettungskuren leichtesten Grades oder nur eine prophylaktische Nahrungsauswahl indiziert.

7. Indikation von Entfettungskuren bei komplizierenden Krankheiten. Hierher gehören in erster Linie die **Herzkrankheiten**; wir nennen da Klappenfehler, Myokarderkrankungen, Erkrankungen von Koronararterien, die Splanchnikussklerose. Herzen die erkrankt und schwach sind (relativ oder absolut insuffizient) oder deren Arbeitsleistung durch den gestörten Herzmechanismus an sich eine erhebliche ist, dürfen nicht unnütz den Mehrbelastungen ausgesetzt werden, die ein großes Fettpolster vor allem für den Kreislauf mit sich bringt. Auf diese Weise wird bei Herzkranken unter anderem ein Fettpolster, das bei einem normalen Herzen noch als physiologisches betrachtet werden muß, zu einer relativen Fettsucht (v. Noorden); eine derartige relative Fettsucht erfordert bei auch absolut insuffizientem Herzen prophylaktische Behandlung, bzw. eine Fettsucht ersten Grades eine (leichte) Entfettungskur, eventuell in Kombination mit einer Bewegungskur (Örtelsche Terrainkur s. w. u.). Das Hauptgewicht ist

dabei auf eine hinreichende Eiweißmenge zu legen, da nach unseren Erfahrungen gerade durch Eiweißarmut der Nahrung (eventuell noch bei unrichtiger Zuteilung von Kohlenhydraten zur Nahrung) eine weitere Schädigung des Herzens zu befürchten ist. Die Behandlung des absolut insuffizienten Herzens bei komplizierender Fettsucht erfordert eine eigene Behandlung, auf die weiter unten eingegangen wird.

8. Eine ganz besondere Entfettungsmedikation erfordert die Splanchnikussklerose, die unter dem Bilde der Plethora abdominalis beginnt; sie erfordert die Einleitung einer Entfettungskur gleichzeitig unter Anwendung einer Brunnenkur. Wegen der Wichtigkeit in praktischer Beziehung wird die Behandlung der Plethora abdominalis durch die kombinierte Entfettungs- und Brunnenkur (Glaubersalzquellen) gesondert besprochen.

9. Bezüglich der Indikation bei Fettsucht und chronischen Nierenkrankheiten gibt das Verhalten des Herzens den Ausschlag, wobei ein hoher Blutdruck gleich zu setzen ist einer relativen Herzinsuffienz.

10. Ebenfalls eine Indikation zur Kombination von Brunnen- und Entfettungskur ist in dem Bestehen einer **Lebererkrankung** bei Fettsucht gegeben. Diese Lebererkrankung kann eine Cholelithiasis, bzw. Cholecystitis sein, ferner eine sog. Fettleber, wie sie als fettinfiltriertes Organ eine Teilerscheinung der allgemeinen Lipomatositas darstellt, aber nur dann Beschwerden subjektiver Natur macht und sich durch Vergrößerung der Leber dokumentiert, wenn neben der Fettinfiltration eine Hyperämie der Leber gleichzeitig vorhanden ist. Solche Zustände beobachtet man bei der Splanchnikussklerose, aber auch bei beginnenden Leberzirrhosen, bzw. bei starkem Alkoholabusus. Die Vergrößerung der Milz wird dabei hinsichtlich der Diagnose der beginnenden Leberzirrhose die ausschlaggebende Bedeutung haben. Wo bei der Fettsucht eine Lebererkrankung, bzw. auch Darmstörungen (Obstipation, Stauungszustände im Gebiete der Pfortader) eine Rolle spielen, treten die Brunnenkuren mit glaubersalzhaltigen Quellen (Marienbad, Karlsbad, Tarasp, Neuenahr usw.) in den Vordergrund, die eigentliche diätetische Entfettungskur in den Hintergrund.

Wir machen bei dieser Gelegenheit noch auf eine Form der Leberschwellung aufmerksam, die man bei der chronischen relativen Insuffizienz des rechten Herzventrikels findet und die bei Fettsüchtigen das Bild der cyanotischen Induration der Leber erzeugen kann. Gleichzeitig pflegen allerdings neben der vergrößerten Leber Stauungserscheinungen im Magendarmtraktus vorhanden zu sein, ferner Stauungen im Gebiete der Vena cava inferior. Erfahrungsgemäß ist hier oft eine Brunnenkur mit einer leichten Entfettungskur von gutem Nutzen und beseitigt für mehr oder minder lange Zeit die Symptome der relativen Insuffienz des rechten Ventrikels.

11. Schließlich müssen wir noch mit einigen Worten auf die Indikation der Entfettungskur bei Diabetes mellitus, bzw. Arthritis urica eingehen. Der Diabetes bei Fettsüchtigen erfordert nur im Falle

eines leichten Diabetes und eines hohen Grades von Fettsucht eine Entfettungskur, erfahrungsgemäß werden Diabetiker durch rigorose Entfettungskuren verschlechtert; bei Gichtkranken dagegen spielt eine Entfettungskur nicht die gleiche Rolle; im Gegenteil wirkt die Entfettung oft außerordentlich günstig. v. Noorden warnt nur vor gleichzeitiger völliger Enthaltung von Fleisch bei der Durchführung einer solchen Entfettungskur beim Gichtkranken.

Methodik der Entfettungskuren und ihre Auswahl.

Das Prinzip einer jeden Entfettungskur ist das der Änderung der Bilanz zwischen Ausgaben und Einnahmen; diese Bilanz muß im Sinne der über die Einnahme vermehrten Ausgabe geändert werden. Man kann diese Änderung auf verschiedenem Wege zustande bringen.

I. Durch Verminderung der Zufuhr (diätetische Entfettungskur),
II. durch Steigerung des Verbrauchs (über die Einnahme),
  a) durch Steigerung des endogenen Umsatzes (Opotherapie),
  b) durch Steigerung des Umsatzes mit Hilfe exogener Faktoren wie
    α) aktive Bewegung (Gymnastik, Marschieren, Bergsteigen usw.),
    β) passive Bewegung (Massage, Faradisieren usw.),
    γ) Hydro- und Balneotherapie.

Im allgemeinen wird man die Entfettungskuren in kombinierter Form anwenden, und man soll sich den Erfahrungsgrundsatz bei jeder Entfettungskur zu eigen machen, daß die beste Entfettungskur diejenige ist, bei der nicht einseitig die Nahrungsaufnahme beschränkt ist, sondern bei der gleichzeitig der Verbrauch gesteigert ist; das beste Mittel hierzu ist, wie vorweggenommen werden soll, aktive Muskelbewegung.

Diätetische Entfettungskuren.

Das Prinzip der diätetischen Entfettungskur ist die Beschränkung der Nahrung. Man geht davon aus, daß ein Normalindividuum bei leichter bis mittlerer Arbeit

von 80 kg Gewicht	. . .	2400—3200	Kalorien	braucht
„ 75 „ „	. . .	2250—3000	„	„
„ 70 „ „	. . .	2100—2800	„	„
„ 65 „ „	. . .	1950—2600	„	„
„ 60 „ „	. . .	1800—2400	„	„
„ 55 „ „	. . .	1650—2200	„	„

Das sind natürlich nur approximative Zahlen; doch kann man damit rechnen, daß ein Individuum, dessen Körpergewicht sich auf das „Normalindividuum“ (s. S. 101) berechnen läßt, sein Körpergewicht reduziert, wenn man die Nahrung wesentlich unter der angegebenen Kalorienzufuhr hält.

Man kann nun in verschiedener Weise eine Entfettungskur einleiten: indem man die Kalorienzufuhr nur wenig unter den Bedarf stellt, oder indem man die Kalorienzufuhr stark einschränkt. Danach unterscheidet man leichte (milde) und schwere (intensive) Entfettungskuren.

Bezüglich dieser Kuren läßt sich zunächst folgendes Allgemeine sagen: für jeden, dessen Körpergewicht reduziert werden soll, ist eine milde Entfettungskur die weniger unangenehme, die intensive Entfettungskur die subjektiv unangenehmere, aber auch objektiv leichter schädigende. Jede intensive Entfettungskur, deren Effekt naturgemäß gegenüber der milden Entfettungskur ein größerer und schnellerer ist, schließt die Gefahr in sich, daß neben einer Summe allgemeiner nervöser Störungen mehr oder minder reversible Störungen des Herzens auftreten, und wenn auch die Gefahr keine allzu große und auch bei einiger Vorsicht meist vermeidbare ist, so muß doch auf diese Gefahr hingewiesen werden. Erkennbar macht sich dabei die Störung der Herztätigkeit durch das subjektive Gefühl des Herzklopfens wie durch eine Beschleunigung der Pulsfrequenz, die sich sowohl in der Ruhe als auch bei jeder körperlichen Anstrengung über die Norm steigert. Darum wird man in praxi nach Möglichkeit mit milden Entfettungskuren auszukommen suchen und nur dann zu intensiveren übergehen, wenn milde Kuren zu wenig Effekt haben oder wenn es auf die Erreichung eines schnellen und nachhaltigen Entfettungseffektes ankommt. Das ist auch die Kunst des Individualisierens bei der Entfettungskur!

Ehe wir nun auf die Anlage dieser Kuren eingehen, müssen wir die Frage besprechen, wie groß kann und darf die Abmagerung sein und wie sollen im großen ganzen solche Kuren eingerichtet werden.

Nach unseren Erfahrungen ertragen subjektiv (und objektiv) die Patienten die Entfettungskuren am besten, wenn man innerhalb von 2—3 Monaten eine Reduzierung des Körpergewichts um 10—15 kg erreicht. Nach einer solchen Entfettungskur soll man zunächst eine weitere Reduzierung des Körpergewichts vermeiden, dagegen durch vorsichtige diätetische Einstellung des Kranken dafür Sorge tragen, daß das Körpergewicht noch einige Monate zumindest konstant bleibt (natürlich nicht zunimmt!). Für eine nochmalige Entfettungskur soll man ein Spatium von mindestens einem halben Jahre einhalten.

Um einen solchen Entfettungseffekt zu erreichen, kommt man allerdings nicht immer mit einer milden Entfettungskur aus, sicherlich aber dann, wenn man die milde Entfettungskur mit einer Vermehrung der körperlichen Bewegung paart. Die Vornahme einer intensiven Entfettungskur gibt wiederum meist einen größeren Entfettungseffekt (in 4 Wochen oft 6—10 kg).

Gärtner unternimmt, und das Verfahren ist für die Praxis des Sanatoriums durchaus empfehlenswert, eine streng individualisierende Kur in folgender Weise:

Stündliche Gewichtsmessungen eines regelmäßig, d. h. mit einer Frühstücks-, Mittags- und Abendmahlzeit ernährten Menschen ergeben, daß, absolut genommen, das Minimum des täglichen Gewichts unmittelbar vor der Mittagsmahlzeit und das Maximum des Gewichts unmittelbar nach der Mittagsmahlzeit erreicht wird. Erklärlich ist dieser Umstand durch die Tatsache, daß die Ausgaben des Körpers durch die Entleerung der Blase, des Darms durch Wasserverluste (Haut und Atmung) immer wieder durch die kleinen Mahlzeiten (Frühstück und Abendbrot) auf eine mittlere Linie ergänzt werden, und daß erst vor der (großen) Mittagsmahlzeit die Ausgaben größer, also noch nicht gedeckte sind. Gärtner fand nun, wenn das Mittagessen durch Einschränkung der Speisen reduziert wird, daß in eben dem Maße wie das Maximum auch das Minimum des Gewichts heruntergeht; mit anderen Worten, wenn man Frühstück und Abendbrot konstant gibt, dann kann man durch Einschränkung der Mittagsmahlzeit (z. B. um 150 g Speise irgendeiner Art) das Minimum des Körpergewichts in gleicher Weise reduzieren. Will man also einen Entfetttungseffekt von täglich 150 g erzielen, so wägt man den Patienten vor und nach dem Mittagessen, schränkt dann um einen bestimmten Wert das Mittagessen, (den Wert kann man sich berechnen) ein und sieht, ob das Minimum nun um den gesuchten Wert gesunken ist, um den man den Patienten im Körpergewicht reduzieren will; ist der Reduktionswert nicht erreicht, so zieht man noch mehr Nahrung von der Mittagsmahlzeit ab, ist er überholt, so legt man zu. Dieses Verfahren erscheint in der Tat außerordentlich sinnreich; läßt sich auch gewiß in praxi durchführen, wenn man gewissenhafte Patienten hat, die sehr genaue Kontrolle über ihr Körpergewicht und vor allen Dingen über die Abwägung der Speisen führen und oft genug vom Arzte beraten werden können.

Im allgemeinen muß man sich aber auf gröbere Einstellungen einlassen, wenngleich auch hier zweierlei gefordert werden muß, nämlich erstens, daß der Arzt dem Patienten den Kostzettel mit Gewichtsangaben der einzelnen Speisen genau vorschreibt, zweitens, daß sich der Patient die Speisen in tafelfertigem Zustande selbst abwägt und sich alle 8 Tage zu einer bestimmten Zeit, am besten unbekleidet, auf die Wage stellt und sein Körpergewicht notiert.

Bei jeder Entfettungskur, ob sie milde oder streng ist, sind folgende Punkte berücksichtigenswert:

1. Die Kost soll voluminös sein; d. h. sie soll den Magenhunger stillen; Hunger tut weh und macht nervös und eine Entfettungskur soll keine Hungerkur sein.

2. Die reine Eiweißmenge der Nahrung darf bei einer Entfettungskur nie unter 100 g heruntergehen; am besten hält man sich an die Zahl 120 g; d. h. die Zahl der auf Eiweiß entfallenden Kalorien darf in der Entfettungsdiät nicht unter 500 liegen.

3. Da Kohlenhydrate den Fetten als Eiweißsparer überlegen sind, so wird bei der Zusammensetzung einer Entfettungskur darauf Rücksicht zu nehmen sein, daß die Kohlenhydrate verhältnißmäßig reichlicher vertreten sind als die Fette. Gegen die Zusammensetzung eines Diätzettels aus Eiweiß und Kohlenhydraten ist nichts einzuwenden, dagegen gegen die Zusammensetzung einer Entfettungskur aus Eiweiß und Fett.

Bezüglich des erstgenannten Punktes, daß die Kost voluminös sein soll, müssen wir fordern, daß bei Entfettungskuren diejenigen Nahrungsmittel herangezogen werden, die bei größtem Volumen den kleinsten kalorischen Wert besitzen. Bei den eiweißhaltigen Speisen wird man beispielsweise die fetten Fleischsorten, wie Schweinefleisch und Hammelfleisch, zugunsten der fettärmeren zurücktreten lassen. Weiter wird man die Fische, deren kalorischer Wert ein weit geringerer ist als der des Fleisches der Säugetiere, bevorzugen. Man wird ferner, da das gebratene Fleisch stets kalorisch hochwertiger ist als das gekochte, nach Möglichkeit das letztere verordnen. Auch unter den Fleischsorten wird man sehr fettreiche a priori vermeiden, z. B. den Gänsebraten, die Zunge, den Speck, ferner den geräucherten Lachs, Aal, Kieler Sprotten, die verschiedenen Wurstsorten u. dgl. m. Alle diese Dinge lassen sich aus der Tabelle leicht übersehen, die wir hier anfügen, und die den Eiweiß-Kohlenhydrat-Fettgehalt sowie den Kaloriengehalt der Speisen in tischfertigem Zustande nach Schwenkenbecher angibt. Was die vegetabilischen Nahrungsmittel anbelangt, so wird man bei den Entfettungskuren auch wieder diejenigen bevorzugen, die möglichst kalorienarm sind, bzw. die schlecht ausgenutzt werden. In dieser Hinsicht ist das Weißbrot bei Entfettungskuren nach Möglichkeit gegenüber den grobgeschroteten Broten hintenanzustellen, deren unverdaulicher Zellulosegehalt ein weit größerer ist, dadurch wird der anscheinend größere Kaloriengehalt, beispielsweise für Grahambrot, Pumpernickel und Kommißbrot, für den Menschen wesentlich herabgesetzt. Von den Gemüsen wird man reichlich Gebrauch machen können, da sie sehr kalorienarm sind, wie z. B. Spinat, Möhren, Kohlrabi, Spargel, Blumenkohl, Wirsing-, Blaukohl usw. Auch Salate (mit Zitrone bereitet) sind ebenso zu bewerten. Das sind dann die eigentlichen Füller des Magens. Auch die gekochten Kartoffeln braucht man bei Entfettungskuren nicht ganz zu vermeiden. Natürlich muß auch in bezug auf die Zubereitung darauf geachtet werden, daß das Gemüse nur in Salzwasser oder Bouillon gekocht auf die Tafel kommt. Die Leguminosen (Linsen, Erbsen, Bohnen) wird man im ganzen wegen ihres Kalorienreichtums zurücktreten lassen. Von Kompotten, bzw. Obst, sind gerade bei Entfettungskuren Äpfel, Aprikosen, Kirschen, Stachelbeeren, Preißelbeeren, Heidelbeeren außerordentlich empfehlenswert, dagegen z. B. Weintrauben wegen ihres reichlichen Zuckergehaltes, vor allen Dingen aber die fettreichen Nüsse zu vermeiden.

Bezüglich des Alkohols stellen wir uns auf den Standpunkt, daß bei alkoholgewöhnten Menschen die völlige Entziehung der Alkoholica während der Entfettungskur nicht ratsam erscheint, daß aber alkoholhaltige Getränke nur in derartigen Mengen verabreicht werden dürfen, daß die Kalorienzufuhr in Alkohol nicht über 100 Kalorien beträgt. Eine derartige Menge ist beispielsweise in 300 cm^3 Dünnbier, in 200 cm^3 Münchner oder echtem Pilsner Bier, in etwa 150—175 cm^3 Mosel-, Rhein- oder Rotwein enthalten. Im übrigen sind die Einzelheiten, wie schon erwähnt, aus der folgenden Tabelle zu ersehen.

Speisen	In 100 g			
	Eiweiß	Fett	Kohlenhydrate	Kalorien
Zubereitete Speisen.				
Gekochtes Fleisch, mager:				
Rindfleisch	36,6	2,8	—	176
Kalbfleisch	26,4	1,1	—	118
Kalbsfilet	19,3	2,3	—	100
Hammelfleisch	30,9	4,5	—	168
Schweinefleisch	28,5	6,8	—	180
Huhn	30,7	4,5	—	168
Forelle	18,4	2,4	—	98
Karpfen	17,2	0,8	—	78
Hecht	17,6	0,5	—	77
Kabliau	20,8	0,3	—	88
Schellfisch	22,0	0,3	—	93
Schleie	17,7	0,7	—	79
Steinbutte	21,3	0,7	—	94
Gebratenes Fleisch, mager:				
Roastbeef, Lendenbraten, Beefsteak	25,0	1,9	—	120
Rinderbraten, Schmorbraten	32,1	5,0	—	177
Kalbsschnitzel	22,3	1,0	—	101
Kalbsbraten	24,4	3,1	—	149
Hammelkotelette	22,6	4,5	—	134
Hammelbraten	26,1	3,9	—	142
Schweinekotelette	25,6	6,0	—	161
Schweinebraten	31,6	9,1	—	213
Rehbraten	28,2	2,8	2,0	150
Hasenbraten	47,5	1,4	0,2	209
Gänsebraten	22.8	66,4	—	711
Hahnenbraten	32,1	4,4	2,1	181
Geräucherter Schinken, roh, gekocht	25.1	8,1	—	178
Lachsschinken	26,4	3,6	—	141
Geräucherter Speck	—	95,6	—	889
Geräucherte Ochsenzunge	35,2	45,8	—	570
Bückling	21,1	8,5	—	166
Geräucherter Lachs	24,2	11,9	0,4	211
Kieler Sprotten	22,7	15,9	1,0	245
Sardellen, gesalzen	22,3	2,2	—	112
Mettwurst	19,0	40.8	—	457
Zervelatwurst	23,4	45,9	—	525
Salamiwurst	27,8	48,4	—	564
Schlackwurst	20,3	27,0	—	334
Leberwurst	9,1	14,8	19,3	254
Blutwurst	9,9	8,9	15.8	188
Rührei	9,8	16,7	0,5	197
Eierkuchen	7,3	15,8	26,4	285
Bouillon	0,7	0,6	—	8
Schleimsuppe	0,9	3,0	4,6	50
Brotsuppe	3,9	4,0	19,0	131
Nudelsuppe	0,9	0,1	8,4	39
Reissuppe	0,5	0,6	4,6	27
Graupensuppe	0,7	1,8	6,5	46
Kräutersuppe	1,6	3,0	8,6	70
Soupe à la reine	3,6	4.2	1,7	61
Kartoffelsuppe	1,2	2,0	7,7	55
Milchsuppe	4,2	4,6	10,8	104

Speisen	In 100 g			
	Eiweiß	Fett	Kohlenhydrate	Kalorien
Biersuppe . . . . . . Alkohol 2,8 %	1,2	1,1	13,2	89
Rotweinsuppe. . . . . „ 4,5 „	—	—	10,2	73
Mehlbrei	4,9	3,2	3,5	70
Spätzle	7,2	6,0	32,0	216
Semmelpudding	7,3	6,7	36,5	242
Flammeri	3,3	3,6	19,3	126
Auflauf.	8,7	6,2	15,8	158
Kartäuserklöße	2,7	4,5	15,2	115
Grießbrei	4,5	3,1	21,6	136
Milchreisbrei	1,2	1,0	16,6	82
Mondaminbrei.	0,6	4,0	20,9	125
Tapiokabrei mit Milch	0,6	3,2	32,1	164
Erbsenbrei	12,4	0,9	27,4	172
Kartoffelbrei	2,2	6,1	16,4	133
Gekochte Kartoffeln.	2,1	0,1	21,0	96
Geröstete Kartoffeln.	2,6	9,3	26,2	215
Kartoffelgemüse	1,6	3,6	19,2	118
Kartoffelsalat	1,6	9,2	17,6	164
Möhren.	1,1	4,7	7,7	79
Kohlrabigemüse.	1,5	7,6	7,5	107
Spargel, gekocht	2,0	0,3	1,3	18
Spargelgemüse ohne Sauce	1,8	0,3	2,6	21
Spargelgemüse mit Sauce	1,4	6,3	4,7	84
Spargelsalat	0,7	1,7	1,0	23
Blumenkohl.	2,1	3,9	4,5	63
Wirsing	1,4	4,9	7,3	81
Blaukohl	1,5	5,6	8,1	91
Spinat	3,9	2,4	1,6	45
Spinat für Diabetiker mit entsprechenden Mengen Butter	3,4	25,5	1,0	255
Weißkraut	0,9	5,3	3,8	68
Sauerkraut	0,9	3,7	7,6	69
Rotkraut	0,2	5,8	3,3	68
Blattsalat.	1,3	0,2	3,0	20
Grüner Salat	0,7	0,5	2,1	16
Feines Weizenbrot, Brötchen	7,0	0,5	56,6	265
Gröberes Weizenbrot, Wasserweck . .	6,2	0,4	51,1	239
Feines Schwarzbrot	8,5	1,3	52,5	262
Kommißbrot	7,5	0,5	52,4	250
Pumpernickel	7,6	1,5	45,1	280
Grahambrot.	9,0	1,0	50,0	251
Zwieback.	8,6	1,0	75,1	352
Kakes	11,0	4,6	73,3	388
Biskuit.	11,9	7,5	68,7	400
Lebkuchen	4,0	3,6	83,1	340
Honigkuchen	6,6	2,1	75,8	357
Pflaumenkuchen.	3,0	3,0	15,9	102
Apfelbrei, Apfelkompott.	0,4	—	13,0	54
Stachelbeerenkompott	0,3	—	25,0	100
Heidelbeeren	1,0	1,2	6,0	40
Preißelbeeren	0,5	0,6	3,0	20
Zucker	—	—	100,0	410
Sirup.	—	—	55,0	228
Honig	—	—	75,0	304
Himbeersaft.	—	—	58,4	239
Marzipan	—	29,5	40,2	439

Speisen	In 100 g			
	Eiweiß	Fett	Kohlenhydrate	Kalorien
Bonbons	0,3	0,07	96,6	400
Kakao, entölt	21,5	27,3	34,2	482
Schokolade	6,18	21,0	67,7	498
Bier . . . Alkohol 2,79 %	—	—	2,6	36
Münchner Bier (Export-) „ 4,4 „	—	—	4,7	57
Pilsener Bier „ 4,4 „	—	—	2,0	50
Ale „ 5,0 „	—	—	2,7	61
Porter „ 4,9 „	—	—	5,2	74
Mosel-Saar-Ahr-Weißwein „ 7,6 „	—	—	—	63
Rhein-Meingau-Weißwein „ 8,2 „	—	—	0,6	68
Französischer Rotwein „ 7,8 „	—	—	1,0	65
Schaumwein „ 10,2 „	—	—	12,1	129
Veuve Cliquot „ 10,5 „	—	—	16,2	149
Tiroler, alter „ 12,4 „	—	—	10,6	155
Portwein „ 16,6 „	—	—	5,8	149
Madeira, Marsala, Sherry „ 15,8 „	—	—	3,2	130
Kognak „ 42,0 „	—	—	0,7	298
Kirschwasser „ 41,9 „	—	—	—	293
Rum „ 54,6 „	—	—	0,2	419
Arrak „ 46,5 „	—	—	—	326
Absinth „ 44,0 „	—	—	1,1	315
Kümmel „ 26,0 „	—	—	28,2	304
Benediktiner „ 42,4 „	—	—	33,4	440
Chartreuse „ 35,2 „	—	—	34,0	391
Rohe Nahrungsmittel.				
Auster	5,9	1,1	—	50
Hühnerei	12,6	12,1	0,6	166
Eiweiß	12,9	0,3	0,8	58
Eigelb	16,1	31,4	0,5	360
1 Ei = 45 g	5,7	5,5	0,3	75
1 Eigelb = 16 g	2,6	5,0	0,1	58
Kaviar	26,5	14,3	—	241
Kuhmilch	3,0	3,6	4,5	65
Rahm	3,8	22,7	4,2	243
Butter (Rahmbutter)	1,2	86,7	—	811
Gervaiskäse	7,7	49,2	—	489
Fromage de Brie	18,3	27,5	—	331
Gamembert	22,2	26,8	—	340
Schweizerkäse	23,7	32,5	5,0	420
Holländerkäse	28,2	27,8	2,5	385
Tilsiter Käse	26,2	26,7	—	356
Roquefort	24,7	31,6	1,7	402
Parmesankäse	41,2	19,5	1,2	355
Mainzer Handkäse	37,3	5,5	—	205
Sauermilch	3,4	3,7	3,5	62
Buttermilch	3,8	1,2	3,4	41
Kefir	3,7	3,2	3,6	66
Nicht tischfertige Speisen.				
Weizenmehl	12,2	0,9	74,7	357
Roggenmehl	11,6	2,1	69,6	352
Gerstenmehl	11,4	1,5	71,2	353
Reismehl	6,9	0,7	78,8	358
Buchweizenmehl	8,9	1,6	74,3	355
Grieß	12,2	0,8	76,1	369

Speisen	In 100 g			
	Eiweiß	Fett	Kohlenhydrate	Kalorien
Leguminosenmehl (Linsen)	25,5	1,8	57,4	356
Hafergrütze	13,4	5,9	67,0	385
Stärkemehl	1,2	0,1	82,1	342
Makkaroninudeln, roh	11,6	0,6	75,2	361
Leguminosen	24,8	1,8	51,3	329
Kartoffeln	2,1	0,2	21,0	96
Möhren	1,2	0,3	4,2	45
Teltower Rübchen	3,5	0,1	11,3	62
Schwarzwurzeln	—	—	15,0	65
Rettich	1,9	0,1	8,4	43
Meerrettich	2,7	0,4	15,9	80
Radieschen	1,2	0,2	3,8	22
Sellerie	1,5	0,4	11,8	58
Kohlrabi	2,9	0,2	8,2	47
Zwiebel	1,7	0,1	10,8	52
Gurken	1,2	0,1	2,3	15
Kürbis	1,1	0,1	6,5	32
Spargel	1,8	0,3	2,6	20
Grüne Erbsen	6,4	0,5	12.0	80
Grüne Bohnen	2,7	0,1	6,6	39
Blumenkohl	2,5	0,3	4,6	32
Wirsing	3,3	0,7	6,0	45
Rosenkohl	4,8	0,5	6,2	50
Blaukohl (Braun-, Grün-, Winter-)	4,0	0,9	11,6	72
Spinat	3,5	0,6	4,4	38
Weißkraut	1,9	0,2	4,9	30
Sauerkraut	1,5	0,7	2,9	24
Rotkraut	1,8	0,2	5,9	33
Kopfsalat	1,4	0,3	2,2	18
Endiviensalat	1,8	0,1	2,6	19
Petersilie	3,7	0,7	7,4	52
Champignon	37,5	1,5	34,1	307
Trüffel	30,3	2,2	27.4	257
Steinpilze	36,1	1,7	37,3	317
Äpfel	0,4	—	12,0	51
Getrocknete Äpfel	0,3	0,8	59,8	258
Birnen	0,4	—	11,8	50
Zwetschen	0,8	—	11,1	52
Kirschen	0,7	—	12,0	52
Pfirsiche	0,7	—	11,7	50
Aprikosen	0,5	—	11,0	47
Apfelsinen	0,7	—	5,5	26
Weintrauben	0,6	—	16,3	69
Rosinen	2,4	0,6	62.0	270
Erdbeeren	0,5	—	7,7	34
Himbeeren	0,4	—	4.5	20
Heidelbeeren	0,8	—	5,9	27
Preißelbeeren	0,1	—	1,5	16
Stachelbeeren	0,5	—	8,4	36
Johannisbeeren	0,5	—	7,3	32
Mandeln, süß	23,5	53,0	7,8	610
Kastanien	10,8	2,9	73,0	370
Walnüsse	15,8	57,4	13,0	652
Haselnüsse	17,4	62,6	7,2	683

Wenn wir von diesen Gesichtspunkten aus an die Komposition der Entfettungskur herangehen, dann müssen wir noch betonen, daß jede Entfettungskur nicht schematisch, sondern individuell aufgestellt werden soll, daß sie sich gewissermaßen eng an die bisherige Lebensweise anschließen soll, und daß sie nach den Gesichtspunkten berechnet werden soll, die wir hier für die milde, bzw. intensive Entfettungskur aufstellen.

Als **milde** Entfettungskuren sehen wir Entfettungskuren an, bei denen die Kalorienzufuhr um $^1/_4$ bis $^1/_3$ hinter der notwendigen Kalorienzufuhr zurückbleibt. Berechnet auf das Normalindividuum (vgl. S. 101) würde mithin

für 80 kg Normalgewicht	die Kalorienzufuhr	1600—2100
„ 75 „ „	„ „	1500—2000
„ 70 „ „	„ „	1400—1900
„ 65 „ „	„ „	1300—1800
„ 60 „ „	„ „	1200—1700
„ 55 „ „	„ „	1100—1600

zu betragen haben.

Es sind das, wie gesagt, auch nur approximative Zahlen. Die Einstellung des Individuums erfordert, daß man den Effekt der Entfettungskur an dem Individuum innerhalb der ersten 8—14 Tage prüft, um danach die definitive Einstellung (durch Zulagen oder Abstreichungen) eintreten zu lassen. Im allgemeinen wird man bei der milden Entfettungskur pro Monat nicht mehr als 3—4 kg Gewichtsabnahme erzielen, doch ist, wie schon bemerkt, der Gewichtsverlust leicht weiter zu steigern, wenn man das Maß der körperlichen Bewegung steigert.

Um nun ein Beispiel zu geben, wollen wir hier eine Kost anführen, die etwa bei einem 90 kg schweren Fettleibigen mit etwa 170 cm Körpergröße, dessen Normalgewicht mit 70 kg zu berechnen ist, und bei dem durch Herabsetzung der Kost auf $^1/_3$ des Normalwertes ein milder Entfettungseffekt erzielt werden soll.

Berechnung: erforderliche Kalorienzufuhr bei leichter Arbeit 70 × 35 Kalorien = 2450 Kalorien, Herabsetzung um etwa $^1/_3$ = 1600.

Aufstellung der Kost im allgemeinen:

	Eiweiß	Fett	Kohlenhydrat	Kalorien
200 g Schwarzbrot	18 g	—	100 g	500
200 „ Fleisch	40 „	—	—	280
150 „ Fisch	30 „	—	—	120
100 „ Kartoffeln	2 „	—	—	100
2 Eier	12 „	12,1 g	—	150
20 g Butter	—	17 „	—	150
30 „ Käse (Tilsiter-, Holländer-, Schweizer-)	8 „	—	—	120
200 „ Gemüse	5 „	—	—	200
	115 g			1620

Diese Kost ist dann über den Tag zu verteilen; auf den Mittag muß das größte Volumen der Nahrung entfallen, das kleinere auf den Abend. Zum ersten Frühstück genügen etwa 60—100 g Brot mit wenig kaltem Fleisch. Der Kaffee als Getränk ist nicht mit angeführt. Soll er gesüßt sein, so verwende man Saccharin, andernfalls tausche man den Zucker gegen den Käse (1 Stück Zucker wiegt 5 g), 30 g Käse entsprechen kalorisch etwa 30 g Zucker. Man kann den Käse auch durch etwa 200 g Äpfel, Aprikosen, Kirschen, Erdbeeren, Himbeeren usw. ersetzen. Statt der Eier kann man auch 250 cm³ Milch verabreichen, kurz man kann diese Kost vielfach individualisieren. Auf die einzelnen Mahlzeiten berechnet, ist sie dabei voluminös. Bezüglich des Volumens der Kost können wir sagen, daß eine Kost hinreichend voluminös ist, wenn das Gesamtgewicht einschließlich der Suppe, aber ausschließlich der Getränke (Kaffee) morgens 100—200 g, mittags 600—700 g und abends etwa 200—300 g beträgt. Auf diese Gewichtszahlen achte man ganz besonders zur Beurteilung und Bewertung des Sättigungsgefühls.

Zur Komposition einer Entfettungsdiät erscheint auch das Umbersche Schema ganz zweckmäßig.

		N	Eiweiß	Fett	Kohlenhydrate	Kalorien
Morgens	200 cm³ Kaffee oder Tee	0,1	—	—	—	—
	20 „ Milch	0,1	0,6	0,7	0,9	13
	50 g Simonsbrot oder Schrotbrot . . .	0,5	3,0	0,25	25,0	117
	30 „ Weißbrot (Semmel	0 3	2,1	0,14	17,0	80
Vormittags	100 g Obst	—	0,36	—	12,0	51
Mittags	200 g Fleisch, gebacken	8,4	52,8	4,0	—	254
	200 „ Gemüse, in Salzwasser gekocht.	0,6	4,0	—	10,0	58
	80 „ Obst	—	0,28	—	9,6	41
Nachmittags	150 cm³ Kaffee.	0.07	—	—	—	—
	20 „ Milch	0,1	0,6	0,7	0,9	13
Abends	100 g Fleisch	4,2	26,4	2,0	—	127
	100 „ Gemüse	0,3	2,0	—	5.0	29
	20 „ Simonsbrot . . .	0,2	1,2	0,1	10,0	47
	200 cm³ Tee.	0,1	—	—	—	—
Vor dem Schlafen	100 g Obst	—	0,36	—	12,0	51
	Summe . .	14,97	95,70	7,89	102,4	881

Dieses Kostgericht, das fast 100 g Eiweiß darbietet und das den Rest der Kalorien fast nur durch Kohlenhydrate deckt, die ja die besten Eiweißsparer sind, läßt sich nun nach Belieben erweitern, und zwar nach dem Geschmacke des Patienten: „Dem einen wird man durch Zulage von 25 g Butter eine Freude machen, einem anderen durch 400 g Obst, einem dritten durch 150 g Fleisch, einem vierten durch 300 g Milch, einem fünften durch 50 g Zucker, einem sechsten durch 200 g Kartoffeln, ohne deshalb eine Gesamtkalorienzufuhr von 1100 Kalorien zu überschreiten.“ Für den praktischen Gebrauch hat Umber die Zulagen so nach Kalorien geordnet, daß eine Zulage = 100 Kalorien entspricht. Soll also ein Patient auf 1080 Kalorien eingestellt werden, so darf er sich zu dem Kostgericht 2 Zulagen nach Wunsch aussuchen. Das Verfahren ist, ähnlich wie beim Diabetes, nach Kohlenhydratäquivalenten. Es sei hier die kleine Tabelle von Umber, die sich jeder selbst beliebig erweitern kann, angeführt.

1 Kalorienzulage = 100 Kalorien sind enthalten in:

80,0 g	Roastbeef
200,0 „	Austern
40,0 „	Weißbrot, Grahambrot, Schwarzbrot
30,0 „	Zwieback
12,5 „	Butter
20,0 „	Schweizer- oder Holländerkäse
25,0 „	Zucker
100,0 „	Kartoffeln
30,0 „	Reis, Buchweizen, Linsen, Bohnen
20,0 „	Hafermehl oder Weizenmehl
200,0 „	Äpfel
150,0 „	Apfelbrei
500,0 „	Preißelbeeren
150,0 „	Milch
150,0 „	Wein.

Intensive Entfettungskuren.

Als intensive Entfettungskuren bezeichnen wir solche, bei denen die Kalorienzufuhr auf etwa die Hälfte der erforderlichen Kalorien herabgedrückt ist.

Also für

80 kg Normalgewicht	= 1200—1600	Kalorien
75 „ „	= 1100—1500	„
70 „ „	= 1050—1400	„
65 „ „	= 1000—1300	„
60 „ „	= 900—1200	„
55 „ „	= 850—1100	„

Die Komposition einer solchen Entfettungskur ist leicht; vgl. z. B. das Umbersche Schema. In erster Linie muß das Enfettungs-Eiweißminimum von 100—120 g gedeckt und genügend auf die Kohlenhydrate geachtet werden.

In der Literatur finden sich eine Reihe von Schemen zur intensiven Entfettung als Entfettungskuren niedergelegt, die zu der Zeit, wo die Entfettung noch in rein empirischen Bahnen sich bewegte, wo also die Kost nicht nach kalorischen Gesichtspunkten ausgewählt wurde, ihre Berechtigung hatten. Heute erscheinen diese Kuren mehr oder minder überflüssig. Jeder geschulte Arzt wird sich ohne weiteres eine Entfettungskur nach den obigen Prinzipien zurecht machen können, ohne daß er sich engherzig an ein Schema kettet. Mehr der historischen Gerechtigkeit wegen und wegen der Bedeutung, die diese Kuren früher z. T. hatten (so z. B. die Bantingsche), seien sie hier noch aufgeführt. Die Banting-Harveysche wie die Örtelsche Kur geben größere Mengen Eiweiß (150—170), die Ebsteinsche hält sich weit unter der Eiweißzufuhr von 120 g.

Banting-Harveysche Kur. Frühstück: 120—150 g Rindfleisch oder Hammelfleisch, Nieren, gebratener Fisch, Schinken oder irgend ein kaltes Fleisch (Schweinefleisch absolut verboten), eine große Tasse Tee ohne Milch und Zucker, etwas Zwieback oder 30 g geröstetes Brot ohne Butter (in Summa 150—180 g feste und 240 g flüssige Nahrung).

Mittagessen: 150—180 g Fisch (kein Lachs) oder Fleisch (kein Schweinefleisch) oder irgend ein Geflügel oder Wild, irgend ein Gemüse (keine Kartoffeln), 30 g geröstetes Brot oder Kompott, 2—3 Gläser Rotwein (Champagner, Portwein oder Bier verboten), in Summa je 240 g Flüssigkeit und Festes.

Nachmittags: 1 Tasse Tee (ohne Milch und Zucker), 60—90 g Obst, 1—2 große Zwiebäcke (in Summa 90 g Festes und 240 g Flüssiges).

Abendessen: 90—120 g Fleisch oder Fisch, wie mittags, und 1 bis 2 Glas Rotwein (in Summa 90—120 g Festes und 180 g Flüssiges). Als Schlaftrunk eventuell eine Portion Grog (von Rotwein oder Rum ohne Zucker) oder 1—2 Glas Rotwein. In dieser Diätform sind enthalten 130—154 g Eiweiß in Gestalt von Fleisch, 75 g Alkohol und 50 g Kohlenhydrate. (Örtel berechnet die Ernährung zu 172 g Eiweiß, 8 g Fett und 81 g Kohlenhydrate, insgesamt etwa 1100 Kalorien.)

Ebsteins Kur gibt die Fette zu, schränkt aber das Eiweiß ein.

1) Frühstück (im Sommer um 6—$6^1/_2$ Uhr): 1 große Tasse — etwa 250 g — schwarzen Tee ohne Milch und ohne Zucker, 50 g Brot, geröstet, mit 20 oder 30 g Butter.

2) Mittagessen (2—$2^1/_2$ Uhr): Fleischbrühe (häufig mit Knochenmark in konsistenter Form oder mit Ei oder einer anderen entsprechenden Einlage), 120—180 g gekochtes oder gebratenes Fleisch, mit Vorliebe, soweit bekömmlich, fettere Fleischsorten, Gemüse, auch Püree von Leguminosen). Nach Tisch frisches Obst (Erdbeeren, Kirschen, hauptsächlich Äpfel). Als Kompott Apfelbrei usw. ohne Zuckerzusatz. Salate. Als Getränke 2—3 Glas leichten Weißwein.

Bald nach Tisch: 1 große Tasse (250 g) schwarzen Tee ohne Zucker.

3) Abendessen ($7^1/_2$—8 Uhr): 1 Tasse Tee, ein Ei oder etwas Braten oder Schinken mit dem Fett, Wurst, Fisch: im ganzen an Fleisch 75—80 g, etwa 30 g Weißbrot, dem Fettgehalt des Fleisches

entsprechend mehr oder weniger Butter, etwas Käse und frisches gedörrtes und gekochtes Obst.

In der Ebsteinschen Vorschrift sind 60—100 g Fett, 80—100 g Brot und 215—275 g Fleisch (etwa 50 g Eiweiß) enthalten, insgesamt etwa 1100—1400 Kalorien. Die Kost führt leicht zu Dyspepsie, ferner ist dabei das Hungerfühl für starke Esser recht empfindlich.

Die Örtelsche Kur.

Morgens: 120 g Kaffee mit 30 g Milch, 5 g Zucker und 35 g Weißbrot.

Vormittags: 100 g Pfälzer Wein, Bouillon oder Wasser oder 50 g Portwein, 50 g kaltes Fleisch und 20 g Roggenbrot.

Mittags: 250 g Pfälzer Wein, 150—200 g gebratenes Ochsenfleisch (oder 100 g Fisch und bis 200 g Rindfleisch), 50 g Salat oder Gemüse (Kohl), 100 g Mehlspeise, 25 g Brot, 100 g Obst.

Nachmittags: Kaffee usw., wie morgens.

Abends: 250 g Pfälzer Wein oder Wasser, 12 g Kaviar (oder Sprotten 16 g, Lachs 18 g oder zwei weiche Eier = 90 g), 150 g Wildbret, 15 g Käse, 20 g Roggenbrot, 100 g Obst.

Der Speisezettel enthält: 160 g Eiweiß, 42,5 g Fett, 117,5 g Kohlenhydrate und 1414 g Wasser.

Hier wird also mehr Eiweiß in der Nahrung geboten als bei Ebstein, der Kohlenhydrat- und Fettgehalt hält sich in der Mitte zwischen Banting und Ebstein. Kaloriengehalt etwa 1300—1400. Bei Örtel kommt es vor allem auf die Entziehung von Wasser zur Schonung des Kreislaufes an; so beschränkt er das Wasser auf das Minimum von 973, das Maximum auf 1414 g.

Außer diesen Kuren seien noch einige andere genannt, so die Schweningersche Kur.

7 Uhr ein Hammelkotelett mit einem Stück Brot, so groß wie der Handteller, ohne Butter. 8 Uhr 1 Tasse Tee mit Zucker. 10½ Uhr ein halbes, mit Fleisch oder Fisch belegtes Brötchen. 1 Uhr Fleisch, grüne Gemüse, Eier, Käse, Früchte, 2 Glas Weißwein. 4 Uhr Tee mit Zucker. 7 Uhr Weißbrot mit Käse. 9 Uhr kaltes Fleisch, Eier, Salat, 2 Glas Weißwein.

Ferner die Kartofffelkur von O. Rosenfeld, die im Prinzip darin besteht, daß dem Patienten große Mengen kalten Wassers (2 l von 10° C) als Getränk zugeführt werden, daß das Fett verboten wird und daß eine kalorienarme, kohlenhydratreiche Kost, in specie die Kartoffel (800—1200 g) in fettfrei zubereitetem Zustande dargereicht wird neben etwa 200 g Fleisch (fettfrei) und wenig Käse und Obst, gleichzeitig unter Anempfehlung von Bettruhe.

Wir geben den Rosenfeldschen Speisezettel hier wieder.

1. Frühstück: Tee mit Saccharin, 30—40 g Semmel, eventuell Marmelade oder ähnliches.
2. Frühstück: 10 g Käse, Wasser.
3. Frühstück: 100 g Äpfel, Wasser.

Mittags: 2 Glas Wasser, 1—2 Teller abgefettete Brühe mit Kartoffeln und Suppenkräutern, Fleisch, gekocht oder geröstet. Fette Fleischarten ausgeschlossen. Gemüse; Kartoffeln, Rettich, Salat (auch Kartoffelsalat) ohne Öl.

Nachmittags: Tee mit Saccharin, später 6 Backpflaumen, Wasser, später 100 g Äpfel.

Abends: 2 Eier und Kartoffelsalat oder geröstetes Fleisch und Gemüse usw.

Vegetarische Entfettungskuren.

Zu den intensiven Entfettungskuren kann man im großen ganzen auch die vegetarischen Kuren rechnen; gewiß ist es ja nicht allzu schwer, durch Hinzufügung reichlicher Mengen Fett, durch Verabreichung von reichlichen Mengen der sehr fetthaltigen Nüsse usw. den Kaloriengehalt der vegetarischen Nahrung höher zu gestalten, aber im allgemeinen bleibt der Kaloriengehalt der vegetarischen Diät schon wegen des großen Volumens der Kost ein niedriger. Jede rein vegetarische Entfettungsdiät leidet an einem Grundfehler: sie ist zu eiweißarm (man kommt auf Eiweißmengen von 30—50 g), wenngleich sie auf der anderen Seite wieder große Vorteile aufweist; daß sie nämlich reichlich Kohlenhydrate enthält, sehr voluminös ist und darum eher sättigt, zudem durch ihren Schlackenreichtum ein gutes Mittel zur Behandlung der chronischen Obstipation darstellt. Aber nicht jeder Darm vermag die vegetarische Diät selbst nur einige Wochen lang zu ertragen, und wir sahen, namentlich bei Neigung zu Gärungsdyspepsien, recht erhebliche Darmstörungen.

In den meisten Fällen wird die rein vegetarische Diät als Entfettungskur durch Einfügung von Milch und Milchpräparaten zur laktovegetabilischen Diät erweitert. Einer derartigen Diät darf man zu Entfettungskuren ohne weiteres das Wort reden.

Albu hat sich in letzter Zeit eingehend mit der vegetarischen Diät beschäftigt und sie empfohlen.

Wir geben im folgenden das Beispiel eines Kosttages nach Albu wieder.

	Eiweiß	Fett	Kohlenhydrate	Kalorien	
Frühstück:					
Tee mit Saccharin	—	—	—	—	
50 g Simonsbrot	4,0	0,5	25,0	121,0	448,8
10 „ Butter	—	8,8	—	74,4	
500 „ Äpfel	1,8	—	60,0	253,4	
Mittag:					
Bouillon mit Ei	5,9	5,4	—	75,0	
200 g Spinat	7,8	11,4	11,2	183,8	
100 „ geröstete Kartoffeln	1,9	3,3	21,0	124,6	837,1
200 „ Äpfelkompott	0,6	—	26,0	108,9	
1/2 Pfund Weintrauben	3,0	—	81,0	344,8	
Seitenbetrag:	25,0	29,4	224,2	2285,9	

	Eiweiß	Fett	Kohlenhydrate	Kalorien	
Übertrag:	25,0	29,4	224,2	1285,9	
Abendbrot:					
1 Pfund Spargel	10,0	1,5	6,5	81,9	480,1
20 g Butter	—	16,0	—	148,8	
60 „ Simonsbrot	4,8	0,6	30,0	147,6	
200 „ Pfirsiche	1,3	—	23,4	101,8	
Summe:	41,1	47,5	284,1	1766,0	

Albu empfiehlt, für seine vegetarischen Entfettungskuren im allgemeinen 1500—2000 Kalorien zu verabreichen, statt der intensiven Entziehungskur. Er befürwortet eine mehrmonatige Kur, beispielsweise eine Entfettungskur, bei der in 4 Monaten 20 Pfund verloren gehen; eine solche Kur sei vorzuziehen einer intensiven Entfettungskur, bei der es innerhalb 4 Wochen zu einer Gewichtsabnahme von 10 Pfund kommt. Allerdings kommt Albu in seinem Aufsatz der Therapie der Gegenwart an anderer Stelle wieder zu einer merkwürdigen Einschränkung: „Die rein vegetarische Ernährung habe ich nie länger als 4—6 Wochen ausgedehnt, dann gestatte ich kleine Fleischportionen, 150—200 g gekochtes mageres Rind- oder Kalbfleisch dreimal wöchentlich, später täglich einmal. Dabei gelangt die Körpergewichtsabnahme meist bald zum Stillstand, aber es tritt auch keine Zunahme ein, solange die Patienten keine wesentlichen quantitativen oder qualitativen Änderungen ihrer Ernährung vornehmen."

Wir würden jedenfalls nicht ohne strikt indizierten Grund zur Vornahme einer vegetarischen Entfettungsdiät raten, selbst für den Fall, daß sie wirklich unschädlich sei.

Schließlich möchten wir noch vor allzu intensiven Entfettungskuren in der Form der Karellschen Milchkur oder der Bouchardschen Milchkur (die Patienten sollen 20 Tage von 1250 g Milch und 5 Eiern, verteilt auf 5 Mahlzeiten, leben) abraten. Die Entfettungskur nach Moritz mittels der Zufuhr von $1^1/_2$—2 l Milch pro die stellt bereits demgegenüber eine mildere Form der Entfettung dar; Moritz geht von der Erwägung aus, daß 1 l Vollmilch etwa 650 Kalorien liefert, und daß man andererseits als Normalgewicht eines erwachsenen Menschen so viel Kilogramm als sein Längenmaß über 100 cm beträgt, annehmen kann; er nimmt ferner an, daß bei einem Fettsüchtigen ein Entfettungseffekt eintritt, wenn man ihm 16—17 Kalorien pro 1 kg Normalkörpergewicht (berechnet nach der Länge der Fettsüchtigen in Zentimeter über 100) zuführt. Dabei kommt er zu folgender einfacher Rechnung: 25 cm³ Milch repräsentieren die Kalorienmenge von etwa 16,2, d. i. die obige Kalorienmenge, bei der ein Entfettungseffekt zu erwarten steht. Ist ein Fettsüchtiger 180 cm groß, so beträgt die notwendige Menge Milch $= \frac{80 \times 100}{4}$ cm³ $= 2$ l

Milch. Will man statt mit 16 Kalorien mit 17 oder 18 beginnen, so legt man noch 100 oder 200 cm^3 dazu. Ist die Gewichtsabnahme zu rasch oder umgekehrt zu gering, so erhöht oder erniedrigt man etwas das Milchquantum. Moritz läßt die Milch in der Regel in 5 Portionen trinken, bei 2 l Aufnahme, z. B. $^1/_2$8 Uhr $^1/_2$ l, 10 Uhr $^1/_4$ l, 1 Uhr $^1/_2$ l, 4 Uhr $^1/_4$ l, 7 Uhr $^1/_2$ l. Die eine oder andere Portion kann auch als saure Milch genossen werden. Bei guter Milchquelle und erwachsenen Personen kann auch rohe Milch erlaubt werden, im allgemeinen ist gekochte vorzuziehen. Die Milch wird kalt oder warm, je nach dem Geschmacke des Kranken genommen. Besteht bei den kleinen Mengen Milch ($1^1/_4$—$1^1/_2$ l) noch Durst, so läßt Moritz noch bis $^3/_4$, resp. $^1/_2$ l Wasser trinken, resp. die Milch mit diesen Mengen verdünnen, so daß im ganzen die Flüssigkeitsaufnahme auf 2 l kommt.

Der Vorzug, den diese modifizierte Karellsche Kur hat, liegt lediglich in der Einfachheit ihrer praktischen Durchführung. Während sonst dem Praktiker die Kalorienberechnung für den Fettsüchtigen einigermaßen Schwierigkeiten macht, ist hier die Rechnung auf das Einfachste gestellt. Nur hat diese Art der Entfettung viele Nachteile: 1. ist die Kost sehr eintönig, reizlos; 2. nur flüssig; 3. ist der Eiweißgehalt relativ niedrig. Im allgemeinen soll man bei einer Entfettung nur ungern unter das Maß von etwa 120—100 g Eiweiß heruntergehen. 1 l Milch enthält aber nur 35 g Eiweiß, 45 g Zucker, 35 g Fett im Liter, so daß bei einer täglichen Zufuhr von 2 l Milch nur 70 g Eiweiß zugeführt wird, zudem ist der Kohlenhydratanteil in der Milch dynamisch relativ gering gegenüber dem Fettanteil (wie 1:1,7), so daß man auch nicht gerade eine besondere eiweißsparende Wirkung der Kohlenhydrate in der Milch annehmen kann. Alle diese Momente führen uns dazu, diese Milchkur nur als Notbehelf einer Entfettungskur anzusehen und sie nur bei besonderen Umständen (relativ) indiziert sein zu lassen, nämlich dann, wenn die Entfettung bei Nieren- oder Herzkranken notwendig wird. Das gleiche leistet indessen auch hier eine sog. kochsalzfreie (eventuell Trocken-) Diät, die auf einen niedrigen Kaloriengehalt (16—20 Kalorien pro 1 kg Körpergewicht) eingestellt ist.

Was kann man mit einer intensiven Entfettungskur erreichen und wie lange ist sie durchführbar?

Die Erfahrung lehrt, daß man mit einer etwa 4—5 Wochen lang durchgeführten intensiven Entfettungskur, die dem Fettsüchtigen 1000 bis 1200 Kalorien anbietet, innerhalb dieser Zeit Gewichtsverluste von 10—12 kg erzielt. Würde man den Verlust berechnen, der aus dem Defizit der verabreichten Kost gegenüber dem Nahrungsbedarf an Fettgewebe entstehen muß, so würden wir bei einem Fettsüchtigen, dessen Kalorienbedarf sich etwa zu 2500 Kalorien berechnen läßt, nur eine tägliche Einschmelzung von 110—120 g Fett erwarten. Das wäre innerhalb 4 Wochen nur ein Fettverlust von 3 kg. Es bleibt also nur die Annahme, daß die fehlenden 6—7 kg auf Wasserverluste zurückzuführen sind. In der Tat stapelt der Fettleibige große Wassermengen in sich auf, und jede intensive oder mildere Entfettungskur geht mit besonders großen Wasserverlusten in den ersten Tagen einher. Deswegen erscheint es auch nach v. Noordens Beispiel als sehr zweckmäßig, eine Hungerkur mit einem Hungertag einzuleiten. Man erzielt dadurch schon am 1. Tage Gewichtsverluste von 3—4 Pfund, die zu 75% auf Wasserverluste zurückzuführen sind. Die Anhäufung von Wasser im Organismus empfindet der Fettsüchtige selbst, einmal aus der Neigung zum Schwitzen, das allerdings wärmeregulatorisch für den Fettsüchtigen eine große Bedeutung hat, sodann daraus, daß die meisten Fettleibigen nach starkem Schweißausbruche sich weit wohler und leistungsfähiger fühlen. Erfahrungsgemäß suchen daher auch Fettsüchtige mit Vorliebe römische Bäder, d. h. Schwitzbäder auf, um sich hier durch Abgabe von Schweiß um mehrere Kilo zu entlasten. Wenn nicht die Gefahr für das Herz bei einer solchen Schwitzkur eine so große wäre, wäre es auch ganz ratsam, den Beginn der Entfettungskur mit einer Schwitzkur einzuleiten. Auch die Schrothsche Trockenkur, noch dazu, wenn sie mit gewissen Wärmeprozeduren verbunden wird, führt zu einer starken Wasserabgabe. Wir halten uns indessen nach unseren Erfahrungen nicht für berechtigt, sie Fettsüchtigen zu empfehlen, da man lediglich durch die Diät erhebliche Wasserverluste, wie die Gewichtsabnahme zeigen kann, bei den Fettsüchtigen erzielt.

Beschränkung der Wasserzufuhr.

Es ist, um starke Wasserabnahme zu erzielen, nicht nötig, starke Beschränkungen der Flüssigkeitszufuhr bei Fettleibigen aufzuerlegen. Ja die Beschränkung der Kost allein genügt oft bei Fettleibigen zur Herabsetzung des Durstes trotz größerer Wasserverluste, und wir würden empfehlen, als obere Grenze der Flüssigkeitszufuhr in Getränken 1—1½ l Flüssigkeit pro Tag zu gestatten. Ein gutes Mittel, um den Flüssigkeitsverlust zu vergrößern, ist die Verminderung der Salzzufuhr in der Kost. Bei plethorischen Fettleibigen haben wir sehr oft neben dem Verbot der Gewürze eine Beschränkung der Kochsalzmengen in der Speise auf etwa 5—6 g eintreten lassen, wodurch keineswegs etwa die Speisen an Geschmack verlieren. Es sei das auch als ein Mittel zu empfehlen, den Durst bei fettleibigen Patienten einzuschränken. Über den Alkohol haben wir schon oben, S. 134, gesprochen. Er erscheint uns nur da bei Entziehungskuren angebracht, wo die Gewohnheit des Alkoholtrinkens vorhanden ist und die völlige Entziehung nicht ohne Bedenken ist, sodann bei gewissen anämischen Formen der Fettleibigkeit. Wir müssen aber betonen, daß gerade der Alkohol die Neigung zur Wasserretention befördert und daß häufig erst nach Absetzen des Alkohols die Möglichkeit einer stärkeren Wasserausschwemmung des Organismus gegeben ist.

Einschaltung von Fasttagen oder Tagen mit starker Beschränkung der Kost.

Ihre Empfehlung geht von Boas aus, um bei einem eventuellen Stillstande des Erfolges wiederum einen Gewichtsverlust einzuleiten. Boas gestattet an einem solchen Tage nur Tee mit Saccharin, 100 g Grahambrot, einen Teller fettfreier Bouillon, 2—3 Eiweiß, hartgekocht, einige Äpfel. v. Noorden verfährt noch strenger: er gibt nur Tee mit Zitrone, fettfreie Bouillon und Mineralwasser nach Belieben. Der Gewichtssturz beträgt 700—800 g, im Beginne einer Entfettungskur $1^1/_2$—2 kg (v. Noorden rät, eine Entfettungskur so zu beginnen). Bei Herzschwächezuständen an diesem Tage Bettruhe.

Römheld empfiehlt 2 Milchtage in der Woche; wir selbst möchten statt dessen bei Personen, die Neigung zur Korpulenz haben, 2 Gemüsetage (fettarm!) empfehlen (Tee, Spinat, Spargel, Pilze, Fruchtsuppe, mit Saccharin gesüßtes Kompott, wenig Kartoffeln).

Übrigens hat v. Noorden neuerdings Obsttage empfohlen, und in dieser Beziehung besonders auf die Bananen hingewiesen, die den Appetit gut stillen (100 g Bananen repräsentieren 80 g Kalorien).

Mineralwasserkuren.

Sehr beliebt sind die Trinkkuren als Mittel zur Entfettung beim Publikum. Eine Kur in Marienbad, Homburg, Kissingen usw. erscheint in der wohlhabenden Klientel dem Fettleibigen ein striktes Erfordernis einer Entfettungskur. Analysiert man die Wirkung der Glaubersalzwässer, so kommt man zu dem Resultat, daß ihre Wirkung sich auf folgende Dinge erstreckt:

1. Mechanische Reinigung des Darmes bei mehrwöchigem Gebrauch ohne Reizwirkung. Gleichzeitig starke Durchblutung des Darms, die zur Änderung der Blutverteilung führt.
2. Eine geringe Erhöhung des Umsatzes in den ersten Stunden nach der Aufnahme des Wassers in den Darm.
3. Eine geringe Verschlechterung der Nahrungsausnützung.
4. Verminderung der Darmfäulnis.

(Vgl. hierzu die zusammenfassende Arbeit von Schütz in den Ergebnissen der inneren Medizin.)

Berechnet man die Größe dieser Faktoren zusammen energetisch, so kommt man zu dem Schluß, daß der Verlust an Kalorien für den Körper durch eine solche Glaubersalzabführkur nur 100 Kalorien und kaum mehr pro 24 Stunden beträgt. Vom kalorischen Standpunkt sind also hinsichtlich eines Entfettungseffektes die Mineralwassertrinkkuren als wenig wirksam zu bezeichnen; und doch haben sie eine große Bedeutung für bestimmte Formen der Fettsucht, das sind diejenigen Fälle, die wir als „Plethora abdominalis" bezeichnen. Hier handelt es sich gewöhnlich um eine passive Hyperämie der Darmgefäße mit

Obstipation, Meteorismus und Hochstand des Zwerchfells, (oft nur leicht) erhöhten Blutdruck infolge (beginnender) Splanchnicussklerose. In diesen Fällen ist durch die Kombination einer Entfettungskur mit einer Mineralwasserkur zusammen ein günstiger Effekt in bezug auf das allgemeine Wohlbefinden, die Abnahme des Blutdrucks, Besserung des Darms und Körpergewichtsverlust zu erzielen. Ein weiteres Geheimnis der nüchtern getrunkenen Brunnen liegt weiter darin, daß sie den Appetit benehmen.

Als Mineralkuren kommen in solchen Fällen in Betracht die glaubersalzreichen CO_2-haltigen kalten Quellen (Marienbad, Karlsbad, Neuenahr, Tarasp, Mergentheim) sowie die Kochsalzquellen (Kissingen, Homburg, Wiesbaden, Vichy), ferner die bittersalzhaltigen Quellen (Apenta, Hunyadi u. a.). Die Dauer der Kur soll sich auf 4—5 Wochen erstrecken und der Patient unter ärztlicher Aufsicht stehen. Vor allen Dingen ist zu beachten, daß durch die Bitterwässer usw. nicht eine Überanstrengung des Darms bewirkt wird, die in einen Darmkatarrh ausartet. Mehr als 2—3 breiig weiche Stühle (vor allem keine wässerigen Durchfälle) sollen durch das Mineralwasser nicht bewirkt werden.

Steigerung des Umsatzes durch körperliche Bewegung.

Die umsatzsteigernde Wirkung der Muskelarbeit ist schon S. 130 erwähnt worden. Wir haben auch schon darauf hingewiesen, daß körperliche Arbeit, natürlich in denjenigen Grenzen betrieben, die dem Fettleibigen zweckdienlich sind, d. h. vor allen Dingen das Herz nicht überlasten, die beste Hilfe für eine Entfettungskur ist. Es erscheint vielleicht paradox, wenn Rosenfeld für eine Entfettungskur auch die Bettruhe empfiehlt, doch müssen wir ihm (wie es auch v. Noorden tut) für diejenigen Fälle recht geben, in denen die Energielosigkeit des Patienten und die Eßsucht eine derartig große ist, daß nur durch Bettruhe allein zunächst eine Herabsetzung des Appetits und dadurch die Durchführung der Entfettungskur für die erste Zeit (vielleicht eine Woche) möglich wird. Auch in einem solchen Falle pflegt sich aber dann stets ein gewisses Bedürfnis zur Muskeltätigkeit einzustellen, umsomehr, da die Müdigkeit, die manche hochgradig Fettsüchtigen aufweisen, schon nach der ersten Woche, d. h. sobald ein deutlicher Entfettungseffekt eingetreten ist, zu schwinden beginnt (später tritt sogar oft Schlaflosigkeit ein).

Was nun die Art der Muskeltätigkeit anbetrifft, die dem Fettleibigen während einer Entfettungskur angepaßt ist, so erscheint als die zweckmäßigste die kurmäßige **Gehübung.** Sie ist ganz besonders von Örtel ausgebildet worden. Da aber das Gehen in flacher Ebene für die Muskulatur keine sehr große Anstrengung bedeutet, demgegenüber aber das Steigen den Umsatz (durch die Belastung der Muskulatur und des Herzens) weit mehr (10fach und mehr) steigert, so hat Örtel die Kuren, bei denen das Gehen zu einem heilsamen Faktor ausgebildet ist, zu **Steigkuren** erweitert. Örtel empfiehlt Spaziergänge auf flach ansteigendem Wege (Steigung bis zu 20°) und fordert Gehübungen während 4—5 Stunden am Tage. Zur Kräftigung des Herzens soll das Gehen langsam geschehen, dabei tief ein- und ausgeatmet werden. Es läßt sich natürlich kein allgemeines Maß über die Art und Weise, wie man die Geh- und Steigübungen bei Fettsüchtigen (im einzelnen) durchführt, angeben. Hier kann man nur empirisch vorgehen, doch betonen wir, daß es für alle Fälle, wo es sich um muskelschwache Fettleibige handelt, zweckmäßig ist, mit einer Viertel-, bzw. einer halben Stunde Gehübung zu beginnen und erst ganz allmählich (Zulagen von viertelstundenlangem Gehen) zu steigern unter Kontrolle von Puls und Herz unmittelbar nach dem Gehen, bzw. noch längere Zeit danach.

Statt der Gehübungen lassen sich auch sportliche Tätigkeiten als Beihilfe zur Entfettungskur verwenden. Wir erwähnen in erster Linie den Rudersport. Er erscheint uns als das zweckmäßigste Mittel zur Kräftigung der Körpermuskulatur durch die harmonische Inanspruchnahme der gesamten Körpermuskeln, zumal da ganz besonders die Streckmuskeln des Körpers, darunter also auch der lange Rückenstrecker, in Tätigkeit treten, u. zw. die Strecker intensiver als die Beuger. Es kommt beim Rudersport natürlich nur auf kürzere Übungen beim Fettleibigen an, die im sog. Skullboot vorgenommen werden müssen und die in jeder Beziehung limitiert werden können. Für den Fall, daß das Rudern im Freien nicht möglich ist, kann das Bassinrudern oder die Ruderei in einem Zimmerruderapparat herangezogen werden. Durch die Streckung des Rumpfes, durch das Nachhintenführen der Oberarme wird beim Rudern der Thorax sehr stark erweitert, die Atmung vertieft, die Ansaugung des Blutes zum Herzen erleichtert und so rein mechanisch eine Beeinflussung auf Herz und Atmung ausgeübt, wie wir sie bei keinem anderen Sporte finden. Demgegenüber stellt das Radfahren eine sportliche Betätigung dar, die wir auch den Fettleibigen nicht empfehlen möchten. Die einseitige Belastung der unteren Extremitäten bei der Ausübung des Radfahrens, die unfreiwillige Haltung des Rumpfes nach vorn, die den Brustkorb durch die nach vorne gebrachten Arme mechanisch einengt, durch das Fahren gegen den Wind, wodurch die Atmung entschieden ungünstig beeinflußt wird, wird der Radfahrsport zu einem sehr unzweckmäßigen und vor allem das Herz stark belastenden Sport. Wir pflegen ihn daher Fettleibigen ganz und gar zu verbieten und da, wo er etwa früher ausgeübt wurde, durch andere körperliche Bewegungen ersetzen zu lassen. Was das Reiten anbetrifft, so stellt dieses nur in der allerersten Zeit an den Reiter erheblichere körperliche Anforderungen. Das gilt auch für den Fettsüchtigen. Nach kürzerer Zeit vermag das Reiten als körperliche Tätigkeit kaum noch eine irgendwie nennenswerte körperliche Anstrengung genannt zu werden. Daher trifft das Wort zu: wenn der Fettleibige reitet, wird gewöhnlich nur das Pferd mager.

Fechten, Turnen, Tennisspielen, Fußballspielen und andere Spiele im Freien sind sehr zu empfehlen und jeweils, wo Anlage, Lust und Zeit dazu bestehen, dem Fettleibigen zu empfehlen. Gewöhnlich aber finden wir gerade bei Fettleibigen keine große Neigung zur Betreibung dieser Spiele, die mehr oder minder Geschicklichkeit voraussetzen und viel Zeit in Anspruch nehmen. Darum wird man in vielen Fällen, wenn nicht in den meisten, zu den sog. gymnastischen Übungen im Zimmer zurückgreifen. Diese **gymnastischen Zimmerübungen** bestehen entweder in Freiübungen, deren Wert allerdings, was die Umsatzsteigerung anbetrifft, kein großer ist, da die Dauer derartiger gymnastischer Übungen keine sehr ausgedehnte zu sein pflegt. Viel intensiver wirken in bezug auf Umsatzsteigerung und Muskelanstrengung die apparat-gymnastischen Zimmerübungen. In dieser Beziehung sind die Herzschen und Zanderschen Apparate zu empfehlen, die man am besten unter ärztlicher Kontrolle in entsprechenden Zander-Instituten vornehmen läßt.

Schließlich erwähnen wir noch die Massage. Ihr Wert wird entschieden als Mittel zur Entfettung überschätzt. Daß sie den Umsatz nicht zu steigern vermag, haben die Arbeiten von Stüve und Leber bewiesen. Es ist möglich, daß die Massage gewissermaßen den Antrieb zu Muskelbewegungen bei Fettleibigen steigert. Sicherlich wird auch das Allgemeinbefinden des Fettleibigen durch die Massage angenehm beeinflußt, aber daß man etwa durch die Massage im stande ist, Fett von bestimmten Körperstellen, z. B. vom Bauche, von den Nates usw., zu beseitigen, ist ein Aberglaube. Will man in specie das Fett von der Bauchmuskulatur zum Verschwinden bringen, so empfehlen wir, häufiger am Tage Übungen ausführen zu lassen, die speziell die Bauchmuskulatur stärken: man läßt den Patienten sich flach auf den Rücken legen, die Beine an den Rumpf heranbringen, ferner läßt man bei festgehaltenen Beinen den Patienten ohne Unterstützung sich aufrichten; auch das Heranziehen der Beine an den Rumpf, während der Patient an Turnringen hängt, dient dem gleichen Zwecke.

Die Massage lassen wir bei Entfettungskuren neben, bzw. vor gymnastischen Übungen anwenden, ohne ihren Wert, der, wie gesagt, nur der eines Stimulans ist, zu überschätzen.

VIII. Gicht[1].

Daß es sich bei der Gicht um Ablagerungen von Harnsäure und zwar in der Hauptsache als Mononatriumurat handelt, wobei sich die Ablagerungen meist in den Geweben mit Interzellularsubstanz: dem Knorpel, dem lockeren und festen Bindegewebe, finden, steht fest.

Diese Ablagerungen, bestimmte Gewebe bevorzugend, führen zu zwei Manifestationen: zur arthritisch-uratischen Entzündung (dem eigentlichen Gichtanfall und zur Bildung indolenter Tophi an gewissen Lieblingsstellen (z. B. an den Sehnen, Schleimbeuteln, Ohrmuscheln).

Die Uratablagerungen entstehen nicht an Ort und Stelle, sondern sind durch das Blut dorthin verschleppt. Die Anhäufung der Harnsäure im Blut ist in letzter Linie die Ursache für das Ausfallen der Urate in den Geweben. Wir wissen nun heute auf Grund ausgedehnter Erfahrung, daß beim Gichtkranken sowohl bei purinfreier wie gemischter Diät das Blut einen dem normalen gegenüber erhöhten Harnsäurespiegel aufweist (Urikämie) — es wird das weiter unten zu erklären sein. Einen wenigstens längere Zeit dauernden Harnsäuregehalt des Blutes unter gleichen Verhältnissen können wir auch bei der Schrumpfniere und bei gewissen Formen der Leukämie (myeloischen Leukämie) antreffen. Eine konstante Vermehrung von Harnsäure im Blut (konstante Urikämie) ist aber die Vorbedingung für das Ausfallen der Urate: „ohne Urikämie gibt es keine Gicht". Und da es drei Quellen der konstanten Urikämie gibt, so gibt es auch drei Formen der Gicht; die erste ist die wichtigste Form, die Stoffwechselgicht, die zweite, seltenere ist die Nierengicht; ihre Bedeutung liegt darin, daß sich eine Stoffwechselgicht im Verlaufe ihrer Entwicklung oft mit einer Nierengicht kompliziert. Primär pflegt sie als Bleigicht aufzutreten. Die praktisch am wenigsten wichtige Gicht ist die leukämische. (In der Literatur sind nur wenige Fälle dieser Form beobachtet.) Um den Mechanismus der Gicht, ihr Wesen in ihren Formen zu verstehen, um vor allem eine rationelle Diätetik der Gicht zu betreiben, sind eine Reihe von physiologischen Tatsachen anzuführen.

Die Quelle der Harnsäure in unserem Organismus ist bekanntlich nicht das Eiweiß schlechtweg, sondern ein ganz bestimmtes Eiweiß, das in den Zellkernen, den Nukleoproteiden enthalten ist. In diesen Nukleinen stecken die Muttersubstanzen der Harnsäure, d. s. gewisse Purinbasen.

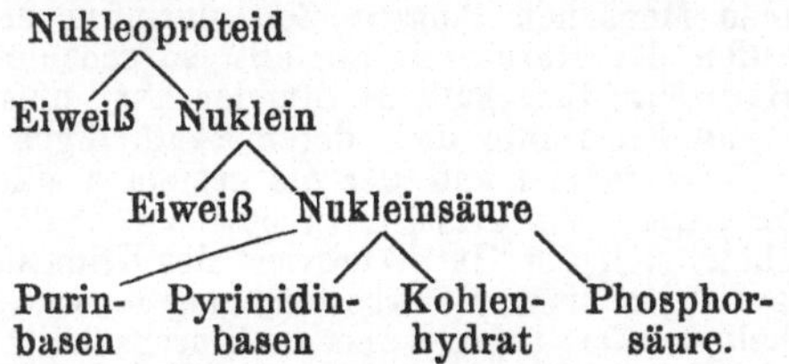

Um diese Purinbasen in ihrer Verwandtschaft mit der Harnsäure und dem Purinkern zu demonstrieren, sei folgende kleine Übersicht geboten. Die einfachste Wasserstoffverbindung ist das Purin.

Treten an Stelle der Wasserstoffatome im Purin Sauerstoffatome, so resultieren die Oxypurine (Hypoxanthin, Xanthin, Harnsäure). Tritt die NH_2-Gruppe an Stelle eines H-Atomes, so resultieren die Aminopurine (Adenin, Guanin).

---

[1]) Siehe Brugsch und Schittenhelm, Der Nukleinstoffwechsel und seine Störungen (Gicht, Uratsteindiathese usw.). Jena 1910.

```
             N1—C6                         N=CH
             |   |                         |  |
Purinkern = C2  C5—N7         Purin = HC  C—NH
             |   |    >C8               ||  ||   >CH
             N3  C4—N9                  N   C — N
```

Oxypurine | **Aminopurine**

```
                                 NH—CO                                   N=CNH2
Hypoxanthin                      |  |          Adenin =                  |  |
----------- = 6 Oxypurin        HC  C—NH       = 6 Amino-               CH  C  NH
 C5H4N4O                        ||  ||  >CH      purin                  ||  ||   >CH
                                 N—C — N         C5H5N5                  N  C — N

                                 HN—CO                                   HN—CO
Xanthin                          |  |          Guanin =                  |  |
----------- = 2·6·Oxypurin      OC  C  NH      = 2 Amino-             NH2C  C  NH
 C5H4N4O2                        |  ||   >CH   6 Oxypurin                ||  ||   >CH
                                HN  C  N       C5H5N5O                   N—C — N

                                 HN—CO
Harnsäure                        |  |
----------- = 2·6·8 Oxypurin    OC  C—NH
 C5H4N4O3                        |  ||   >CO
                                HN—C—NH
```

Die Aminopurine sind wichtig, insofern sie im Zellkerneiweiß, in den Nukleinen, enthalten sind und zwar gebunden in der Nukleinsäure. Unter den Oxypurinen spielt die Harnsäure beim Menschen physiologisch eine große Rolle, insofern sie zum Teil wenigstens Stoffwechselendprodukt ist. Auch Hypoxanthin und Xanthin wird wenigstens in kleineren Mengen beim Menschen ausgeschieden.

Wie wir aus Fermentversuchen an überlebenden Organen wissen, vollzieht sich der Purinstoffwechsel physiologischerweise derart, daß durch eine in allen Organen vorhandene Nuklease die Aminopurine aus der Nukleinsäure befreit werden; auf die freien Aminopurine, Adenin und Guanin, wirkt ein Ammoniak abspaltendes Ferment, eine Purindesamidase, es resultieren Xanthin und Hypoxanthin, und diese werden sodann durch oxydierende Fermente (Xanthinoxydase), die fast in allen Organen vorhanden sind, zur Harnsäure weiter oxydiert.

Stellt die Harnsäure ein Stoffwechselendprodukt vor oder wird sie zum Teil noch weiter abgebaut? Während es bisher z. B. beim Hunde und Rinde gelungen ist, in verschiedenen Organen, z. B. Niere und Leber und Muskel ein Harnsäure zerstörendes Ferment direkt nachzuweisen, ist dies beim Menschen noch nicht geglückt. Wiechowski hat deshalb gemeint, daß der Mensch kein urikolytisches Ferment besitze, daß also die Harnsäure ein Stoffwechselendprodukt darstelle. Tatsächlich wird die Harnsäure beim Menschen höchstens bis zu 20% zerstört, sie stellt also praktisch ein Stoffwechselendprodukt vor.

Wenn man einen Menschen längere Zeit purinfrei ernährt, d. h. in der Nahrung die Vorstufen der Harnsäure fortläßt, so scheidet er trotzdem eine bestimmte Menge Harnsäure innerhalb 24 Stunden aus; diese Menge stellt bei jedem Individuum eine Konstante dar, deren 24stündigen Durchschnittswert wir den endogenen Wert nennen und der bei gesunden Männern zwischen 0,4 und 0,6 g Harnsäure liegt. Verfüttert man purinbasenhaltiges Material, z. B. Nukleinsäure, so erhöht sich der Harnsäurewert des Urins über den endogenen Wert hinaus, und zwar geschieht die Ausscheidung dieser exogenen Harnsäure sehr schnell, innerhalb zweier Tage, wobei im Durchschnitt etwa 50% der in der Nukleinsäure verfütterten Purinbasen als Harnsäure und zu einem minimalen Teil als Purinbasen zum Vorschein kommen, der Rest als Harnstoff beziehungsweise als Ammoniak. Bei der Gicht liegen die Verhältnisse anders: Abgesehen davon, daß der endogene Harnsäurewert an sich schon tiefer liegt, verläuft die exogene Harnsäureausscheidung nach Verfütterung der gleichen Menge Nukleinsäure langsamer als beim Gesunden. Dabei zeigt die Blutuntersuchung sowohl bei purinhaltiger wie purinfreier Ernährung stets den erhöhten Harnsäurewert des Blutes.

Wir haben nun mit Schittenhelm diesen langsamen Verlauf als Folgen einer Purinstoffwechselanomalie aufgefaßt, indem wir zeigten, daß bei der Gicht sämtliche Fermente langsamer wirken, infolgedessen wird die Harnsäure langsamer gebildet, vielleicht auch langsamer zerstört und schließlich wird sie (durch eine sekundäre Erhöhung des Schwellenwertes in den Nieren) langsamer ausgeschieden.

Daß speziell die Harnsäure nicht schlechtweg durch die Nieren retiniert wird, das beweist einmal die Tatsache, daß man die Harnsäure im Blute bald nach der Verfütterung nicht erheblich vermehrt nachweisen kann und weiter die Tatsache, daß die Menge der verfütterten Purinbasen, die als Harnsäure nicht zum Vorschein kommt, als Harnstoff wieder ausgeschieden wird. (Auf die Eigenart der Purinbasenausscheidung soll hier nicht eingegangen werden.)

Das wesentlichste — wenigstens was das Zustandekommen der Urikämie anbetrifft — dieser Form der Gicht, der von mir und Schittenhelm genannten Stoffwechselschicht, bleibt die verlangsamte Bildung und Verlangsamung der Ausscheidung der Harnsäure, ihr steht bei der sogenannten Nierengicht nur die (gewöhnlich mehr temporäre) alleinige Verschlechterung der Ausscheidung gegenüber. Aber sowohl bei der Stoffwechselgicht wie bei der Nierengicht braucht zum Zustandekommen der Urikämie die intermediäre Harnsäurebildung keine sehr große zu sein: es kommt auf die Verschlechterung der Ausscheidung an; allerdings wird ceteris paribus die Urikämie um so größer sein, je größer die intermediäre Harnsäuremenge ist. Dem gegenüber handelt es sich bei der leukämischen Form der Gicht um eine Form der Urikämie, die nur dadurch zustande kommt, daß intermediär enorm viel Harnsäure aus den zerfallenden Leukonukleinen gebildet wird, die aber baldmöglichst hier wieder eliminiert wird.

Urikämie darf man nicht mit Gicht identifizieren, dagegen darf man sagen, daß eine Gicht ohne Urikämie nicht denkbar ist. Wie kommt es aber zum Ausfallen der Harnsäure als Urat in das Gewebe und wie zum Anfalle?

Wir müssen hier wissen, in welcher Form kreist die Harnsäure im Blute, müssen ferner ihre Löslichkeitsverhältnisse kennen und schließlich wissen, wie groß der Harnsäurewert im Blute der Gichtkranken ist.

Wir dürfen heute sicher sagen, daß die Harnsäure sowohl beim Gichtkranken wie bei anderen Zuständen im Blute als Mononatriumurat kreist. Nach Gudzent bildet nun das Mononatriumurat zwei Salze. Das erste (a-Salz oder die Laktamform) ist unbeständig und geht vom Momente ihrer Entstehung in ein b-Salz oder die Laktimform über. Beide Salze unterscheiden sich lediglich durch ihre Löslichkeit, sind aber sonst isomer. Von der labialen Form sind nach Gudzent in 100 ccm Blutserum 18,4 mg Laktamurat löslich, von der stabilen 8,3 mg Laktimurat. Bei der Stoffwechselgicht wird der Wert von 8 mg Urat bei purinfreier Ernährung annähernd erreicht, bei purinhaltiger Ernährung überschritten. Da aber die Ausscheidung der Harnsäure bei der Stoffwechselgicht verlangsamt ist, so ist anzunehmen, daß die Harnsäure bei dieser Form der Gicht gewöhnlich als stabiles Laktimurat kreist; das gleiche darf man ohne weiteres von der Nierengicht annehmen. Das Ausfallen der Urate ist dann als das Ausfallen aus dem harnsäuregesättigten Blute zu deuten. Demgegenüber fällt bei der leukämischen Gicht mit gutem Ausscheidungsvermögen der Harnsäure durch die Nieren die Möglichkeit der Umbildung der Urate aus der Laktamform in die Laktimform weg. Kommt es daher hier zum Ausfallen von Harnsäure als Urat, so ist das nur dadurch möglich, daß sich mehr Harnsäure als 18,4 mg Urat in 100 ccm Blutserum findet; und in der Tat trifft man bei myeloischen Leukämien häufig weit größere Harnsäuremengen im Blute an. Neuerdings wird von anderer Seite auch die Änderung der Harnsäurelöslichkeit im Blutserum auf kolloidale Zustandsänderung der Harnsäure zurückgeführt (Bechhold). Die Entscheidung der Frage scheint sich zugunsten letzterer Annahme hinzuneigen, doch liegen die zahlenmäßigen Lösungsverhältnisse auch nicht viel anders, als sie durch Gudzent festgestellt sind, auch wenn das Serum nach Bechhold mehr Harnsäure löst.

Daß Harnsäureablagerungen in den Geweben zu entzündlichen Prozessen führen (ganz ähnlich dem arthritisch-uratischen Anfalle) wissen wir aus vielen Experimenten; indessen ist aber nur das Mononatriumurat ein Entzündungserreger, nicht dagegen die Harnsäure selbst.

van Loghem spritzte nämlich Kaninchen in Wasser suspendierte Harnsäure unter die Haut ein und konnte bei systematischer mikroskopischer Untersuchung in Schnitten nach Stunden und Tagen feststellen, daß die eingespritzten Harnsäurekristalle allmählich gelöst werden, und daß an dessen Stelle sich ein Niederschlag von Natriumurat bildet. Diese Uratablagerung besteht nach van Loghem aus den typischen Drüsenmassen von Kristallnadeln, welche auch die echten gichtischen Ablagerungen charakterisieren. Die Ähnlichkeit des experimentellen Tophus mit dem gichtischen ist nach einigen Tagen eine vollständige, nämlich dann, wenn alle Harnsäure geschwunden und nur Urate vorhanden sind. Auch inbezug auf die zellulären Vorgänge herrscht nach van Loghem vollständige Übereinstimmung. „Die experimentelle Uratablagerung erzeugt eine starke Reaktion der Umgebung; polynukleäre Leukozyten dringen hinein und leiten den phagozytären Prozeß ein, der mit Riesenzellen und Bindegewebsbildung weitergeht." Die Kristalle verschwinden am Ende teils durch Phagozytose, teils durch Lösung in den Gewebsflüssigkeiten.

van Loghem vermochte nun durch Eingaben von Salzsäure per os diese Uratablagerungen und damit die entzündlichen Erscheinungen zu verhindern (eine Bestätigung erfolgte später durch Silbergleit) und durch große Gaben Alkalien diese Uratablagerungen beim Hunde herbeizuführen.

Diese Versuche geben einen Schlüssel zu den Pfeifferschen am Menschen vorgenommenen Harnsäureinjektionsversuchen. Nach der Injektion aufgeschwemmter reiner Harnsäure trat die entzündliche Reaktion erst nach 12 bis 18 Stunden auf und konnte durch große Dosen von Mineralsäure verhindert werden, während der Gebrauch von Alkalien die Reizerscheinung viel früher und intensiver auftreten läßt. Das muß nach den van Loghemschen Untersuchungen auf dem schnelleren Auftreten und Ausfallen von Mononatriumurat beruhen.

Ziehen wir nun aus dieser Erkenntnis des Wesens der Gicht unsere Konsequenzen in diätetisch-therapeutischer Richtung, so ergibt sich als oberster Grundsatz für uns, dem Gichtkranken eine Kost zu verabreichen, durch die der Harnsäurespiegel nach Möglichkeit heruntergedrückt wird. Eine solche Kost ist eine purinfreie Kost; da indessen auch die fleischfreie Kost nicht ganz purinfrei ist, so sprechen wir besser von einer purinarmen Kost. Die Empfehlung einer purinarmen Kost für die Gicht ist schon frühzeitig ergangen; so von Garrod. Aber noch heutigen Tages gibt es Ärzte, die einer entgegengesetzten Ansicht huldigen, ausgehend von der Tatsache, daß Gichtkranke mitunter auch bei sog. purinfreier, d. h. fleischfreier Kost Gichtanfälle durchzumachen haben. Zum Teil liegt das sicherlich daran, daß viele Ärzte die fleischfreie Kost nicht lange genug durchführen lassen. Eine fleischfreie Kost soll vom Gichtkranken nach Möglichkeit Monate hindurch durchgeführt werden; erst dann pflegt sich ihr voller Nutzen durch Verminderung der Anfälle zu zeigen. Der Krieg, der die Menschen in Deutschland zur purinarmen Ernährung zwang, hat in der Tat den Nutzen einer solchen Diät bei den Gichtkranken, die fast durchgehends von Anfällen verschont blieben, gezeigt.

Aber auch wenn unter längere Zeit durchgeführter purinarmer Diät noch Anfälle ab und zu auftreten, dürfen wir uns dadurch nicht entmutigen lassen; die Ursache liegt eben darin, daß bei der Gicht auch nach Ausschaltung der alimentären Harnsäurebildung unter Umständen intermediär soviel Harnsäure im Blute kreisen kann, um die Löslichkeitsgrenze zu überschreiten (aus der Urikämie wird eine Hyperurikämie). In den meisten derartigen Fällen dürfte es sich aber sicherlich um Diätfehler handeln, welche der Beobachtung entgehen. Es bedarf ja in schwereren Fällen nur relativ geringer exogener Purinzufuhr, um die Harnsäurewerte im Blute stark ansteigen zu lassen. Die Erkenntnis dessen, was eine purinfreie Diät heißt, ist aber noch keineswegs so verbreitet, wie z. B. diejenige einer kohlenhydratfreien Diät, schon deshalb nicht, weil es immer an genauen Analysen der Nahrungsmittel in größerem Umfange fehlte und die vorhandenen nicht weit genug bekannt wurden. Heute verfügen wir über exakte Analysenwerte. Wir verweisen auf die hier angeführten Analysentabellen, insbesondere diejenige von Schmid und Bessau, nach denen es leicht fällt, den Puringehalt der Nahrung zu bemessen. Man erfährt daraus in erster Linie, daß fleischfreie Ernährung sich nicht deckt mit purinfreier Ernährung, da es eine Reihe von vegetabilischen Nahrungsmitteln gibt, wie Spinat, frische Schoten, Erbsen, Linsen, Körner, Steinpilze, Pfefferlinge u. a., welche einen Puringehalt aufweisen, wie er im Fleische besteht. Die uneingeschränkte Empfehlung aller Vegetabilien als harmlose Kost ohne Auswahl muß demnach heute als ein diätetischer Fehler betrachtet werden.

Wir weisen ferner darauf hin, daß die verschiedenen animalischen Nahrungsmittel recht verschieden in ihrem Puringehalte sind. Insbesondere interessieren die teils recht hohen Werte der Fische, Austern und Krustazeen, welche häufig als relativ harmlos in diätetischen Vorschriften Gichtkranker anzutreffen sind. So hält Duckworth[1]) Hummern, Austern und besonders Schellfisch, wenn sie frisch sind, für ganz unschuldig; Ebstein gestattet das Fleisch der Fische in frischem Zustand und auch Minkowski, der überhaupt das absolute Fleischverbot nicht für richtig hält, verbietet nur fette und nicht ganz frische Fische, weil sie leicht Dyspepsie machen, während er Austern, wenn frisch, für durchaus empfehlenswert ansieht; überhaupt kommt nach Minkowski die Qualität und die Verdaulichkeit der Fleischspeisen bei ihrer Auswahl in erster Linie in Betracht.

Auf einen streng diätetischen Standpunkt stellen sich v. Noorden, Umber, Brugsch und Schittenhelm, welche mit aller Schärfe betonen, daß der erste und wichtigste Faktor der Gichtbehandlung eine anhaltende strenge Diät ist, welche nicht nur fleischfrei, sondern unter Berücksichtigung der Analysenresultate wirklich purinarm, nach Möglichkeit sogar purinfrei ist, um, wie schon gesagt, den Harnsäurespiegel des Blutes dauernd möglichst niedrig zu halten.

Mit der strengen Diät erreichen wir wohl noch einen anderen Vorteil, auf den bereits v. Noorden hinwies, nämlich den der Scho-

---

[1]) D. Duckworth, Diet in gout. Practitioner, July 1903; derselbe, A treatise on gout. London 1889.

nung der fermentativen Kräfte. Man kann sich vorstellen, daß ähnlich wie beim Diabetes der Zuckerstoffwechsel, durch eine monatelange und länger fortgesetzte Diät auch der Fermentapparat des Nukleinstoffwechsels infolge der geringeren Inanspruchnahme restituiert wird,. so daß sich seine pathologische Beschaffenheit allmählich behebt.

Endlich wird durch die Fernhaltung jeden Purinnachschubes dem Körper Gelegenheit gegeben, sein pathologisches Plus an Harnsäure, das sich in seinen Geweben findet, zu entfernen.

Selbstverständlich muß bei Verordnung einer strengen Diät die Diagnose sicher stehen. Man muß seiner Sache gewiß sein, daß es sich in dem Fall um eine echte Arthritis urica handelt. Es ist kein Zweifel, daß gar nicht so selten chronisehe Arthritiden ganz anderer Provenienz mit diätetischen Vorschriften bedacht werden, welche gar nicht am Platze sind. Aber auch bei der echten Gicht muß die Individualität berücksichtigt werden. Wir möchten zwar die Ansicht aussprechen, daß es wohl gelingt bei nötiger Beherrschung der Kochkunst den Kochzettel auch bei Beschränkung auf purinfreie oder purinarme Nahrungsmittel so zu variieren, daß die Diät ebenso dauernd unschwer durchgeführt werden kann, wie eine Diabetesdiät. Man wird aber doch manchmal nicht umhin können Konzessionen zu machen und da kann man eine weniger strenge Diät unter Heranziehung der analytischen Werte durch Zumessung einer bestimmten Menge Purinkörper verschreiben.

Unsere Therapie für den weiteren Verlauf würde nur zweifellos eine vollkommen feste Basis erst dann erhalten, wenn wir imstande wären, für jeden einzelnen Gichtkranken zu bestimmen, wie groß in seinen einzelnen Stadien die Purinzufuhr sein dürfte, die der jeweiligen Urikämie entspräche.

v. Noorden und Schliep empfehlen daher eine Toleranzbestimmung, wodurch die Menge purinhaltigen Materials erkannt wird, welche noch ordnungsgemäß verarbeitet und eliminiert werden kann. Hier liegt dann die Toleranzgrenze, bei deren Überschreitung erst die Gefahren beginnen. Um diese festzustellen, verfolgt man in einer purinfreien Ernährungsperiode den Einfluß einer gewissen Fleischmenge (200—400 g) auf die Harnsäureausscheidung. In ganz ähnlicher Weise geht Umber vor. Indem er den Kranken auf purinfreie Kost setzt, bestimmt er zunächst die endogene Harnsäureausscheidung; dann gibt er eine Fleischzulage und beobachtet, wie lange es dauert, bis im Harn wieder der endogene Wert erreicht wird, bis also die durch die Fleischzulage bedingte Erhöhung in der Ausscheidung wieder verschwunden ist. Je mehr Tage dies dauert, desto schwerer ist der Fall und desto strenger muß er gehalten werden. Umber erlaubt dann bestimmt zugemessene Fleischzulagen alle paar Tage und setzt die fleischfreien Intervalle so an, daß sie der durch den Stoffwechselversuch gefundenen Erhöhung entsprechen. So vermeidet er jede Kumulation.

Beide Methoden, die v. Noordensche Toleranzbestimmung und die Umberschen Purinhungertage, haben zweifellos ihre guten Seiten, da sie das einzig richtige Prinzip der funktionellen Therapie verfolgen. Aber man darf keine zu großen Schlüsse auf die so gewonnenen Ergebnisse ziehen. Wir besitzen heute so einfache Methoden der Harnsäurebestimmung (vgl. z. B. die von Brugsch und Cristeller, die von jedem Arzt leicht und bequem ausgeführt werden kann; fertige Apparatur von den Vereinigten Fabriken für Laboratoriumsbedarf, Berlin), daß wir den Hauptwert der diätetischen Einstellung in der Feststellung des Blutharnsäurewertes sehen müssen. Da, wo dieser hoch ist, und es nicht gelingt, den Wert medikamentös oder durch purinarme Ernährung herunterzudrücken, ist die Nahrung purinfrei durchzuführen.

Ist im gegebenen Falle der Blutharnsäurewert niedrig, dann kann man getrost Fleischzulage geben, am besten, indem man gleichzeitig von Zeit zu Zeit für eine Mobilisierung von Harnsäure im Körper und Ausscheidung durch Atophan sorgt. Darüber vgl. weiter unten.

Was die übrigen Nahrungsstoffe anbelangt, so bedarf es bei vernünftiger Verteilung derselben in der Kost keiner besonderen Vorschrift. Umber glaubt allerdings die Eiweißzufuhr einschränken zu müssen, indem er annimmt, daß große Eiweißmengen die endogene Harnsäurekurve in die Höhe treiben. Wir können ihm hierin nicht folgen und sehen keinen Grund, die Auswahl der erlaubten Nahrungsmittel durch eine Beschränkung der Eiweißmenge noch mehr einzuengen.

Fett ist bei normalem Fettstoffwechsel in allen Formen und Mengen gestattet, soweit es die Verdauung nicht behelligt. Bei Komplikation mit Fettsucht ist darauf Rücksicht zu nehmen.

Kohlenhydrate, Obst und Gemüse, bilden einen wesentlichen Bestandteil der Gichtkrankendiät. In vernünftigen Grenzen genossen, werden sie vorzügliche Dienste leisten. Zu warnen ist nur vor forzierten Obstkuren, wie Trauben-, Zitronen- usw. Kuren, die einerseits leicht zu schädlichen Digestionsstörungen führen können, andererseits aber den Körper mit Alkali überschwemmen, was nach den bereits besprochenen experimentellen Forschungen (s. S. 162) die Löslichkeit des Mononatriumurates im Blute vermindern und die Bildung entzündlicher Uratherde begünstigen muß.

Aus denselben Gründen muß man auch vor dem allzu reichlichen Gebrauch alkalischer Wässer warnen. Wenn wir auch den Wert von Badekuren mit vernünftiger Diätetik und mäßiger Durchschwemmung des Körpers durch Mineralwässer vollauf anerkennen, wenn wir natürlich auch zugeben, daß unter Umständen, namentlich wenn komplizierende Dyspepsien gastrischer oder intestinaler Natur vorliegen, eine mäßige Trinkkur mit selbst alkalischen Wässern auch dem Gichtkranken zuweilen gute Dienste leistet, so müssen wir uns doch für die Gicht der beliebten forzierten Alkalitherapie gegenüber völlig ablehnend verhalten. Die Gründe sind bereits ausführlich besprochen (s. S. 162). Übrigens ist die Möglichkeit in Betracht zu ziehen, daß die manchmal beobachtete günstige Wirkung der alkalischen Wässer mit ihrem Radiumgehalt zusammenhängen.

Als Getränke empfehlen sich erdalkalische Säuerlinge, Limonaden und ähnliche Mischungen. Was den Alkohol anbelangt, so ist er im Hinblick auf seine nachgewiesene Schädigung des Nukleinstoffwechsels am besten völlig zu verbieten. Man kann ja alkoholfreie Weine erlauben und bei sehr großen Alkoholfreunden, die nicht zur Abstinenz zu bringen sind, allenfalls leichte Moselweine. Was den Kaffee und Tee anbelangt, so müßte man sie aus der strengen Diät streichen, weil der Übergang eines kleinen Anteils ihrer Methylpurine in Harnsäure nach den in der Literatur vorliegenden Versuchen möglich ist, indessen erscheint der Harnsäure mobilisierende Einfluß des Koffeins viel wahrscheinlicher, daher Kaffee und Tee im Gegenteil empfehlenswert sind.

Ein Wort nur noch über die alkalischen Medikamente. Was Lithium u. a. anbelangt, so warnen wir nochmals vor deren Anwendung. Dasselbe gilt von den Diaminen (Piperazin, Lysidin usw.).

Die Falkensteinsche Salzsäuretherapie[1]) kann im ganzen heute abgelehnt werden; dagegen hat uns die moderne Pharmazie ein Harnsäurespezifikum, das „Atophan" geschenkt, das harnsäuremobilisierend und harnsäureausscheidend wirkt. Unter dem Einflusse des Atophan werden z. B. in der Leber gestapelte Purinbasen in den Umsatz gezogen und die daraus entstehende Harnsäure durch die Nieren eliminiert. Atophan verringert mit der Zeit auch den Harnsäurespiegel des Blutes. Atophan mobilisiert aber auch im Körper abgelagerte tote Harnsäure. Mit diesem Präparate ist also eine Behandlung des akuten Anfalles möglich, wie auch eine Beeinflussung des Harnsäurespiegels des Gichtkranken im Intervall. Praktisch empfiehlt es sich, Gichtkranken, die fast jedes Jahr einen Anfall bekommen haben, etwa alle 14 Tage 2 Atophantage zu verordnen ($4 \times 0{,}5$ g über den Tag verteilt); man wird in den meisten Fällen eine wesentliche Erniedrigung des Bluthamsäurespiegels und eine Verminderung der Anfälle herbeiführen, auch wenn man den Gichtkranken in mäßigen Mengen den Fleischgenuß gestattet.

Was die Aufstellung der Diät beim Gichtkranken anlangt, so ist dieser kalorisch ebenso einzustellen, wie der Gesunde. Fettsüchtige Gichtkranke werden zweckmäßig langsam entfettet, magere kalorisch reichlich eingestellt. (Siehe die Kapitel Fettsucht und Überernährung.) Die purinarme Diät darf (siehe oben) keine eiweißarme sein. Am besten gibt man 10—15% der gesamten erforderlichen Kalorien an

---

[1]) Falkenstein, Die Gicht und die Salzsäure-Jodkur. Berlin 1910.

[2]) Th. Brugsch und A. Schittenhelm, Die Gicht, ihr Wesen und ihre Behandlung. Therapie d. Gegenw. 1907. Augustheft.

Eiweiß. Als Eiweißträger kann man sich in der Hauptsache der Eier, Milch, Käse bedienen, nur im Notfalle künstlicher Eiweißpräparate (z. B. Kasein, Plasmon usw.).

Als Muster einer purinarmen Diät, die durch reichliche Zugaben von Butter, Sahne, Speck oder durch Fortlassen dieser beliebig kalorisch verändert werden kann, sei hier folgendes Beispiel der Kostordnung aufgestellt:

Morgens: Kaffee mit 50 g Sahne oder 100 g Milch, 150 g Weißbrot; 25—50 g Butter, 25—50 g Honig, Fruchtgelee, Marmelade.

II. Frühstück: 2 Eier oder 50—100 g Käse (Emmentaler, Quark, Limburger, Holländer, Fromage de Brie, Sahnenkäse, Roquefort, Kuhkäse, Edamerkäse usw.), Weißbrötchen (50—75 g), 25 g Butter.

Mittags: 300 g einer sämigen Suppe (Grieß, Graupen, Reis, Tapioka, Sago, Hafermehl oder Fruchtsuppe), (cave Bouillon!), 150 g Kartoffeln ev. als Kartoffelmus, 150 g grüne Gemüse (durchs Sieb geschlagen) ev. Salate, 200 g Pudding (Grieß, Reis, Mondamin) mit Fruchtsauce oder Kompott (in das gesamte Mittagessen lassen sich 50—100 g Butter verarbeiten).

Nachmittags: Kaffee mit Milch oder Sahne, 50—100 g gerösteten Zwieback mit Butter (25—50 g) und Marmelade.

Abends: Omelette mit Marmelade oder Rührei oder Eier in sonstiger Form (eventuell auch eine Mehl-, Grieß oder Reisspeise mit Fruchtsaucen (100 g Brot mit 25 g Butter, 50 g Käse, 100 g Obst).

Tafelgetränk: Erdige Säuerlinge z. B. Selters, Römerbrunnen, Wildunger Georg Viktorquelle, Reinhardshausener Reinhardsquelle u. a. m., etwa 3/4—1 Liter.)

Bezüglich der diätetischen Behandlung des akuten Gichtanfalls ist zu berücksichtigen, daß hier die Appetenz meist darniederliegt. Es empfiehlt sich in diesem Falle, namentlich bei bestehender Konstipation, die Behandlung mit einem leichten Laxans (Rizinus, Rheum, Senna) einzuleiten und am ersten Tage, falls der Patient bettlägerig ist, diesem eine breiig weiche Diät zu verabreichen:

Morgens: Kaffee mit Milch, Zwieback mit Butter.

I. Frühstück: Zwieback mit Butter.

Mittags: Hafermehlsuppe, durchs Sieb geschlagenes Gemüse (Mohrrüben, Blumenkohl, Maronen), Kartoffelmus, Kompott (Apfelmus, Pflaumenmus).

Nachmittags: Kaffee mit Milch.

Abends: Milchreis oder Grießbrei bzw. leichter Pudding mit Kompott oder Fruchtsauce.

(Von metikamentösen Mitteln empfehlen wir im Anfalle Colchicum und Salizyl ev. Morphium.)

I.
Puringehalt der Nahrungsmittel nach J. Schmid und G. Bessau.

(Therapeutische Monatshefte 1901, S. 116.)

100 g	Basen N in g	Harnsäure in g	100 g	Basen N in g	Harnsäure in g
Fleischsorten:			**Milch und Käse:**		
Rindfleisch	0,037	0.111	Milch	0	0
Kalbfleisch	0,038	0,114	Edamer Käse	0	0
Hammelfleisch	0.026	0,078	Schweizer Käse	0	0
Schweinefleisch	0,041	0,123	Limburger Käse	Spuren	Spuren
Gekochter Schinken	0,025	0,075	Tilsiter Käse	0	0
Roher Schinken	0,024	0,072	Roquefort	0	0
Lachsschinken	0,017	0,051	Gervais	0	0
Zunge (Kalb)	0,055	0,165	Sahnenkäse	0,005	0,015
Leberwurst	0,038	0,114	Kuhkäse	0,022	0,066
Braunschweig. Wurst	0,010	0,030			
Mortadellenwurst	0,012	0,036	**Gemüse:**		
Salamiwurst	0,023	0,069	Gurken	0	0
Blutwurst	0	0	Salat	0,003	0,009
Gehirn (Schwein)	0,028	0,084	Radieschen	0,005	0,015
Leber (Rind)	0,093	0.279	Blumenkohl	0,008	0,024
Niere	0,080	0.240	Welschkraut	0,007	0,021
Thymus (Kalb)	0,330	0,990	Schnittlauch	Spuren	Spuren
Lungen (Kalb)	0,052	0,156	Spinat	0,024	0,072
Huhn	0,029	0,087	Weißkraut	0	0
Taube	0.058	0,174	Mohrrüben	0	0
Gans	0,033	0,099	Grünkohl	0.002	0,006
Reh	0.039	0,117	Braunkohl	0,002	0,006
Fasan	0,034	0,102	Rapunzel	0,011	0.033
			Kohlrabi	0,011	0,033
			Sellerie	0 005	0 015
Bouillon (100 g Rindfleisch 2 Std. lang gekocht)	0,015	0,045	Spargel	0,008	0,024
			Zwiebel	0	0
Fische:			Schnittbohnen	0 002	0,006
Schellfisch	0,039	0,117	Kartoffeln	0,002	0,006
Schleie	0.027	0,084			
Kabeljau	0,038	0,114	**Pilze:**		
Aal (geräuchert)	0,027	0.081	Steinpilze	0.018	0,054
Lachs (frisch)	0,024	0,072	Pfefferlinge	0,018	0.054
Karpfen	0.054	0,162	Champignons	0,005	0,015
Zander	0,045	0,135	Morcheln	0,011	0,033
Hecht	0,048	0,144			
Bückling	0.028	0,084	**Obst:**		
Hering	0.069	0,207	Bananen	0	0
Forelle	0.056	0,168	Ananas	0	0
Sprotten	0 082	0,246	Pfirsiche	0	0
Ölsardinen	0,118	0.354	Weintrauben	0	0
Sardellen	0,078	0,234	Tomaten	0	0
Anchovis	0,145	0.465	Birnen	0	0
Krebse	0,020	0,060	Pflaumen	0	0
Austern	0,029	0.087	Preißelbeeren	0	0
Hummern	0,022	0,066	Apfelsinen	0	0
			Aprikosen	0	0
Eier:			Blaubeeren	0	0
Hühnerei	0	0	Äpfel	0	0
Kaviar	0	0	Mandeln	0	0

100 g	Basen N in g	Harnsäure in g	100 g	Basen N in g	Harnsäure in g
Haselnüsse	0	0	Reis	0	0
Walnüsse	0	0	Tapioka	0	0
			Sago	0	0
Hülsenfrüchte:			Hafermehl	0	0
Frische Schoten	0,027	0,081	Hirse	0	0
Erbsen	0,018	0,054			
Linsen	0,054	0,162	Brote		
Bohnen	0,017	0,051	Semmel	0	0
			Weißbrot	0	0
Zerealien:			Kommißbrot	Spuren	Spuren
Grieß	0	0	Pumpernickel	0,003	0,009
Graupe	0	0			

Die gefundenen Zahlen zeigen, daß die Werte für Muskelfleisch innerhalb relativ geringer Grenzen schwanken. Beträchtlichere Unterschiede zeigen die verschiedenen Fischarten; besonders die kleineren Sorten (Sardinen, Sardellen, Anchovis) geben auffallend hohe Werte. Es dürfte dies dadurch zu erklären sein, daß bei letzteren nicht das abpräparierte Muskelfleisch, sondern der ganze Fisch, wie er meist genossen wird, analysiert wurde. Die relativ großen Werte einiger häufig genossenen Vegetabilien geben gleichfalls eine gewisse Direktive für die Aufstellung einer Kostordnung, da sie bei Genuß von größeren Mengen eine nicht zu vernachlässigende Purinquelle darstellen.

II.

Puringehalt der hauptsächlichsten Nahrungsmittel nach Walker Hall.

Auf 100 g kommen	g Harnsäure	Auf 100 g kommen	g Harnsäure
Kabeljau	0,0699	Hafermehl	0,0636
Scholle	0,0954	Reis	0
Heilbutt	0,1224	Erbsenmehl	0,0468
Lachs	0,1398	Bohnen	0,0765
Kaldaunen	0,0687	Linsen	0,0750
Hammel	0.1158	Tapioka	0
Kalb (Lende)	0.1395	Kohl	0
„ (Hals)	0,0900	Salat	0
Schwein (Lende)	0,1458	Blumenkohl	0
„ (Hals)	0,0681	Spargel	0,0258
Kaninchen	0,1140	Gerösteter Kaffee	1.21
Milch	0 0006	Kartoffel	0,0024
Schinken	0,1386	Tee	1,35—3,58
Rind (Brust)	0,1365	Schokolade	1,43
„ (Lende)	0,1566	Kakao	1,30
„ (Leber)	0,3303	Bier	0,0159
Kalbsbries	1,2075	Pale Ale	0,0177
Hahn	0,1554	Porter	0,0186
Truthahn	0,1512	Bordeaux	0
Bouillon	0,1512	Volnay	0
Fleischextrakt	2,0—5,0	Sherry	0
Weißbrot	0	Porto	0
Schwarzbrot	0,0400		

1 Tasse Tee (Ceylon)	enthält	0,0805
1 „ „ (indischer)	„	0,0700
1 „ „ (chinesischer)	„	0,025—0,046
1 „ Kaffee	„	0,110—0.250
1 „ Schokolade	„	0,268—0,572
1 „ Kakao (10 g)	„	0,130

Der Gehalt an Purinbasen ist in dieser Tabelle, welche dem Buche von Henri Labbé, „La Diathèse urique", Paris 1908, entnommen ist, in die entsprechenden Harnsäuremengen umgerechnet. Dabei ist jedoch zu erinnern, daß die großen Mengen Purinkörper, die im Kaffee, Thee, Schokolade, Kakao enthalten sind, Methylpurine darstellen und nur zum kleinsten Teil als Harnsäurebildner in Betracht kommen.

III.

Purinbasengehalt einiger Nahrungsmittel nach A. Hesse.

Medizinische Klinik 1910, Nr. 16.

Auf 100 g kommen	g Harnsäure	Auf 100 g kommen	g Harnsäure
Thymus	1,308	Seezunge	0,137
Leber	0,373	Kaviar	0,110
Niere	0,320	Austern	0,217
Hirn	0,233		
		Schnittbohnen	Spur
Rindfleisch	0,175—0,189	Karotten	0,007
Hammelfleisch	0,189—0.191	Kartoffel	0,019
Kalbfleisch	0,178—0,189	Spargel	0,057
Schweinefleisch	0,181—0,185	Blumenkohl	0,078
Hühnerfleisch	0,186	Grüne Erbsen	0,079
Rehfleisch	0.182	Weiße Bohnen	0,098
Taubenfleisch	0,154	Erbsenmehl	0,108
		Weizenmehl	0,116
Forelle	0,213	Roggenmehl	0,096
Lachs	0,201		
Hecht	0,222	Milch	0,010
Kabeljau	0,131	Eier	Spur

Der Gehalt an Purinbasen ist in dieser Tabelle in Harnsäure umgerechnet.

IX. Die Glykosurien.

a) Glykosurien und Diabetes mellitus.

Unter Glykosurie verstehen wir das Auftreten resp. das über ein bestimmtes als physiologisch anzusehendes Maß vermehrte Auftreten von Zucker im Urin. Die Natur dieses Zuckers wird mit dem Worte Glykosurie nicht präzisiert, obgleich „Glykose" (= Dextrose = Traubenzucker) nur einen Zucker, allerdings den im Harn unter pathologischen Verhältnissen am häufigsten vorkommenden Zucker bedeutet.

Die Glykosurie ist ein Symptom, das sich z. B. experimentell beim Tier durch allerlei Vergiftungen leicht auslösen läßt, und dem man beim Menschen vorübergehend (transitorische Glykosurie) häufiger unter gleichen Verhältnissen begegnet, das auch alimentär vorübergehend ausgelöst werden kann und das, sobald es sich um eine stabile Glykosurie handelt, das Hauptsymptom des Diabetes mellitus ist.

Die gewöhnlichen Glykosurien sind wie schon gesagt, Dextrosurien; in ganz seltenen Fällen handelt es sich um Lävulosurien und Pentosurien. Die beiden letzteren werden, auch in diätetischer Beziehung, gesondert besprochen.

Jede Glykosurie ist die Folge vermehrten Zuckerdurchtritts durch die Nieren. Diese Möglichkeit ist gegeben, wenn der Blutzuckergehalt ansteigt (Glykosurie infolge Hyperglykämie), oder indem der Schwellenwert für die Zuckerdurchlässigkeit in der Niere gegenüber der Norm kleiner wird (renale Glykosurie). Die dritte Möglichkeit, daß der Zucker im Blute in einer abnormen lockeren Bindung kreist, wodurch er leichter ausscheidbar wird, brauchen wir nicht zu diskutieren, da gegen eine solche Annahme die experimentellen Erfahrungen sprechen. Neuere experimentelle Erfahrungen (C. Hamburger) zeigen, daß normalerweise die Zuckerdurchlässigkeit durch die Glomeruli der Niere erst von einem gewissen Schwellenwert des Blutes (bei 0,1%) an eintritt, daß aber Hyperglykämie diesen Schwellenwert herabsetzt.

Die normale Zuckerausscheidung liegt (nach Lavesson) bei Männern zwischen 0,023–0.083%, bei Frauen zwischen 0,010–0,05%, bei Kindern zwischen 0.010–0,065%, in keinem Falle also über 0 1%. Man darf übrigens nicht die Größe der Reduktion einer alkalischen Kupferlösung durch den Harn als Größe der Zuckerausscheidung bei so geringen Zuckermengen ansehen, da normalerweise im allgemeinen nur 15—20% der gesamten Reduktionsgröße auf Zucker entfällt, der Rest auf Harnsäure und Kreatinin bzw. auf nicht näher definierbare Stoffe. Das wird natürlich anders, sobald es sich um große Zuckermengen handelt.

Der Blutzuckergehalt beträgt ebenfalls im allgemeinen nicht mehr als 0,1% Dextrose. Vorübergehende abundante Zufuhr von Kohlenhydraten (Mono- und Disacchariden) kann zum vorübergehenden Anstieg des Kohlenhydratspiegels im Blute und zur alimentären Glykosurie führen. Dauernde Hyperglykämie findet man beim Diabetes mellitus.

Alimentäre Glykosurie: Jeder Organismus vermag per os verabreichte Mengen Zucker bis zu einer gewissen, für den einzelnen Menschen individuellen Grenze normalerweise in der Leber aufzustapeln, bzw. umsetzen. Wird diese Grenze (Assimilationsgrenze nach Hofmeister) überschritten, d. h. wird dem Organismus darüber hinaus Zucker zugeführt, so vermag er denselben nicht mehr vollkommen umzusetzen. Es kommt zu einer Überschwemmung mit Zucker, zu einem Übertritt ins Blut, dessen Zuckergehalt sich erhöht (Hyperglykämie), und die regulatorisch wirkende Niere reagiert darauf derart, daß sie eine bestimmte Menge Zuckers aus dem Blut mit dem Harn austreten läßt (Glucosuria e saccharo Naunyns). Auf diese Weise kann man bei jedem Menschen durch überreichliche Zuckerzufuhr eine Glykosurie erzeugen; dies gelingt aber nicht bei Zufuhr polymerisierter Kohlenhydrate (Stärke), weil deren Umsetzung und Resorption im Darm gradatim erfolgt und dadurch nie eine so akute Überschwemmung gesetzt werden kann.

Es gibt nun eine Reihe von Krankheitszuständen, in denen die Assimilationsgrenze für Zucker herabgesetzt ist und bei denen man mit Mengen, mit denen beim normalen Menschen keine Zuckerausfuhr mit dem Urin hervorgerufen werden kann, eine Glykosurie zu erzeugen vermag. Man findet diese Erscheinung zuweilen bei organischen und anorganischen Erkrankungen des Nervensystems (Gehirnkrankheiten aller Art, am häufigsten bei luetischen, ferner bei traumatischen Neurosen, multipler Sklerose, Manie, Melancholie, hysterischem Irresein u. a. m.), bei fieberhaften Krankheiten, beim Morbus Basedowii, bei chronischem Alkoholismus sowie bei destruierenden Leberkrankheiten (Leberzirrhose, akute gelbe Leberatrophie, Fettleber), wenn auch gerade bei letzteren die alimentäre Lävulosurie relativ regelmäßiger zu beobachten ist. Zur Probe auf alimentäre Glykosurie gibt man am besten nüchtern oder auf leeren Magen (zwei Stunden nach dem ersten Frühstück) 100 g chemisch reinen Traubenzucker in Wasser oder Tee gelöst und läßt nunmehr den Urin, der vor Anstellung des Versuches als zuckerfrei befunden wurde, zweistündlich in getrennten Portionen aufsammeln. Jede Portion wird für sich qualitativ und quantitativ auf Zucker untersucht. Eine eventuell auftretende alimentäre Glykosurie kann 4—8 Stunden anhalten und 1—20% des eingegebenen Zuckers ausführen.

Zu einer **spontanen transitorischen Glykosurie** (ohne Zufuhr übermäßiger Mengen von Zucker) kommt es in seltenen Fällen von fieberhaften Infektionskrankheiten. Ebenso beobachtet man Glykosurie vorübergehend in manchen Fällen nach Einnahme von Schilddrüsenpräparaten, bei schwer asphyktischen Zuständen, sowie besonders bei gewissen Vergiftungen (Phosphor, Arsen, Uransalze, Kohlenoxyd, Amylnitrat, Chloral, Chloroform, Äther, Sublimat u. a.). Im einzelnen ist es nicht bekannt, worin immer deren Genese liegt. Die diätetische Therapie dieser Glykosurien deckt sich mit der der leichtesten Grade des Diabetes.

Diabetes mellitus. Dauernde diabetische Glykosurie, bei der vor allem auch Zufuhr polymerisierter Kohlenhydrate (Stärke) mit der Nahrung die Zuckerausfuhr erhöht (Glucosuria ex amylo Naunyns) nennt man Diabetes mellitus. Bei ihm besteht gewöhnlich auch eine Hyperglykämie, indem der Blutzuckergehalt anstatt 0,8 — 0,1 % (oberste normale Grenze) darüber hinaus bis 1,1 und 1,6 % betragen kann. Der Urin kann in seinem Zuckergehalt der Höhe des Blutzuckergehaltes einigermaßen parallel gehen und es finden sich in ihm dann von Spuren aufwärts bis zu 10 und mehr Prozent Zucker. Allerdings findet man mitunter auch hohen Blutzuckergehalt und niedrigen Harnzuckergehalt.

Den Diabetes mellitus, die Zuckerharnruhr, klassifiziert man gewöhnlich in drei Formen: den leichten Diabetes mellitus, die mittelschwere und die schwere Form.

Im wesentlichen führt bei der leichten Form Beschränkung der Kohlenhydrate bzw. eine kohlenhydratfreie Diät zu Aglykosurie, bei der mittelschweren Form sind zur Herstellung einer Aglykosurie kohlenhydratfreie Diät und Beschränkung der Eiweißzufuhr der Nahrung erforderlich, bei der schweren Form ist die Aglykosurie durch Modifizierung der Diät nicht oder nur durch weitgehende Beschränkung des Eiweißes bei Fehlen der Kohlenhydrate zu erreichen.

Um das Wesen des Diabetes zu verstehen, müssen wir von physiologischen Erfahrungen ausgehen. Die Kohlenhydrate (sei es, daß sie in Form der Stärke, oder des Malzzuckers, Milchzuckers, Rohrzuckers oder einfacher Monosaccharide eingeführt werden) werden im Darmkanal bis in die einfachsten Bruchstücke aufgespalten (Monosaccharide) und durch die Pfortader der Leber zugeführt; die Leber macht aus diesen Monosacchariden ein in Wasser kolloidal lösliches Polysaccharid, das Glykogen, das in der Leber kompostiert wird. Geringe Mengen Glykogens finden sich auch in anderen Organen, z. B der Muskulatur, doch bleibt die Leber dasjenige Organ, in dem hauptsächlich die Zuckeraufstapelung statthat. Die Leber stellt einmal ein Reservoir und gleichzeitig eine Schleuße im Kohlenhydratstoffwechsel dar. Sobald nämlich der Organismus an irgend einer Stelle Kohlenhydrat verlangt, z. B zur Ausführung einer Muskelleistung, öffnet die Leber die Schleuße, indem vermöge eines diastatischen Fermentes aus dem Glykogen wieder Dextrose gebildet und diese durch die Vena hepatica ins Blut geworfen wird, um dahin zu gelangen, wo sie verbraucht wird. Die Glykogendepots in den Muskeln sind wohl Reservedepots zur schnellen Bereitschaft von Kohlenhydrat im arbeitenden Muskel. Wir wissen auch, auf welche Weise der Reiz zur Leber vermittelt wird, um hier die Dextrose frei zu machen. Der Zuckerstich zeigt uns, daß am Boden des IV. Ventrikels eine Stelle existiert, deren Reizung die Leber veranlaßt, plötzlich das Glykogen als Dextrose ins Blut zu schütten; diese Überschüttung führt zur Hyperglykämie und damit zur Glykosurie. Der Weg von dem Zuckerstichzentrum führt durch die Bahn des Sympathikus und zwar des linken Grenzstranges zur Nebenniere und von hier durch den Splanchnikus zur Leber; sobald der Splanchnikus durchschnitten wird, ist die Auslösung des Zuckerstichs gehindert. Es ist dieses Experiment von einer gewissen fundamentalen Bedeutung, insofern nämlich uns hier für viele Glykosurien das Verständnis ihrer Genese eröffnet wird. Man kann die Glykosurien nach dem Vorgange von Pollak in folgendes Schema nach dem Mechanismus ihres Zustandekommens bringen.

A. Renale Glykosurien:

a) ohne Hyperglykämie: Phlorizinglykosurie;

b) mit oder ohne Hyperglykämie: Glykosurien durch Nierengifte;

B. Glykosurie infolge Hyperglykämie;
   a) unabhängig vom Glykogengehalt der Organe: Pankreasdiabetes;
   b) abhängig vom Glykogengehalt der Organe und bedingt durch Splanchnikusreizung;
      α) zentrale, analog der Piqûre: Koffein, Strychnin, sensible Nervenreizung, Asphyxie;
      β) periphere: Adrenalin, Asphyxie.

Wie steht es nun mit dem menschlichen Diabetes mellitus? Daß wir es nicht mit einem renalen Diabetes mellitus zu tun haben, ist sicher; die Existenz überhaupt einer renalen Form des Menschen mit herabgemindertem Blutzuckergehalt bzw. normalem ist nicht abzuläugnen, aber diese Fälle tragen durchaus den Charakter einer leichten Glykosurie, sind zudem erblich und ihrem Charakter nach unschuldig. Der Diabetes ist jedenfalls Folge einer Hyperglykämie. Diese ist das führende Syndrom und man wird sich fragen, wie diese zustande kommt. Beim menschlichen Diabetes ist sie entschieden wie beim Pankreasdiabetes des Hundes unabhängig vom Glykogengehalt der Organe, dabei ist auch beim menschlichen Diabetes (so wenig übrigens wie beim Pankreasdiabetes des Hundes) die Fähigkeit der Leber, Zucker zu bilden, aufgehoben. Sicherlich ist also die letzte Ursache allein nicht in einer Dyszooamylie der Leber zu suchen; die Leber ist also kein eigentliches diabetogenes Organ.

Es sind für die Erklärung der Hyperglykämie mehrere Möglichkeiten vorhanden, einmal die Annahme eines verminderten Zuckerverbrauchs oder die Annahme einer gesteigerten Zuckerbildung (oder die Kombination beider). Die erstere Annahme hat ja in der Tat zunächst viel Bestechendes an sich. Der Zucker wird ausgeschieden, weil er nicht verbrannt worden ist. Indessen ist da folgendes zu sagen: Die Abbau- und Oxydationsprodukte des Zuckers kann der Diabetische ohne weiteres verbrennen; z. B. die Glykuronsäure, Zuckersäure, Schleimsäure u. a. Lediglich das Dextrosemolekül wird nicht abgebaut. Am ehesten muß man deshalb an Störung fermentativer Kräfte, die das Dextrosemoleküh1 zerlegen, denken. Allerdings hat das Suchen nach glykolytischen Fermenten im Blut, Pankreas, mit und ohne Aktivierungen durch Leber und Muskulatur uns noch nicht die Wirksamkeit solcher Fermente über allen Zweifel erheben können; aber selbst wenn solche Fermente irgendwo existierten, so spricht trotzdem gegen eine primäre Störung derselben die Tatsache, daß der diabetische Mensch (wie auch der pankreasdiabetische Hund) noch imstande ist, Zucker zu verbrennen; das zeigt sich z. B durch Ansteigen des respiratorischen Quotienten bei der Arbeit. Die einfache klinische Beobachtung des Diabetischen spricht des weiteren dagegen; so die leicht festzustellende Abhängigkeit der Glykosurie von nervösen Einflüssen bei gleich eingestellter Diät; ferner die Tatsache, daß beim Diabetes bei Herabminderung der Kohlenhydrate in der Nahrung sich die Glykosurie nicht in annähernd dem gleichen Verhältnis mindert. Ferner die Tatsache, daß manche Kohlenhydrate besser vertragen werden, trotzdem sie, wie wir wissen, ebenfalls bis zur Dextrose abgebaut und als solche resorbiert werden. Alle diese Beobachtungen sprechen, wie gesagt, gegen die Annahme einer alleinigen Oxydationsstörung. Dagegen hat die Erklärung der Hyperglykämie durch gesteigerte Zuckerbildung auf der einen Seite und Herabsetzung der Zuckerverbrennung auf der anderen Seite alles für sich. Unsere Vorstellung geht dabei von experimentellen Erfahrungen aus. So ruft Adrenalin die stärkste Hyperglykämie hervor. Diese Adrenalinhyperglykämie beruht auf einer Mobilisierung der Kohlenhydrate, die sich hemmen läst durch Einwirkung des Pankreas, daher ist der Pankreasdiabetes nach Zülzer ein positiver Adrenalindiabetes. Nur müssen unsere Vorstellungen über die Art der Mobilisierung sehr weitgehende sein, und sich nicht etwa an das Adrenalin festlegen, da das Adrenalin sich beim menschlichen Diabetes zum mindesten nicht in vermehrter Menge auffinden läßt.

Die Zuckerausschüttung geschieht ja zunächst in der Leber aus dem dort abgelagerten Reserveglykogen; und diese diastaseartige Ausschüttung ist der Insularapparat des Pankreas zu hemmen in der Lage; aber darüber hinaus erstreckt sich normaler Weise die Wirkung des Pankreashormons, das aller Wahrscheinlichkeit nach die Zuckerverbrennung in den Geweben reguliert. Fortfall eines Pankreashormons würde also gesteigerte Zuckerausschüttung und verminderte Verbrennung hervorrufen müssen. Das Material zur Zuckerbildung braucht dabei nicht ein Kohlenhydrat zu sein, sondern kann auch das Eiweiß und zwar in diesem die Aminosäuren (deren Beziehungen zum Zucker nach Desamidierung experimentell und in vivo dargetan ist) sein, eventuell sogar auch das Fett (hier nicht nur das Glyzerin, sondern auch die freien Fettsäuren).

Und diese zuckerbildende Eigenschaft des Protoplasmas ist entschieden beim Diabetes gesteigert, das virtuell zuckerführende Protoplasma (Kraus) ist reizbarer geworden und antwortet auf jeden Reiz — sei es Nahrungs- oder nervöser Reiz — mit gesteigerter Zuckerbildung.

Nur dürfen wir uns die Dinge nicht so einfach vorstellen, daß etwa das Pankreas (und zwar der Insularapparat) allein die Pathologie des Diabetes zu klären imstande ist, kennen wir doch eine Reihe von Organen und Organfunktionen, die sicherlich hier in dieses kohlenhydratmobilisierende Getriebe hemmend und fördernd einwirken. Die größte Wichtigkeit beansprucht in dieser Frage neben dem Insularapparat des Pankreas die Hypophyse. Wir können darüber kurz folgendes sagen: Der Insulardiabetes, d. h. die z. B. beim Hunde nach vollkommener Exstirpation des Pankreas eintretende konstante Glykosurie, die auf dem Ausfall der Langerhansschen Inseln beruht, stellt einen Diabetes dar, dessen Wesen als Wegfall einer Hemmung neben der Regulation der Zuckerverbrennung am ehesten zu denken ist; und zwar bezieht sich — wie oben schon ausgeführt — diese Hemmung auf die Zuckermobilisierung. Andererseits wird wieder die Hypophyse im Sinne jener Mobilisierung wirksam sein, indem analog dem Aschnerschen Zuckerstich in den Boden des dritten Ventrikels, diese die graue Substanz des Zwischenhirns, in der wohl ein Stoffwechselzentrum zu suchen ist, reizt. Dieses übergeordnete Zentrum beeinflußt wohl das Zuckerzentrum in der Medulla oblongata, so daß also die Hypophyse ebenfalls einen Reizfaktor beim Diabetes abgeben muß.

Wir werden also im wesentlichen den Diabetes aufzufassen haben als einen zur Zuckerausschüttung und damit zur Hyperglykämie führenden Reizzustand neben dem Lähmungszustand der Zuckerbrennung, ausgelöst durch den Ausfall einer hemmenden Funktion (Insulardiabetes) oder durch das Übermaß einer Reizbildung (hypophysärer Diabetes) oder durch eine Kombination beider (Kombinationsform). Die Analyse der Diabetesfälle ergibt klinisch nur wenige Fälle, die einem reinen Insulardiabetes gleichen, wie man ihn beim Tiere auslösen kann durch Exstirpation des ganzen Pankreas, ergibt auch nur wenige Fälle von Diabetes mit hypophysärem Charakter (charakteristisch durch die Polyurie!), die meisten Fälle sind wohl Kombinationsformen. Dafür spricht auch die von Weichselbaum zuerst betonte und von Heiberg erweiterte Tatsache, daß man bei Diabetikern regelmäßig Veränderungen an den Langerhauszellen sowohl quantitativer Art (Verminderung) wie qualitativer Art feststellen kann.

Die Therapie des Diabetes mellitus ist die **diätetische Therapie.** Unser vor Augen stehendes Ziel ist das, die Zuckerausscheidung herabzusetzen oder zu verhüten, mit anderen Worten, die Toleranz des Diabeteskranken für Kohlenhydrate zu steigern; wissen wir doch durch viel tausendfache Erfahrung, daß durch diätetische Schonung sich das Dissimilationsvermögen für Kohlenhydrate hebt, durch Überlastung sich verschlechtert (Naunyn-Hoffmannsches Gesetz). Allerdings können diese Prinzipien keine ganz allgemeine Geltung haben, zum mindesten erschöpfen sie auch nicht unsere ganzen Aufgaben der Diabetestherapie.

Das wesentliche Prinzip in der Diätetik des Diabetes ist die Begrenzung der Nahrung, quantitativ und qualitativ. Dabei ist nicht allein Rücksicht zu nehmen auf die Zufuhr der

Kohlenhydrate, sondern auch auf die Zufuhr des Eiweißes. Das gilt nicht nur für die schweren und mittelschweren Fälle, sondern auch für die leichten Fälle. Ja es ist überhaupt wahrscheinlich, daß die Besserung der Toleranz, an diesem Begriff müssen wir unbedingt festhalten, lediglich dadurch bedingt ist, daß ein gewisser von der Nahrung zur Zuckerbildung ausgehender Reiz eingeschränkt ist. Dafür spricht zum Beispiel auch die relativ gute Ausnützung des Hafermehls bei manchen Diabeteskranken schwersten Grades, die große Mengen Eiweißzucker ausschieden; dafür spricht auch, daß man mit einer Reduzierung der Nahrung bei der schwersten Form des Diabetes oft bessere Resultate erzielt, als mit weitestgehender Beschränkung der Kohlenhydrate und daß auch bei der leichten Form dasselbe Gesetz gilt.

Wir werden also bei der Einstellung eines Diabeteskranken folgende Dinge abzuwägen haben: die Größe der Nahrungszufuhr überhaupt, die Größe der Kohlenhydratzufuhr und die Größe der Eiweißzufuhr. Auf diese drei Dinge muß der Toleranzbegriff beim Diabetes ausgedehnt werden.

Der Kalorienumsatz beim Diabeteskranken.

Die Zahl der einwandfreien 24stündigen Untersuchungen über den Umsatz des Diabeteskranken, die in der Literatur vorliegen, ist außerordentlich gering. Kurzdauernde, etwa mit dem Apparate von Zuntz-Geppert ausgeführte Respirationsversuche zur Bestimmung des Gesamtumsatzes sind beim Diabeteskranken unbrauchbar. Aus eigenen Versuchen der jüngsten Zeit ergibt sich, daß sowohl der Diabeteskranke der leichten Form wie der schweren Form einen 24stündigen Kalorienumsatz aufweist wie der normale Mensch, sofern er auf Erhaltungsdiät gesetzt ist. Anders liegen die Dinge, wenn man einen Diabeteskranken überfüttert bzw. unterernährt. Bei abundanter Ernährung fallen a priori die Kohlenhydrate fort, es tritt Eiweiß in größerer Menge, desgleichen Fett in den Umsatz. Dadurch muß gegenüber dem Gesunden an sich schon wegen der spezifisch dynamischen Wirkung des Eiweißes der Umsatz steigen. Weiter lehrt die Erfahrung, daß üppig ernährte Diabeteskranke selbst mit kalorischer Zufuhr von 50 bis 60 bis 70 Kalorien sich nicht im kalorischen Gleichgewicht zu halten vermögen, daß also beim Diabeteskranken die Nahrung einen den Umsatz steigernden Einfluß ausübt. Gelingt es doch auch nicht beim schweren Diabeteskranken bei allerreichlichster Zufuhr der Nahrung N-Ansatz zu erzielen! Dagegen zeigt sich andererseits, daß ein Diabeteskranker auch bei starker Einschränkung der Nahrungszufuhr kalorisch unter Umständen sein Auslangen findet, daß also der Diabeteskranke auch seinen Umsatz bis unter die Norm einzuschränken vermag, das setzt allerdings voraus, daß dann der Diabeteskranke einen großen Teil seines Protoplasmas abgeschmolzen haben muß, und das tut er ja meist, wenn er aus dem leichten Stadium in das schwere Stadium übergeht. Es sind also die Verhältnisse des Umsatzes, wie wir sie bei chronischer Unterernährung finden, auch ohne weiteres in diesem Sinne auf den unterernährten Diabeteskranken zu übertragen.

In Rücksicht muß man bei der Berechnung der Kost selbstverständlich ziehen, daß der Kalorienwert der Nahrung beim Diabeteskranken durch den Zuckerverlust im Harn entwertet wird.

Beispielsweise: ein 70 kg schwerer Patient bekommt mit der Nahrung 2450 Kalorien zugeführt, das sind 35 Kalorien pro Kilogramm Körpergewicht. Er scheidet dabei rund 100 g Dextrose durch den Harn aus. Folglich gehen ihm 100 $\times$ 4,1 Kalorien von der Nahrung verloren, das sind 410 Kalorien; dieser Betrag ist also von dem Brennwert der Nahrung abzuziehen, so daß ihm de facto nur 2450 — 410 = 2040 Kalorien oder 29,1 Kalorien pro Kilogramm Körpergewicht zur Verfügung stehen.

Man wird also stets einen Diabeteskranken unter Berücksichtigung des Brennwertes des ausgeschiedenen Zuckers kalorisch einstellen. In unserem Beispiel müßte also, wenn der Diabeteskranke auf 35 Kalorien pro Kilogramm Körpergewicht eingestellt werden sollte, der Brennwert der Nahrung um 410 Kalorien erhöht werden. Es spielt dabei gar keine Rolle, woher der Zucker stammt, ob lediglich aus den genossenen Kohlenhydraten oder auch aus dem Eiweiß, da hier die ausgeschiedene Dextrose rein dynamisch bewertet wird.

Als kalorisches Maß empfehlen sich beim Diabeteskranken in der Ruhe 30 Kalorien pro Kilogramm Körpergewicht, bei mittelschwerer Arbeit 35—40, bei schwerer Arbeit 40—45 Kalorien. Da indessen der schwerere Diabeteskranke meist nur geringe körperliche Arbeit leistet, genügt eine Einstellung von 30—35 Kalorien pro Kilogramm Körpergewicht. Gewisse Ausnahmen müssen wir für die schwere Form des Diabetes machen, wo wir mit Rücksicht auf den Unterernährungszustand und die Schwere des Falles unter Umständen die Kalorienzufuhr noch stärker erniedrigen (s. S. 195).

Die Vorteile und Nachteile der Kohlenhydratentziehung beim Diabetes.

Die Beschränkung der Kohlenhydrate, die in leichten bzw. mittelschweren Fällen die Glykosurie vermindern, ist nicht nur indiziert, weil man dadurch die Toleranz hebt (während umgekehrt durch große Zufuhr die Toleranz vermindert wird), der Wert der Beschränkung liegt auch darin, daß sich mit der Verminderung der Glykosurie auch die Hyperglykämie vermindert und das soll unser therapeutisches Hauptziel sein; ist doch die Glykosurie nur Symptom des erhöhten Blutzuckerspiegels (normal ist der Blutzuckergehalt nicht höher als 0,1%; beim Diabetes ist er oft weit über diesen Wert erhöht).

Ganz gewöhnlich macht man die Hyperglykämie, welche das Maß der Zuckervergeudung darstellt, auch verantwortlich für die Vulnerabilität und Infektiosität der Gewebe des Diabeteskranken. Das ist allerdings wahrscheinlich, wenn auch noch nicht über allen Zweifel sichergestellt. Diabeteskranke, welche sich ganz leicht entzuckern lassen, können gleichwohl an dieser hochgradigen Vulnerabilität, besonders der äußeren Teile leiden. Vermutlich hat man darin eine parallel laufende Äußerung der diabetischen Anlage zu sehen. Wenn wir also auch nur mit Einschränkung die Hyperglykämie als das Maß der ganzen Erkrankung gelten lassen, so werden wir diätetisch trotzdem als die wesentlichste Forderung der Diabetes mellitus-Behandlung die Besserung der Hyperglykämie aufstellen. Man kann nun nicht ohne weiteres aus dem Grade der Glykosurie auf den Grad der Hyperglykämie schließen, doch kann man das eine sagen: bis auf die ganz seltenen Fälle von Nierendiabetes entspricht einer erheblichen Glykosurie auch eine bedeutende Hyperglykämie. Der gegenteilige Schluß ist nicht gerechtfertigt, da die Glykosurie schwinden kann, wenngleich für uns nachweislich noch nicht der Zuckerspiegel im Blute wesentlich gesunken zu sein braucht. Es ist dies nur dadurch zu erklären, daß beim Diabetes mellitus gegenüber dem Normalen die Niere einen höheren Schwellenwert des Blutzuckers aufweist. Erst allmählich pflegt dann im allgemeinen bei einem aglykosurischen Diabetiker auch der Zuckerspiegel im Blute zu sinken.

Es könnte nach diesen Auseinandersetzungen als die einfachste Diabetesbehandlung diejenige erscheinen, bei der man von vornherein einem Diabeteskranken die gesamten Kohlenhydrate der Nahrung streicht und im übrigen eine kalorisch eben zureichende Kost verabreicht. Indessen stehen einer derartigen wahllosen Ausschaltung der Kohlenhydrate aus der Nahrung Nachteile, z. T. recht schwerwiegender Natur, gegenüber. Einmal in subjektiver Weise für den Patienten. In der Norm genießen wir ja 50% der gesamten Energiemenge der Nahrung in Form von Kohlenhydraten. Diese sind erstens ein leicht bekömmliches und assimilierbares Nahrungsmittel, zweitens außerordentlich wohlschmeckend, und drittens pflegen wir im allgemeinen die Kohlenhydrate als Unterlagen für den Genuß von Fetten und Eiweiß zu benutzen (z. B. die Kartoffeln beim Mittagessen, die mit Butter bedeckten Brotschnitten usw.). Werden daher einem Patienten sämtliche Kohlenhydrate entzogen, so wird sein subjektives Wohlbefinden nur sehr gestört, da die gute Laune nicht zum kleinsten Teile von der Befriedigung des Gaumens, namentlich durch die frugalsten Nahrungsmittel, abhängt.

Aber ganz abgesehen von diesen subjektiven Momenten bringt die strikte Entziehung der Kohlenhydrate beim Diabetes intermediäre Stoffwechselstörungen mit sich, die unter Umständen den Tod durch das Coma diabeticum zur Folge haben können. Selbst der Gesunde reagiert schon auf die Ausschaltung der Kohlenhydrate aus der Nahrung mit dem Auftreten von Azetonkörpern.

Darunter versteht man Verbindungen, die untereinander in Beziehung stehen, das sind die β-Oxybuttersäure, die Azetessigsäure und das Azeton. Die β-Oxybuttersäure entsteht durch Oxydation aus der Azetessigsäure. Aus der Azetessigsäure entsteht durch Abspaltung von CO_2 Azeton. Diese drei Körper entstehen wohl dauernd im Stoffwechsel aus den Nahrungsfetten, zum Teil wohl auch aus dem Eiweiß, werden aber sofort total zu CO_2 und H_2O, verbrannt, sind also nur intermediar auftretende Spaltprodukte.

$$
\begin{array}{lcl}
CH_3 & & CH_3 \\
| & & | \\
CHOH + O & = & CO + H_2O \\
| & & | \\
CH_2 & & CH_2 \\
| & & | \\
COOH & & COOH \\
\text{Oxybuttersäure} & & \text{Azetessigsäure}
\end{array}
$$

$$
\begin{array}{lcl}
CH_3 & & CH_3 \\
| & & | \\
CO & = & CO \\
| & & | \\
CH_2 & & CH_3 \\
| & & \overline{CO_2} \\
COOH & & \\
\text{Azetessigsäure} & & \text{Azeton} + CO_2.
\end{array}
$$

In pathologischen Zuständen kommt es nun infolge sekundärer Oxydationsstörung zur Ausscheidung von Azeton (Azetonurie), Azetessigsäure (Diazeturie) und β-Oxybuttersäure im Urin; das Azeton wird dabei als leicht flüchtiger Körper zu einem Teile auch durch die Lungen abgegeben. Im allgemeinen erscheint keiner dieser Körper für sich allein im Harne, und wo sich Azeton vorfindet, lassen sich auch Azetessigsäure und Oxybuttersäure nachweisen. Das Azeton entsteht wahrscheinlich erst außerhalb des Körpers durch die leicht zersetzliche Azetessigsäure, so daß sich die Ausscheidung der Azetonkörper re vera auf die Azetessigsäure und β-Oxybuttersäure (letztere wird in überwiegender Menge ausgeschieden) beschränkt. Früher hat man eine Oxydation der β-Oxybuttersäure in Azetessigsäure angenommen. Durch neuere Untersuchungen ist gezeigt worden, daß der Körper nicht nur die β-Oxybuttersäure zu Azetessigsäure zu oxydieren vermag, sondern daß er auch die Azetessigsäure zu β-Oxybuttersäure umwandelt.

Die Ausscheidung der Azetonkörper beim Gesunden bei einer reinen Fett-Eiweißdiät kann nach Verlauf mehrerer Tage schon erheblichere Grade aufweisen (bis zu mehreren Gramm β-Oxybuttersäure, und wenigen Gramm Azeton bzw. Azetessigsäure), im absoluten Hunger trifft man mitunter Werte einer täglichen β-Oxybuttersäureausscheidung bis zu 20—30 g an. Trotzdem ist die Ausscheidung dieser Azetonkörper beim Gesunden unter Fortlassung der Kohlenhydrate (es gibt hier sicher eine Gewöhnung, die schließlich zur Minderung der Azetonkörperausscheidung führt) nie so hochgradig, wie sie beim Diabetes mellitus unter Umständen gefunden wird.

Beim Diabetes mellitus findet man das Auftreten von Azetonkörpern bei allen drei Formen, wenn man die kohlenhydratfreie Diät verabfolgt; während aber die Azetonkörperausscheidung unter diesen Verhältnissen bei der leichten Form (und auch meist noch bei der mittelschweren Form) sich annähernd in den Grenzen hält wie beim Gesunden unter kohlenhydratfreier Kost, ja allmählich infolge Gewöhnung verschwinden oder bis auf einige Zentigramm Azetonurie eingeschränkt werden kann, tritt bei der schweren Form des Diabetes mit beständiger stärkster Zuckermobilisierung unter Umständen ganz plötzlich nach Entziehung der Kohlenhydrate eine erhebliche Azetonkörperausscheidung ein, die außerordentlich hohe Werte von β-Oxybuttersäure im Harn gefunden. Infolge der hierdurch intermediär entstehenden Azidosis kann es dann, wie wir durch die Naunynsche Schule wissen, zum Auftreten von Coma diabeticum kommen. Andererseits bedeutet der Verlust großer Mengen dieser Körper auch dem Diabetiker ein kalorisches Defizit in seiner Ernährung.

Aber selbst bei kohlenhydrathaltiger Diät kann es bei der schweren Form des Diabetes zu einer Azidosis kommen, indem auch aus dem Eiweiß Zucker gebildet und ausgeschieden wird, und so intermediär die Kohlenhydratverbrennung auf ein Minimum reduziert wird. Es ist nämlich nicht das Kreisen der Kohlenhydrate im Blute, was die Azidosis verhindert, sondern die Verbrennung der Kohlenhydrate, an deren Feuer die Azetonkörper verbrennen können. Wo sich also dauernd trotz reichlicher Kohlenhydratzufuhr eine Azidosis findet, spricht das a priori für das Bestehen der schweren Form des Diabetes.

Aus diesem Grunde ist die Einstellung der Nahrung des Diabeteskranken inbezug auch auf die Kohlenhydrate von außerordentlich weittragender Bedeutung nach zwei Richtungen: **Man darf dem Diabeteskranken die Kohlenhydrate auf die Dauer weder wahllos gestatten noch verbieten**, man muß ihn genau von Fall zu Fall „einstellen", nachdem man zuvor seine „Toleranz" gegenüber diesen Nahrungsstoffen festgestellt hat.

Feststellung der Toleranz beim Diabeteskranken.

Die prozentische Feststellung des Zuckergehaltes im Urin des Diabeteskranken besagt wenig: wir müssen eine eingehende Kenntnis der genossenen Nahrung, vor allem auch nach der quantitativen Seite hin, voraussetzen. Man berechnet dann den Kalorienwert, den Eiweißgehalt, den Kohlenhydratgehalt der Nahrung, die Flüssigkeitszufuhr, bestimmt ferner die Urinmenge während der entsprechenden 24stündigen Periode, den Zuckergehalt des Urins und berechnet daraus die 24 stündig ausgeschiedene Zuckermenge. Durch qualitative Proben überzeuge man sich von der An- oder Abwesenheit von Azeton (Legal) und Azetessigsäure (Gerhardtsche Eisenchloridprobe); sind diese beiden Proben negativ ausgefallen, so fehlt sicher die β-Oxybuttersäure im Harne. Ist Azetessigsäure in erheblicherem Maße vorhanden (der Harn wird burgunderrot nach Zusatz von Eisenchloridlösung), dann bestimmt man die Linksdrehung des vergorenen Harns; ist diese stärker als $-0{,}2^{\circ}$, so handelt es sich um erheblichere Grade von β-Oxybuttersäureausscheidung.

Man kann auch approximativ aus dem Grade der Linksdrehung des vergorenen Harns die β-Oxybuttersäureausscheidung berechnen: Jedem Grad Linksdrehung im Saccharimeter entspricht dann 2,2 g β-Oxybuttersäure. Oder aber man hält sich an die ausgeschiedenen Ammoniakmengen. Mengen von 2—3 g zeigen mäßige Azidosis, solche von 4—5 g eine hochgradige Azidosis an.

Schließlich kann man auch den Grad der Azidosis ermessen aus der Menge der zur Alkalisierung des Harns per os notwendig zu verabreichenden Menge Natron bicarbonicum. Bis zu 10 g täglich benötigtes Natron bicarbonicum zeigt geringe Azidosis an; machen selbst 20 bis 30 g Natron bicarbonicum den Harn nicht sauer, so ist die Azidosis hochgradig.

Auf diese Weise orientieren wir uns über die Menge der genossenen Kohlenhydrate, des ausgeschiedenen Zuckers und ziehen die Bilanz zwischen der Kohlenhydrateinnahme und -ausgabe unter gleichzeitiger Berücksichtigung der Azetonkörper. Ist die Bilanz positiv, so hat der Kranke einen Teil der mit der Nahrung verabreichten Kohlenhydrate assimiliert; ist die Bilanz negativ, so stammt die Mehrausscheidung aus einer anderen Quelle als den in der Nahrung verabreichten Kohlenhydraten.

Diese Mehrausscheidung könnte einmal aus Resten von Kohlenhydraten stammen, die noch im Körper zirkulieren bzw. als Glykogen aufgespeichert waren, oder aber der Körper muß aus anderen Nahrungsstoffen Zucker gebildet haben. In der Diabeteslehre stellen wir uns praktisch auf den Standpunkt, daß aus Eiweiß Zucker entstehen kann; infolgedessen beziehen wir im allgemeinen beim Diabetes die Mehrausscheidung von Zucker gegenüber der Zufuhr von Kohlenhydraten in der Nahrung auf Zuckerbildung aus Eiweiß; wie weit diese Lehre wissenschaftlich als einwandfrei zu gelten hat, sei hier nicht erörtert. Rein praktisch ist sie aber in der Diabetestherapie ein Postulat.

Will man die Toleranz des Diabeteskranken ergründen, will man überhaupt feststellen, mit welcher Form des Diabetes wir es zu tun haben — und danach müssen wir ja den Weg in unserer Therapie einschlagen —, so genügt keineswegs die einmalige Feststellung der Kohlenhydratzufuhr und -Ausscheidung, vielmehr müssen wir durch längere Zeit hindurch täglich Einnahme und Ausgabe an Kohlenhydraten bestimmen unter Berücksichtigung der übrigen Nahrung. Hierbei muß man aber bei der Ausrechnung der Bilanzen auf eines Bedacht nehmen: Schwankt die tägliche Zufuhr der Nahrung überhaupt und der Kohlenhydrate im besonderen von Tag zu Tag sehr stark, so wird die tägliche Bilanz unsicher; man achte also darauf, daß die Zufuhr der Nahrung inbezug auf Kaloriengehalt, Eiweiß- und Kohlenhydratgehalt eine annähernd konstante in der ersten Periode, in der der betreffende Patient zur Untersuchung kommt, bleibt; diese Untersuchungsperiode braucht nur wenige Tage zu dauern, wenn man dem Patienten aufgibt, die Nahrung genau so zu wählen, wie er sie in den letzten Tagen vor seiner Behandlung gewählt hat. (Dabei muß allerdings die Nahrung genau abgewogen werden.) Bei dieser Diät beläßt man dann den Patienten etwa drei Tage. Jetzt kann man bereits erkennen, ob der Patient einen Teil der Kohlenhydrate noch assimiliert oder nicht, d. h. ob er zur leichten Form gehört oder zur schweren. Im ersteren Falle, wo wir also eine relativ große positive Bilanz festgestellt haben werden, kann man dann getrost dem Patienten, der lediglich eine Empfindlichkeit gegenüber den Kohlenhydraten besitzt, die Kohlenhydrate aus der Nahrung völlig entziehen, ohne eine schwerere Schädigung durch eine Azidosis besorgen zu müssen.

Meist wird noch am ersten Tag bzw. auch noch mehrere Tage nach der Kohlenhydratentziehung Zucker ausgeschieden, bis dann dieser allmählich decrescendo verschwindet, gleichzeitig unter Auftreten von geringen Mengen von Azetonkörpern. Man hat alsdann den Befund eines leichten Diabetes mellitus erhoben und kann nun, nachdem der Patient einige Zeit lang kohlenhydratfrei geblieben ist, mit der Verabreichung von Kohlenhydraten in kleiner Menge, und zwar zunächst in Form von Brot beginnen. (Man beginnt mit der Verabreichung von 20 g Kohlenhydraten, steigt dann, wenn der Harn zuckerfrei bleibt, auf 30, 50, 100 usw. und stellt schließlich die Grenze der Kohlenhydratmenge in der Nahrung fest, bei der soeben eine Zuckerausscheidung erfolgt — Toleranzgrenze.) Entsprechend den Kohlenhydratabstrichen müssen natürlich Fettzulagen gewährt werden zur Deckung des Kalorienbedarfes.

Haben wir andererseits in den ersten Tagen unserer Beobachtung festgestellt, daß der Zuckerkranke eine negative Zuckerbilanz oder eine nur geringe positive Zuckerbilanz aufweist, so wird man, um die Gefahr einer Azidosis zu vermeiden, nicht brüsk die Kohlenhydrate der Nahrung entziehen, sondern allmählich mit der Kohlenhydratzufuhr herabgehen, unter stetiger Verfolgung der Bilanz und stetiger Kontrolle der Azetonkörperausscheidung; man kann in Etappen von 2 bis 3 Tagen getrost um kleinere Beträge der Kohlenhydratzufuhr herabgehen, sofern keine Azetonkörperausscheidung erfolgt, wobei man dann in vielen Fällen feststellt, daß sich das Assimilationsvermögen mit der Verminderung der Kohlenhydratzufuhr bessert; in solchen Fällen kann man in mehr oder minder kürzeren Fristen getrost auf kohlenhydratfreie Diät übergehen (und zwar unter eventueller Beschränkung der Eiweißzufuhr, s. w. u.), wobei sich dann nach einiger Zeit (8—10 Tagen) herausstellt, daß der Patient zuckerfrei wird (mittelschwere Form). In diesen Fällen ist ein Auftreten von Azetonkörpern nicht von übler prognostischer Bedeutung.

Beispiel.

	Zufuhr der Kohlenhydrate	Ausscheidung von Zucker	Bilanz
Tag 1.	120	140	−20
„ 2.	120	135	−15
„ 3.	80	90	−10
„ 4.	80	96	−16
„ 5.	60	77	−17
„ 6.	60	72	−12

Bei der schweren Form des Diabetes, bei der sich keine Besserung der Assimilation auch bei größerer Beschränkung der Kohlenhydratzufuhr zeigt, ist die auf längere Zeit hin erfolgende Entziehung von Kohlenhydraten oft von schlechten Folgen (Azidosis) begleitet. Trotzdem soll man bei bestehender Azidosis, sofern die tägliche Ausscheidung von β-Oxybuttersäure nicht mehr als einige Gramm beträgt, auch bei der schweren Form nicht allzu ängstlich mit der Herabsetzung der Kohlenhydratzufuhr sein, wenn der Patient bei entsprechender Gesamternährung und kleiner Eiweißzufuhr ins Stickstoffgleichgewicht zu bringen ist. Gerade in diesen Fällen beobachtet man oft, wie durch eine langsame Einschränkung der Kohlenhydrate die Azidosis sich bessert.

Man wird bei der Feststellung der Toleranz sehr bald erkennen, daß die Glykosurie bei der mittelschweren und schweren Form, die ineinanderfließende Übergänge bilden, ebenso wie auch bei der leichten Form abhängig ist von der **Zufuhr des Eiweißes** in der Nahrung. Reichliche Zufuhr von Eiweiß steigert die Glykosurie; man wird daher von vornherein bei der Einstellung des Diabeteskranken bzw. bei der Feststellung seiner „Toleranz" auf diesen Umstand Bedacht nehmen und im allgemeinen die Eiweißzufuhr so weit einschränken, daß die täglich ausgeschiedene Stickstoffmenge nicht mehr als 8—10 g beträgt; **dem entspricht eine obere Grenze der Eiweißzufuhr von 70 g Eiweiß (Netto) oder 80 g Roheiweiß.**

Wenn wir von Toleranz des Diabeteskranken gegenüber Kohlenhydraten und Eiweiß sprechen, so dürfen wir uns nicht vorstellen, daß es völlig belanglos ist, welches Kohlenhydrat oder Eiweiß ein Diabeteskranker erhält, in dem Sinne, daß diese in der Wirkung auf die Glykosurie gleich zu beurteilen sind, vielmehr bestehen in deren Erträglichkeit weitgehende Differenzen, die weiter unten besprochen werden sollen.

Für den praktischen Arzt ist die Einstellung eines Diabeteskranken zur Bestimmung seiner Toleranz stets von gewissen Schwierigkeiten gefolgt, die darin bestehen, daß eine tägliche genaue Kontrolle der Nahrung in quantitativer Richtung und eine tägliche Urinmengen- und Zuckerbestimmung durch längere Zeit notwendig wird. In der

Klinik und in Sanatorien sind aber derartige Einstellungen unbedingt erforderlich; in der Praxis wird man sich meist damit begnügen, eine bestimmte Diät vorzuschreiben, die durch 3—4 Tage hindurch genommen wird und deren Kohlenhydratgehalt dann durch Zulage von Weißbrot beliebig geändert werden kann. Wir fügen ein derartiges Schema der Probediät an:

Morgens: I. Frühstück: 250 ccm Kaffee oder Tee mit 2 Eßlöffel Rahm, 1 Ei, 50 g kaltes Fleisch (Wurst). [Zulage von Kohlenhydraten in Form von Brot.]

II. Frühstück: 1 Tasse Fleischbrühe, 1 Ei.

Mittags: Fleischbrühe, 50 g Fleisch jeglicher Art. Salat mit Mayonnaisen, Sauce. Gemüse (Spinat, Wirsing, Blumenkohl, Spargel) mit etwa 30 g Butter. [Nachtisch Obst.]

Nachmittags: 250 g Tee mit Rahm.

Abends: Salat mit Essig und Öl (20 ccm), 50 g kaltes Fleisch, 1 Ei (Wurst), 200 g Gemüse (20 g Butter). [Zulagen von Kohlenhydraten in Form von Brot.]

Getränke: kohlensaure Wässer, Weiß- oder Rotwein.

Zu dieser Kost kann man 50 oder 100 g Weißbrot geben und falls bei einer solchen Kost kein Zucker ausgeschieden wird, nun eine Zulage von weiteren 50—100 g Weißbrot pro die bewilligen; im anderen Falle geht man auf 50 g Weißbrot herab bzw. zur kohlenhydratfreien Nahrung über, sofern die Aufstellung der Bilanz zwischen Einnahme und Ausgabe eine positive ist. Ist sie negativ, so empfiehlt es sich, zunächst auch den Eiweißgehalt der Nahrung zu reduzieren, im ganzen etwa nicht mehr als 200 g Fleisch zu geben, dafür aber entsprechend den Fettgehalt der Nahrung zu steigern (durch Zulage von Butter, die leicht in Gemüsen untergebracht werden kann, event. durch Zulage von Speck, Wurst, Knochenmark, Öl usw.).

Die Kohlenhydrate in der Diabetestherapie.

Es war schon oben gesagt, daß die Kohlenhydrate in der Diabetestherapie verschieden wirken: sie haben zum Teil eine differente spezifisch-chemische Wirkung, deren Kenntnis in der Diabetestherapie praktisch wichtig ist. Strauß reiht die Kohlenhydrate nach ihrer Verträglichkeit in folgende Skala ein: Galaktose, Glukose, Saccharose, Amylum (Weizenmehl), Laktose, Lävulose. Nach Verabfolgung von Lävulose und Galaktose erscheinen diese als solche im Harn wieder.

1. Lävulose. Fruchtzucker, früher von Külz als Diabeteszucker empfohlen, ist hauptsächlich in Früchten enthalten. Fraglos kommt für den Diabetes diesem Zucker eine besondere Bedeutung zu, denn erstens vermag der pankreas-diabetische Hund aus Lävulose Glykogen aufzubauen und ferner vermag die Lävulose den gesteigerten Eiweißumsatz des pankreas-diabetischen Hundes herabzusetzen. Sicherlich verwerten manche Diabetiker diesen Zucker sehr gut, desgleichen zeigen manche Diabetiker eine hohe Toleranz für Früchte, was auf

der Anwesenheit dieses Zuckers beruht. Manchmal finden wir aber auch wieder bei Verabreichung von Lävulose an Diabeteskranke eine gleiche Intoleranz wie gegen Dextrose.

2. Das Inulin ist ein Polysaccharid der Lävulose und in dem Topinambur, dem Mehl aus den Knollen von Helianthus tuberosus, enthalten. Weiter findet es sich in Stachys affinis, in den Zichorienwurzeln, Löwenzahnwurzeln, Schwarzwurzeln, Artischocken. Es ist praktisch der Lävulose gleich zu bewerten. Sicherlich ist es also dem gewöhnlichen Mehl vorzuziehen.

3. Rohrzucker (Saccharose) = Disaccharid aus einem Molekül Dextrose und einem Molekül Lävulose. Geht zum größten Teil in Dextrose über; in diesem Sinne ist es praktisch in der Diabetestherapie nicht zu verwerten.

4. Maltose = Disaccharid aus zwei Molekülen Dextrose. Die Toleranz der meisten Diabetiker gegen Maltose ist sehr gering; daher ist das Bier in schweren Fällen ganz zu verbieten.

5. Galaktose. Bei Verabreichung größerer Mengen erscheint im Harn des Diabetikers neben Dextrose auch Galaktose. Hinsichtlich der Toleranz findet sich ein ähnliches Verhalten wie bei der Lävulose.

6. Laktose. In schwereren Fällen von Diabetes wird der Milchzucker oft recht schlecht vertragen; in leichten Fällen mitunter sehr gut. Daher ist die Milch nur mit gewissen Kautelen in der Diabetestherapie verwendbar. Der Kohlenhydratgehalt der Milch ist bei saurer Milch gegenüber der frischen nicht wesentlich verringert; wohl aber bei Kefir und Kumys.

7. Die Mehlsorten. Unterschiede zwischen Weizen- und Hafermehl konnten Falta und Gigon nicht feststellen; daß indessen gerade das Hafermehl selbst für schwere Fälle von Diabetes mellitus noch z. T. assimilierbar ist, beweisen die guten Erfolge der v. Noordenschen Hafermehlkuren (s. w. u.).

8. Vielleicht hat noch die Zellulose in der Diabetestherapie eine gewisse Aussicht. So fanden Schmidt und Lohrisch bei Verfütterung von Zellulose aus Weißkraut keine Vermehrung von Zucker bei Diabetikern, trotzdem man eine Resorption von etwa 75% der Substanz annehmen konnte. Als Präparat ist von den Autoren jetzt eine „Diazellose" in den Handel eingeführt, das bei großen Mengen (80—110 g) im Mittel zu 60%, bei kleinen Dosen (von 80 g pro Tag) zu etwa 75% ausgenutzt wird. Diese Agarhemizellulose vermehrt angeblich die Glykosurie nicht.

Die Eiweißkörper.

Die Eiweißkörper zeigen nicht nur in schweren und mittelschweren Fällen sondern auch in leichteren Fällen von Diabetes mellitus einen derartigen Einfluß auf die Ausscheidung des Zuckers im Harn, daß wir uns praktisch auf den Standpunkt stellen müssen, daß das Eiweiß der Nahrung zuckermobilisierend wirkt, wobei es selbst zur

Quelle des Zuckers wirkt. Es zeigt sich auch hier ein gewisser Unterschied in der Einwirkung der Eiweißkörper auf die Glykosurie, die sich nach Falta in folgender, nach ihrer Wirkung absteigende Skala anordnen läßt: Kasein, Serumalbumin, koaguliertes Ovalbumin, Blutglobulin, Hämoglobin, genuines Ovalbumin. Es hängt diese Verschiedenheit ihrer Wirkung auf die Glykosurie hauptsächlich wohl von der Schnelligkeit ab, mit der diese Eiweißkörper im Körper zersetzt werden. Da alle diese Eiweißkörper in schweren Fällen von Diabetes mellitus einen gleichen Einfluß auf die Stärke der Glykosurie haben, so ist hier praktisch eine Unterscheidung der Eiweißkörper nicht nötig; in leichteren Fällen treten Unterschiede zutage: so wirkt Milcheiweiß und Fleisch stärker als Pflanzeneiweiß, in der Mitte steht Hühnereiweiß; ganze Eier wirken nach Lüthje und Falta (wohl infolge ihres hohen Lezithingehaltes) ungünstiger als reines Eiereiweiß. Praktisch ergibt sich hieraus die Konsequenz, in den Fällen von Diabetes, in denen die völlige Entzuckerung durch Einschränkung des Eiweißes herbeigeführt werden soll, das Eiereiweiß und Pflanzeneiweiß zu bevorzugen.

Daß man auch bei leichteren Fällen von Diabetes bei der Eiweißzufuhr nicht über ein gewisses Maß hinausgehen soll, mag hier ausdrücklich nochmals betont werden. Diese Einschränkung des Eiweißes der Nahrung ist auch für den leichten Diabeteskranken dringend zu fordern: die günstige Beeinflussung der leichten Fälle von Diabetes während der Kriegszeit durch die Kriegsernährung in Deutschland beruht nicht zuletzt auf dieser Reizwirkung des Eiweißes. Die optimale Eiweißmenge dürfte für den Diabeteskranken nicht viel über dem Eiweißminimum liegen, daher 60—70 g Nettoeiweiß (80 g Roheiweiß) die obere Grenze der zulässigen Eiweißmenge sein. Doch soll auch dieser Wert vorübergehend noch eingeschränkt werden können.

Die Fette.

Nach allen in der Literatur vorliegenden Erfahrungen darf man getrost behaupten, daß praktisch — bis auf vereinzelte Fälle — das Fett auch in schweren Fällen von Diabetes mellitus nicht zur Quelle der Glykosurie wird. Man wird allerdings auch hier eine bestimmte obere Grenze der Fettzufuhr einzuhalten haben, weil durch Fett eine kalorische Umfangzunahme der Nahrung eintritt, die den Eiweißüberschuß der Nahrung für den Diabeteskranken verderblich machen kann. Abundante Fettzufuhr darf daher ohne besondere Berücksichtigung der Eiweißzufuhr dem Diabeteskranken nicht gegeben werden.

Im allgemeinen stellt also gerade das Fett unsere Hauptstütze in der Therapie des schweren Diabetes dar, und die Azidosis in schweren Fällen von Diabetes pflegen wir nicht sowohl durch Entziehung des Fettes zu bekämpfen, als durch Zufuhr von Kohlenhydraten (s. w. u.) und Erniedrigung der Eiweißzufuhr.

Nicht speicherbare Energieträger in der Diabetestherapie.

In der Therapie des Diabetes mellitus, vor allem in der schweren Form, können wir den Alkohol kaum missen. Er stellt uns eine Quelle der Wärme dar, ohne daß die Glykosurie gleichzeitig gesteigert wird; ja in schweren Fällen läßt sich sogar nach Neubauer ein Heruntergehen der Glykosurie, ja event. auch der Ketonurie feststellen, was darauf zurückzuführen ist, daß das Eiweiß durch den Alkohol aus der Zersetzung zurückgedrängt wird.

Man kann daher getrost schweren (und auch leichteren Diabeteskranken) $^1/_2$ Flasche Rot- oder Weißwein gestatten; statt dessen auch etwa 50 g Kognak. Das hat den Vorteil, daß dadurch die Verdaulichkeit des Fettes gehoben wird und andererseits 30 g Alkohol (soviel ist etwa in den obigen Mengen enthalten) etwa 20 g Fett ersparen.

Der Inosit (Hexahydroxylbenzol), besonders in grünen Bohnen vorkommend, ebenso wie der in den Pilzen, Endivien, Artischocken und anderen Gemüsen vorkommende Mannit, spielt für die Glykosurie keine Rolle.

Diätetik.

Es gibt in gewissem Sinne keine verbotenen Speisen für den Diabeteskranken. In der Praxis allerdings können wir nicht umhin, dem Diabeteskranken, der ja nicht eine vorübergehende Krankheit hat, sondern der immer Diabeteskranker bleibt, mag seine Toleranz sich auch noch so gebessert haben, bestimmte Speisen als verboten hinzustellen, um ihm so andererseits eine freiere Auswahl unter gewissen anderen Nahrungsmitteln zu gestatten. Das trifft vor allem für die leichteren Fälle von Diabetes mellitus zu.

v. Noorden hat die Nahrungsmittel in drei Reihen eingeteilt, je nach ihrer Kohlenhydratfreiheit und nach ihrem Kohlenhydratreichtum. Im folgenden geben wir diese Tabellen nach v. Noorden wieder. Die Toleranz in diesen Tabellen wird hier nach der Verträglichkeit von Weißbrot bewertet. 100 g Weißbrot entsprechen dabei 60 g Kohlenhydrat.

Die Tabelle I nach v. Noorden umschließt die Nahrungsmittel, die jeder Diabeteskranke genießen darf; sie sind zwar nicht vollkommen kohlenhydratfrei, doch ist die Menge der Kohlenhydrate so gering, daß man sie auch bei „strengster Kost“ gestatten kann. Nur bei notwendiger Beschränkung der Eiweißzufuhr müssen auch diese Speisen dosiert werden.

Frisches Fleisch von Ochs, Kuh, Kalb, Hammel, Schwein, Pferd, Wildbret, zahmen und wilden Vögeln — gebraten, gekocht, geröstet; mit eigener Sauce, mit Butter, mit mehlfreier Mayonnaise und anderen Saucen ohne Mehl — warm oder kalt.

Innere Teile von Tieren: Zunge, Herz, Lunge, Hirn, Kalbsmilch, Nieren, Knochenmark. — Leber von Kalb, Wild und Geflügel bis 100 g, zubereitet gewogen. Mit mehlfreien Saucen.

Äußere Teile der Tiere: Füße, Ohren, Schnauze, Schwanz aller eßbaren Tiere.

Fleischkonserven: Getrocknetes Fleisch, Rauchfleisch, geräucherte und gesalzene Zunge, Pökelfleisch, Schinken, Speck, geräucherte Gänsebrust, amerikanisches und australisches Büchsenfleisch, Sülze, Ochsenmaulsalat.

Würste der verschiedensten Art, soweit sie brot- und mehlfrei sind (Vorsicht!).

Pasteten der verschiedensten Art, auch Straßburger Gänseleberpasteten, in den üblichen Mengen, vorausgesetzt, daß die Pastetenfarce ohne Mehl und Brot bereitet ist. (Nur Primaware Sicherheit.)

Peptone und Albumosen jeder Art (Kemerichs und Kochs Fleischpepton, Somatose), ferner Nutrose, Eukasin, Tropon.

Gelees und Aspiks, aus Kalbsfüßen oder aus reiner Gelatine bereitet.

Frische Fische: Sämtliche frischen Fische aus See- oder Süßwasser, gekocht oder am Grill gebacken oder mit mehlfreier Sauce angerichtet. Für gewöhnlich wird frische, zerlassene oder gebräunte Butter zu den Fischen gegeben. Wenn die Fische mit Panierung gebraten werden, so ist diese vor dem Genusse zu entfernen.

Fischkonserven: Getrocknete Fische, gesalzene und geräucherte Fische, wie Stockfisch, Schellfisch, Kabeljau, Hering, Makrele, Flunder, Stör, Lachs, Sprotten, Aal usw., eingelegte Fische, wie marinierte Heringe, Sardinen in Öl, Makrelen in Öl, Sardellen, Anchovis, Thunfisch.

Fischbestandteile: Kaviar, Lebertran.

Muscheln und Krustentiere: Austern, Miesmuscheln und andere Muscheln, Hummer, Krebse, Langusten, Crevettes, Schildkröten, Krabben usw.

Präparierte Fleisch- und Fischsaucen: Die bekannten englischen oder nach englischem Muster hergestellten pikanten Saucen, Beefsteak, Harvey, Worcester, Anchovis, Lobster, Shrimps, India Soy, China Soy usw., dürfen in den üblichen kleinen Mengen zugesetzt werden, wenn es nicht aus besonderen Gründen ausdrücklich untersagt ist.

Eier von allen Vögeln, roh oder beliebig, aber ohne Mehlzusatz angerichtet.

Fette tierischer oder pflanzlicher Herkunft, z. B. Butter, Speck, Schmalz, Bratenfett, Margarine, Olivenöl, gewöhnliches Salatöl, Kokosbutter, Laureol, Gänsefett.

Rahm: Guter fettreicher Rahm, sowohl süß wie sauer, ist als Getränk und als Zusatz zu Speisen und Getränken (wenn nicht ausdrücklich Beschränkung geboten wird in Mengen bis zu $^{3}/_{4}$ Liter am Tage erlaubt. Die Küche sollte hiervon ausgiebig Gebrauch machen, da bei Verwendung von Rahm der Zusatz von Mehl für zahlreiche Fleisch-, Fisch-, Eierspeisen und Gemüse entbehrlich wird.

Milch: Boumas künstliche, zuckerfreie; ferner Williamsons Milch, von Noordens Rahmmischung (der Rahm wird mit kaltem oder süßem Wasser, mit Emser- oder Selterwasser mit dünnem Tee oder dünnem Kaffee im Verhältnis von 1 : 5 gemischt. Der Geschmack wird durch Zugabe von Eigelb wesentlich gehoben; auch ein wenig Plasmon [2 %], Salz oder Saccharin können zugefügt werden).

Gebäcke: Mehlfreie Mandel- und Klebergebäcke.

Käse jeder Art, insbesondere die sogenannten Rahmkäse, in der Regel nicht mehr als 50 g pro die.

Frische Vegetabilien: Kopfsalat, Endivien, Kresse, Löwenzahn, Portulak, Petersilie, Estragon, Dill, Borrago, Pimpernell, Minzenkraut, Lauch, Knoblauch, Sellerieblätter, Gurken, Tomaten, grüne Bohnen mit jungen Kernen, Vegetable Marrow, Melanzane, Suchette, Zwiebel, Radieschen, Meerrettich, Spargel, Rübstiel, Hopfenspitzen, Brüsseler Zichorien, englischer Bleichsellerie (ohne die Knollen), junge Rhabarberstengel, Blumenkohl, Broccoli, Rosenkohl, Artischocke, Spinat, Sauerampfer, Krauskohl, Wirsing, Weißkohl, Rotkohl, Butterkohl, Savoyerkohl, Mangold (frische Champignons, Steinpilze, Eierpilze, Morcheln, Trüffeln in üblichen Mengen).

Obst: Von den zu Kompott benützten Vegetabilien sind Preißelbeeren, junge Rhabarberstengel, unreife Stachelbeeren erlaubt, wenn sie mit Saccharin statt mit Zucker eingekocht werden.

Gemüsekonserven: Eingemachte Spargel, Haricots verts, eingemachte Schneidebohnen, Salzgurke, Essiggurke, Pfeffergurke, Mixed Pickles, Sauerkraut, eingelegte Oliven, eingemachte Champignon und andere eingemachte Vegetabilien aus den oben angeführten Gruppen.

Gewürze: Salz, weißer und schwarzer Pfeffer, Cayennepfeffer, Paprika, Curry, Zimt, Nelken, Muskat, englischer Senf, Safran, Anis, Kümmel, Lorbeer, Kapern, Essig, Zitronen.

Suppen: Fleischbrühe von jeder beliebigen Fleischart oder von Fleischextrakt mit Einlage von grünen Gemüsen, Spargeln, Eiern, Fleischstücken, Knochenmark, Fleischleberklößen, Parmesankäse und anderen Substanzen, die in dieser Tabelle verzeichnet sind.

Süße Speisen aus Eiern, Rahm, Mandeln, Zitrone, Gelatine, zu deren Zubereitung Saccharin statt Zucker benutzt ist.

Getränke: Alle Arten von Sauerbrunnen und künstliche Selterwasser. Gute Sorten von Kognak, Rum, Arrak, Whisky, Nordhäuser, Kornbranntwein, Kirschwasser, Zwetschengeist, Steinhäger usw. Zuckerfreie Schaumweine (Kohlstädt, Frankfurt a. M., Rademann, ebenda, Goethestr. 30, französischer Champagner von Ernest Irroy, Rheims (Vertreter für Deutschland Anton Bux, Berlin, Leipziger Str. 23), Diabetikersekt von Schlumberger, Wien.

Tee und Kaffee ohne Zucker mit Rahm. Zur Süßung wird Saccharin benutzt.

Kakao darf verwendet werden, falls der Gebrauch nicht ausdrücklich untersagt wird und falls die Menge sich in bestimmten Grenzen hält: 10 g reines Kakaopulver von Stollwerck oder van Houten oder 15—20 g von Rademanns Diabetikerkakao.

Weine: Leichte Mosel- oder Rheinweine und ähnliche, Ahrweine, Bordeaux-, Burgunderweine, Saccharin-Schaumweine in ärztlich verordneter Menge.

Limonaden: Selterwasser mit Zitronensaft, zur Süßung Saccharin (auf besondere Erlaubnis Lävulose).

Die Tabelle II umschließt Nahrungsmittel, die zwar nur kleine, aber prozentig doch schon beachtenswerte Mengen von Kohlenhydraten enthalten. Bei „strenger Diät" müssen sie unter Umständen fortbleiben. In bescheidenen Quantitäten kann man sie sonst jedem Diabeteskranken erlauben und zwar folgendermaßen:

Zuckerkranke mit 50 g Brot pro die dürfen täglich ein Gericht aus dieser Tabelle wählen; Zuckerkranke mit 50—100 g Brot pro die dürfen die doppelte Portion eines Gerichtes oder zwei Gerichte sich wählen.

Zuckerkranken mit mehr als 100 g Brot täglich ist es erlaubt, die dreifache Portion eines Gerichtes oder drei Gerichte sich zu wählen. Ein Teil der Speisen von Tabelle II, z. B. Früchte, kommt auch in Tabelle III wieder, die letztere Tabelle kommt bei größeren Mengen in Betracht. In den Portionen von Tabelle II enthält jede Portion 5 g Kohlenhydrate.

Gemüse (ohne Zucker und ohne Mehl gekocht): Getrocknete weiße Bohnen, getrocknete gelbe oder grüne Erbsen (als Körner oder als Püree), Kerbelrüben: 1 Eßlöffel. Teltower Rüben, weiße Kohlrüben, Mohrrüben, Karotten, Knollensellerie, Schwarzwurzel, Stachys, grüne frische oder eingemachte Erbsen und Saubohnen, Wachsbohnen mit großen Kernen als Gemüse oder Salat: 2 Eßlöffel.

Kartoffel: Eine kleine Kartoffel von der Größe einer großen Pflaume, oder ein Eßlöffel Kartoffelpüree, oder Pommes frits.

Rettich: Ein kleiner Rettich bis zu 50 g Gewicht.

Nußkerne bis zu 50 g Gewicht: etwa 6 Walnüsse oder 10 Haselnüsse oder 8 Mandeln oder 8 Paranüsse.

Frische Obstfrüchte: Äpfel, Birnen, Aprikosen, Pfirsich bis zu 50 g. Himbeeren, Walderdbeeren, Johannisbeeren ein gehäufter Eßlöffel, Waldhimbeeren, Brombeeren 2 Eßlöffel; Heidelbeeren 3 Eßlöffel.

Gekochte Früchte (ohne Zucker, eventuell mit Saccharin): Mirabellen, Zwetschen, Pflaumen, Äpfel, Birnen, Aprikosen, Pfirsich, Sauerkirschen ein gehäufter Eßlöffel; Himbeeren, Stachelbeeren, Johannisbeeren zwei gehäufte Eßlöffel. „Sugarless-Marmelade" von Allard oder von J. Keiller, zwei Eßlöffel.

Dörrobst (Pflaumen, Zwetschen, Pfirsich) nach starkem Auswässern gekocht, ein gehäufter Eßlöffel. Früchte im eignen Zucker.

Milch: $^1/_{10}$ Liter.

Lävuloseschokolade von Stollwerck: bis 15 g.

Die Tabelle III umschließt Nahrungsmittel, die reich an Kohlenhydraten sind. Bei „strenger Diät" fallen sie sämtlich fort. Außerhalb der strengen Diät darf sich der Patient ihrer äquivalent seiner Toleranz bedienen; z. B. Patient sind 100 g Weißbrot per 24 Stunden erlaubt. An Stelle dieser 100 g Weißbrot (60 Prozent Kohlenhydrat) kann er sich die äquivalente Menge von den in folgender Tabelle verzeichneten Nahrungsmitteln wählen:

Als Beispiel über die Benutzung der Tabelle III. Es seien erlaubt 120 g Weißbrot:

	Weißbrot
Zum Frühstück werden verzehrt 40 g Aleuronatbrot	= 20 g
„ Mittagsessen werden verzehrt 42 g Linsen zur Suppe	= 35 g
„ Mittagsessen werden verzehrt 120 g Birnen (roh)	= 15 g
Nachmittags werden verzehrt $^1/_3$ Liter Milch	= 25 g
Abends werden verzehrt 25 g Weißbrot	= 25 g
In Summa	120 g

Äquivalenten-Tabelle für Weißbrötchen.

	Prozentgehalt an Kohlenhydraten %	20 g Weißbrötchen entsprechen %	Bemerkungen
Gewöhnliche Gebäcke des Handels.			
Weißbrötchen	60	20	
Kommißbrot	52	23	
Roggenbrot	50	24	
Grahambrot	50	24	
Simonsbrot	50	24	enthält wasserlösliches Kohlenhydrat (Zucker!).
Pumpernickel	48	25	do.
Rademanns D-K-Brot	46	26	Frankfurt a. M., Goethestraße 30.
Aug. Fritz' neues Schrotbrot . .	46	26	Wien, Naglergasse 13.
Goldscheiders G-K-Brot	46	26	Wien, Naglergasse 4.
Rheinisches Schwarzbrot	46	26	
Dauerwaren; gewöhnliche Gebäcke des Handels.			
Friedrichsdorfer Zwieback . . .	70	17	
do. zuckerfrei . .	66	18	Rademann.
Breakfast-Biskuits	74	16	Huntley & Palmers.
Telchows Käsestangen	42	29	Berlin.
„Diabetiker-Brote" des Handels.			
Gerickes Einfach-Porterbrot . .	45	27	aleuronathaltig (Berlin).
„ Doppel-Porterbrot . .	34	35	aleuronathaltig (Berlin).
„ Dreifach-Porterbrot . .	23	52	aleuronathaltig (Berlin).

	Prozentgehalt an Kohlenhydraten %	20 g Weißbrötchen entsprechen %	Bemerkungen
Rademanns Diabetiker-Schwarzbrot	48	25	Berliner Filiale.
Rademanns Diabetiker-Weißbrot	45	27	
„ Diabetiker-Schwarzbrot	40	30	Frankfurter Hauptgeschäft.
Rademanns Diabetiker-Weißbrot	36	33	
C. Bresins, Haferbrot	35	34	Schmargendorf.
Gumperts Diabetiker-Doppelweißbrot	38	32	Berlin.
Aleuronatbrot	44	27	Frankfurt.
„	45	27	
„	48	25	Breslau.
„	46	26	Budapest.
Klopfers Glidinbrot	34	35	Berlin.
Gerickes Sîfarbrot	14	86	„
Rademanns Lithonbrot	20	60	„
Fritz' Lithonbrot	12	100	Wien.
Gumperts Ultrabrot	8	150	Berlin.
Goldscheiders Sinamylbrot	21	60	Wien-Karlsbad.
Bresins Bremusbrot	10	120	Berlin.
Diabetiker-Luftbrote.			
Weißes Luftbrot	etwa 20	60	A. Fritz (Wien).
Braunes „	„ 20	60	„ „
Luftbrot C	„ 5	240	„ „ (fast reiner Kleber).
Seegens Mandelbrot	„ 8	150	A. Fritz (Wien) und Goldscheider-Marx (Wien) und O. Rademann (Frankfurt a.M.).
Seidels Kleberbrot	50	24	sehr porös, leicht.
Pain de Gluten	50	24	Brusson Jeune (Villemur); in Frankfurt bei A. Metzger (Börnestraße 39).
Diabetiker-Zwiebacke usw.			
Gerickes Doppelporter-Zwieback	37	33	
Rademanns Diabetiker-Zwieback	49	24	
Gumberts Doppel-Diabetiker-Zwieback	28	43	
Rademanns Diabetiker-Stangen	22	54	
Gumperts Diabetiker-Stangen	10	120	
Grötzsch' Diabetiker-Salzbretzeln	16	75	
Diabetiker-Mehle.			
Gerickes reines Aleuronat	3	400	
Gumperts Ultramehl	7	170	
Kakao.			
Unentölter reiner Kakao	etwa 11	100	Küfferle (Wien), 3,7 % wasserlösliches, 7,6 % unlösliches Kohlenhydrat, 42 % Fett.
Gewöhnliches Kakaopulver	„ 30	40	

	Prozentgehalt an Kohlenhydraten %	20 g Weißbrötchen entsprechen %	Bemerkungen
Grötzsch' Kochschokolade . . .	etwa 24	50	
„ Orange-Eßschokolade .	„ 17	70	
„ „Pfeffernüsse“	„ 9	133	
Rademanns Diabetikerkakao . .	„ 16	75	
Natürliche Mehle[1].			
Grobes Weizenmehl	etwa 70	17	
Geschälte Gerste (gemahlen) . .	„ 70	17	
Roggenmehl.	„ 70	17	
Buchweizenmehl	„ 70	17	
Maismehl	„ 70	17	
Grünkernmehl	„ 70	17	
Hafermehl.	„ 65	18	
Erbsen-, Linsen-, Bohnenmehl .	„ 55	22	
Stärkemehle.			
Von Kartoffel, Weizen, Tapioka, Reis, Sago, Mais	etwa 82	14,5	
Teigwaren.			
Nudeln, Makkaroni	75	16	
Zerealien.			
Geschälter Reis	80	15	
Geschälte Gerste (deutsch) . . .	70	17	
„ „ (amerikanisch).	80	15	
Geschälter Hafer	65	18	
Hülsenfrüchte.			
Erbsen, Linsen, Bohnen (trocken)	etwa 50	28	
Erbsen frisch, grün	10—12	100—120	
„ in Büchsen.	10	120	
Salatbohnen, junge, grüne Kerne	16	75	
Puffbohnen, junge, grüne . . .	16	75	
„ älter, grau.	20	60	
Knollen, Wurzeln.			
Kartoffeln im Sommer	16—18	66—75	
„ „ Winter.	20	60	
Sellerie (deutscher Knollen-) . .	10—12	100—120	
„ (englischer Stangen-) . .	4	300	
Kerbelrübe	28	43	
Weiße Kohlrübe	7	170	

[1]) Eine zweckmäßige Mischung für Bestreuen, Bindung von Gemüsen, Soßen. Suppen kann sich jeder herstellen aus 2 Teilen reinem Aleuronat (von Gericke) und 1 Teil grobem Weizenmehl. In der Mischung sind 29 % Kohlenhydrat. — 10 g der Mischung (2,9 g Kohlenhydrat) genügen am Tage für die genannten Zwecke vollständig.

	Prozentgehalt an Kohlenhydraten %	20 g Weißbrötchen entsprechen g	Bemerkungen
Karotten	8	150	
Große gelbe Rübe	10	120	
Teltower Rübe	10	120	
Schwarzwurzel (Salsifie)	12—15	80—100	
Kohlrabi (jung)	4	300	
Topinambur	15	80	
Stachys	18	66	
Frische und eingemachte Früchte.			
Süße Kirschen	12—14	85—100	ausschl. Steine.
Saure Kirschen	10—12	100—120	
Pflaumen (blau)	10	120	
Reineclauden (grün)	12—15	80—100	Zuckergehalt e nach Reife und spezieller Sorte verschieden.
Pfirsich (Garten-)	10—12	100—120	
„ [sog. Weinberg]	6—8	150—200	
Nektarinen	14—16	75—85	
Aprikose	6—10	120—200	
Mirabellen	8—12	100—150	
Äpfel	8—12	100—150	
Birnen	8—12	100—150	
Banane [geschält]	16—24	50—75	
Bananenmehl [trocken]	57	21	
Orange (geschält)	10—12	100—120	
Grape-Fruitfleisch	5—7	170—200	
Ananas	8—10	120—150	
Melone (süße)	8	150	
Wassermelone [Ungarn]	4—6	200—300	
Erdbeeren (Garten)	6—8	150—200	
„ [Wald]	4—6	200—300	
Maulbeeren	10—12	100—120	
Stachelbeeren (reif)	6—8	150—200	
„ (unreif, zum Kochen)	2—2,25	480—600	
Johannisbeeren	7—9	133—170	
Himbeeren (Garten)	6	200	
Waldhimbeeren	4—5	240—300	
Brombeeren	4—6	200—300	
Heidelbeeren	5—6	200—240	
Preißelbeeren	2—4	300—600	
Kastanien (geschält)	18	66	
Früchte im eigenen Saft gekocht, frisch oder als Konserve [häusliche Bereitungsart]	6—10	120—200	Pfirsich, Aprikose, Sauerkirsche, Reineclaude, Apfel, Birne (Saft zu meiden).
Dasselbe aus der Fabrik O. Rademann	6—8	150—200	
Früchte im eigenen Saft [häusliche Bereitung]	4—8	150—300	Preißel-, Him-, Erd-, Heidelbeeren (Saft zu meiden).
Dasselbe aus der Fabrik O. Rademann	4—6	200—300	
„Entzuckerte" Früchte [O. Rademann]	3—5	240—400	verschiedene Sorten.
Früchte im eigenen Saft	3—6	200—400	Jg. Eisler (Wien).

	Prozentgehalt an Kohlenhydraten %	20 g Weißbrötchen entsprechen ccm	Bemerkungen
Milch usw.			
Vollmilch	etwa 4—5	etwa 275	
Guter Süßrahm	2,5—3	400—600	zahlreiche Analysen.
Saure Milch	etwa 4	etwa 300	
Kefyr	etwa 2,5	etwa 480	48—60 stündig.
Diabetes-Milch	0,9—1	1100—1200	E. Lindheimer, Frankfurt a. M. und andere. Dr. Gärtnersche Milch-Sterilisationsanstalten.
Bier, Schaumwein.			
Bayr. Winter-Schankbiere	3,5—4,5	275—340	
„ Sommer-Lagerbiere	4,0—5,5	215—300	
„ Exportbiere	4,5—5,5	215—275	
Helle Rheinische Biere	2,5—3	400—480	
Pilsener Bier	3,5	340	Bürgerliches Bräuhaus (amtl. Analyse vom 11. April 1891).
Pilsener Exportbier	3,8—4	300—320	
Lichtenhainer	2,0—2,5	480—600	
Grätzer	2,1	600	
Roter Valpolicella-Schaumwein	3,7	300	Fl. Rigo, Trient.

Bei der Einstellung der Diabeteskranken werden wir nun folgendermaßen verfahren:

Bei der **leichten Form** Kalorienberechnung der Nahrung nach dem Gewicht des Körpers (zu berücksichtigen ist die Lebensweise, ob Ruhe, Bewegung usw. vgl. S. 8).

Zu den berechneten Kalorien ist der Kalorienwert des Zuckers hinzu zu addieren.

Einstellung auf einen Eiweißgehalt der Nahrung von 60—70 g. Dieser Eiweißgehalt kann durch Fleisch, Eier, Käse, Milch, Pflanzeneiweiß gedeckt werden. Einer solchen Eiweißzufuhr entspricht etwa 200 g gekochtes bzw. 250 g rohes Fleisch.

Einstellung der Kohlenhydrate auf $^2/_3$ des Wertes der Toleranz. Beispielsweise 100 g Kohlenhydrate werden soeben noch assimiliert, so wird der Kranke auf 66 g Kohlenhydrate eingestellt. Diese Kohlenhydrate können als Weißbrot, Schwarzbrot oder in Diabetikerbroten, die ja nicht kohlenhydratfrei sind, verabreicht werden, oder durch jedes andere Kohlenhydrat im entsprechenden Maße ersetzt werden. (Tabelle III.)

(Die Berechnung des Gehaltes der Nahrung an Fett, Kohlenhydraten und Eiweiß sowie Kalorien erfolgt nach der Tabelle S. 58).

Einen Teil des Fettes kann man auch in leichteren Fällen durch Alkohol ersetzen. Im allgemeinen wird es sich empfehlen, hier nicht über eine Zufuhr von 50 g Alkohol hinauszugehen.

Die Hauptquelle der Kalorien muß in der Nahrung durch Fett vertreten sein: zu empfehlen ist in dieser Hinsicht die Verabreichung von etwa

50—100 g Butter,
10—20—50 g Öl in Salaten,
50—100 g Speck,
2—5 Eiern.

Bei der **mittelschweren** Form wie bei der **schweren Form** wird man auch bestrebt sein die Glykosurie zu beschränken (etwa 1/2—1% Dextrose im Harn entsprechen etwa einer Gesamtausscheidung von 20 g Zucker pro Tag). Das ist zunächst durch entsprechende Beschränkung der Kohlenhydratzufuhr zu erstreben, da wir es indessen mit Patienten zu tun haben, welche erst bei einem gleichzeitigen täglichen Eiweißumsatz von 6—8—10 g N im Harn (entspricht einem Eiweißumsatz von 40—60 g), eventuell bei noch stärkerer Einschränkung der Eiweißzufuhr oder nicht einmal durch eine solche zuckerfrei gemacht werden können, so genügt die Beschränkung der Kohlenhydrate allein nicht. Es ergeben sich nun folgende Grundsätze:

Die Entziehung der Kohlenhydrate darf nicht unvermittelt geschehen wegen der Gefahr der Azidosis.

Unter stetiger Berücksichtigung des Körpergewichtes ist die Kalorienzufuhr besonders genau einzustellen, indem man den Patienten vor Überernährung schützt. Eine vorübergehende Unterernährung in Form von eingeschobenen Hungertagen oder Gemüsetagen ist nur zulässig, wenn sonst die Ernährung kalorisch zu reichlich war; vorzuziehen ist eine selbst länger dauernde quantitative Beschränkung der Nahrungszufuhr auf etwa 1800 Kalorien. Einer zweckmäßigen Form der Diät entspricht sicher die vegetabilische.

Weiter kommt es noch hauptsächlich auf quantitative Einschränkung und auf die Qualität speziell der Eiweißnahrung an. Statt einer Eiweißzufuhr von 60—80 g, die einem normalen Manne zukommt, kann man getrost auf Werte von 40—60 heruntergehen, sofern man das Kaloriendefizit durch Zulagen von Fett deckt. Liegt die Ernährung etwa an der Grenze des Eiweißminimums, so ist reichlicher Gebrauch von Fett zu machen, doch wird man auch gezwungen sein, dem Diabeteskranken der schweren Form noch Kohlenhydrate zu bewilligen. Ein Teil des Fettes kann im übrigen auch durch Alkohol ersetzt werden. (Bei mittelschweren Diabeteskranken etwa 40—50 g Alkohol, bei schweren etwa 60—80 g in Form von Wein, Kognak, Kornbranntwein.)

Die Zufuhr der Kohlenhydratmenge, die der mittelschwere wie schwere Diabetiker verträgt, ist von Fall zu Fall zu ermitteln. Als Richtschnur dient dabei einmal das Verhalten der Ausscheidung der Azetonkörper, ferner das Verhalten der Stickstoffausscheidung im Harn. Hierin liegt eine Schwierigkeit der Praxis; man kann sie in mancher Beziehung umgehen, wenn man dem schweren Diabeteskranken zunächst etwa 100 g Kohlenhydrate bei knapper Eiweißzufuhr (60 g) gestattet und ganz allmählich um kleine Werte heruntergeht unter Verfolgung von Ketonurie und Zuckerausscheidung, wobei man die Kohlenhydrate durch Fett substituieren kann. Eine stärkere Einschränkung der Kalorien, Kohlenhydrat- und Eiweißzufuhr darf dann aber nur unter gleichzeitiger Kontrolle der Zucker-, Stickstoffausscheidung und Azetonkörperausscheidung vorgenommen werden. Hat man dann nach einer längeren Periode mit gleichmäßiger (kalorien- und kohlenhydratarmer) Standardkost Glykosurie und N-Ausscheidung konstant gehalten, so steigert man schrittweise, unter fortwährender Kontrolle der Zuckerausscheidung und Ketonurie die Kohlenhydratzufuhr und vermindert die Eiweißzufuhr, wobei aber nicht unter das Eiweißminimum heruntergegangen werden darf.

Unter gewissen Umständen, nämlich dann, wenn die starke Azetonurie, d. h. die Ausscheidung von vielen Grammen β-Oxybuttersäure die Gefahr eines Komas in die Nähe rückt, ja wenn überhaupt die Azetonurie sehr hartnäckig ist und auch durch Beschränkung von Kohlenhydrat bzw. Eiweiß sich nicht bessern läßt, empfiehlt sich die vorübergehende Einleitung einer speziellen Kohlenhydratkur, von der eigentlich die Milch-, Reis-, Kartoffelkur praktisch völlig hinter der v. Noordenschen Hafermehlkur zurücktritt. Der Vorteil der Hafermehlkur liegt neben der Eiweißarmut darin, daß nur ein Kohlenhydrat verabreicht wird und daß dieses — in reichlicher Menge verabreicht — von der mittelschweren und schweren Form des Diabetes besonders gut assimiliert wird, wodurch nicht nur eine Beschränkung der Azetonurie erreicht wird, sondern auch die Kohlenhydrattoleranz steigt. Man kann einen schweren Diabeteskranken bei Azetonurie häufiger die Hafermehlkur durchmachen lassen, doch ist sie nicht für längere Zeit durchführbar.

Was die **Technik der Diättherapie** anbelangt, so spielt hierin die wesentlichste Rolle die Frage, in welcher Form dem Diabeteskranken die Kohlenhydrate zu reichen sind. Im allgemeinen verträgt subjektiv der Diabeteskranke die Entziehung der Kohlenhydrate schlecht, und so ist es auch von Bedeutung, daß man im allgemeinen beim Diabeteskranken die Toleranz mit Weißbrot prüft. Da, wo die Toleranz eine relativ hohe ist (200—250 g Weißbrot), ist die Durchführung der Therapie eine verhältnismäßig einfache. Man kann (v. Noordens Tabelle III) einen Teil des erlaubten Weißbrotes durch andere Kohlenhydrate ersetzen. Schwieriger ist die Frage da, wo die Toleranz niedriger ist (50—100 g); in diesen Fällen muß man dem Diabeteskranken Brotpräparate verordnen. Da die meisten indessen noch immer einen Kohlenhydratgehalt von etwa 30% haben, so muß die Quantität also auch in diesen Fällen genau zugemessen werden. Sehr empfehlenswert als Vehikel sind die sogenannten Luftbrote mit einem Kohlenhydratgehalt von 5—20%. Das Litonbrot soll sogar noch weniger Kohlenhydrat enthalten. (Vgl. hierzu die Tabelle S. 190 u. 191.)

Eine gewisse Schwierigkeit bereitet die Zubereitung der Speisen; gewöhnlich werden Soßen, Gemüse usw. mit Mehl angerichtet; das ist natürlich ganz zu vermeiden und durch Zusatz von Rahm, Eiern oder aber einer geringen Menge von Aleuronatmehl zu ersetzen (siehe hierüber Anhang: diätetische Küche des Zuckerkranken). Gemüse müssen mit Salzwasser gekocht werden. Mit gewisser Vorsicht ist die Milch zu gestatten; hier empfiehlt es sich, bei jedem Diabeteskranken gesondert die Toleranz zu bestimmen, eventuell aber die Milch durch Kefir oder Kumys zu ersetzen. Neuerdings kommt auch eine Diabetikermilch in Handel, die zwar immer noch 1% Zucker enthält, dafür aber 5—6% Fett; sie wird sterilisiert versandt und eignet sich als Zusatz zu Kaffee, Kakao usw. Viele Diabeteskranke zeigen eine größere Toleranz gegen Lävulose, infolgedessen gegen Obst. In diesen Fällen soll man Gebrauch von Obst machen lassen. Salate sind als erfrischende Speisen für den Diabeteskranken zu empfehlen. Überhaupt spielt die Abwechselung der Nahrung nirgends eine so große Rolle wie beim Diabeteskranken. Auf süße Speisen, Eis usw., braucht der Diabeteskranke nicht zu verzichten, nur muß das Süßen der Speisen mit Saccharin geschehen. (Mit Lävulose Vorsicht!) An Getränken sind ihm erlaubt Wasser, Soda- und Mineralwässer, Limonade (aus Saccharin), Tee, Kaffee, Rahm, zuckerfreier Kakao, Bordeaux, Pfälzer Weißwein, Moselwein, österreichische, ungarische Tischweine; an Champagner: Laurence Pierrièrs sans Sucre, Diabetikersekt von Kohlstadt u. a. (siehe Tabelle I). Auch Gewürze sind als Appetitanreger zu empfehlen. Wenn die Toleranz gegen Kohlenhydrate um 150 und mehr liegt, ist, wie gesagt, die Durchführung einer Ernährung, die zur Aglykosurie führt, leicht; schwierig wird die Durchführung bei beschränkter Toleranz, z. B. bei einer Toleranz von 30—60 Kohlenhydraten. In solchen Fällen ist es oft schwierig, den Kranken lange Zeit aglykosurisch zu halten; meist muß man ihm Konzessionen machen (oder er macht sie sich selbst); in diesen Fällen sorge man nur dafür durch häufige Kontrolle, daß der Harn nicht mehr Zucker enthält als etwa 0,5%, und daß von Zeit zu Zeit eine sogenannte strenge (kohlenhydratfreie) Kur durchgeführt wird. Das geschieht am besten unter Aufsicht im Sanatorium, kann indessen auch im Hause durchgeführt werden, sofern der Patient zuverlässig ist. Eine derartige Kur soll mindestens mehrmals im Jahre durchgeführt werden, und je öfter, je geringer die Kohlenhydrattoleranz ist. Man kann eine solche, auf 14 Tage bis 3 Wochen etwa auszudehnende Kur durch Einschaltung von **Hungertagen**, und zwar nach je 8—14 Tagen 1 Hungertag während einer strengen Diät, verschärfen. Das setzt aber voraus, daß das Individuum nicht sehr unterernährt ist. An einem solchen Hungertag reicht man nichts weiter als einige Tassen Bouillon, Tee, Mineralwasser nach Belieben. Für viele Fälle ist der Hungertag allerdings schwer durchführbar: man beschränkt sich dann auf die Durchführung eines **Gemüsetages**, an dem der Patient etwa 500 g eines in Wasser mit Butter gekochten Gemüses, Speck und einige Eier, Tee, Kaffee und Alkohol erhält. Es pflegt danach die Glykosurie bedeutend zu sinken.

I. Frühstück: 1 Tasse schwarzer Kaffee, 2 Eigelb.

II. Frühstück: 50 g Speck mit 2 Eigelben in der Pfanne gebraten, mit kohlenhydratarmen Gemüsen oder Salat.

Mittags: 1 Tasse starke Bouillon, 75—100 g Speck, 4 Eigelbe, verschiedene Gemüse und Salate, 1 Tasse schwarzer Kaffee.

Nachmittags: Tee oder Kaffee, 2 Eigelbe.

Abends: 1 Tasse Bouillon, 75 g Speck, 4 Eigelbe mit Gemüse und Salat. $^1/_2$—1 Flasche Rotwein am Tage.

Im allgemeinen ist bei sich verschlechterndem Allgemeinbefinden in Fällen von leichtem Diabetes stets eine strenge Kur einzuleiten.

Was die Diätetik der mittelschweren bzw. schweren Diabetesformen anlangt, so sind bereits auf S. 195 die allgemeinen Prinzipien ausgesprochen worden; jedenfalls ist auch hier zunächst eine Beschränkung der Glykosurie anzustreben, wobei man das Eiweiß und die Kohlenhydrate einschränkt, bzw. auch unter Kontrolle der Azetonkörperausscheidung zur kohlenhydratfreien Kost vorsichtig übergehen kann. In vielen Fällen — namentlich bei jüngeren Individuen — gelangt man hier zu einer bedeutenden Verminderung der Zuckerausfuhr, zumal wenn man die gesamte Kalorienmenge der Nahrung (nach Abzug der Harnzuckerkalorien) stark reduziert. Über längere Zeit läßt sich eine strenge Kur beim schweren Diabeteskranken allerdings nicht immer durchführen wegen der Gefahr des Coma diabeticum, bedingt durch die intermediäre Azidosis. In den Fällen, wo trotz Einschränkung der Kohlenhydrate sehr bald eine größere Azetonkörperausscheidung eintritt (vgl. S. 179 und 196), empfiehlt es sich, auf mehrere (etwa 4) Tage eine **v. Noordensche Hafermehlkur** einzuleiten. Der Patient erhält pro Tag 250 g Hafermehl (Hohenlohesche Haferflocken, amerikanische Hafergrütze, Scotch Oatmehl), lange mit Wasser gekocht (event. unter Hinzufügung von 50 g Pflanzeneiweiß [Roborat, Reiseiweiß, Glidin, Tutulin] oder 5—8 Eiern event. auch ohne Eiweißhinzufügung und 250 g Butterfett). Die Hafersuppe wird zweistündlich verabreicht. Daneben sind gestattet an Getränken Kaffee, Tee, Zitronensaft, Kognak. Der Hafermehlkur sollen vorangehen einige Tage strenger Diät und dann 2—3 Gemüsetage. Dann läßt man wieder einige Gemüsetage folgen. Hat man mit der ersten Kur nicht sein Ziel erreicht, so wird sie event. noch ein- bis zweimal wiederholt. Indiziert ist, wie gesagt, die Hafermehlkur nur bei schweren Diabeteskranken, bei denen es zu einer weitgehenden Beeinträchtigung des Verbrauchs der Kohlenhydrate gekommen ist.

Also da, wo eine Azidosis beim schweren Diabeteskranken bei Zufuhr großer Kohlenhydratmengen besteht, ist eine Einschränkung derselben indiziert und umgekehrt, wo sie bei Kohlenhydratkarenz auftritt, eine Einleitung einer Kohlenhydratkur wie bei der v. Noordenschen Hafermehlkur. Die seinerzeit eingeführte Milchkur, Kartoffelkur, ferner die Reiskur mögen ab und zu ähnliche Erfolge zu verzeichnen haben wie die v. Noordensche Hafermehlkur, doch weist diese bei der schweren Form des Diabetes die meisten praktischen Erfolge auf.

Da, wo Azidosis besteht, ist je nach dem Grade dieser die Zufuhr größerer Mengen Natrium bicarbonicum indiziert. Das ausgebrochene Coma diabeticum indiziert die Zufuhr größerer Alkalimengen per os oder intravenös (3—3,5%ige Sodalösung) und die schnelle Zufuhr von Kohlenhydraten (am besten 8—10%iger Lävuloselösung intravenös bis zu 1 Liter). Vgl. hierzu, ebenso wie über die wenig leistende medikamentöse Therapie des Diabetes mellitus die Handbücher der Inneren Medizin.

b) Lävulosurie (Fruktosurie).

Die Ausscheidung eines linksdrehenden Zuckers von der Formel $C_6H_{12}O_6$, der die Trommersche Probe gibt, vergärt, die Ebene des polarisierten Lichtes nach links dreht, ferner die Seliwanoffsche Probe gibt, also die Ausscheidung einer Lävulose, trifft man selten spontan (spontane Lävulosurie), mitunter alimentär (alimentäre Lävulosurie) und manchmal als eine mit einer Dextrosurie vergesellschaftete Lävulosurie (gemischte Melliturie).

Zur Orientierung sei hier nur kurz die Seliwanoffsche Probe in der Weise angeführt, wie sie praktisch brauchbar und zuverlässig ist. Man bringt in eine Eprouvette 2 Teile Urin und 1 Teil konzentrierte Salzsäure (spez. Gewicht 1,19), gibt eine kleine hanfkorngroße Menge Resorzin hinzu und erwärmt ganz allmählich auf kleiner Flamme. Dabei tritt, wenn Fruktose vorhanden ist, eine tiefrote Färbung ein. Nach einiger Zeit trübt sich die Flüssigkeit, in der sich Humin absetzt.

Die spontane Lävulosurie ist selten beobachtet worden. Die bisher bekannten Fälle zeichnen sich dadurch aus, daß sie symptomatologisch gewisse Ähnlichkeit mit dem Diabetes aufweisen (z. B. Polyurie, Polydipsie usw.).

Die ausgeschiedene Lävulosemenge pflegt gewöhnlich niedrig zu sein; die bisher beobachteten Werte übersteigen jedenfalls nicht die Ausscheidung von 124 g Lävulose pro die. Bei kohlenhydratfreier Diät schwindet die Lävulosurie, im übrigen aber ist nicht die Lävuloseausscheidung abhängig von der Zufuhr der Dextrose per os, sondern von der Zufuhr der Lävulose. In einer Beobachtung von Neubauer traten zum Beispiel von den genossenen Kohlenhydraten stets — ganz gleich, ob die zugeführten Mengen groß oder klein waren — 15 bis 17% in den Harn über. Man kann also, in diesem Falle wenigstens, nicht von einer Toleranzgrenze sprechen. Praktisch wird man daher solche Formen der Lävulosurien diätetisch so einstellen, daß sämtliche Lävulose aus dem Speisezettel gestrichen wird. Das läßt sich praktisch sehr leicht durchführen: man braucht etwa nicht auf alle Kohlenhydrate zu verzichten, da Stärke keine Lävulosurie verursacht; man erlaubt darum Brot und alle mit Mehl zubereiteten Speisen, verbietet dagegen Obst, Honig, Rohrzucker, mit anderen

Worten (abgesehen von der Maltose) alles was süß ist. Erlaubt ist hingegen wiederum die Milch.

Schwieriger gestaltet sich schon die diätetische Einstellung der gemischten Melliturie, der Frukto-Dextrosurie, deren pathogenetischer Mechanismus entschieden ein anderer ist, als der der reinen Lävulosurien. Diesen Fällen ist eigentümlich, daß die Lävulosurie nicht durch Zufuhr von Lävulose per os gesteigert wird, sondern daß von der zugeführten Dextrose ein Teil in Lävulose übergeht. Es scheinen diese Fälle, die zur Gruppe des Diabetes gehören, entschieden keine schwereren Fälle zu sein, immerhin wird die diätetische Therapie sich im Sinne der diabetischen Therapie zu bewegen haben. Man wird, um die Glukosurie und Lävulosurie zum Schwinden zu bringen, nach Möglichkeit eine kohlenhydratfreie Diät durchzuführen suchen.

Von dieser Frukto-Dextrosurie unterscheidet sich die, einen schweren Diabetes mellitus oft komplizierende Fruktosurie, die meist nie erheblichere Grade erreicht und sich meist auch nur bei verwildertem Diabetes findet. Sie macht spezielle diätetische Maßnahmen über die gewöhnliche antidiabetische Behandlung hinaus nicht notwendig.

Die alimentäre Lävulosurie z. B. bei Leberkranken hat nur diagnostisches Interesse.

c) Die Pentosurie.

Hier handelt es sich um die Ausscheidung eines fünf Kohlenstoffatome enthaltenden Zuckers, einer Pentose, die nach den Untersuchungen von C. Neuberg eine optisch inaktive, razemische Arabinose vorstellt.

Zum Nachweise dieser sei auf die langsam und schußweise auftretende Reduktion beim Kochen mit Fehlingscher Lösung aufmerksam gemacht. Ferner auf die Orcinreaktion nach Tollens; etwa 3 ccm Harn werden mit 6 ccm rauchender Salzsäure versetzt, eine Messerspitze Orcin hinzugefügt und nun zum Sieden erhitzt. Dabei entsteht erst eine rötliche, dann violette Farbe und endlich scheiden sich blaugrüne Flocken ab, die in Alkohol löslich sind. Der blaugrüne Farbstoff läßt sich mit Amylalkohol ausschütteln und zeigt im Spektrum einen Streifen zwischen C und D. Sehr brauchbar zum Nachweis ist das Bialsche Reagens.

Die Pentosurie ist eine intermediäre Störung (es ist anzunehmen, daß die ausgeschiedene razemische Arabinose synthetisch vom Körper aufgebaut ist), die alimentär nicht beeinflußt werden kann. Die Pentosurie stellt eine harmlose Stoffwechselanomalie dar und macht an sich — sofern nicht etwa eine Hebung des Allgemeinzustandes notwendig ist — eine diätetische Einstellung überflüssig.

X. Herz- und Gefäßkrankheiten; Nierenerkrankungen; Diabetes insipidus.

Es gab eine Zeit, wo man der **Diätetik der Herzkrankheiten** eine große Wichtigkeit beimaß und in ihr in Verbindung mit methodischen Gehübungen (Terrainkur, Örtel) einen gewaltigen Heilfaktor sah. Auch heute noch ist die Diätetik der Krankheiten des Zirkulationsapparates als außerordentlich wichtig zu bewerten, wenngleich man sich hier ganz von einem starren Schematismus freihalten soll. Es empfiehlt sich, die Herzgefäßkrankheiten von diätetischen Gesichtspunkten aus folgendermaßen einzureihen: Herzmuskelerkrankungen und Herzklappenerkrankungen im Stadium der Kompensation und im Stadium der Dekompensation, ferner die Arteriosklerose im präsklerotischen Stadium (hoher Blutdruck), die Arteriosklerose mit der alimentär-toxischen Dyspnoe (Huchard) und schließlich die Stenokardie.

Die Diätetik der Erkrankungen des Herzmuskels und der Klappenfehler, sofern es sich um kompensierte Herzen handelt, hat sich in Bahnen zu bewegen, die von der Ernährung gesunder Individuen wenig abweicht. Man hat nur für Folgendes Sorge zu tragen. Ein Herzkranker darf nicht überernährt werden. Jede Surmenage bedeutet dem Herzen eine Last nach drei Richtungen hin; die Überfüllung des Magendarmkanals begünstigt die Plethora abdominalis, d. h. die Überfüllung der Abdominalorgane mit Blut; sie erfordert eine größere Verdauungsarbeit, und schließlich wird der Überschuß der Nahrung über den Umsatz als Fett abgelagert. Die Fettanhäufung stellt aber eine Last dar, die der Herzkranke ständig bei allen körperlichen Bewegungen mit herum zu tragen hat; es wird also dadurch das Herz belastet. Man hüte sich also davor, diätetisch den kompensierten (wie auch unkompensierten) Herzkranken kalorisch über den Umsatzbedarf hinaus einzustellen. Ebenfalls sei man bedacht, den Herzkranken vor Unterernährung zu schützen. Gewiß ist es indiziert, fettleibige Herzkranke zu entfetten, indessen stellt die jähe Gewichtsabnahme kompensierter Herzkranker durch Unterernährung eine Schwächung des Organismus dar, die man wohlweislich verhüten muß. Zwar hat uns die Erfahrung gelehrt, daß im Hunger das Herz eines jener Organe ist, das am wenigsten an Gewicht verliert, daß es also auf Kosten anderer Organe ernährt wird, es ist aber andererseits eine alte praktische Erfahrung, daß Unterernährung herzschwächend wirkt.

Neben der quantitativen richtigen Einstellung der Nahrung spielt entschieden auch die richtige qualitative Einstellung eine Rolle. Was zunächst das Eiweiß anbetrifft, so pflegte Örtel große Eiweißmengen zu bevorzugen, was uns einmal aus ökonomischen Gründen, zweitens aus dem Gesichtspunkte heraus wenig angebracht erscheint, als viel Eiweiß auch viel Schlacken (Harnstoff usw.) gibt, besonders dann, wenn man Eiweiß in Form von Fleisch gibt, das noch dazu die Ausscheidung der Harnsäure und des Kreatinin vergrößert. Die Exkretion dieser Stoffe fällt aber den Nieren zu, welche in einem ständigen Zusammenhang mit dem Zirkulationsapparate stehen und deswegen auch nach Möglichkeit geschont werden sollen. Es empfiehlt sich deswegen, den Herzkranken nicht mehr als etwa 80—90 g Eiweiß pro Tag zu verabfolgen, von dem ein Teil in Form von Fleisch gegeben werden kann, ein Teil indessen nach Möglichkeit als Milcheiweiß (etwa 1 Liter Milch entsprechend) verabfolgt werden soll. Man kann statt der Milch ja Käse verabreichen, oder die Milch in die Speisen verarbeiten lassen. Den Rest der notwendigen Kalorien deckt man in den bekannten Verhältnissen durch Kohlenhydrate und Fette. Man soll nur bei der Auswahl der Nahrungsmittel Bedacht auf das Volumen der Kost nehmen. Blähende Gemüse, zellulosereiche Brote sind nicht zweckmäßig für Herzkranke, sie belegen die Abdominalorgane zu sehr; doch wird man auch hier jeweils zu Konzessionen gezwungen sein, wenn es sich um Patienten mit Obstipation handelt. Die Bekämpfung der Obstipation ist da oft wichtiger als die Gefahr einer Überlastung des Darmes.

Zu streichen sind (nach Möglichkeit) gewisse Gewürze, die stark erregend und blutdrucksteigernd wirken. Frühzeitig ermahne man auch die Herzkranken, den Gebrauch des Kochsalzes einzuschränken. Prinzipiell gegen die Verwendung von Bouillon im Speisezettel vorzugehen, die ja einen appetitssteigernden Einfluß hat, dazu liegt kein Grund vor. Dagegen schränke man die Genußmittel etwas ein. Ein absolutes Tee- oder Kaffeeverbot halten wir nicht für notwendig. Man soll nur den Gebrauch auch dieser Genußmittel einschränken. Man kann übrigens auch — was sich ja jetzt immer mehr Bahn bricht — den Kaffee als sogenannten koffeinfreien trinken lassen. Dem Tee benimmt man die erregende Wirkung durch Abkühlenlassen oder Versetzen des Tees mit Zitronensaft.

Was den Alkohol anbelangt, so soll man ihn nicht etwa für indiziert bei kompensierten Herzerkrankungen halten, man wird ihn indessen nicht ohne triftigen Grund den Kranken entziehen, wenn diese an ihn gewöhnt sind. Nur empfiehlt es sich, die Menge zu beschränken, wenn möglich nicht mehr als täglich eine halbe Flasche Wein (Weißwein oder Rotwein) verabreichen zu lassen, oder eine bis zwei Flaschen Bier täglich. Es spielt da nicht nur die Menge des Alkohols mit, sondern auch die Flüssigkeitsmenge überhaupt. Eine Einschränkung der Flüssigkeitszufuhr ist entschieden auch bei kompensierten Herzkranken von Nutzen, doch kann man täglich getrost $1^1/_2$—2 Liter Flüssigkeit außer den mit der Nahrung verabreichten Flüssigkeitsmengen gestatten. Wir meinen, daß erst dann die Flüssigkeitsmenge, die der Kranke genießt, eine Rolle spielt, wenn es sich um dekompensierte Herzen handelt. Von diesem Momente ab hat unsere diätetische Aufgabe bestimmtere Formen angenommen. Wir müssen da auch verschiedene Grade unterscheiden: den leichten Grad von Dekompensation und den schweren Grad. Bei dem ersteren sind als prämonitorische Zeichen oft nur geringer Grad von Dyspnoe bei körperlichen Bewegungen, Zunahme des spezifischen Gewichtes des Harns, vermehrtes Harnlassen während der Nacht, Völle der Unterleibsorgane während der Verdauung zu bemerken, während wir im zweiten Falle das ausgebreitete Bild der Dekompensation vor uns haben (Ödeme, Leberschwellung, Oligurie, Dyspnoe, Zyanose usw.).

Bei der ersteren Form werden wir gewissenhaft die Flüssigkeitszufuhr auf kürzere Zeit beschränken (etwa 1 bis $1^1/_4$ Liter pro die neben der mit den Speisen verabreichten Flüssigkeitsmenge), ohne daß wir etwa den Einfluß dieser Flüssigkeitsbeschränkung als therapeutische Maßnahme überschätzen wollen. Da solchen Patienten am besten für die Zeit, bis völlige Kompensation eingetreten ist, Bettruhe zu verordnen ist, gehen wir vorübergehend für einige Tage mit der Zufuhr der Nahrung selbst unter das Maß dessen herunter, was ein Gesunder unter gleichen Verhältnissen (etwa 30 Kalorien pro Kilogramm Körpergewicht), d. h. bei Bettruhe an zugeführten Kalorien bedarf. Wir tragen des weiteren Sorge für die Leichtverdaulichkeit der Nahrung; wir werden also die Nahrungsmittel in einer weichbreiigen Form verabreichen, also das Fleisch in gehackter oder sonst in sehr zarter Form (Geflügel, Kalbsmilch, Hirn usw.), die Gemüse, Kartoffel durch das Sieb geschlagen. Daneben, um auf den Darm eine die Peristaltik anregende Wirkung auszuüben, geben wir Obst in gekochter Form und durchs Sieb geschlagen als Kompott. Weiter empfiehlt sich die Nahrung häufiger, etwa alle zwei Stunden, und dafür natürlich in kleinen Portionen zu verabreichen; das beugt auch wieder der Überfüllung des Magendarmkanals vor. Sorge für Stuhlgang ist wichtig. Um die Verdauung zu unterstützen, kann man warme Umschläge während einiger Mahlzeiten auf den Leib verordnen.

Von Nutzen ist bei stark dekompensierten Individuen entschieden eine Reduzierung der Diät mit Beschränkung der Flüssigkeitszufuhr und Reduzierung des Kochsalzgehaltes der Nahrung. Darin liegt auch der Erfolg der **Milchkuren (Karellkuren)** begründet. Jede reine Milchernährung stellt ja beim Menschen eine Unterernährung dar, da ein erwachsener Mensch, um einigermaßen seinen Bedarf zu decken, 3,5—4—5 Liter Milch täglich zu sich nehmen müßte, ein Quantum, das sich einfach nicht bewältigen läßt. Daher wird a priori, wie gesagt, jede Milchkur eine Unterernährungskur. Karell ging in seiner Kur besonders scharf vor: er verordnete täglich drei- bis viermal am Tage 60—200 ccm abgerahmte Milch, ohne daß noch andere Speisen verordnet wurden. Im Laufe der zweiten Woche steigerte er dann die tägliche Menge auf 1500 ccm.

In dieser strengen Weise erscheint uns diese Kur absolut zu verwerfen. (Vgl. auch unsere Ausführungen über die Moritzsche Modifikation der Karellkur S. 152.)

Man hat dann die Karellkur zu modifizieren gesucht, indem man bereits nach 5—7 Tagen kleine Zusätze macht, wie zunächst ein Ei, einen Zwieback, dann zwei Eier, geschabtes Fleisch, Gemüse oder Milchreis usw. unter allmählichem Ansteigen der Zulagen bis zur völligen Ernährung (etwa am 12. Tage nach Beginn der Kur unter Beibehaltung der Milchzulage von 800 ccm pro die). In dieser Form handelt es sich zwar um keine reine Karellkur mehr, indessen um eine Form der Unterernährung, die nur vorübergehend ist und deswegen besonders bei schwer dekompensierten Herzkranken von gutem Erfolge sein kann. Es läßt sich diese Diät auch durch jede laktovegetabilische, möglichst kochsalzarme und vorübergehend stark im Umfang eingeschränkte Diät mit gleich gutem Erfolge ersetzen.

Gegen die **Arteriosklerose** gibt es gewiß kein diätetisches Universalrezept, indessen müssen ganz entschieden bestimmte Typen von Arteriosklerose diätetisch auch in bestimmter Richtung eingestellt werden. Wenn wir einen Menschen mit hochgradiger peripherer Arteriosklerose mit starker Abmagerung zu behandeln haben, so werden wir gewiß nicht die Unterernährung noch weiter treiben; wir werden vielmehr trotz seiner Arteriosklerose trachten, Gewichtsansatz zu erzielen, was durch eine Liegekur mit Überernährung (reichlich Kohlenhydrate, Fette, mäßige Mengen Eiweiß) auch relativ gut gelingt, soweit die Verdauungsorgane eine Überernährung zulassen. Es wäre ein Fehler, hier um jeden Preis etwa eine vegetabilische Diät durchzuführen, die nur den körperlichen Schwächezustand vermehren würde. Andererseits gibt es eine Kategorie von Menschen, die meist der besseren Gesellschaftsklasse angehören, denen man die Surmenage bereits am Äußeren (Embonpoint) ohne weiteres ansieht. Meist klagen sie über Völle im Leib, eventuell Herzbeschwerden, besonders nach vollem Magen, Aufstoßen und vielfachen Verdauungsbeschwerden. Die Untersuchung ergibt einen klingenden verstärkten zweiten Aortenton, mäßige Hypertrophie des linken Ventrikels; der Blutdruck ist erhöht (wenn auch nicht sehr hoch); peripher ist die Arteriosklerose wenig ausgesprochen. In diesen Fällen tut eine Unterernährungskur oft Wunder, besonders wenn sie mit einer Mineralwasserkur (Marienbad, Karlsbad, Neuenahr, Tarasp usw.) verknüpft ist. Derartigen Fällen ist auch die Durchführung einer lakto-vegetabilischen Diät auf längere Zeit durchaus zu empfehlen, wobei natürlich blähende Gemüse vermieden werden müssen; dagegen empfiehlt es sich sehr, Obst, Kompotte, in reichlicher Menge solchen Patienten zu verordnen, namentlich abends statt einer reichlichen Mahlzeit. Nur treibe man das Obst-Gemüseregime keinesfalls soweit, daß der Magen und Darm des Kranken gründlich in Unordnung gebracht wird. Und schließlich sei noch unter den Bildern der arteriosklerotischen Störungen das Symptomenbild der alimentär-toxischen Dyspnoe (Huchard) genannt, bei dem es sich wohl hauptsächlich um den Beginn einer Herzinsuffizienz bei Arteriosklerotikern handelt. Für diese Fälle sieht Huchard die Durchführung einer Milchkur als zweckmäßig an.

Drei Umstände bedingen nach Huchard diese Dyspnöe:

„1. Le régime alimentaire qui introduit un grand nombre de toxines dans le tube digestif et dans l'organisme; 2. l'insuffisance rénale qui met obstacle a l'élimination complète de ces toxines; 3. l'insuffisance hépatique qui, empêchant leur arrêt et leur destruction, permet la pénétration de ces poisons dans la circulation.

C'est contre cette triple alliance, que la thérapeutique doit combattre. Puisque la dyspnée est d'origine alimentaire, il faut s'adresser à l'alimentation, et pour remplir cette indication, de toutes la plus importante, d'abord supprimer pour toujours du régime alimentaire les substances en excès, poissons et surtout poissons de mer, viandes faisandées et peu cuites, gibier avancé, salaisons, conserves alimentaires, charcuterie, fromages faites, etc."

Die Durchführung der Milchdiät gestaltet sich nach Huchard folgendermaßen: Täglich werden 3—3½ Liter Milch verabreicht (darunter keinesfalls!). Keine anderen Zusätze zur Nahrung! Alle zwei Stunden trinkt der Patient eine Tasse (= 300—350 ccm) Milch, schluckweise. Frische, kalte Milch ist warmer oder gekochter vorzuziehen. Manchmal macht die Milch Durchfall oder Verstopfung. Im allgemeinen empfiehlt Huchard zur Hebung der Verdaulichkeit Zusätze von einem bis zwei Suppenlöffel Kaffee, Vichywasser, Wasser von Wals oder 1 g Natrium bicarbonicum oder 0,2 g Pepsin oder Pankreatin. Bei Neigung zu Diarrhoe setzt Huchard 0,5 g Bismuthum subnitricum zu jeder Tasse Milch hinzu. Bleibt trotzdem die Diarrhoe bestehen, so pflegt sie nach Huchard zu weichen bei Anwendung von sterilisierter Milch, der man eine Flasche Kefir zugesetzt hat.

Bei Verstopfungen empfiehlt Huchard Zusätze von Rhabarber oder Magnesia zur Morgenmilch.

In den Fällen, wo die Milch wegen ihres Fettreichtums schlecht vertragen wird, rät Huchard entfettete Milch (Magermilch) an. Wenn aus anderen Gründen die Milch schlecht vertragen wird, so versuche man, wenn vorher die Milch warm verabreicht wurde, sie kalt zu geben, oder gebe Eselsmilch statt Kuh- oder Ziegenmilch.

Bei Hyperchlorhydrien des Magensaftes wird die reine Milchdiät schlechter vertragen, da sich im Magensaft das Labkoagulum zu schnell löst. In solchen Fällen gebe man große Dosen Alkali: dreimal täglich ein Kaffeelöffel voll von folgender Mischung: Natrium bicarbonicum, neutralem Natriumphosphat, präparierter Kreide.

Die Dauer der Durchführung dieser Kur hängt nach Huchard vom Zustande des Patienten ab, mindestens ist sie 10—14 Tage durchzuhalten und nach Möglichkeit nicht eher zu beendigen, bis die Dyspnoe verschwunden ist; erst dann beginnt man mit der Zulage von Fleisch, Gemüse, indessen nicht am Abend, weil in der Nacht sich nach Huchard die Intoxikationen am besten entfalten können.

Um schließlich der Dyspnoe zuvorzukommen, verschreibt Huchard systematisch den Arteriosklerotikern alle drei bis vier Wochen während drei bis fünf Tagen die absolute Milchdiät, und wenn Symptome der

Hyposystolie vorwiegend bestehen mit leichten Ödemen der Knöchel, verordnet er ein Abführmittel und Digitalis (25—30 Tropfen einer 1%igen Lösung von kristallisiertem Digitalin).

Uns erscheint der Standpunkt der Milchkur bei diesen Zuständen insofern exzessiv, als große Mengen Milch verabfolgt werden müssen; da indessen Huchard die guten Erfolge dieser Kur rühmt, möchten wir seinem Urteile mangels eigener Erfahrungen mit dieser Kur nicht vorgreifen.

Was endlich die Diätetik der **Stenokardie (Angina pectoris)** anbelangt, so haben wir dieses Symptomenbild lediglich darum zum Gegenstand diätetischer Besprechung gewählt, als gerade hier durch die Diät oft Anfälle ausgelöst werden. Ein dreifaches Cave ist angebracht, erstens vor Zigarren, zweitens vor Alkohol und drittens vor zu reichlichen Mahlzeiten. Ein guter Teil des Auftretens der Anfälle nächtlicherweise mag darin bestehen, daß die Patienten mit überladenem Magen das Bett aufsuchen. Wir empfehlen deswegen die Regel zu befolgen, diese Patienten spätestens abends um 6 Uhr die letzte Mahlzeit einnehmen zu lassen, dafür um 8 Uhr, um das Gefühl des leeren Magens zu betäuben, gekochtes und durch das Sieb geschlagenes Obst als Kompott (etwa 150 g) genießen zu lassen. Auch sonst am Tage ist es vorzuziehen, die Patienten alle zwei Stunden kleine Mahlzeiten nehmen zu lassen statt großer Mahlzeiten. Blähende Gemüse, zellulosereiche Brote sind zu verbieten; im übrigen ist eine Milchdiät mit geringen Fleischmengen (nicht mehr als 200 g zarten Fleisches [Geflügel, Hirn, Kalbsbries]), ferner durch das Sieb geschlagene Gemüse mit Butter zur Deckung des kalorischen Defizits reichlich vermengt, ferner geröstetes Weißbrot mit Butter und Marmelade, Tee, Kaffee zum Frühstück und zum Nachmittag reichlich gekochtes Obst, sehr zu empfehlen. Man kann den Kranken auch so genügend einstellen, daß stärkere Abmagerung vermieden wird.

Wie die Diätetik der Herz- und Gefäßkrankheiten nicht nur auf den Kreislauf Rücksicht zu nehmen hat, sondern auch auf die Nieren, so hat umgekehrt die **Diätetik der Nierenkrankheiten** auch auf den Kreislauf, insonderheit das Herz, Rücksicht zu nehmen, also 1. Schonung der Nieren unter Anpassung der Diät an den Funktionsausfall der Nieren; 2. Schonung des Herzens. Die Forderung der Schonung des Herzens kann etwas in den Hintergrund treten, wo bei Nephritiden das Herz an sich nicht sehr belastet erscheint (wenig erhöhter Blutdruck), und muß besonders in den Vordergrund treten, sobald Kompensationsstörungen seitens des Herzmuskels (Herzinsuffizienz) das klinische Bild beherrschen. Die Rücksicht auf das Herz üben wir bei Nierenkranken durch die Einschränkung der Flüssigkeitszufuhr auf das für die Nieren eben erträgliche Maß.

Im Vordergrund steht bei der Diät der Nierenkranken die Rücksicht auf die Nieren. Während Kohlenhydrate und Fette keine durch die Nieren zu eliminierenden Schlacken ergeben, bilden Eiweiß, Nukleine und Extraktivstoffe, wie Kreatin, Stoffwechselprodukte, die nur normalerweise durch die Nieren ausgeschieden werden. Des weiteren fällt den Nieren die Aufgabe zu, die anorganischen Salze zum größten Teile aus dem Körper zu entfernen; die Eliminierung dieser Stoffe in den Nieren kann nur in gelöstem Zustande geschehen: insofern spielt auch die Wasserexkretion durch die Nieren eine wichtige Rolle.

In der diätetischen Schonungstherapie der Nierenkrankheiten muß man als Maßstab für die Einstellung der Diät lediglich die Größe der Störung der Nierenfunktion zugrunde legen. Sie fordert eine exakte klinische bzw. chemisch-physiologische Beurteilung der Nierenfunktion, wenn auch im allgemeinen die Feststellung von täglicher Urinmenge, Gefrierpunktserniedrigung, spezif. Gewicht als grober Anhaltspunkt dienen mag. Als weiterer wesentlicher Gesichtspunkt der Funktionsuntersuchung ist die Analyse des Blutes, besonders hinsichtlich seines Gefrierpunktes und Stickstoffgehaltes anzusehen.

Bekanntlich gibt der Gefrierpunkt des Harnes (Δ) ein Maß für die Summe der ausgeschiedenen Molen. $\Delta \times$ Harnmenge ist daher als ein Wert für die Ausscheidung der festen Produkte anzusehen (normalerweise liegt Δ zwischen $-0{,}87^{\circ}$ und $-2{,}43^{\circ}$, $\Delta \times$ Harnmenge zwischen 1000 und 3500). Infolge der Dissoziation der Moleküle ist die Beurteilung von Δ im Harne mißlich, es läßt sich aber trotzdem eine einigermaßen richtige Übersicht für vergleichende Untersuchungen gewinnen, wenn man den Harn zur kryoskopischen Untersuchung 10—15 fach verdünnt. Wo man auf die kryoskopische Harnuntersuchung verzichten will, kann man statt dessen das spez. Gewicht als Maßstab der Molen ansehen. Eine Harnmenge von 1500 mit dem spez. Gewicht 1020 bringt mehr Molen heraus als eine solche von 3000 mit dem spez. Gewicht von 1008. Man kann die 2. Dezimale mit der Harnmenge multiplizieren, um ein ungefähres Bild sich von der Molenkonzentration zu verschaffen, also im ersten Falle $2{,}0 \times 1500 =$ 3000 Molenkonzentration, im zweiten Falle $0{,}8 \times 3000 = 2400$ Molenkonzentration. Die normale Molenausscheidung bei gemischter Diät liegt zwischen 3000—4000 für einen erwachsenen Mann.

Die funktionelle Minderwertigkeit einer kranken Niere kann lediglich in einer geringeren Breite erhöhter Anspruchsfähigkeit bestehen, eine Niere kann aber auch bereits normalen niedrigen Ansprüchen gegenüber zum Teil insuffizient sein. Hier muß die diätetische Therapie in erster Linie darauf bedacht sein, ein Nahrungsregime aufzustellen, durch das kalorisch der Bedarf des Kranken gedeckt wird, das zweitens wenig Stoffwechselendprodukte liefert und durch das in bezug auf den Wasserstoffwechsel Niere und Herzgefäßsystem ad minimum entlastet wird.

In praxi pflegt man leider die Nephritiden mehr nach dem Eiweißgehalt des Harns zu bewerten. Eine derartige Beurteilung ist einseitig und entspricht nicht dem Grundsatze physiologisch-pathologischen Beurteilens einer Krankheit. Die Tatsache, daß ein Nephritiker etwa 0,5% Albumen hat, sagt uns, daß eine Schädigung der

Nieren da ist, und daß dem Kranken, wenn er 1 l Harn ausscheidet, 5 g Eiweiß verloren gehen, deren Deckung aus der Nahrung doch ein leichtes ist. Darüber, wie die Niere ihre eigentliche Aufgabe erfüllt, besagt die Albuminurie nicht das geringste. Wir werden also die Albuminurie nicht unseren Prinzipien der Diätetik als Maßstab zugrunde legen können.

Eine kranke Niere kann nun in mancher speziellen Weise eine mehr oder minder größere Insuffizienz darbieten, z. B. in der Exkretion stickstoffhaltiger Endprodukte, wie Harnstoff oder Harnsäure, oder in der Eliminierung der anorganischen Salze, unter denen insbesondere das Kochsalz eine große Rolle spielt, insofern die Nephritiden für gewöhnlich den Chloriden gegenüber weit stärker insuffizient sind als den Achloriden, d. h. der Summe der übrigen anorganischen Salze. Auch eine Insuffizienz der Wasserausscheidung kann bei Nephritiden bestehen, oft pflegt sich diese mit einer „Kochsalzretention" zu verbinden.

Alle diese Störungen im einzelnen zu erkennen, sollte unsere diagnostische Aufgabe sein, der gegenüber sich der praktische Arzt im allgemeinen kaum gewachsen zeigen kann. Er wird sich daher auf gröbere Orientierungsversuche über die Ausscheidungskraft der Niere beschränken, event. noch zu der schon erwähnten Untersuchung des Blutes auf Gefrierpunkt und Harnstoffgehalt (Rest-N) zurückgreifen. Da die funktionellen Proben für die diätetische Einstellung wichtig sind, mögen sie hier kurz erwähnt werden: Anhangsweise sei auch noch die Kochsalzprobe erwähnt.

1. Akkommodationsprüfung durch den Wasserversuch. Man verabreicht bei gleichbleibender Kost 1500 ccm Wasser, die im Laufe von $^1/_2$—1 Stunde getrunken werden müssen. Der Normale scheidet das Wasser innerhalb 4 Stunden aus, wobei das spez. Gewicht auf 1002 bis 1004 sinkt. Der Nierenkranke scheidet das Wasser verschleppt und vermindert aus.

2. Durch Trockendiät. Diese wird nach Belieben so gewählt, daß möglichst wenig Flüssigkeit getrunken wird. Die ausgeschiedene Harnmenge wird verfolgt unter Bestimmung des spez. Gewichts. Die Molenausscheidung, die bei einer solchen Trockendiät etwa unter dem Werte von 3000 Molenkonzentration des Harns liegt, bezeichnen wir als Hyposthenurie, Normalausscheidung als Normosthenurie, übernormale als Hypersthenurie. Von großer Wichtigkeit ist, wie gesagt, die Reststickstoffbestimmung des Blutes, die normalerweise 25 bis 50 mg beträgt, bei Nierenkranken 100—200 mg und mehr betragen kann. Beim Kochsalzversuch reicht man den Kranken mehrere Tage eine bestimmte Diät mit annähernd konstantem und bekanntem Kochsalzgehalte, man bestimmt die täglich ausgeschiedene Kochsalzmenge und legt an einem Tage 10—15 g Kochsalz zu und verfolgt die Quantität und Schnelligkeit der Kochsalzausscheidung. Eine verzögerte und verminderte Ausscheidung kann allerdings nicht nur einer Niereninsuffizienz allein zugeschrieben werden, sondern auch in

vielen Fällen einer extrarenalen Gefäßstörung, was praktisch für die Diätetik auf dasselbe hinausläuft. Sehr wichtig ist auch die Verfolgung des Körpergewichts gerade zur Beurteilung des Wasserstoffwechsels.

Das Ziel jeglicher Diätetik der Nieren erstrebt nun eine Anpassung an die verringerte Kraft der Nieren und zwar nach dem Grade und der Art der Störung: da wo die Molenausscheidung gering ist, muß die Nahrung das Minimum von N-Schlacken, also wenig Eiweiß enthalten und wenig Salze; wo die Wasserausscheidung schlecht ist, muß die Wassermenge herabgesetzt werden und wo die Kochsalzausscheidung eine schlechte ist, im besonderen dieses eingeschränkt werden. Man soll also den Nierenkranken auf jeden Fall so einstellen, daß seinen Nieren die geringsten Anforderungen unter Berücksichtigung des Defektes gestellt sind. Vorbedingung für die Einstellung ist also die Kenntnis des Defektes. Es sind aber doch gerade für die Diätetik der Nierenerkrankungen einige ganz allgemeine Regeln am Platze, die prinzipiell — ohne jeweilige Anpassung an den Defekt — die Verminderung der Anforderungen an die Nierenarbeit, die ja einen Reiz darstellt, bezwecken. Da gilt als erster Grundsatz Fortlassung sämtlicher die Nieren reizender Stoffe, wie Gewürze in der Nahrung, Alkohol, bestimmte Genußmittel, wie Kresse, Radieschen, Rettich, manche Salate, ferner Beschränkung der Extraktivstoffe des Fleisches: Vermeidung von Bouillon, Fleischextrakten, Fleischpräparaten usw. Man braucht allerdings nicht so weit zu gehen, daß man einem Nierenkranken a priori jedes dunkle Fleisch verbietet und nur das sogenannte weiße Fleisch (Geflügel, Kalbfleisch, Fische) erlaubt; indessen empfiehlt es sich im allgemeinen mehr, beim Nierenkranken die Zufuhr des Fleisches überhaupt auf etwa 100—200 g zu beschränken und die notwendige Eiweißmenge durch Milcheiweiß in der Milch, Sahne, Sahnen- oder Quarkkäse, ferner in Eiereiweiß zu verabreichen. Im allgemeinen soll man einem Nierenkranken mit der Nahrung nicht mehr als 60—70 g Eiweiß (Netto) verabreichen, den kalorisch notwendigen übrigen Teil der Nahrung durch Fette (zu 30%) und Kohlenhydrate (zu 70%) decken. Vegetabilien sind den Nierenkranken in Form grüner Gemüse, die zur besseren Erträglichkeit noch durchs Sieb geschlagen werden können, durchaus erlaubt; sehr zweckmäßig sind sodann Mehlspeisen und Kompotte. Mit einer derartigen fleischarmen, vorwiegend laktovegetabilischen Diät sind inbezug auf N-haltige Ausscheidungsprodukte dem Nierenkranken an sich schon keine großen Aufgaben gestellt, im Gegenteil ist die Belastung der Nieren die minimale, so daß eine solche Diät schon für die Behandlung mancher Nierenerkrankung ausreichen würde.

Ein derartiger Speisezettel sei hier aufgeführt:

1. Frühstück: 250 ccm Kakao oder Milch,
Weißbrot, Butter, Marmelade.
2. Frühstück: 100 g Weißbrot, Butter usw., zwei Eier oder
weißer Quarkkäse (etwa 50 g).

Mittags: 300 ccm Fruchtsuppe,
150 g Kartoffelmus,
150 g gekochtes Fleisch,
200 g Gemüse,
Puddings, Mehlspeisen usw.

Nachmittags: Weißbrot, Marmelade,
Butter, 250 ccm Milch oder Kakao.

Abends: Milchsuppe, Grießbrei, Reisbrei, Mehlbrei oder zwei Eier mit 200 g Gemüse oder süße Speisen in Form von Puddings mit Fruchtsaucen.
Weißbrot, Butter.
Getränk: 500 ccm Fachinger, Wildunger, Vichywasser oder Aqua fontanea.

Was die Salze in Speisen anbelangt, so sind diese sowohl in dem Fleische wie in den vegetabilischen Nahrungsmitteln enthalten, und zwar in der dem Körper notwendigen Menge und Art der Zusammensetzung. Eine im wahrsten Sinne salzfreie Diät dem Nierenkranken zurEntlastung seiner Nieren zuzuführen, würde direkt zum Salzhunger und damit zu den schwersten Stoffwechselstörungen führen; wir führen aber dem Nierenkranken bereits eine salzarme und im speziellen kochsalzarme Diät zu, wenn wir bei der Zubereitung der Nahrung in der Küche 1. ohne Zusatz von Kochsalz gebackenes Brot verwenden, 2. salzfreie Butter verabreichen, 3. die Milchzufuhr nicht über 1 Liter hinausgehen lassen, 4. bei der Zubereitung des Fleisches dieses gekocht verabreichen unter Vermeidung der Bouillon für den Kranken, 5. die Gemüse erst in Wasser längere Zeit kochen lassen und dieses Wasser fortgießen, 6. der Köchin verbieten, zu irgend einer der für den Nephritiker zu verabreichenden Speisen in der Küche Kochsalz zuzusetzen. Eine derartige, allerdings außerordentlich geschmacklich-reizlose Kost deckt völlig den Nahrungsbedarf des Kranken und stellt für die Eliminierung des Kochsalzes (und auch der Achloride) minimale Ansprüche an die Nieren. Wer sich für den Salzgehalt der Nahrungsmittel interessiert, der sei auf die nachstehende Tabelle (S. 215—220) von Leva hingewiesen. (Arch. f. Verdauungskrankh. Bd. XVI.)

Da diese Kost, die man die kochsalzarme Diät nennen kann (die Kochsalzausscheidung nach der Durchführung einer derartigen Diät beträgt etwa täglich höchstens 2 g NaCl), auf die Dauer von den Patienten wegen ihrer großen Reizlosigkeit ungern genommen wird, so soll man sie, um die Appetenz des Nierenkranken, der in seinem Ernährungszustande nicht unnötig geschwächt werden soll, nach Möglichkeit zu erhalten, nur da geben, wo sie wirklich indiziert ist. Für die Praxis kann man sich allgemein an folgende Regeln halten: 1. Sie ist indiziert bei jedem Fall von Morbus Brightii mit Ödemen, im speziellen bei den Nephrosen. 2. Sie ist indiziert bei maligner Schrumpfniere, wenn kardiorenale Syndrome, d. h. Insuffizienzerscheinungen des Herzens mit chronisch urämischen Erscheinungen bestehen (dabei brauchen noch keine Ödeme aufgetreten zu sein). 3. Ist sie speziell da indiziert, wo — auch bei fehlenden Ödemen — die genaue Funktionsprüfung der Niere eine Retention von Kochsalz ergibt. 4. Ferner ist für die ganz akuten Fälle von akuter Glomerulo-Nephritis die kürzere oder längere Durchführung einer kochsalzarmen Diät am Platze. Hier hat man früher besonders die Durchführung einer Milchdiät bevorzugt, doch liegt in dieser das Schädliche einer eventuell zu großen Eiweißmenge und Flüssigkeitsmenge. Die guten Erfolge der Milchkuren bei Nephritiden liegen in der günstigen Verteilung von Eiweiß, Fett und Kohlenhydraten (vielleicht wirkt der Milchzucker diuretisch) in der Milch und in der relativen Salzarmut, wenngleich die Milch immer noch relativ reichlich Kochsalz enthält (etwa 1,6 g pro Liter). Da aber im übrigen die Milch eine sehr reizlose Diätform darstellt und man gerade die Reizung der akut erkrankten Niere möglichst meiden soll, so empfiehlt sich bis zu einem gewissen Grade, auch bei der akuten Nephritis die Milch (pro die höchstens $^3/_4$ Liter, nicht mehr; eventuell statt dessen auch $^1/_2$ Liter Milch, $^1/_4$ Liter Sahne) beizubehalten, und daneben noch reichlich Kohlenhydrate in Weißbrot, Kompotts (Äpfel, Birnen), süßen Speisen, Kartoffeln und Fett (Butter) zu verabreichen. Die Verabreichung zu großer Mengen Milch (etwa 2—3 Liter) würde an die wasserausscheidende Kraft der Nieren und an die Stickstoffausscheidung zu große Anforderungen stellen.

Erfahrungsgemäß haben die Nierenkranken, die auf kochsalzarme Diät gesetzt werden, einen großen „Salzhunger", den zu befriedigen Strauß Thymian, Lorbeer, Majoran und Petersilie als Ersatzmittel empfiehlt, doch sind das nicht zureichende Ersatzmittel. Es ist m. E. eine Gefahr, allzulange die chlorarme Diät durchzuführen, hauptsächlich wegen des relativ großen Kaligehaltes der meisten (namentlich auch vegetabilischen) Nahrungsmittel. Man darf daher nicht bis zur Kochsalzverarmung eine kochsalzfreie Diät durchführen. Die Kochsalzverarmung zeigt sich sehr bald durch Inappetenz, Widerwillen gegen die Nahrung und verschlechtertes Allgemeinbefinden. Alsdann sind Kochsalzzulagen zur Nahrung notwendig, doch gehe man nach Möglichkeit nicht über den Tageswert von 6—8 g Kochsalz hinaus.

Man kann bei der akuten Nephritis auch die gleichen günstigen Resultate mit jeder anderen fett- und kohlenhydratreichen Diät durchführen, wenn sie das Eiweiß als Eiweißminimum und zwar als physiologisch-adäquates enthält und dabei sonst reizlos und kochsalzarm gehalten ist. So hat Porges bei akuter Nephritis der Feldsoldaten günstige Resultate mit folgender Diät erzielt: 500 g Kartoffeln, 200 g Brot, 50 g Reis, 150 g Zucker, 50 g Fett, Fruchtsäfte und Tee. Die Diät ist stickstoffarm (etwa 20 g Eiweiß), aber kalorienreich.

Die Frage, wie weit man die Flüssigkeitszufuhr beschränken soll, kann man im allgemeinen dahin beantworten, daß mehr wie $1^1/_2$—2 Liter Flüssigkeit mitsamt dem Wasser in den Nahrungsmitteln dem Nephritiker nicht gereicht werden soll, aber auch nicht weniger, da die kranke Niere die Nahrungsschlacken doch ausschwemmen muß. Nur dem Schrumpfnierenkranken kann man, solange er nicht insuffizient ist, größere Wassermengen als 2 Liter gestatten. Ist Insuffizienz des Herzens eingetreten, beschränke man auch hier die Flüssigkeitszufuhr je nach dem Zustande des Herzens für kürzere oder längere Zeit auf etwa 1 Liter pro Tag.

Hier sei noch ein Wort über die gutartigen Hypertonien gesagt, ohne jede Insuffizienzerscheinungen der Nieren und des Herzens. Ergibt hier die Belastungsprobe eine normale Breite der Nierenakkommodation und eine gute Wasserausscheidung, so wäre es töricht, solche Menschen diätetisch irgendwie eingeschränkt und eingeengt diätetisch leben zu lassen, wenngleich Reizmittel und Alkohol gemieden werden müssen. Man kann und soll sie vor Exzessen schützen, soll aber nicht Lebensfreudigkeit und Lebensfähigkeit durch Kuren mit kochsalzfreier Diät, Einschränkung der Wasserzufuhr usw. herabdrücken. Anders naturgemäß bei den malignen Hypertonien, die nach dem Funktionsausfalle der Nieren, wie oben auseinandergesetzt wurde, einzustellen sind.

Anhangsweise sei hier noch eine Synopsis der Nierenkrankheiten mit den entsprechenden diätetischen Einstellungen gegeben.

I. Nephrosen (Nierenerkrankungen degenerativer Art der Harnkanälchen):

A. Infektionsalbuminurien, im Verlaufe der mannigfachsten Infektionen vorkommende sogenannte „febrile Albuminurien", die meist mit oder nach der Infektion wieder abklingen.

Die diätetische Behandlung fällt mit der Behandlung des Grundleidens zusammen; die Kost muß reizlos sein; die Diurese reichlich. Einstellung auf Milchdiät durchaus nicht erforderlich.

B. Syphilisnephrose. Im Harn reichlich Eiweiß, viel Epithelien und Sediment, viel Lipoide. Keine Veränderungen am Herz-Gefäßsystem, keine Hypertonie, keine Retinitis, keine Urämie, Ödeme. Einstellung diätetisch auf knappe Kochsalzzufuhr (2—6 g) je nach der Schwere des Falles. Flüssigkeitsbeschränkung auf $1^1/_3$ Liter Flüssigkeitszufuhr. Milch-Weißbrot-Fettdiät, später laktovegetabilische eiweißarme (40—50 g) Diät bei gleichzeitiger antisyphilitischer Behandlung.

C. Chronische kryptogenetische genuine Nephritis (Dr. Müller) bei Leuten jüngeren und mittleren Alters ohne nachweisbare Ursache.

Schleichender Beginn mit Blässe und leichter Gedunsenheit des Gesichtes. Zunehmendes Ödem. Harn hochgestellt, viel Eiweiß enthaltend, Zylinder fehlend. Stickstoffausscheidung normal. Herz Gefäßsystem ohne Befund. Insuffizienz der Kochsalzausscheidung. Nach monatelanger Dauer verschwinden die Ödeme bei bestehender Albuminurie und Ödembereitschaft. Allmähliche Zunahme des Blutdrucks, Urämie und Retinaeveränderungen.

Diätetisch: In der ersten Periode Milch-Weißbrot-Fettdiät bzw. laktovegetabilische Diät mit Kochsalzbeschränkung auf 1—3 g; Fleischzulagen sehr bald erlaubt. Flüssigkeitsbeschränkung auf 1—$1^1/_2$ Liter.

Später (beim Übergang in die chronische Form) Zulagen von Kochsalz, vor allem auch von Eiweiß; auch in der Flüssigkeitszufuhr ist die Beschränkung nicht so streng durchführbar.

II. Nephritiden (entzündliche Erkrankungen):

Glomerulonephritiden; diese verlaufen herdförmig oder diffus. Symptome: Hypertonie und Herzhypertrophie, Veränderungen des Augenhintergrundes, Urämiegefahr. Ödeme fehlen häufig, können aber vorhanden sein, Stickstoffausscheidung ist gestört. Stets Blut im Urin. Harnmenge vermindert oder normal.

Besondere Typen:

Kriegsnephritis: Blutdruck erhöht; Oligurie mit hohem spezifischen Gewicht (1025—1040). Hämaturie. Eiweiß schwankend im Harn. Cylindrurie. Epithelien, Leukozyten im Sediment. Kochsalzausscheidung im Anfang gestört, später gut; dagegen die Stickstoffausscheidung herabgesetzt. (Dementsprechend der Reststickstoff im Blute erhöht auf 100—200 mg für 100 cm^3 Serum.) Zuweilen Urämie. Baldiger Rückgang von Ödemen, Albuminurie und Hämaturie. Große Neigung zu Rezidiven. Häufig zurückbleibend leichte Albuminurie.

Scharlachnephritis: Sie tritt als Nachkrankheit nach Scharlach im Bilde der typischen Glomerulonephritis auf mit Oligurie, hohem spez. Gewicht des Harns, die sich bis zur Anurie steigern kann. Eiweiß im Harn wechselnd. Im Sediment Zylindrurie, Hämaturie. Oft Ödeme und Hydrops. Hypertonie und Herzhypertrophie. Kochsalzausscheidung im allgemeinen gut, dagegen schlechte Stickstoffausscheidung und Wasserausscheidung.

Diätetische Einstellung der diffusen Glomerulonephritiden: Bei strengster Bettruhe Einschränkung der Flüssigkeit auf $1^1/_2$ Liter, bei starkem Hydrops auf etwa 1 Liter. Die Kost soll besonders in den ersten Wochen außerordentlich eiweißarm sein, daher bei animalischem Eiweiß

(Milcheiweiß) nicht über 40 g gehen. Die Milch muß daher auf etwa $^3/_4$ Liter beschränkt, die Kohlenhydrate in Form von Reis oder Kartoffeln gereicht werden; die nötigen Kalorien werden durch Fett (Butter) erreicht. Die Salzarmut der Kost ist hier nicht so ängstlich durchzuführen.

Sobald die Erscheinungen der Nierenerkrankung nachzulassen beginnen, kann die Kost erweitert werden: Weißbrot, Mehl, Grieß, Reisbreie mit Früchten, zarte Gemüse, Kakao, Tee, Kaffee. Die Zulagen von Flüssigkeit und Eiweiß (in Form von Fleisch, Eiern oder Käse) ist in ihrer Wirkung auszuprobieren. Vor der kritiklosen Anwendung der Kuhmilch sei bei diesen Nephritiden gewarnt; wo eine Milch mit wenig Eiweißgehalt zur Anwendung kommen soll, sei die vegetabile Milch empfohlen. Nur bei schweren, nicht weichen wollenden Ödemen sei die Durchführung einer Milchkur empfohlen.

Die herdförmigen Glomerulonephritiden gehen fast stets ohne Blutdruckerhöhung einher. Ihre diätetische Einstellung erfordert fast stets nur die Durchführung einer reizlosen Diät, in der der Eiweißgehalt nicht über 60—70 g Eiweiß und der Kochsalzgehalt nicht über 5—7 g hinausgeht. Auch einer Flüssigkeitsbeschränkung wird man das Wort reden müssen.

III. Maligne Nierensklerose.

Ausgangsform der chronischen Nephrosen bzw. Nephritiden bzw. der Kombinationsformen. Je nach dem Fortschritt und Parenchymausfall ist der Ausfall mehr oder minder groß. Falsch ist (vgl. oben), solange das Herz noch nicht insuffizient ist, die Flüssigkeitszufuhr beschränken zu wollen, dagegen wird man — je nach dem Ausfall der Funktion — nicht um eine Beschränkung der Eiweißzufuhr und Kochsalzzufuhr herumkommen. Die diätetische Einstellung richtet sich daher nach dem Ausfall der Funktionsproben. Im allgemeinen wird die Durchführung einer lakto- bzw. ovovegetabilischen, gewürzlosen Kost zu empfehlen sein. Sind Insuffizienzerscheinungen des Herzens eingetreten, so ist die Beschränkung der Flüssigkeitszufuhr am Platze. (Vgl. S. 203.)

IV. Die benigne Nierensklerose (vgl. S. 212 „Gutartige Hypertonie“) erfordert diätetisch keine Zwangsmaßregeln; nur die arteriosklerotische Niere mit erhaltener Funktion des Nierenparenchyms, aber geringer Akkommodation des Wasserausscheidungsvermögens zwingt zur Beschränkung der Flüssigkeitszufuhr.

A. Tierische Nahrungsmittel.

	NaCl in Prozent der natürlichen Substanz		NaCl in Prozent der natürlichen Substanz
Fleisch:		**Getrocknetes Fleisch:**	
Hammelfleisch	0,17	Charque, Carne secca, Carne pura usw.	6,3[1]—14,1[2]
Kalbfleisch	0,13		
Kalbshirn	0,29	**Geräuchertes und gesalzenes Fleisch:**	
Kalbsmilch	0,20	Roher Schinken	4,15[1]—5,86[2]
Kalbsniere	0,32	Gekochter Schinken	1,85[1]—5,35[2]
Kalbsleber	0,14	Lachsschinken	7,5
Rindfleisch (mager)	0,11	Prager Schinken (gekocht)	3,48
Schweinefleisch (mager)	0,10	Geräucherter Speck (deutscher)	1,01
Kaninchenfleisch	0,085	do. (amerikanischer)	11,61
Froschschenkel	0,05	Kasseler Rippespeer	8,7
Schabefleisch	0,09		
Fische:		**In Büchsen eingelegtes Fleisch:**	
Dorsch	0,16	Corned beef (deutsches)	2,04
Flußaal	0,021	do. aus Amerika	11,52
Flußbarsch	0,10	do. aus Australien und Neu-Seeland	0,25[1]—4,4[2]
Forelle	0,12		
Hecht	0,092	**Getrocknete Fische:**	
Heilbutte	0,30	Stockfisch (gesalzen)	3,56
Hering	0,27	„ (ungesalzen)	0,19
Kabeljau	0,16	Leng (gesalzen)	9,08
Karpfen	0,086	„ (ungesalzen)	0,60
Lachs	0,061		
Makreele	0,28	**Geräucherte, ungesalzene Fische:**	
Rotzunge	0,38	Bückling	0,38
Schellfisch	0,39	Kieler Sprotte	0,31
Schleie	0,073	Sardinen, ohne Öl, in Büchsen	0,12
Scholle	0,21		
Seezunge	0,41	**Geräucherte und gesalzene Fische:**	
Steinbutte	0,33	Lachs	10,87
Strömling	0,12	Pöckelhering	14,47
Zander	0,077	Sardellen	20,50
		Schellfisch	2,06
Geflügel:			
Ente	0,14	**Marinierte Fische:**	
Gans	0,20	Neunauge (Brühe abgespült)	1,79
Haushuhn	0,14	„ (Brühe allein)	2,65
Taube	0,15		
Pute	0,17		
Wild:			
Hase	0,16		
Hirsch	0,10		
Reh	0,11		
Auster (native, Seewasser abgespült)	0,52		
do. mit Seewasser	1,14		

[1]) Minimum. [2]) Maximum.

	NaCl in Prozent der natürlichen Substanz		NaCl in Prozent der natürlichen Substanz
In Öl konservierte Fische:		**Speisewürzen** (siehe auch Nährpräparate):	
Ölsardinen (französische)	1,34	Maggis Suppenwürze.	18,30
Thunfisch	5,49	„ Bouillonextrakt	9,37—22,46
		„ Bouillonkapseln	53,13
Lebertran	0,17	Andere Präparate:	
Gelatine (trockene)	0,75	Kietzs Kraftbrühe, Herzs Nervin, Bouillonextrakt Gusto, Bovos, Vir,	
Knochenmark (Rind)	0,11	Sitogen, Ovos, Suppenwürze von Ibbertz, Bendix und Lutz Köln usw.	9,48—19,64
Würste:			
Gothaer Zervelatwurst	6,16	**Käufliche Saucen:**	
Deutscher Salami	5,37		
Italienischer Salami	4,8—8,1	Essence of shrimps, anchovis usw.	19,01—21,7
Ungarischer Salami	4,6—5,4		
Mettwurst	3,15	Maggis Concentré de truffes aux fines herbes usw.	12,53—20,8
Schlackwurst	2,77		
Leberwurst	2,9		
Frankfurter Wurst	2,2		
Münchener Bratwurst	3,31	**Nährpräparate:**	
Regensburger Wurst	2,2—3,2	Plasmon	0,21
Pasteten:		Hämatin-Albumin (Finsen)	0,13
Gänseleberpastete (Fischer-Straßburg)	2,22	Roborat	0,0051
Schinkenpastete (von Große u. Blackwell in London)	5,72	Roborin	1,7
Zungenpastete (von Große u. Blackwell in London)	5,98	Fersan (J. Jolles-Wien)	3,83
Salmpastete (von Große u. Blackwell in London)	5,65	Sanatogen	0,42
Hummerpastete (von Große u. Blackwell in London)	2,38	Leube-Rosenthalsche Fleischsolution	1,2
Anchovispastete (von Große u. Blackwell in London)	40,10	Toril	16,73
Suppendauerwaren:		Somatose	0,66
		Bovrils Präparate	0,26—14,12
Erbsen-, Linsen- usw., Fleischsuppen der Carne-pura-Gesellschaft-Berlin	8,18	Cibils Präparate	8,80—14,68
		Puro	2,63
		Toril	16,03
		Bios	8,57
Tapioka-, Grünkern-, Julienne-, Kartoffel-, Erbsen- usw. Suppen von Knorr-Heilbronn	10,01—15,48	Valentines meat juice	0,08
		Bengers peptonised beef jelly (flüssig)	0,16
Rumfordsuppe	10,0	Maggis Krankenbouillon-Extrakt	8,96—9,77
Fleischzwieback (österreichische Armee)	0,6—4,77	Maggis Pepton	3,33—6,55
		Antweilers Pepton	5,85—13,41
Erbswurst (Knorr)	10,6	Finzelberg Nf., trockenes Pepton	15,13
„ der deutschen Armee	11,7	Liebigs Fleischpepton	1,32
Fleischextrakte:		Kemmerichs Fleischpepton (festes)	1,10
Liebig	2,60	Kemmerichs Fleischpepton (flüssiges)	12,66
Kemmerich	1,40		
Cibils (flüssig)	14,62	Cibils Papaya Fleischpepton	2,88

	NaCl in Prozent der natürlichen Substanz
Kochs Fleischpepton (festes)	0,80
Kochs Fleischpepton (flüssig)	12,57
Eier:	
Hühnerei (ganzes, ohne Schale)	0,21
Hühnerei, Eiweiß	0,31
Hühnerei, Eigelb	0,039
Gänseei	0,14
Entenei	0,13
Seemövenei	0,14
Kaviar (deutscher)	6,18
„ (russischer Malossol)	3,0
Milch- und Molkereierzeugnisse:	
Kuhmilch (Vollmilch)	0,16
„ (Magermilch)	0,15
Rahm	0 13
Buttermilch	0,16
Kuhmolken	0,11—0,15
Kondensierte Milch (Stalden, Emmenthal)	0,40
Bonmasche Diabetikermilch	0,14
Butter (ungesalzen)	0.02—0,21
„ (gesalzen)	1,0—2,0—3,0
Margarine	1,15
Palmin	0,0016
Arbora (Al. Staudt, Linienstr. 57, Berlin)	1,01
Fructin (Gebr. Kaufmann-Mannheim)	0,10

	NaCl in Prozent der natürlichen Substanz
Käse:	
Schichtkäse (deutscher Rahmkäse)	0.20
Topfen (Quark)	0,18
Gervais (ungesalzen)	0.13
„ (gesalzen)	3.43
Parmesankäse	1,93
Schweizerkäse	2,0
Brie	3,15
Romadour	3,91
Mainzer Handkäse	4,36
Backsteinkäse	10,57
Stracchino	1,0—1,3
Englischer Rahmkäse	0.7—1,15
Cheddar	0,23—1,97
Chester	1,59—1,91
Edamer	3,30
Kindermehle:	
Nestles Kindermehl	0,29
Epprechts Kindermehl	0,39
Mufflers sterilisierte Kindernahrung	0,041
Löflunds Kindernahrung	0,074
Löflunds peptonisierte Kindermilch	0,65
Voltmers Muttermilch	0,70
Liebes Nahrungsmittel in löslicher Form	0,14
Kufekes Kindermehl	0,095
Rademanns Kindermehl	0,3
Robinsons Patent Groats	Spur
Löflunds Milchzwieback	0,22

B. Pflanzliche Nahrungs- und Genußmittel.

Brot- und Teigwaren:	
Aleunoratbrot	0,34
Gerstenbrot	1,38
Grahambrot	0,61
Graubrot (Weizenroggenbrot)	0,15—0,48
Graubrot ($^2/_3$ Roggen-, $^1/_3$ Weizenmehl)	0,18—0,59
Graubrot (Berliner Schwarzbrot	0,66
Graubrot (Berliner Schwarzbrot)	0,75
Graubrot (Haferroggenbrot	0,71
Graubrot (Roggen-Maisbrot	0,40—0,68
Haferbrot	0,48
Kommißbrot	0,21—0,68
Pumpernickel	0.46
Weißbrot	0.18
Weißbrot	0,70
Weißbrot (Berliner Knüppel)	0,69
„Albert, Knusperchen“ (Bielefeld)	0,86

	NaCl in Prozent der natürlichen Substanz
„Petit beurre" (Bielefeld)	0,87
Eiswaffeln	0,40
Leibnitz-Kakes	0,47
Zwieback	0,38
Armeefeldzwieback	0,95—1,60
Makkaroni	0,067
Nudeln (dünne)	0,064
Zerealien und Mahlprodukte:	
Gerste	0,037
Hafer	0,046
Roggen	0,014
Weizen	0,013
Reis	0,039
Mais	0,019
Hirse	0,024
Weizenmehl	0,002—0,008[1]
Reismehl (Knorr)	0,016
Hafermehl (Knorr)	0,014
„ (Weibezahn)	0,026
„ (Frey)	0,087
Hafergrütze	0,26
„ (deutsche)	0,28
„ (amerikan.)	0,29
Gewalzte Haferkerne	0,35
Hohenlohesche Haferflocken	0,082
Quaker Oats	0,082
Buchweizengrieß	0,06
Sago	0,19
Wurzelgewächse:	
Batate	0,16
Kartoffel	0,016—0,078[1]
Topinambur	0,07
Möhre (gelbe Rübe)	0,060
Kohlrübe	0,072
Rote Rübe	0,058
Leguminosen:	
Bohnen	0,09
Erbsen	0,058
Linsen	0,13—0,19
„ (getrocknete)	0,155
Gemüse (frische):	
Artischocke	0,036
Blumenkohl	0,05—0,15
Bohnen (junge)	0,089
Erbsen (junge)	0,058
Gurke (frische)	0,06—0,08
Kohlrabi	0,03—0,21
Kürbis	0,05
Lauch (Porree)	0,040
Meerrettich	0,02—0,06
Mohrrüben	0,016—0,3
Radieschen	0,075
Rettich	0,08—0,15
Rhabarber (Stengel)	0,059
Salate (allerlei)	0,08—0,17
Feldsalat (Lattich)	0,12
Savoyerkohl	0,16—0,44[1]
Sellerie (Stengel)	0,25—0,49[1]
„ (Wurzel)	0,083
Schnittlauch	0,071
Spargel	0,04—0,06
Spinat	0,17—0,21
„	0,084
Tomate	0,11
„	0,094
Weißkohl	0,11—0,44[1]
Winterkohl	0,03—0,75[1]
Zwiebel	0,016—0,09
Eingemachte Gemüse (Büchsengemüse), durch Luftabschluß nach Apperts, Wecks und anderen Verfahren:	
Artischocken	1,27
Bohnen (grüne, haricots verts)	0,77
Erbsen (junge)	0,67
Macédoine	0,76
Schnittbohnen	0,83
Spargeln	0,83
Tomaten	0,14
Eingesäuerte Gemüse:	
Sauerkraut	0,73
Saure Gurken	1,45
Pilze:	
Champignon	0,04—0,06
Speiselorchel	0,012
Speisemorchel	0,014
Steinpilze (Bolusarten)	0,031

[1]) Diese Differenzen sind wohl auf die Verschiedenheit der Provenienz, der Bodenbeschaffenheit, der Düngungsart usw. zurückzuführen. (Leva.)

	NaCl in Prozent der natürlichen Substanz		NaCl in Prozent der natürlichen Substanz
Früchte:		**Gewürze:**	
Ananas	0,071	Dill	0,41
Apfelsine	0,0057—0,055	Fenchel	0,43
Aprikose	0,0047	Kapern (eingemacht in Kochsalz	2,1
Zitrone	0,0045	Kapern (eingemacht in Essig)	0,20
Erdbeere	0,01—0,02	Koriander	0,20
Feige	0,021	Lorbeerblätter	0,27
Kastanie	0,0045—0,010	Majoran	0,31
Kirsche	0,013	Mohnsamen	0,038
Kokosnuß (Saft)	0,035	Paprika	0,27
Mirabelle	0,0045	Pfeffer (schwarzer) . . .	0,51
Olive	0,008—0,21	„ (weißer)	0,019
Pflaume	0,0046	Safran	0,12
Stachelbeere	0,021	Speisesenf (Mostrich) . .	2,66
Wassermelone (Saft) . .	0,011	Vanille	0,055
Weintraube	0,024	Zimt	0,061
Rosine (Sultan)	0,16		
Korinthe	0.093	**Genußmittel** (alkaloidhaltige):	
Mandel (trockene) . . .	0,010	Kakaobohnen	0,05—0,095
Wallnuß (trockene) . .	0,019	Kaffee (gerösteter) . . .	0,045
Süßstoffe:		Allerlei Kaffee-Ersatzmittel (geröstet) . . .	0,1—0,33
Rübenzucker	0.0090	Tee	0,15
„	10,002—0,12		
Rohrzucker	0.11		
Zucker (Würfelzucker) .	0 049		
Kandiszucker (brauner) .	0,28		
Schokolade (Lindt) . . .	0,073		

C. Getränke.

Grundwasser	0,0012—0,006	**Beispiele von Tafelwässern:**	
Quellwasser	0,00055 bis 0,0046		
Berliner Leitungswasser	0,0031—0,0035	Apollinaris	0,043
Ale	0,0017	Biliner	0,039
Bier (deutsches)	0,016	Fachinger	0,039
„ (englisches)	0,10	Gießhübel (Mattoni) . .	0,0021
Champagner (Moet & Chandon)	0,0045	Namedy Sprudel	0,19
Eierkognak (Mangold) .	0,045	Rhenser Sprudel	0,125
Pomril	0,0027	Salvator	0,017
Weißbier(BerlinerWeiße)	0,015	Selters (Oberselters) . .	0,10
		„ (Niederselters,kgl.)	0,23
		Vichy (Gr. Grille) . . .	0,053

D. Tischfertige Speisen.

Suppen:		Bouillon (Privathaush. L.)	0,49
		Bouillon (Restauration) .	1,0
Bouillon (Privathaushalt St.)	0,55	Schleimsuppe (Privathaushalt T.)	0,53
Bouillon (Privathaushalt T.)	0,59—0,8	Reissuppe (Privathaushalt T.)	0,54

	NaCl in Prozent der natürlichen Substanz
Kartoffelsuppe (Privathaushalt St)	0,56
Maggi-Kartoffelsuppe .	0,38
Maggi-Erbsen- und Reissuppe.	0,57
Maggi-Tapioka-Julienne	0,54
Maggi-Weizengrieß . .	0,34
Graupensuppe (Restauration)	0,9
Milchsuppe (n. Hedwig Heyl, Das A-B-C der Küche, hergestellt (S. 472—474))	0,25
Apfelsuppe (n. Hedwig Heyl, Das A-B-C der Küche, hergestellt (S. 472—474))	0,015
Weinsuppe (n. Hedwig Heyl, Das A-B-C der Küche, hergestellt (S. 472—474))	0,23
Fleischspeisen:	
Roastbeef	0,98
Rinderfilet.	1,04
Kalbsbraten	1,11
Schweinebraten	1,54
Hammelkotelett	0,97
Gehacktes Beefsteak . .	1,29
Gebratenes Huhn . . .	0,39
Hase (gebraten)	0,76
Gesottener Hummer . .	0,95
Gesottener Hecht . . .	1,84
Gebackene Rotzunge. .	1,92
Gebackenes Kalbshirn .	1,24
Gedünstete Schweinsniere	1,61
Saucen:	
Bratensauce (Haush. T.)	0,8
Bratensauce (Restauration)	0,7
Sardellensauce (Restauration)	1,5
Remouladensauce . . .	0,75

	NaCl in Prozent der natürlichen Substanz
Eierspeisen:	
Rührei (gesalzen) . . .	1,1
„ (gezuckert) . . .	0,19
Setzei.	0,98
Eierkuchen (mit Kräutern, ungesalzen) . .	0,18
Gemüse:	
Spinat	0,91
Karotten	0,46
Blumenkohl	0,49
Morcheln	0,68
Salat:	
Grüner Salat	0,41
Kompott:	
Apfelmus	0,031
Birnenkompott	0,019
Mehlspeisen:	
Tapiokapudding	0,27
„ (ungesalzen, stärker gezuckert und gewürzt) . . .	0,026
Makkaroni (à la Napolitaine)	1,04
Makkaroni (in Milch, gezuckert)	0,29
Milchgrieß	0,40
Reis mit Äpfeln	0,18
Schokoladen-Flammeri .	0,061

Diabetes insipidus.

Darunter verstehen wir eine Funktionsstörung der Niere in dem Sinne, daß sie einen reichlichen Harn von niedrigem spezifischen Gewicht ausscheidet. Dabei ist die Summe der 24stündig ausgeschiedenen Stickstoff- und Salzmengen normal, Zucker- und Eiweißausscheidung fehlt. Das spezifische Gewicht des Harnes ist außerordentlich niedrig und nähert sich meist dem Werte von 1001. Nur im Fieber zeigt auch der Diabetes insipidus einen hochgestellten Harn. Daß die Harnmenge aber trotzdem von der Molensausscheidung unter gewöhnlichen Verhältnissen beim Diabetes insipidus abhängig ist, zeigt die Reaktion der Harnausscheidung nach Zulage von 10—15 g NaCl. Es wird sich dann beim Diabetes insipidus die Konzentration des Harnes nicht vergrößern, dagegen wächst die ausgeschiedene Flüssigkeitsmenge. Was die Entstehung dieser Polyurie anlangt, so sprechen experimentelle Erfahrungen dafür, daß Vorgänge am Hirnstiele das Bild eines Diabetes insipidus hervorzurufen imstande sind, doch erscheint auch durch die hypophysäre Theorie die Frage des Diabetes insipidus noch nicht restlos gelöst.

Was die Diätetik dieser Erkrankung anbelangt, so kann man die Polyurie allerdings sehr erheblich einschränken. Zuvörderst muß aber betont werden, daß man im allgemeinen nicht sein Ziel durch die Einschränkung der Flüssigkeitsmenge erreichen kann, da diese Einschränkung nur zur Retention harnfähiger Stoffe führt. (Allerdings gibt es Fälle, wo eine primäre Flüssigkeitseinschränkung, energisch durchgeführt, wider Erwarten, trotzdem man eine primäre Störung der Niere im Sinne der Unfähigkeit der Harnkonzentrierung festgestellt zu haben glaubte, schnell zu einer Besserung bzw. Heilung führte.) Dagegen gelingt die Verminderung der Polyurie durch Verminderung der ausgeschiedenen Molen. Man wird also eine Kost verabreichen, die möglichst wenig Stickstoffschlacken gibt und Salze enthält; also eine kohlenhydrat- und fettreiche Kost mit dem Minimum der Eiweißzufuhr, desgleichen salzarme Diät. (Vgl. hierzu das Kapitel der kochsalzarmen Ernährung S. 210.) Den Durst lasse man weniger mit Getränken als mit Apfelmus löschen.

Also zu bevorzugen grüne Gemüse, Obst, Mehlspeisen, ungesalzenes Brot. Fleisch (ungesalzen), Butter (ungesalzen). Als Getränk Fruchtlimonaden, Kompotte.

Es sei folgende Kostzusammenstellung empfohlen:

500 g Weißbrot,
60—100 g Butter,
500 g Gemüse,
1000 g Obst bzw. gesüßtes Kompott,
500 g Milch.

Als Getränk Fruchtlimonade bzw. Apfelmus.

(Der Eiweißgehalt der Nahrung hält sich fast am Minimum, daher ist durch event. weitere Fettzulage die Nahrung kalorisch reichlich einzustellen.)

XI. Erkrankungen der ableitenden Harnwege, Steindiathesen.

Der Harn, frisch entleert, stellt eine klare durchsichtige Lösung von Elektrolyten und Anelektrolyten dar, indessen in einer Konzentration, die den Sättigungswert einer Lösung für diese Stoffe überschreitet. Wegen der Stabilität dieser übersättigten Lösung (und aus anderen Beobachtungen) ist zu entnehmen, daß neben den molekurdispersen bzw. ionendispersen Stoffen der Harn Kolloide enthält, die ganz besonders für die schwerlöslichen Stoffe die Rolle der Schutzkolloide übernehmen. Beim Stehen eines Harnes können sich die Kolloide gegenseitig ausfällen: Darauf beruht das Ausfallen der sogenannten Nubecula eines abstehenden Harnes, die sich stets nach einiger Zeit findet. Die Ausfällung der Kolloide führt aber zur Entmischung des Harnes und zur Abnahme der Löslichkeit der schwer löslichen Stoffe, die alsdann sedimentieren. Diese Tatsache, daß der Harn eine kristalloide und kolloidale Lösung ist, ist für das Verständnis seines Verhaltens bei Erkrankungen der ableitenden Harnwege von außerordentlicher Bedeutung. Normalerweise benetzt der Harn die ableitenden Harnwege nicht, d. h. seine Kohäsion ist größer als die Adhäsion. Sobald aber eine Erkrankung der ableitenden Harnwege eintritt, z. B. eine Nierenbeckenentzündung, ein Katarrh usw., kommt es zu einer groben Verteilung von Kolloiden, damit zur verminderten Schutzwirkung einerseits, andererseits zu einer Abnahme der Oberflächenspannung des Harnes, somit zu einem Haften des Harnes an der Schleimhaut, wobei gerade die Kolloide sich da niederschlagen, wo die entzündlich bzw. katarrhalisch veränderte Partie der Schleimhaut sich findet. So entsteht die Entmischung des Harnes mit den Bedingungen einer Herabsetzung der Löslichkeit der am schwersten löslichen Stoffe, die wir einmal die Steinbildner nennen wollen. Ohne Rücksicht aber auf den Prozeß der Steinbildung ist jede Entmischung eines Harnes auf Grund einer Erkrankung der ableitenden Harnwege ein willkommenes Objekt diätetischer Behandlung, indem eine möglichst reizlose, schlackenarme und diuretisch wirkende Kost im Verein mit diuretischen Tees und alkalischen Wässern, konsequent über einige Zeit durchgeführt, eine Reinigung des ableitenden Harnsystems herbeizuführen in der Lage ist.

Als besonders diuretisch und reinigend wirkende Tees seien folgende genannt: Bärentraubenblätter, Bakkoblätter, Löwenzahn, Heidelbeerblätter, Minze und Bitterklee, Birkenblätter, Zinnkraut, Bohnenhülsen. Ein kombinierter Tee (aus Bohnenhülsen, Reisspelzen, Hagebuttenschalen und Maisnarben) ist der Pelsitintee von S.-R. Dr. Frank. Spezifisch günstig für die Zystitis wirkt der Lindenblütentee. Alle diese Tees müssen in größerer Menge auf leerem Magen innerhalb einer gewissen Zeit ($^1/_2$—1 Stunde) getrunken werden, wo sie dann eine starke Verdünnungsreaktion des Harnes und Reinigung der ableitenden Harnwege vornehmen. Ihr Wert liegt neben der reizmildernden und leicht diuretischen Wirkung vor allem auch darin, daß sie sich leichter als Trinkwasser ja selbst angenehmer als manche Brunnenwässer, von denen die Georg Viktorquelle (Wildungen), Fachinger, Wernarzersprudel, Vichywasser die berühmtesten sind.

Was die Diät anlangt, so ist eine fett- und kohlenhydratreiche, eiweißarme und salzarme Diät bei solchen Reizzuständen des Harnes die gegebene. Die vegetabilische Diät ist nur insofern am Platze, als Mehle (Schleimsuppen, Breie, besonders Grützbreie) sehr zweckmäßig sind, dagegen Gemüse, Salate, Obst u. a. reizend auf die ableitenden Harnwege wirken, obzwar Melonen, Kürbis, Spargel nicht frei von diuretischen Eigenschaften sind. Das zweckmäßigste Eiweiß ist in solchen Fällen das Milcheiweiß. Vor Gewürzen ist zu warnen! Eine Milchkur oder Kartoffelmilchkur mit Breien von Mehl, Grieß, Reis usw. und Tee ist besonders zu empfehlen.

Steindiathesen.

Die Steinbildung in den ableitenden Harnwegen kommt zustande, indem normale oder in seltenen Fällen pathologische Bestandteile des Harnes bereits in den ableitenden Harnwegen auskristallisieren und so entweder zu größeren Konkrementen (Urolithiasis) Anlaß geben oder aber zunächst nur zur Ausscheidung von sogenannten Niederschlägen, sei es in kristallinischer oder amorpher Form, führen. Man spricht dann von einer Steindiathese und unterscheidet je nach der Beschaffenheit des Sediments eine Uratsteindiathese, Oxalatsteindiathese, Phosphatsteindiathese, Zystinsteindiathese, Indigosteindiathese. Die Ausdrücke Uraturie, Phosphaturie, Oxalurie, die vielleicht gebräuchlicher sind, sind weniger sinngemäß, decken sich indessen begrifflich damit.

Die ausgebildete Nephrolithiasis oder Urolithiasis als solche erfordert diätetisch im eigentlichen Sinne weit weniger Sorge als die Steindiathese, welche dauernd diätetisch behandelt werden muß. Während die Behandlung des eigentlichen akuten Kolikanfalles — sie deckt sich mit der Behandlung des Katarrhs der ableitenden Harnwege — nach den oben ausgeführten Prinzipien behandelt werden muß, wobei man vor allem auf das Fernhalten von Gewürzen, Kochsalz, Extraktivstoffen (daher Einschränkung des Fleisches), auf Vermeidung jeglichen Alkohols, dagegen auf die Zufuhr großer Flüssigkeitsmengen Bedacht nehmen soll — als Flüssigkeitszufuhr empfiehlt sich die Darreichung von 2—3 Litern Tee (vgl. oben), besonders Lindenblütentee — muß es unsere Aufgabe sein, die Steindiathese diätetisch so zu behandeln, daß der Patient mit der Diät auch dauernd sein Auslangen findet, sowohl nach der geschmacklichen Seite der Kost hin, wie auch nach der quantitativen Seite hin; auf letztere ist ganz besonders Rücksicht zu nehmen.

Uratsteindiathese.

Darunter verstehen wir Zustände, bei denen es zur Ablagerung von Harnsäure oder Uraten in irgend einer Form (Einzelkristalle, kleinere Konglomerate und größere Steine) in den Harnwegen gekommen ist.

Wir haben gemeinsam mit Schittenhelm die Bezeichnung Uratsteindiathese vorgeschlagen, um den zu Mißverständnissen leicht Anlaß gebenden Ausdruck „uratische Diathese" aus der Medizin zu eliminieren.

Unter uratischer Diathese verstehen manche die gichtische Diathese, andere die Urolithiasis und den Harngrieß, andere wiederum werfen alle derartigen Zustände ohne jede weitere Unterscheidung in einen Topf und halten sie ätiologisch und pathogenetisch für gleichwertig. Man muß aber eine scharfe Trennung durchführen, da es sich um zwei ganz verschiedene Zustände handelt:

Bei der Gicht kommt es infolge der Harnsäureüberladung des Blutes zum Uratausfall in den Geweben.

Bei den Uratsteindiathesen ist die Beschaffenheit des Urins eine derartige, daß es zum Ausfall von Harnsäure oder Uraten in den Harnwegen kommt. So entstehen der Harnsäureinfarkt und die Harnsäuresteine. Mit ihrer Entstehung hat die gichtische Urikämie nichts zu tun.

Das Wort „uratische Diathese" ließe sich also sprachlich wohl auf beide Zustände gleichmäßig anwenden, indem es uns nur besagt, daß die Harnsäure die Materia peccans ist, für welche eine Disposition besteht. Es besagt uns aber nichts über die Art und die Lokalisation der Disposition und hat daher der Unklarheit Tür und Tor geöffnet. Man müßte sich schärfer ausdrücken, wollte man, eine Konzession an den eingebürgerten Begriff, wie er ja erfahrungsgemäß schwer zu beseitigen ist, machend, diesen in leicht veränderter Form beibehalten. Man könnte dann die Gicht als urikämische (urikoarthritische), die Uratsteindiathesen als urikurische (urikolithotische) Diathesen bezeichnen.

Es ist klar, daß die urikämische und die urikurische Diathese bei einem und demselben Individuum nebeneinander bestehen können und solche Fälle sind es wohl gewesen, welche zuweilen zur fälschlichen Annahme einer einzigen und gemeinsamen Grundursache führten. Man sah diese dann einfach in einer vermehrten Harnsäurebildung, welche auf der einen Seite zu der Urikämie und damit zur Gicht, auf der anderen Seite zu vermehrter Harnsäureausscheidung im Urin, zu einer Harnsäureüberladung desselben und damit zur Steindiathese führen sollte. Heute sind diese Vorstellungen selbstverständlich nicht mehr haltbar. Bei der Gicht besteht keine vermehrte Harnsäurebildung, vielmehr ist die im Urin ausgeschiedene Menge, wenigstens die endogene, häufig sogar unternormal. Man könnte also einen direkten Gegensatz konstruieren, indem man beim Gichtkranken infolge seiner niederen Harnsäureausfuhr sogar eine geringere Disposition zur Steinkrankheit annehmen würde. Damit würde man aber wohl auch nicht das Richtige treffen. Denn es ist durch zahlreiche ältere und neuere Beobachtungen belegt, daß Gicht und Steinkrankheit relativ häufig zusammen vorkommen. Wenn nun auch trotz der äußeren Verschiedenheit von da nach dort gemeinsame Fäden ziehen, so trifft das jedenfalls für zahlreiche Fälle von vornherein nicht zu, nämlich für die, in welchen die urikurische Diathese in einem Alter Erscheinungen macht, in dem erfahrungsgemäß die Gicht zu den größten Seltenheiten gehört, das ist die Kindheit. Und gerade hier ist die Steinkrankheit bekanntlich keine Seltenheit. (Brugsch und Schittenhelm)

Unter allen in den Nieren bzw. den ableitenden Harnwegen vorkommenden Steinen stellen die Uratsteine den größten Prozentsatz (60%).

Wodurch kommt es nun zum Ausfall der Harnsäure aus dem Urin bereits innerhalb der ableitenden Harnwege? Während die Harnsäure im Blute als Mononatriumurat kreist, findet sie sich im Harn je nach der Azidität desselben entweder ganz als freie Harnsäure oder zum Teil als freie Harnsäure und Mononatriumurat, bzw. bei stärkerer Zunahme der Basen im Harne ganz als Natriumsalz.

Das Ausfallen der Harnsäure und ihrer Salze aus dem Urin hängt nun in erster Linie ab von der Konzentration des Harnes, d. h. von der Gesamtmenge des Urins und der Gesamtmenge der Harnsäure, ferner von der Anwesenheit anderer Säuren und Basen im Harn; dabei ist die Löslichkeit der Harnsäure eine um so schlechtere, je mehr sie als freie Harnsäure im Urin vorhanden ist. Die Löslichkeit der Harnsäure im Urin ist auch abhängig von der Temperatur, daher kann es kein Wunder nehmen, wenn mitunter ein ganz klargelassener, hochgestellter Harn beim Abkühlen ein Sedimentum lateritium absetzt.

Dieses nachträgliche, infolge von Harnabkühlung eintretende Ausfallen der Harnsäure darf nicht mit Uratsteindiathese verwechselt werden bzw. so bezeichnet werden; trotzdem pflegen viele Menschen dadurch sehr geängstigt zu werden und durch ihre Ärzte, die dieses Ausfallen als Folge eines zu großen Harnsäureüberschusses des Körpers und damit als Zeichen von Gicht ansehen, noch in ihrer Angst bestärkt zu werden; nur dann, wenn der frisch gelassene Harn bereits ausgefallene Harnsäure, sei es als feines Sediment oder größere Einzelkristalle oder Steine enthält, sprechen wir von Uratsteindiathese.

Die Löslichkeit der Harnsäure scheint nun nicht nur von der Menge der Harnsäure, Urinmenge, Anwesenheit anderer anorganischer und organischer gelöster Salze, Säuren und Basen abzuhängen, sondern auch von der Anwesenheit bestimmter Kolloide, die als Schutzkolloide die Löslichkeit der Harnsäure bedingen, und deren Ausfällung zur Verringerung der Harnsäurelöslichkeit führt. Für das Ausfallen dieser Kolloide ist ganz besonders auch ein steinbildender Katarrh verantwortlich zu machen, ohne daß damit aber gesagt sein soll, daß jede Uratsteindiathese nur auf einem solchen beruhe, da auch sonstige Momente der Beeinflussung der Kolloide möglich sind, z. B. die Ausfällungserscheinungen der Kolloide gegeneinander. Naturgemäß fällt die Harnsäure im Urin bereits innerhalb der ableitenden Harnwege aus, wenn ungünstige chemisch-physikalische Verhältnisse vorliegen; die ausfallenden Kristallmassen werden aber schneller und ungestörter ausgewaschen, wenn die Harnwege reizlos sind, als wenn sich ihnen Ausschwitzungen und Desquamationen des Epithels in den Weg werfen, wodurch ein Medium geschaffen wird, um das sich die Harnsäure auskristallisieren kann.

Auf die feineren Details aller chemisch-physikalischen Löslichkeits- und Füllungsgesetze der Harnsäure im Urin kann naturgemäß hier nicht eingegangen werden, nur soviel sei zur diätetisch-richtigen Beurteilung der Uratsteindiathese gesagt, daß die Löslichkeit der Harnsäure im Harn gehoben werden kann

1. durch Verminderung der Harnsäureausscheidung auf das Mindestmaß (d. h. auf den sogenannten endogenen Harnsäurewert),
2. durch Vermehrung der Urinmenge,
3. durch Vermehrung der Harnalkalis,
4. durch bestimmte die Harnsäure lösende Mittel.

Was den ersten Punkt betrifft, so liegt es ja nach den theoretischen Ausführungen über die endogene und exogene Harnsäure beim Kapitel Gicht auf der Hand, daß lediglich eine purinfreie oder besser gesagt eine purinarme Ernährung eine Garantie für die Herabdrückung der Harnsäureausscheidung auf das niedrigste Maß gibt. Indessen ist die purinfreie Ernährung für die Uratsteindiathese therapeutisch keine conditio sine qua non, da man selbst in den Fällen, wo der endogene Harnsäurewert abnorm hoch liegt (etwa 0,5—0,6 g Harnsäure pro die), durch andere Faktoren die völlige Lösung der Harnsäure im Harne erreichen kann. Wir werden also im allgemeinen nur eine fleischarme Diät (etwa 100—200 g Fleisch pro die) empfehlen, dabei das übrige Eiweißquantum durch Milcheiweiß, Eiereiweiß usw. zu decken suchen. Die Lösung der Harnsäure erreicht man einmal durch reichliches Trinkenlassen von Wasser (Brunnen), Limonaden usw., d. h. also durch Vermehrung der Diurese durch größere Flüssigkeitszufuhr, und ferner durch Erhöhung der Alkaliausscheidung durch den Harn. Die letztere Möglichkeit ist diätetisch durch Verabreichung von Vegetabilien und Früchten (auch Zitronen) gegeben, oder durch Verordnung von reinen Alkalien (z. B. doppeltkohlensaures Natron, Lithion u. a.) per os, oder alkalischen Wässern (Vichy, Fachinger, Wildunger Helenenquelle u. a.). Allerdings verfällt man leicht bei einer derartigen Therapie in ein anderes Extrem, nämlich, daß der Harn durch die große Ausfuhr von Alkalien ein sogenannter phosphaturischer Harn wird und somit bei der Neigung zu steinbildenden Katarrhen die Gefahr der Uratsteinbildung zwar umgangen, der Phosphatsteinbildung indessen heraufbeschworen wird. Es lassen sich diese Klippen einfach durch Verfolgung der Harnreaktion mit dem Reagenspapiere vermeiden; so kann man, sowohl mit alkalischen Wässern, wie mit der Verabreichung von Natrium bicarbonicum per os (1—4 × pro die eine Messerspitze voll in einem Glase Wasser zu nehmen), die Lösung der Harnsäure ohne Schwierigkeiten erreichen, ohne daß dabei die amphotere Reaktion des Harnes überschritten wird. Da, wo man den Patienten nicht unter dauernder Kontrolle halten kann, empfiehlt sich eventuell die Verabreichung von kohlensaurem Kalk per os nach einem Vorschlage von Noordens. Dieser sieht das Verhältnis der primären und sekundären Phosphate als wesentlich für das Ausfallen von Harnsäure im Harn an und nimmt an, daß die Phosphatausscheidung im Harne durch Fixierung der Phosphate an den Kalk im Magendarmkanal sich verringern lasse. Dabei komme es nicht zu alkalischer Reaktion im Harne. Immerhin hat diese Therapie auch ihre Schattenseiten (Neigung zu Obstipation). Hier sei auch noch eine Warnung ausgesprochen, nämlich die Uratsteindiathese lediglich mit vegetarischer Diät behandeln zu wollen. Der Reichtum mancher Vegetabilien an Oxalsäure führt leicht zur Oxalurie und da erfahrungsgemäß sich die Uratsteindiathese leicht mit der Oxalatsteindiathese vergesellschaft, muß man durch Beschränkung der Vegetabilien (vor allem der oxalsäurereichen) auch diese Klippe umschiffen.

Schließlich sei noch darauf hingewiesen, daß wir, um die Lösungsmöglichkeit der Harnsäure im Urin zu erhöhen, ohne weiteres die sogenannte medikamentöse Therapie im Sinne moderner Präparate (Piperazin, Lysidin, Zitarin usw.) entbehren können; diese leisten weiter nichts als die einfachen Alkalien, unter denen selbst das Lithion oder die sogenannten Lithionwässer keinen Vorzug vor dem doppeltkohlensauren Natron oder den einfachen alkalischen Wässern besitzt. Ein Bürgerrecht hat sich lediglich das Urotropin (Hexamethylentetramin) erworben, insofern es einmal durch Abspaltung von Formaldehyd in den ableitenden Harnwegen die Löslichkeit der Harnsäure steigert und andererseits durch die desinfizierende Eigenschaft des Formalins dem steinbildenden Katarrh entgegenwirkt. Zu widerraten ist indessen auch hier, täglich mehr als 1—2 g Urotropin zu verabreichen, da namentlich bei längerer Dauer das Urotropin selbst wieder reizend auf die ableitenden Harnwege wirken kann.

Oxalatsteindiathese (Oxalurie).

Es gab eine Zeit, wo man mit dem Begriff „Oxalurie“ ein bestimmtes Krankheitsbild verband (Prout, Cantani u. a.). Diese Zeiten sind vorüber; und wenn wir heute die Bezeichnung Oxalurie durch den Ausdruck Oxalatsteindiathese besser ersetzen, so geschieht dies darum, weil manche Fälle von sogenannter Oxalurie, d. h. wo sich ein Sediment von Oxalatkristallen im Harn nachweisen läßt, gar nicht mit erhöhter Oxalsäureausscheidung einhergehen. Es gilt für die Oxalsäure und ihre Löslichkeit dasselbe, was für die Harnsäure über die Schutzkolloide gesagt wird, wobei allerdings diesen wohl nicht die alleinige Rolle an den Ausfällungsbedingungen der Oxalsäure zuzuschreiben ist. Wenn Fürbringer 20 mg als die obere Grenze der täglich beim Menschen ausgeschiedenen Oxalsäure angibt, so finden sich Fälle, wo es zum Auftreten von einem Oxalatsediment kommt, ohne daß diese obere Grenze erreicht wird.

Das Wesentliche an der Oxalatsteindiathese ist also das Oxalatsediment. Die Oxalsäure (COOH — COOH), ist im Pflanzenreiche, wo sie meist in Form saurer Oxalate (Kali- und Kalksalz) vorkommt, die weit verbreitetste Säure. Besonders reich an Oxalsäure sind die Oxalis-, Rumex-, Rheumarten, ferner viele Flechten, die Feigen, Stachelbeeren, Pflaumen, Tomaten usw. Hier kommt sie teils gelöst vor im Zellinhalte, teils in runden Drüsen kristallisiert, oder in Bündeln nadelförmiger Säulen. Unter den Salzen der Oxalsäure ist für uns besonders wichtig das oxalsaure Kalzium, oder Kalkoxalat, C_2O_4Ca, das gewöhnlich mit drei Molekülen H_2O auskristallisiert und zwar bei langsamer Ausscheidung im Harn als kleine glänzende Quadratoktaeder mit kürzerer Hauptachse. Man bezeichnet diese überaus charakteristischen Kristalle auch als Briefkuvertformen. Seltener bildet es sphäroidale Formen, d. h. Scheiben mit konzentrischer Schichtung oder Biskuit- oder Sanduhrform. Neben der typischen Kristallform ist den Kalkoxalaten ihre (fast vollkommene) Unlöslichkeit in Essigsäure und Leichtlöslichkeit in Salzsäure charakteristisch.

Was nun die Bedingungen des Ausfallens des Kalkoxalates aus dem Harn anbelangt, so wissen wir heute, daß einmal dafür das im Harn vorhandene saure phosphorsaure Alkali maßgeblich ist, indessen nicht dieses allein; ist es doch eine Tatsache, daß gerade bei Leuten, die viel Fleisch gegessen haben, sich neben den Uratsteinen auch Oxalatsteine vorfinden. Es muß also noch ein anderer Faktor hinzukommen, der für die Lösung der Oxalsäure maßgeblich ist und das ist das Verhältnis des Magnesium zum Kalzium im Harn. Klemperer und Tritschler fanden, daß ein Harn, der reich ist an sauren Phosphaten, der viel Magnesium und wenig Kalk enthält, die besten Lösungsbedingungen für die Oxalsäure abgibt. So genügen etwa 0,02 g Magnesium, um die normalerweise ausgeschiedene Menge von Kalkoxalat im Harne in Lösung zu halten.

Neben den eben dargelegten Lösungsbedingungen ist natürlich für das Ausfallen des Kalkoxalats im Harne auch die absolute Menge der ausgeschiedenen Oxalsäure maßgeblich; wir müssen daher kurz auf die Frage der Herkunft der Oxalsäure im Körper eingehen. Wie bei der Harnsäurebildung unterscheiden wir da zweckmäßig eine endogene und eine exogene oder alimentäre Oxalsäure. Wie reich die Nahrungsmittel an Oxalsäure sind, das lehrt folgende Tabelle:

Gehalt verschiedener Nahrungsmittel an Oxalsäure (nach Esbach).

In 1000 g	Oxalsäure in g
Schwarzer Tee	3,7
Kakao	4,5
Schokolade	0,9
Pfeffer	3,2
Zichorie	0,7
Kaffee	0,1
Bohnen	0,3
Kartoffeln	0,4
Linsen	zweifelhaft
Erbsen	zweifelhaft
Reis	zweifelhaft
Brot	0,047
Brotrinde	0,13
Mehle, verschiedene	0—0,17
Sauerampfer	3,6
Spinat	3,2
Rhabarber	2,4

In 1000 g	Oxalsäure in g
Rosenkohl	2,02
Weiß- und Blumenkohl	zweifelhaft
Rote Rüben	0,4
Tomaten	0,05
Gelbe Rüben	0,03
Sellerie	0,02
Feigen	1,0
Stachelbeeren	0,13
Erdbeeren	0,06
Pflaumen	0,12
Äpfel, Birnen, Aprikosen, Pfirsiche, Trauben, Melonen	zweifelhaft
Spargel, Gurken, Pilze, Zwiebeln, Lattich	zweifelhaft
Kresse	Spuren
Endivien	0,01
Fleischsorten, Spuren	0,025

In 1000 g sind nach Cipollina enthalten:

Thymus	0,0115—0,0254
Leber	0,0064—0,0113
Milz	0,018
Lunge	0,0115
Muskeln	Spuren

Wie aus dieser Tabelle hervorgeht, haben wir also besonders bei vegetabilischer Ernährung die Gelegenheit, Oxalsäure in den Körper aufzunehmen. Es fragt sich nur 1. wie es mit der Oxalsäureresorption steht und 2. ob eventuell intermediär Oxalsäure im Organismus verbrannt wird? Was den ersten Punkt anbetrifft, so steht es jedenfalls heute fest, daß die Oxalsäure nur dann resorbiert werden kann, wenn sie durch die Salzsäure des Magens gelöst ist; es ist dabei übrigens nicht gesagt, daß die Resorption unbedingt im Magen erfolgen muß, vielmehr herrscht auch noch im oberen Teil des Duodenums saure Reaktion und damit reichlich Gelegenheit zur Resorption. Stumpft man die Salzsäure durch Verabreichung von kohlensaurem Kalk ab, so bleibt die Resorption aus. Nun wird aber nicht die gesamte mit der Nahrung verabreichte Menge Oxalsäure resorbiert, vielmehr nur ein kleiner Teil (10—20%), während der Rest durch die Bakterien des Darmes zerstört wird (Klemperer und Tritschler). Daß der Organismus selbst Oxalsäure nicht zu zerstören imstande ist, dafür spricht jedenfalls die Erfahrung, die wir selbst mit Bornstein am eigenen Körper zu machen Gelegenheit hatten, daß unter die Haut gespritzte Oxalsäure quantitativ als solche wieder ausgeschieden wird. Als Quelle der exogenen Oxalsäure figuriert nun nicht allein die präfomierte Oxalsäure, sondern auch das Glykokoll, aus dem ebenso wie aus dem Kreatin Oxalsäure vom Organismus gebildet werden kann (Klemperer und Tritschler). Es kann uns also nicht verwundern, daß Leim und Fleisch wegen ihres Gehaltes an diesen Stoffen Oxalsäurebildner sind. Nicht dagegen oxalsäurebildend im Organismus sind, wie wir jetzt mit einigermaßen Sicherheit annehmen können, die Kohlenhydrate und Fette.

Neben der exogenen, alimentären Oxalsäureausscheidung gibt es noch eine endogene Oxalsäureausscheidung. Diese endogene Oxalsäureausscheidung überschreitet wohl nicht den Wert von 15—20 mg pro die. Der Ursprung dieser endogenen Oxalsäure dürfte am ehesten wohl auf Kreatin, Glykokoll zurückzuführen sein; am unwahrscheinlichsten ist ihre Entstehung aus Harnsäure.

Wenn wir nun den Quellen der Oxalurie oder besser der Oxalatsteindiathese nachgehen, also in Fällen wo wir wiederholt im Sediment des frischgelassenen Harnes Briefkuvertkristalle vorfinden, so ist im allgemeinen als Hauptursache einmal Vermehrung der exogenen Oxalsäure, zweitens die Verminderung der Lösungsbedingungen im Harn zu beschuldigen.

Was die Vermehrung der exogenen Oxalsäureausscheidung anlangt, so ist sie nicht immer allein auf die Menge der in der Nahrung zugeführten Oxalsäure zurückzuführen, sondern in manchen Fällen sicherlich auch auf eine vermehrte Resorption, wozu leicht eine Hyperchlorhydrie des Magensaftes Veranlassung geben kann. So ist es auch kein Wunder, daß man mitunter bei Neurasthenikern (Kaufmann und Mohr) Oxalurie antrifft und zwar lediglich durch Vermittlung des Magensaftes, wobei weiter die stärkere Basizität des Harnes infolge vermehrter Salzsäureabscheidung nach den Mahlzeiten die Ausfällungsbedingungen des oxalsauren Kalkes verschlechtert.

Im allgemeinen aber ist wohl die Oxalurie der Ausdruck einer exogenen Vermehrung, d. h. die Folge einer zu großen Zufuhr von Oxalsäure per os, wobei allerdings für das Ausfallen der Oxalsäure im Harn allein nicht die Menge der Oxalsäure, die mit dem Harn ausgeschieden wird, maßgeblich ist, sondern ihr Verhältnis zur Ausscheidung der sauren Phosphate und zur Ausscheidung von Magnesium.

Die Kenntnis dieser Verhältnisse setzt uns aber in den Stand, die Oxalatsteindiathese diätetisch zu bekämpfen und damit der Bildung der außerordentlich festen und spitzen, leicht zu Hämaturie und schweren sekundären Störungen führenden Steinen vorzubeugen.

Drei Dinge sind hier diätetisch in Rücksicht zu ziehen:

1. Einschränkung der alimentären Oxalsäuremenge.
2. Herabsetzung ihrer Resorption.
3. Verbesserung der Lösungsbedingungen des oxalsauren Kalkes im Harn.

Bezüglich des ersten Punktes müssen wir diätetisch vorsorgen, indem wir alle Nahrungsmittel verbieten, die einen hohen Gehalt an präformierter Oxalsäure haben (siehe Tabelle Seite 228), also in erster Linie Kakao und Tee, ebenso die Schokolade. Besonders auf den

Tee ist zu achten und man kann häufig die Erfahrung machen, daß bei starken Teetrinkern, z. B. den Russen, die Oxalurie lediglich schon nach Aussetzen des Teegenusses verschwindet. Der Genuß des Kaffees ist dagegen in gewissen Grenzen gestattet (2 Tassen etwa pro Tag), da der Gehalt des Kaffees an Oxalsäure ein weit geringerer ist. Was die Gemüse anbetrifft, so sind Sauerampfer, Spinat, Rhabarber, rote Rüben auf alle Fälle zu verbieten, ebenfalls der Genuß der Bohnen; auch der Kartoffelgenuß wird zweckmäßig auf 50 g pro die eingeschränkt. Erlaubt sind dagegen Linsen, Erbsengerichte, Weißkohl, Blumenkohl, Rosenkohl, gelbe Rüben, Sellerie, grüne Erbsen, weiße Rüben, Spargel, Gurken, Pilze, Zwiebel, Endivien, Kressen, Lattich; von Obst sind erlaubt Äpfel, Birnen, Aprikosen, Pfirsiche, Weintrauben, Melonen, Erdbeeren, dagegen verboten Feigen, Stachelbeeren, Pflaumen. Der Brotgenuß ist gestattet mit der Weisung, die Brotrinde, in der sich infolge des Röstungsprozesses viel Oxalsäure gebildet hat, nicht zu genießen.

Bezüglich der einzelnen Nahrungsstoffe können wir uns auf den Standpunkt stellen, daß Fette und Kohlenhydrate nicht die Oxalsäureausscheidung vermehren; wir haben also diätetisch, da die Mehle selbst nur geringen Oxalsäuregehalt aufweisen, die Möglichkeit, in weitestem Maße von Mehlspeisen Gebrauch zu machen; ebenso auch von Fetten, z. B. Butter, Speck, Knochenmark, Öl usw., ferner Sahne. Mit der Verabreichung von Milch und Eiern ist aus den weiter unten noch auseinanderzusetzenden Prinzipien Vorsicht zu üben.

Zu den indirekt die Oxalsäureausscheidung vermehrenden Nahrungsmitteln gehört das Fleisch und der Leim. Letzteren werden wir an sich schon nicht reichlich diätetisch verabreichen, so daß also nur die Frage zu ventilieren ist, wie man sich diätetisch mit der Verabreichung von Fleisch zu verhalten hat; hinsichtlich dieses wird der Nachteil der Oxalsäurevermehrung im Harn wieder wett gemacht durch den Vorteil der Zunahme der Harnazidität durch saures Alkaliphosphat. Vorteile und Nachteile gleichen sich zum mindesten aus, so daß wir den Oxaluriker auf eine reichlichere Fleischkost getrost diätetisch einstellen können, sofern nicht etwa die Gefahr der Uratsteindiathese besteht. Auch diese Klippe muß von Fall zu Fall vermieden werden und man ist eventuell gezwungen, einen Teil des notwendig zu verabreichenden Eiweißes durch Milcheiweiß zu ersetzen, wobei wir einen anderen Nachteil allerdings wieder mit in den Kauf nehmen, nämlich die Vermehrung der Kalkzufuhr in der Nahrung. Wir werden von vornherein Bedacht nehmen, einem Oxaluriker nicht allzu kalkreiche Kost zu verabreichen, da der Kalk im Urin, wie wir oben gesehen haben, die Löslichkeit der Oxalsäure stark herabdrückt. Deswegen werden wir Nahrungsmittel mit allzu großem Kalkgehalt bei Oxalurikern einschränken; darum sind also Milch (1,5 — 1,7 % Kalkgehalt!), Käse (1 — 3 %), Eier (Eiereigelb 0,38 %) nach Möglichkeit zu meiden.

Technisch läßt sich auf die Dauer eine oxalsäurefreie Diät nicht durchführen, und so sind wir denn gezwungen und auch glücklicherweise in der Lage, unsere Zuflucht zu Mitteln zu nehmen, die die Resorption der Oxalsäure verschlechtern und die Lösungsverhältnisse des Harns gegenüber der Oxalsäure verbessern. In dieser Beziehung haben wir am Magnesium ein vortreffliches Mittel. Durch Verabreichung von Magnesia usta zu Zeiten, wenn die Salzsäurewerte im Magen ihren Höhepunkt erreicht haben, werden wir die saure Reaktion des Magensaftes etwas abstumpfen und gleichzeitig damit eine höhere Magnesiaausscheidung im Urin bewirken, wodurch, wie schon auseinandergesetzt wurde, die Löslichkeit der Oxalsäure im Harn gesteigert wird. Man verabreiche Magnesia usta, etwa $^1/_2$ Kaffeelöffel voll, nur unmittelbar nach dem Essen.

Was das Trinken von Brunnen anbelangt, so wird natürlich durch vermehrte Flüssigkeitszufuhr und damit Ausfuhr durch den Harn die Ausfällungsmöglichkeit der Oxalsäure im Harne eine geringere; indessen wäre es nicht ratsam, von vornherein alle Brunnen dem Oxaluriker zu gestatten; wir werden nach Möglichkeit nur diejenigen zulassen, deren Kalkgehalt nicht zu hoch, oder wenigstens deren Kalkgehalt nicht wesentlich größer ist als der Magnesiumgehalt.

Deswegen können wir von den erdigen Säuerlingen folgende erlauben:

Moselsprudel (Bellthal), der Staufenbrunnen (Göppingen), Römerbrunnen bei Eckzell, Natron-Lithionquelle (Tönnisstein), Angelikaquelle (Tönnisstein), Tönnisteiner Sprudel, Schloßquelle (Wildungen);

von den alkalischen Quellen: Apollinarisbrunnen, Arienheller Sprudel, Fachinger, Mineralwasser von Hohenhonnef, Hubertussprudel (Hönnigen), Lindenquelle (Birresborn), Namedy (Inselsprudel) u. a. m.

Phosphatsteindiathese (Phosphaturie, Kalkariurie).

Die Ablagerung von Phosphatsteinen innerhalb der ableitenden Harnwege bzw. die Entleerung eines durch Phosphatniederschläge getrübten Harnes bezeichnen wir als Phosphaturie oder besser Phosphatsteindiathese. Dieses Ausfallen der Phosphate im frisch entleerten Harne (ein Ausfallen der Phosphate in einem Harne, der bereits längere Zeit im Uringlase gestanden hat, ist ohne Bedeutung) beruht nun nicht sowohl auf einer zu großen Menge ausgeschiedener Phosphorsäure, als vielmehr auf der Bildung schwer löslicher Phosphatsalze.

Bekanntlich stellt die Phosphorsäure, die eine endogene Quelle im Körper hat (Lezithin, Protargon, Nukleoproteide, Knochen) und eine exogene (vegetabilische und animalische Nahrung), eine dreibasische Säure dar $PO\begin{cases}OH\\OH\\OH\end{cases}$, die drei Reihen von Salzen bildet (primäre = saure, sekundäre = neutrale, tertiäre = basische). Im Harn ist die Phosphorsäure an Natrium, Kalium, Ammonium, ferner an die Erdalkalien, Kalzium und Magnesium gebunden. Von diesen Salzen der Phosphorsäure sind die sauren, neutralen und basischen Alkalisalze löslich, die Phosphate der Erdalkalien indessen nur, wenn sie primäre sind; die sekundären oder tertiären Salze der alkalischen Erden sind unlöslich oder schwer löslich.

Der normale frisch gelassene Harn eines gemischt ernährten Menschen ist sauer wegen des Überwiegens primärer Phosphate; nimmt die Alkalinität des Harnes zu, zum Beispiel, indem man Kalilauge in den Harn träufelt, so reißt die Phosphorsäure das Alkali an sich und es bilden sich statt der sauren Erdalkaliphosphate die schwer löslichen sekundären und tertiären Erdalkaliphosphate, welche ausfallen.

Das Ausfallen der Phosphate hängt also ab von der im Verhältnis zu den Erdalkalien und Alkalien zu kleinen Menge Phosphorsäure. Ein durch Phosphate getrübter Harn kann deshalb auch durch Zufuhr von reiner Phosphorsäure, ja selbst von Monoalkaliphosphaten wieder zur Klärung gebracht werden.

Wir sprechen nun klinisch von Phosphaturie oder von Phosphatsteindiathese, wenn die Entleerung des phosphatisch getrübten Harnes kein vorübergehendes Ereignis ist, sondern sich als ein dauernder oder wenigstens häufiger Zustand vorfindet. Zu einem derartigen Zustand kann es unter verschiedenen Bedingungen kommen, einmal infolge rein bakterieller Ursachen, in dem sich durch bakterielle Verunreinigung der Blase der Harnstoff in kohlensaures Ammon umsetzt und infolge der Alkalisierung des Harnes durch Ammoniak sich die schwer löslichen Phosphate bilden. Bei dieser bakteriellen Form der Phosphaturie bildet sich vor allem das Doppelsalz der phosphorsauren Ammoniakmagnesia ($Mg.NH_4PO_4$), das an der Sargdeckelform im Sediment leicht erkennbar ist und daher diese bei Cystitiden usw. vorkommende Form der Phosphaturie kennzeichnet. Wir haben es also bei dieser Form der Phosphaturie lediglich mit einer Reaktionsänderung des Urins zu tun, irgendwelche quantitativen Veränderungen der Ausscheidungsverhältnisse spielen keine Rolle. Wenn es dabei zur Steinbildung (Nephrolithiasis) kommt, so handelt es sich in der Regel um kleine, weiße, weiche, abschilfernde Konkremente, nicht um große Steine.

Eine weitere Form von Phosphaturie beruht ebenfalls auf einer exogenen Änderung der Urinreaktion, unter Ausschluß bakterieller Einflüsse. Dazu kann es unter alimentären Einflüssen bei Bevorzugung vegetabilischer, an Alkalien reicher Nahrung, oder bei Einnahme alkalischer Medikamente (alkalische Wässer, doppeltkohlensaures Natrium oder Soda u. a. m.) kommen. Man nennt diese Form alimentäre Phosphaturie.

Oder aber die alkalische Reaktion kommt zustande endogen, ohne Zufuhr vermehrter Alkalien lediglich dadurch, daß die dem Harn zufließende Säuremenge vermindert ist. Hierbei spielt die Salzsäure des Magens eine dominierende Rolle. Nach jeder größeren Mahlzeit ändert sich in den ersten Stunden nach der Mahlzeit die Reaktion des Urins, indem dem Körper durch die stattfindende Abscheidung größerer Salzsäuremengen im Magen Chloride entzogen werden, wodurch Alkali im Organismus verfügbar und durch den Harn ausgeschieden wird: so kann es zu einer Ausscheidung von schwach saurem, amphoterem oder alkalischem Urin kommen. (Gewöhnlich ist der nach der Hauptmahlzeit entleerte Harn amphoter oder schwach alkalisch, wenn der Harn in eine vorher leere Blase sich ergossen hat.) Dieselben Verhältnisse, nur in gesteigertem Maße, finden wir bei den hyperaziden Gastritiden. Wahrscheinlich ist auf letztere Zustände das relativ häufige Auftreten der Phosphaturie bei nervösen Affektionen, vor allem Neurasthenie usw. (sog. nervöse Phosphaturie), zurückzuführen. Man spricht dabei von einer gastrogenen Phosphaturie.

Eine weitere Form der Phosphaturie ist sodann hervorgerufen durch eine Steigerung der Kalkausfuhr. Die Menge der im Urin befindlichen Kalksalze steigt derart an, daß diese nicht mehr in Lösung gehalten werden können. Es handelt sich also hierbei eigentlich um eine Kalkariurie. Der Urin ist alkalisch, sedimentiert und zeigt häufig beim Stehen ein schimmerndes, stark lichtbrechendes, irisierendes Häutchen. Man kann diese Form, welche vornehmlich bei juvenilen Personen vorkommt (juvenile Phosphaturie), nur diagnostizieren, wenn man genaue Gesamtanalysen der Kalkausscheidung vornimmt. Worin die Ursache liegt, ob in einer schlechten Abscheidung des Kalkes in den Darm (Soetbeer), was, wenn überhaupt, höchstens für wenige Fälle zutreffen wird, oder in einer vermehrten Kalkavidität der Nieren (Kalkiotropie, Klemperer), wodurch mehr Kalk durch den Urin und weniger durch den Darm, wo ja die Hauptabfuhr der Kalksalze normalerweise statthat, ausgeschieden wird, ist noch nicht sicher.

Damit sind aber noch nicht alle Formen der Phosphaturie erschöpft. Es gibt eine sexuelle Phosphaturie (besonders bei Sexualneurasthenikern), für die man keine der vorhergenannten Ursachen anschuldigen kann; sie findet sich meist bei chronischen Gonorrhöen. Es gibt aber auch noch andere Formen, die in keine dieser obigen Kategorien gehört. Bei allen diesen Formen spielt fraglos das Moment der fehlenden Schutzkolloide eine große Rolle, indessen ist gerade die Phosphaturie eine derartige eigentümliche, von nervösen Einflüssen unleugbar stark abhängige Entmischung des Harnes, daß es schwer fällt, das Hauptmoment am Entstehen dieser Anomalie etwa auf das Konto der durch irgend welche Störungen zum Ausfallen bedingten Schutzkolloide zu schieben.

Was nun die Diätetik dieser Phosphaturien anbelangt, so liegt die Hauptaufgabe bei allen Formen zunächst darin, die Menge der Erdalkalien, vor allem des Kalkes, in der Nahrung strikte zu beschränken;

man wird also nach Möglichkeit die kalkreichen (und magnesiumreichen) Nahrungsmittel einschränken müssen; vor allem also Milch, Eier, dann im allgemeinen auch die grünen Gemüse und Wurzelgemüse, ferner auch die Kartoffel! Von Obst sind besonders Erdbeeren, Pflaumen, Feigen, Datteln, indessen auch andere Obstarten, wie Birnen, Äpfel, Pflaumen diätetisch in den Hintergrund zu stellen. Dagegen ist das Fleisch, das die Azidität des Harnes erhöht, ebenso wie auch Kohlenhydrate (Brot, Mehlspeisen) und Fette (Wurst, Sahne, Butter, Knochenmark, Öl) diätetisch nicht eingeschränkt.

Im einzelnen wird man diätetisch der besonderen Form der Phosphaturie Rechnung zu tragen haben; so erfordert die bakterielle Phosphaturie natürlich daneben die lokale Behandlung; die gastrogene Phosphaturie, in erster Linie Behandlung der Gastritis superacida, wobei wieder diese zu gewissen Konzessionen zwingt. (Häufige Mahlzeiten, fette Speisen, Verabreichung der Nahrung in Breiform, wobei man eventuell auch die Milch in kleineren Mengen trotz ihres Kalkgehaltes zu Hilfe nehmen kann; siehe hierzu das Kapitel: Gastritis superacida.) Nicht alle Formen der Phosphaturie sind aber lediglich einem diätetischem Regime therapeutisch zugänglich; manche bleiben Zeit des Lebens diätetisch unbeeinflußt oder wenigstens schwer beeinflußbar; hier muß man — es handelt sich meist um die sexuellen Phosphaturien — gewöhnlich die Zuflucht zur medikamentösen Therapie nehmen. Am meisten empfiehlt sich als Mittel während der drei Hauptmahlzeiten die Verabreichung von

Acidum phosphoricum 2,0
Aq. dest. ad. 200,0
D. S. Während der Mahlzeiten 1 Eßlöffel voll zu nehmen.

Für reichliche Flüssigkeitszufuhr sorge man bei allen Formen von Phosphaturien und beachte besonders auch die katarrhalischen Zustände der ableitenden Harnwege. Da wo letztere bestehen, empfiehlt sich die Verabreichung größerer Mengen Tees (2 Liter Lindenblütentee usw.). Sonst empfiehlt sich das einfache Trinkenlassen von Wasser oder erdalkaliarmen Brunnen; in letzterer Beziehung sind also erlaubt: Kaiser Friedrich-Quelle (Offenbach a. M.), die Weilbacher Natron-Lithionquelle, der Rhenser Sprudel, die Roisdorfer Mineralquelle.

Da wo Superaziditätszustände mitspielen oder die alleinige Ursache der Phosphaturie sind, können glaubersalzhaltige Wässer in Frage kommen. (Siehe den Abschnitt über Gastritis superacida.)

XII. Fieberhafte Erkrankungen.

Wenn wir hier die Diätetik fieberhafter Erkrankungen im allgemeinen besprechen, so geschieht es, weil das Fieber an sich zwar nur ein Symptom, aber als solches doch der greifbarste und prägnanteste Ausdruck einer meist infektiösen Erkrankung ist und diese diätefisch bis auf geringe Ausnahmen gleichsinnig behandelt werden müssen. Sie verlangen dabei eine gewisse diätetische Rücksichtnahme, die richtig zu beurteilen erst exakteren Untersuchungen der letzten Jahre gelungen ist. Früher glaubte man, daß bei einem Fieberkranken die Verabreichung von Nahrung so viel bedeute wie Öl ins Feuer zu gießen und so verfocht man noch bis in das Ende des 19. Jahrhunderts hinein, die Ansicht, die schon die Hippokratiker vertreten haben, daß man die Fiebernden mit der Nahrungszufuhr zum mindesten knapp bemessen müßte; das praktische Ergebnis war, daß man sie hungern ließ. Heute verfallen wir vielleicht eher in das Gegenteil. Wir sind allzuleicht geneigt, den Fiebernden die Nahrung aufzudrängen, die die Größe ihres Umsatzes erheischt. Dieser Standpunkt hat für fieberhafte Erkrankungen kürzerer Dauer, z. B. Diphtherie, Pneumonie, akute Exantheme sicherlich weniger Berechtigung als bei einer wochenlang sich hinziehenden akut fieberhaften Erkankung wie dem Typhus abdominalis, den wir deshalb auch gesondert besprechen wollen. Die Schwierigkeit in der Fieberbehandlung liegt nicht nur in dem Darniederliegen der Appetenz, sondern in dem oft fast völligem Darniederliegen der Sekretion der Verdauungsdrüsen. Es ist also nicht nur die Aufnahmemöglichkeit, sondern auch die Verdauungsmöglichkeit der Nahrung bei einem akut fieberhaft erkrankten Individuum beschnitten.

Deswegen müssen wir Fiebernde ganz besonders vorsichtig diätetisch einstellen. Dazu kommt noch eine andere Frage. Die Frage der Größe des Umsatzes. Der Fieberkranke hat nicht nur einen, wenn auch nicht sehr hochgradig gesteigerten Stoffumsatz (etwa 10—15%), er verliert auch infolge toxischer, das Fieber bedingender Einflüsse viel Stickstoff aus seinem Körpereiweiß. Danach müßte also auch die Darreichung der Diät bemessen sein: sie sollte kalorisch hochwertiger als in der Norm sein, relativ mehr Eiweiß enthalten bzw. viel Eiweißsparer, nämlich die Kohlenhydrate. Wollte man hier strikte diätetisch den Forderungen des Körpers nachkommen, so würden wir auf unüberwindliche Schwierigkeiten stoßen. In den meisten Fällen gelingt es einfach nicht, dem Fieberkranken den notwendigen Kalorienbedarf in der Nahrung beizubringen, vor allem schon darum, weil der Fieberkranke Widerwillen gegen alle Speisen am meisten ber gegen feste hat; man ist deshalb auf die Zuführung flüssiger Speisen angewiesen; damit aber die notwendigen Spannkräfte zuzuführen, gelingt relativ schwer. Indessen ist die Gefahr einer geringen Unterernährung im Fieber bei akut fieberhaften Prozessen nicht von großer Bedeutung, da in der Rekonvaleszenz, falls die Ernährung durch reichliche Zufuhr von Eiweiß und Kohlenhydraten ausreichend gestaltet wird, ein schneller Ersatz des verloren gegangenen Eiweißes stattfindet. Besondere Vorsicht in der Ernährung ist, wie gesagt, nur bei den länger dauernden akut fieberhaften Prozessen am Platze, z. B. dem Typhus abdominalis (der darum auch noch kurz gesondert besprochen werden soll), der Meningitis u. a. (Chronisch infektiöse Prozesse, wie Tuberkulose, Sepsis usw., sind in der Ernährung reichlich einzustellen im Sinne einer Überernährungskur.)

Also die Ernährung der akut fieberhaften Kranken ist in der Hauptsache eine Ernährung mit Flüssigkeiten bzw. mit breiig-weicher Kost. Überhaupt besteht — infolge der reichen Wasserverdunstung durch Haut und Lunge — im Fieber meist ein großes Durstgefühl. Diesem Durst soll man nachgeben und so reichlich trinken lassen, daß die Urinmenge möglichst 1 Liter und mehr beträgt. Soweit zur Durststillung die Nahrung nicht ausreicht, kann man eisgekühlte Fruchtlimonaden, Mineralwässer, ferner durch das Sieb geschlagene Kompotte (Apfelmus, Pflaumenmus, Preißelbeeren usw.), ja selbst Fruchteis verabreichen.

Als Nahrungsmittel obenan steht die Milch, die man durch Zusatz von Sahne kalorisch reichlicher gestalten kann. Da die warme Milch oft ungern genommen wird, sind Zusätze von Kognak, Tee, Kaffee, Süßung mit Zucker und Vanille, die Darbietung als Eismilch, Vanille-Eis usw. sehr zweckmäßig. Man versuche, dem Kranken 1—2 Liter Milch am Tage zu verabreichen, und zwar in häufigen Mahlzeiten (etwa alle zwei Stunden, eventuell auch nachts). Weiter kommen dazu die Suppen. Als besonders appetitanregend die Bouillon, die auch kalt genossen werden kann und als solche durchaus wohlschmeckend und erfrischend ist. Sie kann vor allem Eigelb, dann auch Zusätze von Hafermehl, Weizenmehl, Leguminosenmehl und Butter aufnehmen. Eiweißpräparate, wie Plasmon, Sanatogen, Nutrose u. a., lassen sich in diesen Suppen unterbringen. Zusätze von Liebigs Fleischextrakt, Valentines Fleischsaft u. a. sind erlaubt, ja erwünscht. Auch der reine Succus carnis recenter pressus wird von Fieberkranken gern genossen. Leicht verdaulich und den Fieberkranken gewöhnlich nicht unerwünscht sind Fleischbreie.

Da der Fieberkranke nach Erfrischungen lechzt, ist auch die Darbietung von Gelees empfehlenswert: Fruchtgelees, Weingelees, Fleischgelees. Sobald der Fieberkranke breiige Kost zu sich nimmt, beginnt man mit der Verabreichung von Breien, Puddings, Flammeris usw.

Bezüglich der Verabreichung von Alkohol kann man sich getrost auf den Standpunkt stellen, daß zwar der Alkohol im Fieber keine conditio sine qua non ist, daß er aber ein gutes Adjuvans für Appetit, ferner als Stimulans für das Herzgefäßsystem in Frage kommt und schließlich auch kalorisch in Rechnung zu stellen ist. Deshalb sei er in Form leichter Weine (kalt oder warm, mit oder ohne Zusatz von Eiern), eventuell auch in Form leichter Biere empfohlen. Gute Stimulantien besonders bei älteren Fieberkranken sind Kaffee und Tee, eventuell unter Zusatz von Kognak.

Schließlich sei noch betont, daß die Fieberdiät eventuell angepaßt sein muß dem jeweiligen Zustande des Verdauungskanales, falls es sich um eine Erkrankung dieses handelt, bzw. falls Komplikationen eintreten, wie Erbrechen, Durchfall, Verstopfung; ferner dem Nierenapparate bei Erkrankungen der Niere; dem Herzgefäßsytem bei Kreislaufstörungen usw. (Vergleiche hierzu die einschlägigen Kapitel.)

In der **Diätetik des Typhus** bemühen wir uns, nach Möglichkeit die Kräfte des Patienten durch zureichende Ernährung hoch zu halten. Von vornherein sind wir also bedacht, die notwendige Kalorienzufuhr bei den Kranken durchzusetzen. Wir ernähren dabei den Typhuskranken bis zum Eintritte in die Rekonvaleszenz, d. h. bis etwa acht Tage nach der letzten Fieberwoche, mit einer Diät, die durchaus nicht lediglich flüssig zu sein braucht, sondern auch zum Teil breiig sein kann, die aber kalorisch hochwertig sein muß. Wir verabreichen dabei größere Flüssigkeitsmengen zur Durchspülung des Körpers, und zwar so viel, daß die Urinmenge mindestens 2 Liter Urin beträgt. Die Kalorienzufuhr betrage, wenn möglich pro Kilo Körpergewicht etwa 35 Kalorien. Täglich gibt man 2 Liter Milch und erhöht den Kalorienwert der Milch durch Zusatz von Milchzucker (60—80 g pro Liter), eventuell auch durch Zusatz von Sahne. Weiter gestatten wir Kartoffelmus, Grieß-, Reis-, Haferbreie, Gelees, Bouillon mit Ei, Reis,- Grieß-, Haferschleim unter Zusatz von Eigelb und Butter. Ferner Kalbshirn, Kalbsmilchbrei, geschabtes Rindfleisch roh, Taube, Huhn mit Bouillon fein verrührt, können während der Fieberperiode in nicht zu großen Mengen (50—100 g), sofern kein Widerwille besteht, verabreicht werden. Man überfülle bei der einzelnen Mahlzeit nicht den Magen, sondern mache lieber kleinere, dafür aber häufigere (etwa alle 2 Stunden) Mahlzeiten. Acht Tage nach der Entfieberung beginne man vorsichtig mit der Darreichung fester Speisen, zunächst gerösteten Zwiebacks mit Butter, zarten Fleisches oder gekochten Fisches und gehe dann innerhalb einer Woche unter Verminderung der Milchmengen zu einer konsistenteren Nahrung mit reichlichen Kohlenhydratmengen und nicht zu geringem Eiweißgehalte (100—120 g) über. In der Rekonvaleszenz kann eine Überernährungskur Platz greifen.

Dysenterie. Hier mögen auch noch über die Ernährung bei der Dysenterie einige Ausführungen folgen, gerade weil das Schicksal des Dysenteriekranken oft von der diätetischen und medikamentösen Behandlung der ersten Tage abhängt. So lange die heftigen Tenesmen mit starken Blutschleimstühlen der ersten Tage bestehen, empfiehlt es sich, dem Patienten möglichst nur Tee zu geben, Kalomel mehrmals bis zum Verschwinden der Tenesmen eventuell Morphin danach, dann aber nach 2—3 Tagen zum Tee mit Milch-, Gersten-, Haferschleimzusätzen und Brühen mit Eigelb abgezogen, überzugehen. Eine zu starke Bevorzugung von Kohlenhydratsuppen ist nicht empfehlenswert, vielmehr das Abwechseln von Mehl- bzw. Schleimsuppen, Fleischbrühen mit Zusatz von Eigelb und Milch in den ersten 8 bis 14 Tagen anzustreben. Erst wenn bei der Dysenterie Zahl, Blut und Schleimgehalt der Stühle wesentlich abgenommen hat, kann man zu konsisterender Kost übergehen, wobei Gelatinespeisen, Fleischbreie entschieden stark vor den Reis-, Grieß-, Mehlbreien und zuckerhaltigen Speisen zu bevorzugen sind. Vor allzu zuckerreichen Fruchtsäften sei im Beginn der Ruhr besonders gewarnt, um gärungsdyspeptische Erscheinungen mit Dünndarmkatarrhen zu vermeiden.

Cholera asiatica — Cholera nostras. Durchfall und Erbrechen sind durch Eis, Eis mit Kognak, eisgekühltes Selterwasser (teelöffelweise), eisgekühlter Sekt (teelöffelweise) zu bekämpfen. Kalte Bouillon, Schleimsuppen, Eiweißwasser mit Vorsicht. Sehr zweckmäßig **Reiswasser**. Bei Kollaps: heiße Getränke, Glühwein, Grog, heiße Bouillon, heißer Tee mit Rum. In der Rekonvaleszenz in den ersten Tagen vorsichtige Ernährung mit Fleisch-, Mehl- oder Schleimsuppen; dann allmählicher Übergang zu Breien.

Die Behandlung **akuter Infekte** ist ganz nach dem Prinzip fieberhafter Erkrankungen durchzuführen. Die Behandlung der fieberhaften **Lungentuberkulose** siehe im Kapitel „Überernährungskuren“. Bei der **Pneumonie** verfahre man in der Fieberperiode ebenfalls nach dem allgemeinen Prinzip, nur ist hier besonders der Analeptika zu gedenken. Um den Gefäßtonus hochzuhalten, gebe man dem Kranken öfters (4—6mal am Tage) Kaffee, dem kleine Mengen Kognak zugesetzt werden können. Vor der kritiklosen Anwendung des Alkohols sei besonders bei drohendem Delirium gewarnt, dagegen ist die Verabreichung von kleinen Mengen Weins oder Kognaks in der Zeit des Fiebers bei Nicht-Potatoren erlaubt, vor allem aber die Anwendung des Sektes zur Zeit der Krise, besonders wenn der Puls matt zu werden beginnt.

XIII. Ernährung durch Sonden.

Unter Sonden-Ernährung im weitesten Wortsinne kann man die Ernährung durch Sonden per os, oder durch eine Magenfistel, ferner die rektale Ernährung und schließlich die parenterale (subkutane usw.) Zufuhr von Nahrungsmitteln bzw. Nährstoffen verstehen.

Die Schlundsondenernährung.

Diese tritt in ihr Recht, wenn es sich um Kranke handelt, die eine Stenose des Ösophagus haben, sei sie spastischer oder organischer Natur, ferner bei solchen Kranken, die die Nahrung verweigern und eventuell bei somnolenten oder komatösen Kranken. Allerdings ist bei den Kranken der letzten Gruppe eine große Gefahr mit der Schlundsondenernährung verknüpft, nämlich die des Hineingelangens von Flüssigkeit in die Trachea, womit die Gefahr der Schluckpneumonie heraufbeschworen wird. Da zudem die Einführung der Schlundsonde bei solchen Kranken und den psychopathischen, die Nahrung verweigernden Kranken, nicht immer leicht ist, so empfiehlt sich hier weit mehr, statt eine Schlundsonde per os einzuführen, die Ernährung durch einen weichen biegsamen Katheter von etwa 4—5 mm Lichte und 50 cm Länge, dessen Ende konisch zugespitzt ist, so zu bewerkstelligen, daß man den eingeölten Katheter durch ein Nasenloch steckt und ihn langsam weiterschiebt, bis er etwa 45—50 cm tief eingeführt ist; dann liegt die seitliche Öffnung des Katheters im Magenlumen. Die Gefahr bei dieser Art Einführung in die Trachea zu gelangen, ist keine sehr große, trotzdem soll man es nach Möglichkeit so einrichten, daß man nur einmal am Tage die Prozedur der künstlichen Ernährung vorzunehmen braucht. Daß man an dem freien Ende des eingeführten Katheters einen Trichter anbringt, in den die Flüssigkeit hineingegossen wird, ist wohl selbstverständlich.

Bei Kranken, die bei voller Besinnung und der Sondierung spontan zugänglich sind, also meist Ösophaguskranken und Kranken mit Schlucklähmung usw., nimmt man die Einführung im Sitzen des Patienten vor; man wird sich dabei, sofern es sich um eine Ösophagusstenose handelt, gewöhnlich der halbstarren Hohlsonden zu bedienen haben. Wesentlich ist es auch hier, daß man am Tage nicht mehr wie einmal die Sonde zur Ernährung einführt. Wir müssen bei dem einmaligen Eingießen durch die Sonde trachten, erstens nur Flüssigkeit, zweitens keine zu große Flüssigkeitsmenge zu verabreichen, dabei aber drittens eine möglichst große Kalorienzufuhr zuzuführen, womöglich so groß, daß der Energiebedarf des Patienten gedeckt wird; das gelingt, wenn man etwa folgende Mischung körperwarm eingießt:

Gramm		Kal.
500	Milch	300
500	Sahne	1000—1500
Darin eingequirlt		
2	Eier	150

In Ermangelung von Sahne läßt sich folgendes Gemisch komponieren:

	Kal.
1000 g Milch	600
50 g Rohrzucker	200
40 g zerlassener Butter	350
2 Eier	150
in Summa	1300 Kal.

Will man noch höhere Kalorienzufuhr erreichen, so kann man den Rohrzuckerzusatz bis auf 80 g steigern, eventuell bis zu 50 g Butter zugeben. Die ganze Mischung muß natürlich gut durchgequirlt sein. Um das Gemisch in Fällen stark herabgesetzter Magensekretion verdaulicher zu machen, empfiehlt sich ein Zusatz von Pancreon-Rhenania (1/2 Teelöffel voll). Ähnlich wie bei der Einführung durch die Schlundsonde wird man auch bei der Ernährung durch eine künstlich angelegte Magenfistel verfahren, nur daß man nicht die ganze flüssige Nahrungsmenge auf einmal verabreicht, sondern in drei Portionen (morgens, mittags und abends). Man gibt dann etwa folgende Mischung:

	Kal.
500 g Milch	300
2 Eier	150
30 g Plasmon	120
20 g zerlassene Butter	250
	820 Kal.

Schwieriger liegen die Verhältnisse da, wo eine stomachale Ernährung unmöglich ist, z. B. bei Erkrankungen des Magens. Auf längere Zeit läßt sich die stomachale Ernährung überhaupt nicht umgehen; jede andere Ernährungsart ist ein Notbehelf und selbst die Ernährung durch eine hoch sitzende Dünndarmfistel läßt nach eigenen Erfahrungen kaum an die Möglichkeit einer auch nur einigermaßen ausreichenden Ernährung denken, insofern der Magen, ganz abgesehen von dem bakteriellen Schutz, den er bietet, das Organ ist, das auch einen Regulator für die Absonderung der Verdauungssäfte im Dünndarm abgibt. Ernährung durch eine Dünndarmfistel pflegt daher sehr bald zu schweren Durchfällen mit reichlichem Abgang unresorbierter Nahrungsschlacken zu führen.

Man hat nun versucht, bei Ausschluß stomachaler Ernährung, subkutan Fett in größerer Menge zuzuführen, indessen zeigt es sich bald, daß derartig zugeführtes Fett sehr langsam in den Stoffumsatz gezogen wird, so daß praktisch diese parenterale Form der Kalorienzufuhr so gut wie illusorisch ist. Leichter kann man — indessen auch nur vorübergehend — Zuckerlösungen (natürlich blutisotonische, daher z. B. 81 g Dextrose auf 1 Liter Wasser) zuführen. Praktisch kommt aber die Zufuhr blutisotonischer Zuckerlösungen nur bei Diabetes im Koma in Frage und bei urämischen Nephritiden, und zwar bei letzteren suchen wir nach Aderlässen eine Flüssigkeitszufuhr dem Körper zu bewirken, die dem Körper keine durch die Nieren auszuscheidenden Salze zuführt.

Rektale Ernährung.

Will man auf extrabukkalem bzw. extrastomachalem Wege dem Körper in nennenswerterer Weise Nahrungsstoffe zuführen, so müssen wir den Weg der **rektalen Ernährung** wählen. Nur dürfen wir auch hier nicht die Bedeutung der Nährklistiere überschätzen. Oft liegt überhaupt ihre Bedeutung weniger in der dem Körper zugeführten Kalorienmenge, als in der psychischen Beruhigung mancher Patienten, welche glauben, verhungern zu müssen, wenn sie einige Tage ohne Nahrungszufuhr per os bleiben. Im übrigen aber stellt die rektale Ernährung einen Notbehelf dar, schon darum, weil es nicht gelingt, länger als etwa 8 höchstens 14 Tage die rektale Ernährung durchzuführen und zwar wegen des Eintretens einer Proktitis; aber selbst wenn es wirklich gelingt, auf längere Zeit hindurch die rektale Ernährung durchzuführen, so beträgt das, was wir dem Körper täglich an Brennwerten zuführen, nicht mehr wie einige hundert Kalorien; also den Nahrungsbedarf des Organismus zu decken, daran ist auch nicht im entferntesten zu denken.

Einige allgemeinere Bemerkungen müssen wir hier noch zur Frage der Art der Verabreichung der Nährklistiere machen. Erforderlich ist es selbstverständlich, daß der Mastdarm gesäubert ist; da man aber — es handelt sich ja meist um schwer gefährdete Patienten — meist mehrere Nährklistiere (2—3) am Tage verabreicht, so ist vor jedem Nährklistier die Säuberung durch ein Klistier nicht immer durchführbar. Praktisch wird man sich also damit begnügen, morgens eine Stunde vor dem ersten Nährklistier ein Reinigungsklistier zu verabreichen, wozu man am besten etwa $^1/_2$ Liter physiologischer Kochsalzlösung (0,9% NaCl) benutzt.

Das zweite oder dritte Nährklistier erfordert dann allerdings, daß der Patient die Reste der vorhergehenden Klistiere als Stuhl vorher entleert.

Die Injektion geschieht mit einem weichen Darmrohre und am besten unter mäßigen Druck aus einer 200 ccm fassenden Stempelspritze, nachdem das Darmrohr gut eingeölt, etwa 6—8 cm in den Mastdarm eingeführt ist. Oft besteht infolge des Klistiers Neigung zu Durchfall; dann gebe man vorher 5—15 Tropfen Tct. opii in das Klistier hinein.

Man hat durch das Prinzip der Wernitzschen Klistiere die Resorption zu verbessern gesucht. Dieses Prinzip besteht darin, daß man das Klistier nicht auf einmal einführt, sondern langsam und zwar gewissermaßen tropfenweise. Man benutzt daher keine Spritze, sondern einen Irrigator, und läßt nun aus etwa 2 m Höhe langsam das Klistier einfließen, wobei der langsame Einfluß durch eine Klemmschraube an dem Zuleitungsschlauche reguliert wird.

Über die Indikationen der Nährklistiere wird weiter im Kapitel der Diätetik der Magendarmkrankheiten berichtet. Zur Technik der Zusammensetzung sei nun folgendes gesagt. Zunächst ist die Flüssigkeitsmenge in einem solchen Klysma auf 200—300 ccm zu beschränken, ferner soll das Klistier auch nur als Flüssigkeit verabreicht werden. Die Form, in der Leube das Klistier verabreichte, indem 150—300 g bestes Rindfleisch fein geschabt wurde, dazu 50—100 g fein geschabtes Pankreas vom Rind zugesetzt wurde, das ganze unter Zusatz von höchstens 150 g Wasser zu einem Brei verrührt und sodann nach Erwärmung auf Körpertemperatur (eventuell sogar noch nach Zusatz von 25—50 g Butter) ins Rektum eingespritzt wurde, ist heute als obsolet zu betrachten.

Als Flüssigkeit für ein brauchbares Nährklysma hat man eine 0,9 %ige NaCl-Lösung zu wählen, denn es hat sich herausgestellt, daß das Klistier nur unter dieser Voraussetzung Aussicht hat, resorbiert zu werden.

Was nun die einzelnen Nahrungsstoffe betrifft, so wird im Nährklysma das Eiweiß schlecht resorbiert. Die Möglichkeit der Resorption präzipitablen Eiweißes im Dickdam ist an sich außerordentlich gering, wie die Versuche von Peiffer[1]) lehren, anderseits produziert der Dickdarm kein proteolytisches Ferment, und die Fäulnisprozesse im Dickdarm führen nicht zur Aufspaltung genuiner Eiweißkörper, sondern nur zur Aufspaltung von Peptonen[2]). Tritt aber eine bakterielle Zersetzung von Peptonen im Dickdarm ein, so reizen die hierbei auftretenden Spaltungsprodukte den Dickdarm, und es kommt zu stinkenden Stühlen und zu Diarrhöen. Im allgemeinen kann man daher sagen, daß das Eiweiß im Nährklysma eine sehr untergeordnete Rolle inbezug auf die Resorptionsmöglichkeit spielt, so daß es ohne Schaden fortgelassen werden könnte. Die hierbei abweichenden Berichte einzelner Autoren über günstige Resorption von Eiweißpräparaten in Nährklysmen beruhen auf falscher Durchführung der Methodik.

Neuerdings scheint allerdings die Möglichkeit gegeben, durch Verwendung tief abgebauten Milcheiweißes, das erfahrungsgemäß auch in diesem Zustand resorbiert wird, auch im Nährklysma größere Eiweißmengen zuzuführen. Derartige Präparate kommen von den Höchster Farbwerken unter den Namen Erepton auf Veranlassung von Abderhalden in den Handel. Ein Versuch eines derartigen Präparates als Zusatz zu Nährklysmen erscheint daher durchaus angebracht.

Günstiger als genuines Eiweiß verhalten sich Kohlenhydrate und Fette inbezug auf die Resorption bei Nährklysmen. Allerdings ist bei der Verabreichung von Nährklysmen darauf Rücksicht zu nehmen, daß eine zu starke Konzentration, z. B. von Zucker, im Klysma auf die Darmschleimhaut reizend wirkt; man beschränke sich daher auf Zusätze von 10—15 g auf 300 ccm Flüssigkeit.

---

[1]) Zeitschrift f. exp. Pathologie u. Therapie Bd. III.

[2]) Zentralblatt f. Bakteriologie I. Abt., 1902, 31, 113.

Trifft man mitunter einmal Glykosurie nach Zuckerklysmen an, so beruht das auf der Resorption des Zuckers durch die Vena haemorrhoidalis inferior, die den Pfortaderkreislauf umgeht. Im allgemeinen gelangt indessen die Zuckerlösung bei der klysmatischen Einverleibung sehr bald in das Gebiet der Vena haemorrhoidalis superior bzw. media hinauf, wo der Zucker der Leber zugeführt wird.

Statt Dextrose, Maltose, Rohzucker usw. zu verwenden, sind die weit reizlosere Stärke bzw. die dextrinisierten Mehle zur Verwendung von Nährklysmen vorzuziehen, und zwar empfehlen sich hier besonders die Kindermehlpräparate (Nestle, Kufeke, Theinhardt usw.).

Was das Fett betrifft, so wird dieses vom Nährklysma in kleineren Mengen gut resorbiert, besonders wenn dem Nährklysma nach Leube etwas Pankreon (bzw. frisches Pankreas, fein zerhackt) zugesetzt wird, und das Fett in fein emulgierter Form (daher zweckmäßig in Milch) verabreicht wird. Meyer empfiehlt als besonders zweckmäßig ein Sahne-Pankreasklistier (s. weiter unten). Auch die Verwendung von Eigelb zum Klysma ist zweckmäßig.

Besonders gut wird im Nährklysma der Alkohol in kleinen Dosen resorbiert, daher empfiehlt sich auch der Zusatz von etwas Wein zum Klysma.

Nach diesen Auseinandersetzungen dürfte es nicht schwer fallen, sich ein Nährklysma zu kombinieren, z. B. in etwa folgender Art:

200 ccm 0,9% Kochsalzlösung,
2 Eigelb,
30 g Nestles Kindermehl,
2 Eßlöffel Weißwein.

Da es aber in der Literatur eine Anzahl von Nährklysmen gibt, die viel angewandt werden, so seien auch diese genannt, z. B. nach Boas:

250 g Milch,
2 Eigelb,
1 Messerspitze Kochsalz,
1 Eßlöffel Wein,
1 Eßlöffel Kraftmehl.

Nach Ewald werden 2 Eßlöffel = 40 g Weizenmehl mit 150 ccm lauwarmem Wasser oder Milch verrührt, dazu 1—2 Eier mit 3 g Kochsalz und 50—100 ccm einer 15—20%igen Traubenzuckerlösung versetzt und das Ganze gequirlt. Als Analepticum kann 1 Glas Rotwein zugesetzt werden.

Die Vorschrift des Sahne-Pankreatinklysmas nach Meyer lautet:

1/4 l Sahne,
25 g Pepton. sicc. Witte,
5 g Pankreatin. purissim. Merck.

In vielen Fällen liegt auch der Wert des Klysma lediglich in der Flüssigkeitszufuhr; man wird deshalb da, wo infolge starker Blutverluste, Erbrechen usw. eine starke Austrocknung der Gewebe besteht, in vielen Fällen mit gutem Erfolge einfache Klysmen von physiologischer Kochsalzlösung mit einem Zusatz von einigen Tropfen Opiumtinktur verabreichen.

XIV. Krankheiten der Verdauungsorgane.

Diätetik der Erkrankungen der Speiseröhre.

Wir werden im folgenden die Erkrankungen des „Ösophagus" nur insoweit hier berücksichtigen, als sie diätetisch besondere Maßnahmen erheischen. Unter den Ösophaguserkrankungen spielt die

akute Ösophagitis

eine gewisse, wenn auch seltene Rolle. Meist entstanden durch kleine Traumen (beim Schlucken) oder durch Verbrennen durch zu heiße Speisen oder durch irgend welche chemische Reize, event. auch durch Aufsteigen eines akuten Magenkatarrhs oder Absteigen eines Rachenkatarrhs (daher oft auch Begleiterin schwerer Infektionskrankheiten), dokumentiert sie sich ösophagoskopisch durch akute Schwellung und Lockerung der hyperämischen Schleimhaut und gibt sich symptomatisch durch dumpfe Schmerzen in der Gegend der Speiseröhre zu erkennen. Das Schlucken ist schmerzhaft (Dysphagie), oft so, daß das Schlucken fester Speisen unmöglich gemacht ist.

Bezüglich der Diät sehe man einige Tage von der Ernährung per os völlig ab (Rektalernährung), gehe dann zur flüssigen Kost, die lauwarm gereicht werden muß, über, nach einigen Tagen zur flüssig-breiigen Kost; erst wenn die akuten Symptome abgeklungen, erfolgt die Ernährung mit gewöhnlicher Kost.

Man wird namentlich dann, wenn spontane Schmerzen bestehen, bei der Ernährung oft nicht von dem Gebrauch kleiner Morphiumdosen absehen können. Als reizlose Flüssigkeit ist Milch (event. Milch und Sahne) anzusehen, und um das Schlucken, selbst der Flüssigkeiten, angenehmer zu gestalten, kann man entweder reines Olivenöl trinken lassen, oder Milch mit zerlassener Butter oder selbst zerlassene Butter. Morgens, mittags und abends gibt man Schleimsuppe. Wenn man breiig-flüssige Kost verabreicht, so gebe man weniger Fleisch, als gerade Gemüse in Breiform (Schoten, Artischockenböden, Kresse, Lattich, auch Kohle, grünen Salat, Karotten, Blumenkohl usw.), ungesalzen und reichlich mit Butter gemischt, ferner Kompotte durchs Sieb geschlagen (Apfelmus, Zwetschenmus, eventuell auch süße Speisen, wie Aufläufe, Cremes, leichte Eierspeisen usw.).

Da die akute Ösophagitis nur relativ kürzere Zeit anhält, so besteht keine große Gefahr der Unterernährung. Wesentlicher ist diese Frage schon bei anderen Erkrankungen des Ösophagus, so z. B. der

chronischen Ösophagitis.

Die Ursache dieser liegt meist in chronischen Schädlichkeiten (Alkohol, Tabak), man findet sie weiter bei Ösophagusstenosen oberhalb der Stenose, indem die stagnierenden Speisemassen die Zersetzung bewirken, ferner bei manchen Herzerkrankungen infolge chronischer, venöser Stauung, schließlich auch fortgeleitet nach oben bei chronischen Magenerkrankungen. Die Symptome, über die solche Kranke klagen, bestehen meist in Deglutitionsbeschwerden, wobei angegeben wird, daß Flüssigkeiten besser geschluckt werden können als feste Bissen, die gewöhnlich Schmerzen verursachen. Auch klagen die Kranken über spontanes Druckgefühl im oberen Dritteil der Speiseröhre. Gewöhnlich exspektorieren sie auch ein schleimiges, eventuell schleimigseröses Exkret.

Diätetisch müssen wir bei dieser Form alle reizenden Substanzen in der Nahrung verbieten, daher alle Alkoholika, ebenso ist das Rauchen streng zu untersagen. Die Kost muß flüssig-breiig sein und zur Herabsetzung der Beschwerden längere Zeit in dieser Weise durchgeführt werden.

Zum Beispiel:

Morgens 7 Uhr Haferschleimsuppe, 250 g;
9 Uhr: Tee mit Milch oder Sahne und eingeweichtem Zwieback, 50 g;
11 Uhr: 250 ccm Milch mit 25 g zerlassener Butter, 2 weiche (oder rohe) Eier;
1 Uhr: Haferschleimsuppe,
Kartoffelpüree, 200 g,
Gehirnbrei oder Geflügelbrei, oder Kalbsmilchbrei, 200 g,
Gemüse in Püreeform, 200 g (Spinat, Karotten, Schoten, Blättersalat gekocht, Maronen usw.),
Kompotte in Püreeform;
4 Uhr: 250 ccm Milch und 2 Eßlöffel zerlassener Butter;
7 Uhr: Eierspeise von 3 Eiern (Eiercreme, Auflauf, Rührei usw.);
9 Uhr: 250 ccm Milch und 2 Eßlöffel zerlassener Butter.

Als Getränke empfehlen sich die alkalischen Brunnen, schon mit Rücksicht auf ihre schleimlösende Eigenschaft. Also: Apollinarisbrunnen, Arienheller Sprudel, Birresborner Lindenquelle, Fachinger Mineralquelle, Emser Kränchen, Gerolsteiner Schloßbrunnen, Göppinger Staufenbrunnen, Namedy Inselsprudel usw. usw. Da alle diese Wässer aber noch einen größeren Gehalt an freier CO_2 und Hydrokarbonsäure haben, so empfiehlt sich, diese Brunnen erst trinken zu lassen, wenn sie längere Zeit offen abgestanden haben, da sonst die Kohlensäure leicht Schmerzen verursacht.

Die diphtherische Ösophagitis, wie die phlegmonöse Ösophagitis, wird, sofern diese klinisch in Erscheinung treten, diätetisch in gleicher Weise wie die akute Ösophagitis behandelt.

Nicht selten begegnen wir der

korrosiven Ösophagitis.

Sie ist die Folge der Verätzung der Speiseröhre durch stark chemisch wirksame Agentien, z. B. starke Mineralsäuren oder Laugen.

Je nach der Schwere der Verätzung bestehen dabei heftige Schmerzen und Unfähigkeit zu schlucken, doch pflegt bereits sehr bald (oft schon nach 24—48 Stunden) die spontane Schmerzhaftigkeit nachzulassen und auch die Deglutitionsbeschwerden von Tag zu Tag geringer zu werden, ja im Verlaufe von 8—10 Tagen oft ganz zu verschwinden, bis oft nach drei Wochen erneute Stenosenerscheinungen infolge Narbenbildung sich bemerkbar machen.

Kommt ein Fall von Ösophagusverätzung frisch in Behandlung, so versuche man, wenn irgend möglich, bei Säurevergiftung durch die Schlundsonde Milch mit Magnesia usta oder Kreide, Kalkwasser einzuführen; bei Laugenvergiftung Zitronenwasser, Essigwasser usw. Bei Lysol größere Mengen Olivenöl, Eiweiß (nachdem man zuvor größere Mengen Wasser durchgespült hat). Bei Sublimat ebenfalls Eiweiß in größeren Mengen. Die Verätzung der Speiseröhre bei Lysol, Karbol und Sublimat pflegt nicht hochgradig zu sein.

Nach der ersten Eingießung in den Magen läßt man alsdann den Patienten einige Tage völlig mit der Ernährung per os in Ruhe und verabreicht nur 2—3 Nährklistiere pro die. Am dritten Tage versucht man schon die Zufuhr von $1/2$ Liter nicht zu kalter Milch oder Eiweißwasser oder Gelatine mit Zusatz von Fruchtsäften. Jetzt steigert man von Tag zu Tag die Flüssigkeitszufuhr auf 1 Liter Milch, $1^1/_2$ Liter Milch, 2 Liter Milch, wobei man durch Versetzen der Milch mit zerlassener Butter oder Sahne diese hochwertiger gestalten kann. Auch ein Zusatz von Milchzucker (etwa 50 g auf 1 Liter Milch) empfiehlt sich.

Nunmehr geht man, indem man Zusätze macht, zur flüssig-breiigen Kostform über, die außerordentlich reizlos sein muß:

Beispielsweise: 1 Liter Milch mit Sahne und Milchzucker auf morgens (8 Uhr), 10 Uhr und nachmittags 4 Uhr verteilt.

Mittags: 200 g Schleimsuppe
100—200 g Kartoffelmus (mit reichlich Butter), Apfelmus.

Abends: Schleimsuppe 200 ccm, durch ein Haarsieb geschlagene Gemüse: etwa 100—200 g.

In die Schleimsuppen, Kartoffelmus, Gemüse lassen sich 100 bis 150 g Butter verarbeiten.

Die weiteren Zusätze müssen noch stets unter großer Vorsicht geschehen und die breiige Kostform ist noch längere Zeit (2—3 Wochen) beizubehalten. Bei Gefahr der Stenosenbildung rechtzeitige Sondierung bei gleichzeitiger Einspritzung von Fibrolysin!

Ähnlich wie bei der korrosiven Ösophagitis hat man sich bei **Geschwüren des Ösophagus**, und zwar je nach deren Sitz, Ausdehnung und Natur (Syphilis, Tuberkulose usw.) diätetisch zu verhalten, so daß ein näheres Eingehen darauf sich erübrigt.

Die Ösophagusstenosen werden durch narbige **Strikturen**, oder durch Neubildungen wie das Karzinom, oder durch Kompression des Ösophagus von außen, und endlich durch Ösophagusspasmen bedingt.

Am häufigsten ist wohl das Karzinom, so daß, wenn nicht gerade in der Anamnese eine kurz vorhergegangene Verätzung angegeben ist, etwaige zunehmende Schluckbeschwerden im höheren Alter a priori auf das nicht seltene Karzinom des Ösophagus zurückzuführen sind.

Die Patienten geben meist nur Schluckbeschwerden an. Zunächst gelangt der Bissen nicht mehr glatt in den Magen. Der Patient hat das Gefühl, als ob der Bissen an einer bestimmten Stelle stecken bleibt. Schließlich können auch Flüssigkeiten nicht mehr glatt geschluckt werden. Durch Anamnese, Röntgenbeobachtung, Sondierung und Ösophagoskopie ist die Diagnose sicher zu stellen.

Das oberste Prinzip der Diätetik lautet hier: so lange wie möglich die Ernährung per os zu erhalten suchen und dem Patienten eine kalorisch hinreichende Kost zuführen; daher wird, abgesehen von Ösophagusspasmen (siehe weiter unten), eventuell tägliche Sondenernährung notwendig. Man verwendet dazu die Sonde, die gerade noch die Stenose passiert. So lange der Patient noch Festes schluckt, läßt man häufig Nahrung nehmen, und zwar auch feste Nahrung, die er gut kauen soll. Ist er nur noch imstande, Flüssigkeiten zu schlucken, so läßt man ihn reichlich Milch mit Zusätzen (Pasmon, Kasein usw., 30—50 g, ferner 50 g Milchzucker, 2 Eigelb pro Liter) trinken. Erforderlich etwa zwei Liter.

Bei Sondenernährung, die unter Umständen nur einmal am Tage ausgeführt zu werden braucht, gießt man die Flüssigkeit durch die Sonde ein; vergleiche hierzu das Kapitel Sonden-Ernährung.

Man fordert den Patienten auf, daneben noch so oft wie irgend möglich Schluckversuche mit Milch oder Suppen (Schleimsuppen) zu machen. Rektale Ernährung ist für längere Zeit nicht durchführbar. Ist die Sondenernährung unmöglich, so muß man sich zur Anlegung einer Magenfistel entschließen (sehr zweckmäßig ist die Kadersche Fistel). Beim Carcinoma oesophagi halte man so lange wie irgend möglich mit der Sondierung zurück. (Am ratsamsten wäre, in jedem Falle sofort eine Magenfistel anzulegen und ganz das Sondieren zu lassen.) Bei Ösophagusspasmen halte man ebenfalls von der Sondierung zurück und verabreiche lieber vor der Mahlzeit Nervina.

Diätetik der Erkrankungen des Magens.

In dem Magen haben wir einen Schlüssel zu der gesamten Verdauung zu sehen: nicht nur in der Hinsicht, daß der Magen die Verdauung des Eiweißes einleitet, indem die koagulierbaren Eiweißkörper in wasserlösliche, nicht mehr koagulierbare Eiweißkörper (Peptone) aufgespalten werden, darüber hinaus müssen wir in der Physiologie der Verdauung die Hauptaufgabe des Magens in einer Regulierung des gesamten Ablaufes der Verdauung sehen. Nur durch den

Magen wird der Dünndarm vor einer Überlastung mit Ingestis bewahrt, was nicht nur vor Katarrhen des Darms schützt, sondern auch die optimale Verdauung und Ausnutzung der Nahrung im Darme gestattet, und weiter ist der Magen auch der Beherrscher der tiefer gelegenen sekretorischen Verdauungsabschnitte. Diese Koordinationen entdeckt zu haben, bleibt Pawlows unsterbliches Verdienst. Aus dieser Entdeckung hat auch die praktische Diätetik einen immensen Gewinn gezogen. Die Magenverdauung beginnt bereits mit dem Sehen, Riechen, Schmecken und Kauen der Speisen; d. h. durch psychische und sensible Reize wird reflektorisch die Absonderung von Magensekret angeregt, so daß die gut eingespeichelten Bissen, wenn sie in den Magen gelangt sind, auf Magensaft treffen. Jenen Saft, der auf solche Reize hin abgesondert ist, nennen wir Appetitsaft, und es ist hervorzuheben, daß ein guter Teil der gesamten Magenverdauung und damit der Verdauung überhaupt davon abhängt, ob man eine Speise mit Appetit genießt oder gar mit Widerwillen. Die in den Magen gelangten eingespeichelten Speisebissen gelangen nun in den Teil des Magens, den man den Fundusteil nennt und der gegenüber dem Antrum eine gewisse anatomische und funktionelle Einheit darstellt. Der Fundus, der leer als wurstförmiges Gebilde ohne Lumen erscheint, übt auf die in den Fundus hereingebrachten Ingesta einen gewissen, wenn auch geringen Druck aus. In dem Maße, als nun hier Ingesta sich anhäufen, wird auch die Kapazität des Fundusteiles — ohne daß etwa der Tonus sinkt — größer, wobei man als einigermaßen normales Fassungsvermögen dieses Magenteiles etwa 1 Liter Inhalt angeben kann. Jetzt wird von dem Magenfundus, und zwar von der Incisura cardiaca aus, wie sich röntgenologisch leicht feststellen läßt, eine zum Pylorus hin fortschreitende Peristaltik ausgelöst, welche den Chymus noch im Fundus gut durchmischt und ihn in das Antrum, das beim Menschen nur einen geringen Anteil des Magens ausmacht, weiter schiebt.

Durch die Kontraktion des Antrum wird der flüssige Inhalt des Antrums mit starkem Druck durch den sich öffnenden Pylorus in das Duodenum gepreßt, der feste Rückstand wird gleichzeitig in den Fundus zurückgeschoben. In den Fundus oder Hauptteil des Magens fallen nebeneinander bzw. aufeinander die Speisen herein, da wo sie aber die Magenwand berühren, rieselt der Magensaft heran und verflüssigt die Kohlenhydrate, löst das Eiweiß und verflüssigt das Fett; gleichzeitig findet auch eine Durchmischung statt, wobei die Peristaltik das Gelöste zum Antrum vorschiebt. Ist dann der gelöste Chymus mit Magensaft von dem Antrum aus, das eine weitere Durchmischung vor sich genommen hat, unter Druck in das Duodenum durch den geöffneten Pylorus gespritzt, so tritt, sobald das saure Ingestum die Duodenalschleimhaut berührt, reflektorisch ein Schluß des Pylorus wieder ein. Sobald dieser sich nach Erguß alkalischen Darmsaftes gelöst hat und neuer Chymus-Magensaft in das Duodenum gespritzt wird, wiederholt sich das Spiel von neuem und so fort, bis der ganze Inhalt des Magens verflüssigt in das Duodenum gelangt ist.

Die in das Duodenum gelangenden Mengen sind nur wenige Kubikzentimeter, dafür geschieht aber die Öffnung des Pylorus sehr häufig, etwa alle 20 Sekunden. Dieser Pylorusreflex stellt neber der Tatsache, daß der Eintritt des Chymus in das Duodenum auch den Erreger für die Sekretion des Pankreas, der Galle und des Darmsaftes abgibt, mit die wichtigste Funktion des Magens dar, dabei ist für das Verständnis der gesamten Pathologie und Diätetik der Magenerkrankungen wichtig, daß ein sehr reichlich abgesonderter saurer Magensaft den Pylorusreflex steigert, das Fehlen eines aziden Magensaftes den Pylorusreflex herabsetzt. Allerdings spielen noch andere Verhältnisse mit, welche den Pylorusreflex auslösen können: z. B. das Volum der in den Magen hereingebrachten Ingesta neben gewissen unmittelbaren chemischen Reizen derselben. So vermag z. B. Fett einen stärkeren, längerdauernden Pylorusreflex hervorzurufen und es ist deshalb auch nicht verwunderlich, daß sehr fette Speisen den Magen schwerer, d. h. später verlassen, als fettfreie. Wenn wir unter Verdaulichkeit die Zeit verstehen, in welcher gewisse Speisen den Magen verlassen (vgl. S. 21), so sind es folgende Momente, welche ceteris paribus die Verdaulichkeit beeinträchtigen können: 1. das Gewicht der Nahrung, 2. ob die Speise grob (schlecht gekaut) oder fein in den Magen gelangt, 3. ob die Speise stark fett ist und schließlich 4. ob eventuell eine starke Salzsäuresekretion des Magensaftes erfolgt. Was die letztere anbetrifft, so gibt es nicht nur einen für verschiedene Speisen verschieden extensiven Appetitsaft im Magen, vielmehr rufen manche Speisen (Fleisch, Milch, Eier) im Magen auch noch durch chemische Reize starke Sekretion des Magensaftes hervor, während andere wieder imstande sind, die Saftsekretion des Magens hemmend zu beeinflussen. Diese Verhältnisse sind diätetisch besonders wissens- und berücksichtigenswert und darum hier ausdrücklich angeführt. So sezernieren z. B. die Drüsen des Fundus, wenn die Extraktivstoffe des Fleisches in das Antrum pylori gelangen; ausgekochtes Fleisch, Eiweiß üben diese Wirkung nicht. Auch die Stärke verhält sich indifferent. Fette setzen gleichfalls die Magensaftsekretion herab, allerdings nicht vom Magen aus, sondern nach Eintritt in das Duodenum. Eine gewisse direkte magensaftsekretionserregende Wirkung hat auch das Wasser, wenn auch dieses nur geringe und langsame Magensaftsekretion hervorruft (anders wirken auch nicht Salzlösungen, Säuren oder Alkalien!), dagegen wirken erregend gewisse Abbauprodukte des Eiweißes, die Peptone. Und schließlich sei noch der Traubenzucker und der Rohrzucker als ein in stärkerer Konzentration die Magensaftsekretion hemmender Nahrungsstoff angeführt. Diese Dinge sind wie gesagt diätetisch außerordentlich wichtig, denn bei Magenerkrankungen müssen wir diätetisch uns vollkommen den verschiedensten Verhältnissen anpassen, wobei wir mit dem beliebten Schlagwort Schonungsdiät des Magens nicht bloß eine Kost verstehen sollen, welche den

Magen am wenigsten belastet, sondern eine Kost, welche genau dem jeweiligen funktionellen Zustande des Magens angepaßt ist. Die Gastrosukorrhoe erfordert andere Maßnahmen als eine Achylia gastrica, letztere wiederum andere als ein Ulcus ventriculi usw. und darum ist auch ohne genaue Kenntnis des vorhandenen Magenleidens eine Diätetik nicht denkbar. Probefrühstück und Probemahlzeit, Aufblähung des Magens, eventuell die Röntgendiagnostik müssen uns neben den anamnestischen Daten zuvor auf das genaueste aufgeklärt haben, um welche Zustände es sich handelt; erst dann tritt die Diätetik als die wesentlichste Behandlungsmethode in ihr Recht.

Es läßt sich über die Diätetik der Magenkrankheiten folgendes Allgemeine vorausschicken: da der Magen geschont werden soll, wird man schwer verdauliche Speisen verbieten müssen; als solche müssen im allgemeinen gelten sehr fettreiche Fleischsorten, wie Schweinefleisch, fettes Hammelfleisch, Gänsebraten, fette Fische: Lachs, Makrelen, Flunder, Aal, Bücklinge; verboten ist auch der Speck. Im übrigen richtet sich die Verdaulichkeit der verschiedenen Fleischsorten nach der Zartheit der Fasern: Kalbsbries, Kalbshirn, rohes geschabtes Rindfleisch zeichnen sich durch leichte Verdaulichkeit aus, dann folgen Taube, Huhn, Kalbfleisch, gesottenes Rindfleisch, wenig durchgebratenes Filetbeefsteak und Roastbeef, Rehfleisch, von Fischen Forellen, Karpfen, Hecht, Seezunge, Schellfisch. Die Bouillon ist wegen ihrer die Saftsekretion fördernden Eigenschaften neben ihrem Salzgehalte bei Magenkrankheiten oftmals zu streichen, reizloser ist — und darum von Fall zu Fall zu gestatten — noch die Hühner-, Kalbfleisch- und Hammelbouillon. Zuträglich sind Leim(Gallert)abkochungen aus Kalbsfüßen, Kalbskopf usw. Die Verträglichkeit der Eier ist individuell verschieden. Am leichtesten verträglich sind rohe Eier, dann weich gekochte Eier; schwer verträglich und darum von vornherein bei Magenkranken verboten sind harte Eier, gebackene Eier, Omelette. Auch das Rührei ist nur mit einer gewissen Vorsicht diätetisch bei Magenkrankheiten zu verwerten. (Art der Zubereitung wichtig!)

Was die Käsesorten anbetrifft, so wird man vom weißen Käse (Quarkkäse, Topfen) in vielen Fällen bei Magenkrankheiten Gebrauch machen können, das gleiche gilt vom Crême double, im übrigen aber vermeide man die meist „schwer im Magen liegenden“ fetten Käse (Limburger, Holländer, Schweizer, Neuchateler, Camembert, Fromage de Brie usw. usw.).

Was die Kohlenhydrate anbetrifft, so sind hartes Brot und alle Arten grob geschroteten Brotes von vornherein verboten. Weißbrot wird am besten geröstet (Toast) verabreicht, auch gerösteter Zwieback, unter denen die ungesüßten Friedrichsdorfer Zwiebacke besonders hervorgehoben werden sollen, ferner Kakes, sind gestattet. Werden indessen die Kohlenhydrate vom Patienten bereits so fein im Munde gekaut, daß sie vollständig verflüssigt in den Magen gelangen („Fletschersystem“), dann ist auch gegen die Verwendung dieser Nahrungsmittel nichts einzuwenden. Suppen, wie Ei-, Mehl-, Schleim-, Graupen-,

Grieß-, Reis-, Gemüse-, Milch-, Brotsuppen sind als verdaulich für Magenkranke anzusehen, indessen nicht etwa a priori gestattet; Gemüse müssen durchs Sieb geschlagen werden: als solche pürierte Gemüse empfehlen sich Karotten, Spinat, grüner Salat, Artischockenböden, grüne Erbsen (große Sorte!), auch Maronen. Kartoffeln werden als Mus mit Milch gekocht verabreicht. Breie von Mehl, Grieß, Reis, Tapioka, Sago, Hirse, Haferflocken (ohne Mandeln und Rosinen!) sind eine Magenkranken angepaßte Nahrung. Obst darf nur gekocht als Kompot und durchs Sieb geschlagen verabreicht werden. Apfelmus, Pflaumenmus stellen dabei die durch Fruchtsäuren am wenigsten reizenden Kompotte dar. Über Fruchtgelees läßt sich kein allgemeines Urteil fällen: sie müssen von Fall zu Fall verordnet werden.

Zuträglich erscheint — von Fall zu Fall — Milch, Sahne, Butter, wobei die Form, in der man sie verabreicht, der Individualität des Magenkranken angepaßt wird.

Auch über die Genußmittel: Tee, Kakao, Schokolade, Kaffee, kann man nur im einzelnen Falle entscheiden; doch ist Kakao ein den Magen nur langsam verlassendes Genußmittel und dem Magenkranken oft wenig dienlich; ebenso müssen die Mineralwässer der Magenerkrankung angepaßt sein. Alkoholika meide man nach Möglichkeit, besonders in konzentrierterer Form. Weißweine säuern leicht, daher ist (eventuell) ein leichter Tischrotwein im allgemeinen bei Magenkranken vorzuziehen.

Es müssen noch manche allgemeine Fragen ventiliert werden; so ob man heiße, oder kalte Speisen und Getränke genießen lassen soll, ob man während oder nach den Hauptmahlzeiten Getränke zu sich nehmen soll usw. Viel wichtiger erscheint hier aber die Frage, wie viel Flüssigkeit man Magenkranken gestatten kann; an sich verläßt ja die getrunkene Flüssigkeit — ob bei vollem oder leerem Magen, ist gleich — sehr schnell den Magen; sie verdünnt aber das Magensekret und führt viel Magensaft mit aus; andererseits wird bei motorischer Insuffizienz auch der Mageninhalt vergrößert. Demgegenüber stellt die Temperatur der genossenen Getränke und Speisen eine weit weniger wichtige Frage vor; man wählt am besten natürlich die Mittelstraße und vermeidet allzuheiße und zu kalte Getränke; dabei ist es irrelevant, ob man während oder nach dem Essen trinken läßt, wobei man nur jeweils, wie gesagt, auf die Beschränkung der Flüssigkeitszufuhr überhaupt zu achten hat. Von diesem Gesichtspunkte aus muß daher unter Umständen auch ein Verbot der Suppen bei Magendarmerkrankungen erfolgen.

Wir wenden uns nunmehr der Besprechung der Diätetik der einzelnen Magenerkrankungen zu.

Die Behandlung der **akuten Dyspepsie,** bei der es infolge Genusses schwer verdaulicher oder verdorbener Nahrungsmittel, oder infolge Genusses zu kalter Getränke zu einem völligen Versiegen der Magensaftsekretion gekommen ist, gleichzeitig mit einer bakteriellen Zersetzung des Mageninhaltes, hat diätetisch mit ganz besonderer Vorsicht zu geschehen. Zunächst sorge man für eine Entfernung des restlichen Mageninhaltes durch Magenspülung oder (weniger gut) durch Brechpulver. Ist bereits spontan Erbrechen erfolgt, so verabreiche man ein Abführmittel (Ricinusöl oder Kalomel 0,2—0,3 zweimal in Pausen von einer Stunde). Am ersten Tage lasse man den Magen völlig in Ruhe und verabreiche bei starkem Durst nur Eispillen (eventuell mit etwas Kognak übergossen) oder teelöffelweise eisgekühltes Selterswasser. Am nächsten Tage versuche man bereits Tee, Haferschleim oder Reisschleim in kleinen Mengen zu verabreichen. Am dritten Tage biete man Bouillon an: Hammelbouillon oder Kalbfleischbouillon; zu den Haferschleimsuppen kann man jetzt Milch oder gleichfalls Bouillon zusetzen; am vierten Tage Zulagen von geröstetem Zwieback, mittags Kartoffelpuree, Apfelmus, am fünften Tage Kalbsbries oder Hirn, Huhn, Kalbfleisch in Breiform, süße Speise als Pudding oder Flammeri oder Brei (ohne Mandel und Rosinen). Der Übergang zur normalen Kost soll noch eine geraume Zeit in Anspruch nehmen, indem man allmählich Zusätze von pürierten Gemüsen gestattet, fettfreie Fleischzulagen, gewiegten Schinken, dann Weißbrot usw. Man mache die Patienten besonders darauf aufmerksam, daß sie noch einige Zeit später sich vor besonders schwerverdaulichen Nahrungsmitteln zu hüten haben (Mayonaisen, geräucherten Fischen, fetten Fleischen usw.) und lege ihnen dringend ans Herz, den Magen nicht über das erste Sättigungsgefühl bei den Mahlzeiten zu füllen!

Supersecretio acida (Gastritis superacida) — **Gastrosukorrhoe.**

Eine ganz besondere Sorgfalt erfordert die Diät jener Reizzustände des Magens, bei der es zu einer Supersekretion des Magensaftes kommt, sei es infolge digestiver Reize (alimentäre Supersekretion) oder darüber hinaus auch ohne jeden digestiven Reiz (kontinuierliche Gastrosukorrhoe). Die Diagnose jener Zustände stützt sich einmal auf die subjektiven Angaben des Patienten: Magenschmerzen oft intensiver Natur nach dem Essen oder auf nüchternem Magen (sehr heftig mitunter nachts!), ferner auf die Untersuchung des ausgehobenen Mageninhaltes nach Probefrühstück oder Probemahlzeit. Nicht nur, daß wir sehr hohe Säurewerte (über 50—60 ccm $^1/_{10}$ n.KOH für 100 Magensaft beim Probefrühstück, über 80—100 ccm $^1/_{10}$ n.KOH für 100 Magensaft nach Probemahlzeit) in dem Ausgeheberten vorfinden: wenn wir das Verhältnis des Sediments zu dem freien Saft in dem ausgeheberten Inhalt berücksichtigen, so finden wir auch besonders viel Saft und finden, daß auch das Sediment besonders gut chymifiziert ist. Aus diesen Verhältnissen können wir die reichliche Absonderung eines sauren (aber nicht etwa „übersauren“ Magensaftes, den man bisher noch nicht nachgewiesen hat), erschließen. Die Gastrosukorrhoe oder der Reichmannsche Magensaftfluß unterscheidet sich von der einfachen Supersecretio acida nur dadurch, daß man morgens nüchtern im Mageninhalt mit der Schlundsonde reichlichere

Mengen Magensaft (50—100, ja noch mehr) gewinnen kann; sie stellt also einen höheren Grad des Reizzustandes dar.

Wir wollen nur kurz uns der Frage zuwenden, welches im speziellen die Ursachen dieser sekretorischen Irritabilität sind: wir finden ursächlich besonders häufig das Rauchen (besonders auf nüchternen Magen, mit Verschlucken von Rauch und dem nikotinhaltigen Speichel), Alkoholgenuß in konzentrierter Form (Schnäpse usw.), Gewürze (nicht zuletzt Paprika!) u. a. m. Daß eine gewisse „nervöse Konstitution" in vielen dieser Fälle aggravierend hinzutritt, sei nicht verschwiegen.

Da wo sich irgend ein Abusus von Genußmitteln oben erwähnter Art herausstellt, wird es unsere dringende Aufgabe sein, diesen abzustellen. Was das rein Diätetische anbelangt, so werden wir zweckmäßig die beiden Formen (mit fließenden Übergängen!) scheiden, indem wir als die schwerer zu beeinflussende Form die chronische Gastrosukorrhoe ansehen.

Bei der Gastritis superacida verbieten wir alle den Magen mechanisch zur Sekretion reizenden Nahrungsmittel (also z. B. sehniges Fleisch, Brot, zellulosereiche Gemüse, gröbere Nahrungsmittel) und bemühen uns, die Nahrung in flüssig-breiiger (pürierter) Form zuzuführen. Dabei kann man nach zwei Richtungen individualisieren; man verabreicht eine laktovegetabilische Kost oder eine Fett-Eiweißdiät. Die beiden Diäten schließen sich nur scheinbar aus; es gibt viele Fälle von supersekretorischen Gastritiden, die auf die eine Diät besser als auf die andere Diät reagieren. Bei beiden werden wir aber von zwei eingangs unserer Darstellung vorweggenommenen experimentellen Erkenntnissen im weitesten Maße Gebrauch machen; daß nämlich Fette im allgemeinen die Magensaftsekretion hemmen; daß dagegen rohes Fleisch oder das Fleisch in halbrohem oder gedämpftem Zustande, also mit seinen Extraktivstoffen die Magensekretion durch chemischen Reiz stark anregt, desgleichen auch „Süßigkeiten". Die letzteren beiden Dinge haben wir also zu vermeiden, die Fette — unter denen reines Olivenöl und Butter allein für uns anwendbar sind — zu bevorzugen. Wollen wir Eiweiß in nicht vegetabilischer Form zuführen, so empfiehlt sich die Milch, das Kasein im Quarkkäse (Topfen), (eventuell auch Sanatogen, Plasmon, Nutrose), ausgekochtes Rindfleisch, Hühnerfleisch, Kalbfleisch, Fische (wobei die fetten Fische bevorzugt werden können). Das Fleisch muß in sehr feiner Form dargereicht werden.

Diätzettel bei Gastritis superacida.

Morgens nüchtern im Bett 250—500 ccm Karlsbader Mühlbrunnen.

I. Frühstück: Tee mit 250 ccm Milch
gerösteter Zwieback mit 25 g Butter.

II. Frühstück: 2 Eier (weichgekocht oder) roh
250 ccm Milch mit 2 Eßlöffel zerlassener Butter verrührt.

Mittags: Haferschleim-, Graupen-, Reisschleim-, Leguminosensuppe
150—200 g wassergekochter Fisch mit Butter, oder gekochtes Huhn, Kalbfleisch
150 g püriertes Gemüse (Karotten, Schoten, Maronen, Blumenkohl usw.)
150 g Kartoffelmus mit Milch und mit 25 g Butter bereitet
100 g Speise (Pudding, Flammeri, Brei usw. ohne Mandeln und Rosinen).

Nachmittags: Tee (oder Kakao) mit Milch
50 g Zwieback
25 g Butter
(eventuell abends 7 Uhr: Karlsbader Mühlbrunnen = 250 ccm).

Abends: Reis- oder Grieß- oder Mehlmilchbrei (50 g Reis oder Grieß oder Mehl auf 250 ccm Milch)
25 g Butter
50 g Zwieback.

Vor dem Schlafengehen: 250 ccm lauwarme Milch mit 2 Eßlöffel zerlassener Butter.

Nach der Hauptmahlzeit einstündiges Ruhen, eventuell mit Prießnitzschem Umschlag auf die Magengegend.

Wo nachts Schmerzen bestehen, lasse man auch nachts noch Milch oder Kakao trinken.

Medikamentös mehrmals am Tage gegen die Schmerzen: eine Messerspitze von folgendem Pulver:

Rp.: Magnesia usta
Natr. bicarbonic. āā 30,0.
Extr. Belladonn. 0,3.

Als Getränke Verbot aller Alkoholika; sehr empfehlenswert sind alkalische Quellen (wobei man die CO_2 zweckmäßig erst entweichen läßt), also Appollinarisbrunnen, Arienheller Sprudel, Birresborner Lindenquelle, Fachingen, Göppinger Staufenquelle, Hohenhonnef Drachenquelle, Hubertussprudel von Hönningen, Namedy Inselsprudel, Weilbacher Natron-Lithionquelle u. a. m.

Da wo bei der Gastritis superacida eine laktovegetabilische Diät durchgeführt werden soll, gebe man reichlich Milch ($1^1/_2$ Liter Milch und $^1/_2$ Liter Sahne), die Gemüse püriert mit Butter (bis zu 100 g pro die), geröstetes Weißbrot oder besser Gerickesche oder Friedrichsdorfer Zwiebacke. Zerealienschleimsuppen und Leguminosensuppen (aus Leguminosepräparaten) sind zu befürworten; auch (nicht zu stark gesüßte) Mehlspeisen erlaubt (s. o.).

Die Diät lasse man nach Möglichkeit monatelang durchführen; ein subjektiver Erfolg pflegt sehr bald einzutreten; die Untersuchung eines Probefrühstückes belehrt uns indessen, daß die digestive Reizbarkeit des Magens noch fortbesteht; deshalb empfiehlt sich die länger durchgeführte diätetische Behandlung. Die Darreichung von Karlsbader Mühlbrunnen dehne man nicht über vier Wochen aus.

Viel schwieriger und hartnäckiger — auch in subjektiver Beziehung — ist die Behandlung des dauernden Magensaftflusses: hier helfen oft nur sehr energisch durchgeführte diätetische Kuren, wobei die digestiven Reize für den Magen zunächst auf das Möglichste beschränkt werden. Eine solche Kur stellt sich etwa folgendermaßen dar: Sie geht von der Kochsalzarmut der Speisen aus und erfordert, daß sämtliche Speisen ungesalzen bleiben. In den ersten Wochen nach Möglichkeit Fett, Sahne, Milch, Mandelmilch, mit gehäuften Mahlzeiten.

8 Uhr: morgens nüchtern 100 ccm Olivenöl (in vielen Fällen besteht Widerwillen dagegen; statt dessen 250 ccm Milch mit 2 Eßlöffel Butter).
10 Uhr: Kakao oder Tee mit viel Milch.
12 Uhr: 250 ccm Milch mit 2 Eßlöffel Butter.
2 Uhr: Haferschleimsuppe, Reisschleimsuppe usw. mit Sahne.
4 Uhr: Tee mit Milch.
6 Uhr: Haferschleimsuppe.
8 Uhr: Kakao mit Milch oder Sahne.
10 Uhr: 250 ccm Milch mit 2 Eßlöffel Butter.
Nachts: Kakao oder Milch gegen die Schmerzen schluckweise zu nehmen.

In der ersten Woche ist die Kur im Bett vorzunehmen. In der zweiten Woche gestattet man Zusätze von weißem Käse, zwei weichen Eiern.

In der dritten Woche pürierte Gemüse (mittags 50 g) und abends die gleiche Menge.

In der vierten Woche mittags Zulage von 100 g Kartoffelbrei und 100 g Hirnbrei, Kalbsmilchbrei, Brei von Hühnerfleisch, Kalbfleisch, wassergekochter Fisch mit Butter. Morgens geröstetes Weißbrot, desgleichen abends.

In der fünften Woche steigert man vorsichtig die Fleischdiät und geht, falls die Kur von Nutzen war, zu der Diätform über, wie sie für die alimentäre Gastritis superacida angegeben war.

Häufig wird man die Kur mit medikamentösen Darreichungen verbinden müssen (z. B. Argentum nitricum, Atropin, Extr. Belladonnae); warnen möchten wir nur vor der Anwendung von Morphin gegen die Schmerzen. Zwar wird zu Anfang die Sekretion des Magensaftes herabgedrängt, gar bald folgt aber eine stärkere Sekretion des Magensaftes nach.

Von dem zweiten Monat ab empfiehlt sich die gleichzeitige Durchführung einer Karlsbader Diät.

Bei der **Gastritis subacida** oder **Gastritis anacida**, d. h. jenen Erkrankungen des Magens, wo es zu einer Verminderung der Salzsäureabscheidung oder gar zu einem völligen Versiegen derselben kommt, hat die Diätetik wieder andere Aufgaben zu erfüllen. Zuvörderst soll nur noch erwähnt werden, daß wir nur dann bei jenen Zuständen von einem Katarrh zu reden berechtigt sind, wenn in dem ausgeheberten Mageninhalt nach Probefrühstück oder Probemahlzeit sich Magenschleim befindet. (Unter diesen Umständen ist besonders eine abendliche Magenspülung indiziert mit alkalischen Wässern, z. B. Zusatz von Natr. bicarbonicum, Spülung mit Karlsbader Wasser u. a.)

Unsere diätetischen Maximen liegen bei der Gastritis subacida und anacida anders, als bei den superaciden Zuständen. Hier wollen wir nicht den Magen reizen, dort dürfen wir dem Magen nicht mehr zumuten, als er gerade zu ertragen imstande ist; nicht nur mit Rücksicht auf den Magen, sondern auch mit Rücksicht auf den Darm, denn manche Diarrhöen sind rein gastrogenen Ursprungs und erst durch eine rationelle Diätetik in Hinsicht auf die bestehende Magenerkrankung zu bekämpfen.

Man kann die diätetischen Grundsätze bei der Ernährung subazider oder anazider Gastritiden in folgendem zusammenfassen: Kohlenhydratreiche, mäßige fettreiche Nahrung, der Eiweißgehalt soll auf das zulässige Maß nach oben gebracht werden. Mit anderen Worten, wir werden bei derartigen Erkrankungen besonders leicht verdauliche Nahrungsmittel verabreichen.

Im einzelnen sei noch bei der chronischen Gastritis mit Achylie folgendes angeführt:

Gut verdaut werden Mehlspeisen: Haferschleim, Gerstenschleim, Leguminosensuppen, Mehl-Grießbreie, Grützbreie, Reisbreie.

Ausgezeichnet werden meist Makkaroni und Nudeln, oft auch Wasserspatzen vertragen; ferner legierte Fleischsuppen, Reissuppen, Gemüsepürees. Bei Neigung zur Diarrhoe: pürierte Suppen ohne Bouillon, in Wasser mit etwas Butter oder Sahne gekocht.

Brot muß gut gekaut werden, Grahambrod wird gut vertragen.

Die Beurteilung der Milch bei Achylie kann nicht einheitlich geschehen; meist macht sie Durchfälle, oft auch Verstopfung, fast stets Magenbeschwerden. Statt der Milch ist Sahne mit Wasser zu verabreichen.

Von Fleisch sind geräuchertes Fleisch und zähe Fleischsorten zu meiden; zartes (gekochtes) Fleisch ist meist gut verdaulich (Geflügel, fettarme Fischsorten).

Von Gemüse als Pürees sind erlaubt: Blumenkohl, Erbsen, (Bohnen), Tomaten, Artischockenböden, Karotten, Kartoffeln.

Verboten: Gurken, Radieschen, Rettich, Spargel, Kohlsorten usw.

Obst, saure Speisen sind zu meiden.

Leichter Kaffee, Tee erlaubt; starker Kaffee verboten.

Bei der subaciden Gastritis liegen die diätetischen Verhältnisse günstiger, so daß man diätetisch größere Konzessionen machen kann, doch wird man sich im allgemeinen mehr oder minder an die eben auseinandergesetzten Verhaltungsmaßregeln halten müssen.

Was die Getränke bei diesen Erkrankungen anbelangt, so vermeide man stärker alkalische Wässer; will man mit der Diätetik Trinkkuren verbinden, so gebe man einfache Kochsalzquellen (morgens nüchtern 1 Glas und abends 7 Uhr 1 Glas). Als solche seien z. B. genannt: Bad Salzhausen, Salzbrunnen I, Salzschlirfer Bonifaziusquelle, Sodenthaler Albertquelle, Suderode Behringer Brunnen, Suhl Ottilienquelle, Wiesbaden Kochbrunnen, Kiedricher Sprudel, Kissinger Rakoczy, Königsborn (bei Unna), Friedrichsborn, Kreuznacher Oranienquelle, Münster am Stein Hauptbrunnen, Niederkonitz St. Hieronymus-Quelle, Pyrmont Salztrinkquelle, Ricklingen Augustaquelle, Rothenfels (in Baden) Elisabethquelle u. a. m.

Im übrigen empfehle man den Kranken, während der Hauptmahlzeiten, um nicht die Salzsäure aus dem Magen fortzuschwemmen, nicht größere Flüssigkeitsmengen (Wasser usw.) zu trinken, sondern erst einige Zeit (eventuell mehrere Stunden) nach Tisch.

Sehr zu empfehlen ist die Verabreichung von 10—15 Tropfen Acidum hydrochloricum dilutum *während* der Hauptmahlzeiten in einem halben Weinglase Wasser mit einem Glasrohre schluckweise zu nehmen. Konzentriertere Alkoholika (Magenbitter usw.) verbiete man ganz, ebenso auch, wenn angängig Bier und Wein, um so mehr, da ein großer Teil der subaziden chronischen Gastritiden auf Alkoholabusus zurückzuführen ist.

Schließlich noch ein Wort über die Gewürze: Kochsalz kann man bei subaziden und anaziden Gastritiden reichlicher verabreichen, ab und an auch die Speisen mit wenig Pfeffer, Paprika, Senf usw. würzen; das regt entschieden die Saftsekretion des Magens an, doch darf man keinesfalls hier in Übertreibungen verfallen.

b) *Beispiel einer Diät bei* **Gastritis chronica subacida.**

Frühstück:	1/4 Liter Wasserkakao mit Sahne
	50 g Friedrichsdorfer oder *Gericke*scher Zwieback, oder geröstetes Weißbrot oder Grahambrot
	25 g Butter.
Vormittags:	1 Tasse Bouillon mit Ei
	30 g Zwieback, Grahambrot mit Butter.
Mittags:	200 g Schleimsuppe (Gerste, Hafer, Reis)
	200 g Taube, Huhn, Rindfleisch oder Fisch (fettfrei)
	200 g Kartoffelbrei [eventuell mit Butter und Sahne]
	event. 100 g Gemüsebreie (Spinat, Blumenkohl, Karotten, Maronen, Artischockenböden, Tomaten, Erbsen usw.)
	50—100 g Kompott.
Nachmittags:	250 ccm Tee oder Kaffee mit Sahne
	50 g Zwieback
	25 g Butter.
Abends:	Legierte Fleischsuppe
	200—300 g Mehlspeise, eventuell als Mehl-, Grieß- oder Reisbrei.

oder:

Frühstück: 250 ccm Tee mit Sahne
50 g geröstetes Weißbrot mit Honig
25 g Butter.

Vormittags: 2 weichgekochte Eier
mit 50 g Weißbrot.

Mittags: 50 g geschabtes Rindfleisch mit 100 g Weißbrot und 25 g Butter
150—200 g Kalbsmilch oder Hirn (püriert)
200 g süße Speise
[50 g Kompott].

Nachmittags: 250 ccm Tee mit Sahne
50 g Zwieback mit 25 g Butter.

Abends: 2 Eier als Omelette soufflée
100 g Kompott
100 g Weißbrot
25 g Butter.

oder (nach Rodari):

Morgens: 1 Teller Hafermehlsuppe
100 g geschabter roher Schinken
50 g Weißbrot.

Vormittags: 1 Teller Wasserkakao
25 g Kakes
15 g Butter.

Mittags: 1 Teller Bouillon mit Paprika oder Sago oder Nudeln
200 g Filetbeefsteak, Roastbeef, Entrecôte, Kalbsbraten oder Kalbsschnitzel (Wienerschnitzel)
100 g Makkaroni
200 g Mondaminpudding oder Reispudding
50 g Kompott
etwa $^1/_4$ leichter Wein.

Nachmittags: 1 Tasse Tee mit Milch oder Sahne mit Kakes oder Zwieback mit Butter.

Abends: 1 Teller Schleimsuppe oder Zwiebacksuppe
150 g Geflügel oder Fisch
200 g Kartoffel- oder Reisbrei.

b) Diätbeispiel für **Achylia gastrica.**

Morgens: Hafermehlsuppe mit Eigelb und Butter (oder statt dessen 150—200 g Hygiama).

Vormittags: 250 ccm Wasserkakao mit Sahne
50 g Zwieback
25 g Butter.

Mittags: Leguminosensuppe mit Eigelb
150 g Beefsteak (geschabt und mit Butter gebraten) oder Huhn, Geflügel
100 g Kartoffelmus.

Nachmittags: 250 ccm Wasserkakao mit Sahne
50 g Zwieback
20 g Butter.

Abends: Reis- oder Grieß- oder Mehlmilchbrei (50 g Reis oder Grieß oder Mehl auf 250 ccm Milch)
50 g Zwieback
20 g Butter
oder statt dessen 100 g Kalbsmilch als Ragout oder gebraten
100 g Gemüsepüree
50 g Weißbrot mit 25 g Butter.

Die Kost bietet etwa 2000 Kalorien und läßt sich durch Zusatz von Butter oder Sahne kalorisch noch erweitern.

Motorische Insuffizienz des Magens.

Hinsichtlich der Diätetik der motorischen Mageninsuffizienz müssen wir uns nach dem Grade dieser richten. Wir nehmen folgende drei Grade an:

I. Grad, wo 7 Stunden nach Verabreichung der Probemahlzeit noch Rückstände angetroffen werden.

II. Grad, wo morgens im nüchternen Magen Rückstände angetroffen werden, aber noch ein gut Teil der Nahrung weiter befördert wird.

III. Grad, wo die Retentionen dauernd hochgradige sind und so gut wie nichts den Magen verläßt.

Von vornherein werden wir diätetisch für die Behandlung der Insuffizienz III. Grades keine großen Hoffnungen hegen und solche Fälle dem Messer des Chirurgen zur Anlegung einer Gastroenteroanastomie zu überweisen haben, sobald nicht innerhalb kurzer Zeit (nach etwa 8—10 Tagen) der Körpergewichtsverlust durch die Behandlung sich aufhalten läßt. Diätetisch zu behandeln — und eventuell mit Erfolg zu behandeln — ist die Insuffizienz I.—II. Grades. Auch hier ist die Prognose abhängig von der Ursache der Insuffizienz. So gibt eine narbige Pylorusstenose nach Ulcus ventriculi schlechtere Chancen, als eine Insuffizienz, die sich infolge einer Atonie, einer Erschlaffung der Magenwände (Ektasie und Insuffizienz) herausgebildet hat.

Die erste Forderung, die wir bei Aufstellung eines diätetischen Regimes bei motorischer Insuffizienz zu erfüllen haben, heißt: maximale Schonung der motorischen Kraft des Magens, daher geben wir *häufigere, aber kleinere Mahlzeiten*, zugleich eine Kost in der Form, wie sie den Magen am schnellsten verläßt.

Aber damit ist unsere Aufgabe im allgemeinen nicht erschöpft; wir müssen diese Kost den sekretorischen Verhältnissen des Magens anpassen. Wo also hinreichende Salzsäureproduktion vorhanden ist, können wir uns getrost zu einer eiweißreicheren Fleischkost entschließen mit Bevorzugung der nicht fetten, zarten Fleischsorten. Wir werden also Fische (außer Aal, Lachs, geräucherten Fischen) in Wasser gekocht, geschabtes Rindfleisch, zartes Filet, feingeschnittenes Roastbeef, Beefsteak (geschabt und gebraten), Kalbfleisch, Hammelfleisch, Huhn, Taube, zartes Reh, Eier gestatten, Gänsebraten, Poularde. fetten Entenbraten, Schweinefleisch dagegen verbieten. Was die Fette anbelangt, so vermeiden wir alle Fette (Speck, Gänseschmalz, Hammelfett, Schweinefett usw.) außer dem Butterfett (Butter, Sahne), welch letzteres in nicht zu großen Mengen bei diesen Zuständen gut vertragen wird. Kohlenhydrate beschränken wir dagegen nach Möglichkeit, weil in Fällen motorischer Insuffizienz die Verweildauer des Chymus im Magen an sich ja eine längere ist und andererseits der Magen das Amylum nicht verdaut, wenn auch noch zum Teil im Magen die Amylumverdauung durch das Mundspeichelferment weiter fortgehen kann. Ganz besondere Vorsicht werden wir da mit der Zufuhr von Kohlenhydraten üben, wo es neben einer Herabsetzung der Salzsäureproduktion zu Gärungen gekommen ist. In solchen Fällen ist die abendliche Magenspülung das souveräne Mittel. ½ Stunde später kann man dann allerdings Kohlenhydrate in Form von Schleimsuppen und Brei (von Grieß-, Graupen-, Reismehl usw.) verabreichen, während man sonst nach Möglichkeit nach dem Vorschlage von Strauß eine Eiweiß-Fettdiät verabreicht. In manchen Fällen mag auch nach dem Vorschlage von Cohnheim die Verabreichung von 100—200 ccm Öl dem Magen nüchtern eventuell durch Schlundsonde einverleibt, von Nutzen sein.

Die Form, in der man übrigens die Nahrungsmittel verabreicht, auch das Fleisch, soll die flüssig-breiige in den Fällen mit herabgesetzter Salzsäuresekretion sein; in den übrigen Fällen kann das Fleisch in hachierter Form (ohne Sehnen und Bindegewebe!) verabreicht werden.

Schließlich beachte man, daß der Patient seinem Körper die notwendige Flüssigkeitsmenge einverleibt; das erkennt man nicht etwa an der Menge der genossenen Speisen und Getränke, sondern an der Urinausscheidung; bei einer motorischen Insuffizienz III. Grades findet man gewöhnlich eine Diurese unter 500 ccm Urin innerhalb 24 Stunden. Dieser Wert beweist schon eine ungenügende Ernährung. Erst dann sind die Folgen der motorischen Insuffizienz behoben, wenn die Flüssigkeitsausscheidung auf normal hohe Werte gestiegen ist (etwa 1500 pro Tag und mehr) und das Körpergewicht konstant bleibt bzw. sich hebt. Man trachte nicht etwa durch reichliches Trinkenlassen von Flüssigkeiten (Wasser, Suppen, Tee usw.) die Diurese zu steigern: Das nützt nichts, solange nicht die motorische Insuffizienz gebessert ist; im Gegenteil größere Flüssigkeitszufuhr verursacht nur eine Vergrößerung (Ektasie) des atonischen Magens, daher ist in der Kost auch die Flüssigkeitszufuhr in größeren Mengen auf einmal zu widerraten, ja bei stärkerer Insuffizienz nehme man zunächst überhaupt von der Zufuhr der Getränke per os Abstand und verabreiche Wasserklistiere (1—2 am Tage, 300—500 ccm) per rectum.

Alkoholika verbiete man im allgemeinen, dagegen ist gegen die Verabreichung von Tee, Kaffee in kleinen Mengen nichts einzuwenden.

Schließlich seien noch einige Diätschemen (nach Riegel) als Beispiele hier angeführt.

I. Diätzettel bei Ektasie mit verminderter HCl-Sekretion (zit. nach Riegel) [etwa 2060 Kal.]

Früh 7 Uhr: 250 ccm Milch[1]), 30 g Röstbrot, 5 g Butter
10 Uhr: 125 ccm Bouillon mit 1 Ei, 30 g Röstbrot
12 Uhr: Leguminosensuppe aus 20 g Leguminose mit 1 Eigelb.
Mittags 1 Uhr: 100 g Kalbsmilch,
Omelette soufflée aus 2 Eiern, 10 g Zucker, 10 g Butter.
Nachm. 4 Uhr: 250 ccm Milch[1]), 2 Zwiebäcke.
Abends 7 Uhr: Reismilchbrei aus 50 g Reis, 250 ccm Milch, 15 g Zucker.
Abends 9½ Uhr: 150 ccm Milch, 2 Zwiebäcke.
(30 g Kaseinnatrium auf Milch und Bouillon verteilt.)

II. Diätzettel bei Ektasie mit erhaltener oder vermehrter HCl-Sekretion.

Früh 7 Uhr: 250 ccm Milchkakao, 3 Zwiebäcke, 1 Ei.
Früh 10 Uhr: 70 g Braten, 20 g Röstbrot.
Mittags: 80 g gesottenen Hecht
140 g Kalbsbraten oder Schnitzel
50 g Kartoffelbrei.
4 Uhr: 125 ccm Milchkakao, 2 Zwiebäcke.
7 Uhr: (nach vorangegangener Magenspülung): 100 g roher Schinken, 30 g Röstbrot, 10 g Butter, 2 Eier.
9 Uhr: 250 ccm Milch mit 10 g Kaseinnatrium und 2 Zwiebäcke.

Magengeschwür.

Wie jede Wunde, so erfordert auch das blutende Magengeschwür Ruhigstellung des blutenden Organes, also des Magens. Es ist daher eine schon lange in der Medizin durchgeführte Regel, beim blutenden Magenulkus den Magen ruhig zu stellen. Daß eine derartige Ruhigstellung des Magens absolut nur erreicht werden kann durch jegliche Fernhaltung der Nahrung von dem Magen, ist einleuchtend, um andererseits aber den Kranken nicht ohne Nahrungszufuhr zu lassen, hat man den Weg der rektalen Nährklistiere gewählt. Eine Frage bleibt nur von besonderer Wichtigkeit, wie lange man nämlich diese

[1]) Wird am besten nicht auf einmal, sondern in Zwischenräumen genommen.

rektale Ernährung durchführen soll? In dieser Beziehung ist man früher sehr weit gegangen; man hat bis zu drei Wochen und darüber hinaus die rektale Ernährung der Ulkuskranken durchgeführt, und wenn man auch dem betreffenden Ulkuskranken pro Tag zwei bis drei Nährklistiere zugeführt hat, so stellt doch eine derartige protrahierte Rektalernährung eine grobe Unterernährung dar, insofern man dem Kranken nicht mehr als vielleicht 600 Kalorien pro Tag zuführt. Es ist aus diesem Grunde auch das durchaus berechtigte Bestreben hervorgegangen, die Ruhigstellung des Magens nicht über ein gewisses Maß hinaus auszudehnen, um den Kranken nicht unnötig durch Unterernährung herunterkommen zu lassen. Wenn wir uns deshalb praktisch auf den Standpunkt stellen, nicht länger als zwei Tage nach der letzten Blutung die Ernährung per os hinauszuschieben, so wählen wir die goldene Mittelstraße zwischen älteren und neueren Bestrebungen, zum Vorteil des Kranken.

Zur Technik der Nährklistiere verweisen wir auf das auf S. 242 Angeführte, wobei wir die Wahl des Klistieres freistellen, sofern es auf rationellen Grundsätzen aufgebaut ist. Will man ganz von den Nährklistieren absehen, so kann man es auch ohne großen Schaden tun, sofern man — und das ist besonders wichtig und auch der hauptsächlichste Nutzen der Nährklistiere liegt darin — für ausreichende Flüssigkeitszufuhr sorgt; diese darf aber nicht per os geschehen; um den Durst zu stillen, läßt man nur Eisstückchen im Munde zergehen und das Wasser wieder ausspucken, während man durch Zufuhr von dreimal täglich 300 ccm physiologischer Kochsalzlösung per rectum (eventuell mit Zusatz von einigen Tropfen Opiumtinktur) die eigentliche Wasseraufnahme erreicht.

Nach der Ruhigstellung des Magens beginnt man die eigentliche Ulkusdiät. Diese hat man früher in Form der Leube-Ziemssenschen Kur durchgeführt, die neben der leicht verdaulichen Kost absolute Ruhe in der ersten Zeit der Behandlung erfordert und sehr bald gewisse Mineralwässer (Karlsbader Mühlbrunnen) zu Hilfe nimmt, später in Form der Lenhartzschen Kur oder sonstiger modifizierter Kuren, deren wesentlichstes Prinzip es ist, eine flüssigbreiigweiche Kost zu verabreichen, die möglichst wenig lange den Magen behelligt. Es muß also das Prinzip einer solchen Kost sein, wenig safttreibend zu wirken und möglichst schnell den Magen zu verlassen. „Neutralisierung von Magensaft" etwa durch Eiweiß, wie es manche Autoren wollen, ist aber ein falsches Prinzip (vgl. w. u.).

Pentzoldt hat die Speisen zum Gebrauche für eine Leube-Ziemssensche Ulkuskur wenigstens nach dem Grade ihrer Verdaulichkeit geordnet und sie in vier Gruppen eingeteilt. Die erste Kostordnung läßt er etwa 10 Tage, die zweite ebensolange, die dritte etwa 8 Tage lang und die vierte etwa 8—14 Tage lang durchführen.

Speisen oder Getränke	Größte Menge auf einmal	Zubereitung	Beschaffenheit	Wie zu nehmen
		I. Kost (etwa 10 Tage)		
Fleischbrühe	250 g etwa 1/4 Liter	aus Rindfleisch	fettlos, wenig oder gar nicht gesalzen	langsam
Kuhmilch	250 g	gut abgesotten, ev. sterilisiert (Soxhlet)	ev. 1/3 Kalkwasser, 2/3 Milch	ev. mit etwas Tee
Eier	1–2 Stück	ganz weich, eben nur erwärmt oder roh	frisch	wenn roh, in die warme, nicht kochende Fleischbrühe völlig verrührt
Fleischsolution (Leube-Rosenthal)	30—40 g	—	darf nur einen schwachen Fleischbrühgeruch haben	teelöffelweise oder in Fleischbrühe verrührt
Kakes (Albert-Biskuits)	6 Stück	—	ohne Zucker	nicht eingeweicht, sondern gut kauen und einspeicheln
Wasser	1/8 Liter	—	gewöhnl. od. nat. kohlens. mit schwachem CO_2 Gehalt (Selterswasser)	nicht zu kalt
		II. Kost (etwa 10 Tage)		
Kalbshirn	100 g	gesotten	von allem Hautartigen befreit	am besten in der Fleischbrühe
Kalbsbries	100 g	„	„	„
Tauben	1 Stück	„	nur jung, ohne Haut, Sehnen und ähnliches	„
Hühner	1 Stück von Taubengröße	„	„ (keine Masthühner)	„
Rohes Rindfleisch	100 g	fein gehackt od. geschabt und wenig Salz	vom Filet zu nehmen	mit Kakes zu essen
Rohe Rindwurst	100 g	ohne Zutat	wenig geräuch.	ebenso
Tapioka	30 g	mit Milch als Brei gekocht	—	—
		III. Kost (etwa 8 Tage)		
Taube	1 Stück	mit frischer Butter gebraten, nicht zu scharf	nur junge, ohne Haut usw.	ohne Sauce
Huhn	1 Stück	„	„	„
Beefsteak	100 g	mit frisch. Butter halbroh (engl.)	das Fleisch vom Filet, gut geklopft	„

Speisen oder Getränke	Größte Menge auf einmal	Zubereitung	Beschaffenheit	Wie zu nehmen
Schinken	100 g	roh, feingeschabt	schwach geräuchert, ohne Knochen, sog. Lachsschinken	mit Weißbrot
Milchbrot od Zwieback od. Freiburger Brezeln	50 g	knusperig gebacken	altbacken (sog. Semmeln, Wecken)	sehr sorgfältig zu kauen, gut einspeicheln
Kartoffeln	50 g	a) als Brei durchgeschlagen, b) als Salzkartoffeln zerdrückt	die Kartoff. müssen mehl., beim Zerdrücken krümelig sein	—
Blumenkohl	50 g	als Gemüse in Salzwasser gekocht	nur die Blumen zu verwenden	—
		IV. Kost (etwa 8—14 Tage)		
Reh	100 g	gebraten	Rücken, abgehängt, doch ohne Hautgout	—
Rebhuhn	1 Stück	gebraten, ohne Speck	junge Tiere, ohne Haut, Sehnen, die Läufe usw. abgesägt	—
Roastbeef	100 g	rosa gebraten	von gutem Mastvieh, geklopft	warm oder kalt
Filet	100 g	rosa gebraten	"	"
Kalbfleisch	100 g	gebraten	Rücken od. Keule	"
Hecht, Schellfisch, Karpfen, Forelle	100 g	gesotten in Salzwasser, ohne Zusatz	sorgfältige Entfernung der Gräten	in der Fischsauce
Kaviar	50 g	roh	wenig gesalz. russischer Kaviar	—
Reis	50 g	als Brei durchgeschlagen	weichgekochter Reis	—
Spargel	50 g	gesotten	weich, ohne die harten Teile	mit zerlassener Butter
Rührei	2 Stück	mit wenig frisch. Butter u. Salz	—	—
Eierauflauf	2 Stück	mit etwa 20 g Zucker	muß gut aufgegangen sein	sofort zu essen
Obstmus	50 g	frisch gesotten, durchgeschlagen	von allen Schalen und Kernen befreit	—
Rotwein	100 g	leichter, reiner Bordeaux	oder eine entsprechende Rotweinsorte	leicht angewärmt

Als allgemeine Regeln betont Pentzoldt dabei: **Langsam essen und sehr sorgfältig kauen und einspeicheln. Das Fleisch soll genügend abgehängt sein, ohne jeden Geruch sein und genügend abgeklopft sein.**

Riegel betonte als besonders wichtig für die Diätetik des Magenulkus den Gebrauch der Milch, wobei er die leichtere Verdaulichkeit der gekochten Milch gegenüber der rohen Milch hervorhebt. Da, wo die Milch schlecht vertragen wird, soll man Zusätze von Kalkwasser, Natron, Kasein, Tropon, Sanatogen usw. machen. Auch die Verwendung als Milchkakao erscheint ihm diätetisch geeignet. Ist Kasein die Ursache der schweren Verdaulichkeit, so käme nach Riegel die Verwendung von Gärtnerscher Fettmilch, deren Kasein zum Teil entfernt ist, in Frage, auch mit Wasser verdünnte und mit Milchzucker versetzte Sahne, eventuell auch Milchkonserven und dergl. mehr. Riegel empfiehlt weiter auch Abkochungen von Tapioka, Reis-, Maizenamehl, Arrowroot, Löfflundsches Kindermehl und dergl. mehr. Die erste Zeit soll der Kranke — bei Bettruhe — nur flüssige Diät einnehmen, allmählich (nach 14 Tagen) kann man dann nach Riegel zur konsistenteren und reichlicheren Kost übergehen, doch nur erst möglich spät zur IV. Kostordnung, die den Übergang zur normalen Kost bildet.

Ein Diätschema nach Riegel stellt sich dann ungefähr folgendermaßen dar.

I. Schema (für die erste Zeitperiode, 1133 Kal.).

$1^1/_2$ Liter sehr guter Milch (die Milch soll nur in kleinen Portionen genommen werden; die Gesamtdosis kann von Tag zu Tag gesteigert werden).

200 ccm Bouillon.

20 g Kaseinnatrium, auf Milch und Bouillon verteilt.

(etwa 1100 Kal.).

II. Schema (für die zweite Zeitperiode, 1826 Kal.).

2 Liter Milch (auf den Tag verteilt).

4 Kakes (zu 8 g).

Suppe aus 15 g Sago, 10 g Butter, 1 Ei, 10 g Albumosen (statt dessen Plasmon, Kasein, Sanatogen).

150 ccm Fleischbrühe, 1 Ei, 10 g Kaseinnatrium.

(etwa 1800 Kal.).

III. Schema (für die dritte Zeitperiode, 2156 Kal.).

2 Liter Milch auf den Tag verteilt.

200 ccm Bouillon und 2 Eier.

1 gekochte Taube, gehackt (zu 100 g), oder 100 g Kalbsmilch.

30 g Reis, mit Bouillon gekocht.

Suppe aus 30 g Tapiokamehl.

10 g Butter und 1 Ei.

4 Zwiebäcke auf den Tag verteilt.

(etwa 2150 Kal.).

Schema für die vierte Zeitperiode.

Früh:	Tee mit 100 ccm Milch, 20 g Zucker, 3 Kakes.
10 Uhr:	200 ccm Bouillon mit 10 g Kaseinnatrium, 15 g Sago und 1 Ei.
Mittags:	Suppe aus 15 g Hafer- und Gerstenmehl, 10 g Butter und 1 Ei
	150 g Beefsteak mit 20 g Butter gebraten
	100 g Kartoffelpüree.
Nachmitt.:	Tee mit 100 ccm Milch, 20 g Zucker, 3 Kakes.
Abends:	100 g geschabter Schinken
	150 g Tapiokabrei
	20 g Röstbrot, 10 g Butter.
Später:	250 ccm Milch, 2 Zwiebäcke.

Lenhartz hat hervorgehoben, daß der blutende Ulkuskranke ja stets Blut, also etwas, was der Verdauung anheimfällt, in seinem Mageninhalt beherbergt und zweitens hat er besonders die salzsäurebindende Eigenschaft des Eiweißes betont. Lenhartz gibt daher selbst am Tage der Blutung 200—300 g Milch und einige Eier per os, um bald mit der Diät zu steigern.

Wir haben aber schon oben die Frage der Bindung der Salzsäure durch Eiweiß gestreift und betont, daß dieses noch von Lenhartz vertretene Prinzip für die Magendiätetik falsch ist. Es kommt bei der Ulkuskur nur darauf an, die safttreibende Wirkung der Nahrung herunterzusetzen. In diesem Sinne muß die animalische Nahrung, vor allem Fleisch, Eier, aber auch die Milch nach Möglichkeit aus der Ulkusdiät eliminiert werden. Dagegen aber verstößt auch noch die Lenhartzsche Diät. Andererseits hat sie den Vorteil, den wir oben auseinandergesetzt haben, zwar in den ersten Tagen in und nach der Blutung von der Nahrungszufuhr abzusehen, dafür aber bald danach (vom 3. Tage an) dem kranken Magen schon Speisen zuzuführen.

Diätschema nach Lenhartz.

Die beiden ersten Tage keine Nahrungszufuhr.

Tage nach der Hämatemesis	3.	4.	5.	6.	7.	8.	9.	10.	11.	12.	13.	14.	15.	16.
Eier, geschlagen	2	3	4	5	6	7	8	8	8	8	8	—	—	—
Milch, geeist, teelöffelweise	200	300	400	500	00	700	800	900	1000	1000	1000	—	—	—
Zucker	—	—	20	20	30	30	40	40	50	50	50	—	—	—
Rohes Hackfleisch (besser püriertes Kalbfleisch, Huhn, Hirn, Kalbsbries)	—	—	—	—	—	35	2×35	2×35	2×35	2×35	2×35	—	—	—
Milchreis	—	—	—	—	—	—	100	200	200	200	300	—	—	—
Zwieback	—	—	—	—	—	—	—	20	40	40	60	—	80	100
Rohschinken	—	—	—	—	—	—	—	—	—	50	50	—	—	—
Butter	—	—	—	—	—	—	—	—	—	20	40	—	—	—
Kalorien	280	420	637	777	955	1135	1588	1721	2138	2478	2941	3007	3073	—

Nach Lenhartz geht man dann gegen Ende der dritten Woche zu einer flüssig-breiigen Kost über, die aus Milch und Eiern (etwa 4 an der Zahl), Zwieback, Butter, Grieß-, Reis-, Hafermehlbrei, Kartoffelbrei besteht mit Zulagen pürierter Fleische (100—200 g). In der vierten Woche sind Gemüsepürees erlaubt, auch steigt man mit der Zufuhr des Fleisches, zunächst noch in der Form von Fleischpürees. Betonen möchten wir, daß man nach Durchführung einer derartigen 5—8 Wochen langen Ulkuskur, die in den ersten 3 Wochen mindestens im Bett zugebracht werden soll, nicht sofort zur vollen Kost übergehen darf, sondern daß man nach Möglichkeit danach noch einige Monate lang eine breiige weiche Kostform verordnen soll.

Es erscheint heute diätetisch geboten, eine Ulkusdiät durchzuführen, die zwar auch das Prinzip von Lenhartz verfolgt, bald dem Magen des Ulkuskranken Speise anzubieten, das aber völlig auf jedes Fleisch verzichtet und einen Eiweißgehalt hat, der verhältnismäßig niedrig ist (etwa 50 g Eiweiß), das dabei aber doch als physiologisch-adäquat anzusehen ist. Gleichfalls ist eine solche Diät dabei fettarm und gestattet Fettzusätze nach Lage der Dinge.

Diätschema nach Brugsch.

	2. Tag g	3. Tag g	4. Tag g	5. Tag g	6. Tag g	7. Tag g	8. Tag g
Kuhmilch	—	200	300	400	500	500	500
Mandelmilch	—	250	250	250	250	250	500
Kartoffeln (als Brei)	—	—	2×50	2×50	2×50	2×100	2×100
Reisbrei	—	—	—	50	50	100	200
Zucker	—	—	—	10	15	20	40

	9. Tag g	10. Tag g	11. Tag g	12. Tag g	13. Tag g	14. Tag g
Kuhmilch	500	500	500	500	500	500
Mandelmilch	500	500	750	750	1000	1000
Kartoffeln (als Brei)	2×100	2×200	2×200	2×200	2×200	2×200
Reisbrei	200	200	200	200	200	200
Zucker	40	40	50	50	50	50

Die Breizulagen können nach Lage des Falles erhöht werden. Fettzulagen (Butter) sind erlaubt, sobald Schmerzen und (latente) Blutungen geschwunden sind; von der dritten Woche an kann der Kartoffelbrei durch Fleischbreie (Kalbshirn, Kalbfleisch, Huhn) ersetzt werden; von der vierten Woche (unter Abstreichung der vegetabilischen Milch) Gemüsebreie. Man kann vom Beginn der zweiten Woche ab die diätetische Ulkuskur durch Verabreichung von $^1/_4$ Liter

Karlsbader Mühlbrunnen mit Zusatz von 5—10 g Karlsbader Salz, 50° C heiß morgens und abends getrunken, während der Patient heiße Breiumschläge auf die Magengegend appliziert bekommt, unterstützen oder kann im Sinne von Mintz-Fleiner Bismuthum carbonicum in wässeriger Suspension verabreichen.

Wägt man die Erfolge der Kuren nach dem Schema Leube-Pentzold einerseits und Lenhartz andererseits gegeneinander ab, so läßt sich zwar nicht eine erheblichere Zunahme von Prozenten sog. „Heilung“ etwa zugunsten der Lenhartzschen Kur feststellen, wohl aber hebt die Lenhartzsche Kur entschieden eher den Ernährungszustand des Kranken. Das Verdienst von Lenhartz liegt hauptsächlich in dieser Abkürzung der Unterernährung, indem Lenhartz uns gewissermaßen die Furcht vor der Blutung genommen hat. Sonst aber hat auch die Lenhartz-Diät unseres Erachtens keinen Vorteil vor der älteren Leube-Ziemssenschen Kur und ähnlichen Nachläufern. Nach dem Stande unserer heutigen Kenntnisse können wir aber die Prinzipien Lenhartz' der baldigen Durchführung einer Ernährung auch beim blutenden Ulkuskranken mit der Durchführung einer von uns skizzierten Kur verbinden, die fast das ganze animalische Eiweiß eliminiert und darum sehr wenig safttreibend wirkt. Es soll nicht die Aufgabe der Diät sein, Salzsäure zu binden. Dieses Ziel kann nur auf medikamentösem Wege gelöst werden. Die Durchführung einer Kur in unserem Sinne führt fraglos zu einem schnelleren Verschwinden der Ulkusbeschwerden (Schmerzen) als bei der Lenhartz-Kur und kommt damit therapeutisch dem Erfolge einer Hauptkur gleich, wie diese früher in den ersten Wochen von Leube-Ziemssen oftmals durchgeführt wurde. Aber sie hat den Vorzug, den Patienten nicht so stark zu schwächen. Darum können wir einer solchen Kur nur das Wort reden.

Wenige Worte sind noch über das chronische, mit Schmerzen und Magenbeschwerden einhergehende Ulkus diätetisch zu sagen. Dauernde Ulkusbeschwerden, Schmerzen auch ohne (latente und manifeste) Blutungen erfordern eine diätetische Einstellung im Sinne einer breiig-weichen Diät, in der die Vermeidung aller groben, schwer verdaulichen Bestandteile, z. B. Vermeidung von Brot, zähem Fleisch, groben Gemüse, Einschränkung von Eiweiß eine Rolle spielt. Die Durchführung einer solchen Diät wird stets notwendig, sobald das Ulkus wieder Schmerzen macht, was monatelang und aber Monate hindurch gehen kann. Sind die Schmerzen gar zu stark, gewissermaßen exazerbiert, so ist die Durchführung einer Ulkuskur mit Bettruhe und Karlsbader Mühlbrunnen, wie oben skizziert, am Platze, sind die Schmerzen geringer, so führe man nur eine breiig-weiche Diätform bei den Kranken durch, mit möglichster körperlicher Schonung der Kranken. Zur Aufrechterhaltung eines leidlichen Kräftezustandes ist auf die Dauer auf die Zufuhr von Fleisch, Milch, Eiern nicht zu verzichten, da eine solche Diät oft monatelang fortgeführt werden muß.

Diätbeispiel für Ulc. ventriculi chronicum.

Morgens im Bett: Brei aus { 40 g Mehl, 30 g Butter, 20 g Zucker, 200 g Milch } 20 Minuten zu kochen.

1 Stde. später:	Thee, eingeweichter Zwieback.
11 Uhr:	$^1/_4$ Liter Milch, 1 weiches Ei.
Mittags:	Kartoffelbrei, zartes Fleisch: Huhn, Taube, Wild, gekochter Flußfisch. Gemüsebrei. Reisbrei.
Nachmittags:	Thee, eingeweichter Zwieback.
7 Uhr:	1 Glas Milch, 1 weiches Ei.
Abends:	1 Brei wie morgens, im Bett zu nehmen.

Magenkrebs.

Es ist nicht ohne weiteres möglich, ein diätetisches Schema für die Ernährung der Magenkrebskranken zu geben. Das liegt zum Teil an gewissen subjektiven Momenten: Inappetenz der Kranken gegenüber manchen Speisen, z. B, gegenüber dem Fleisch, denen man von Fall zu Fall Rechnung tragen muß; zum Teil liegt das auch an den mannigfaltigen verschiedenen Störungen, die das Magenkarzinom — es darf sich ja nur um das inoperable Magenkarzinom handeln, das operable gehört dem Messer des Chirurgen — inbezug auf Motilität und Sekretion des Magens setzt. Zwei Störungen kommen im wesentlichen in Betracht: Erstens Versiegen der Salzsäure-Pepsinsekretion, ferner Stagnation des Mageninhaltes mit bald nachfolgender fauliger Zersetzung bzw. Gärung. Ist Stagnation des Mageninhaltes vorhanden — Magenspülungen wirken zunächst noch unterstützend, später sind sie auch erfolglos —, so gebe man eine breiig-weiche Diät, wobei man bei noch vorhandener Salzsäure Fleisch bzw. Milcheiweiß neben Schleimsuppen und Mehlspeisen verabreichen kann. Gemüse sind nur dann erlaubt, wenn sie durchs Sieb geschlagen werden können. Milch kann man nur verabreichen, wenn sie dem Kranken bekömmlich ist; eventuell kommen hier Ersatzpräparate in Frage: Gärtnermilch, Milchkonserven, Nestles Kindermehl usw. Auch mit Kefir kann man unter Umständen einen vorsichtigen Versuch machen. Ist neben der Stagnation die Salzsäuresekretion erloschen, so wird die Ernährung bereits schwieriger; die Fleisch- und Eiweißzufuhr, die nur in feinster Form geschehen darf, wird man nach Möglichkeit immer noch auf ein gewisses Maß zu bringen suchen; im übrigen wird man auch Zerealien in feinstvermahlener Form, sei es als Schleimsuppen oder als Breie immer noch zuführen müssen, auch wenn eine Gärung des Mageninhaltes besteht, die man durch medikamentöse Mittel (Resorzin, Salzsäure per os, sofern die Magenspülung aussichtslos), einzuschränken wird versuchen müssen. Hier ist vor der Milch mit dem leicht vergärbaren Milchzucker eher zu warnen.

Leichter zu behandeln sind die Fälle von Magenkarzinom, die selbst bei fehlender Salzsäuresekretion noch eine gute Motilität aufweisen. Hier führe man die Diät ruhig mit größeren Eiweißmengen, sei es in Form von Fleischgelees, Fleischsäften, Fleischbreien oder mit Hilfe von Eiern, Eiweißpräparaten usw. durch; bezüglich der Kohlenhydrate und Fette verhalte man sich wie bei der Achylia gastrica.

Der Magen der Magenkarzinomkranken ist höchst launisch, und diesen Launen muß man nachgeben. Alkohol, Limonaden usw. a priori zu verbieten ist ebenfalls nicht nötig, ja die Alkoholika sind bis zu einem gewissen Grade der Psyche der Kranken wegen und wegen der die Saftsekretion anregenden Wirkung brauchbar. Auch in desolaten Fällen mit stärkerer Stagnation des Mageninhaltes kann eine Gastroenterostomie noch Gutes leisten.

Magenneurosen.

Zu diesen zählen wir die Sensibilitätsneurosen, die Sekretionsneurosen und die Motilitätsneurosen. Beginnen wir mit den letzteren, so ist unter diesen als besonders wichtig und diätetisch besonders beachtenswert der Vomitus nervosus, das **nervöse Erbrechen** anzusehen; es schließt als solches jede organische Erkrankung des Magens aus und kann in letzter Linie zerebral bzw. spinal bedingt sein; ferner gehört dazu das Erbrechen Hysterischer und der Neurastheniker und schließlich das reflektorische Erbrechen, ausgelöst von bestimmten Organen (z. B. vom Uterus bei Schwangeren). Die diätetische Einstellung erfordert zu Zeiten der Brechkrisen oft vollkommene Ausschaltung jeder Nahrungszufuhr per os, mit Ernährungsversuch durch Nährklysmen. Sobald das Erbrechen nachläßt, beginnt man vorsichtig mit kleinen Mengen der Nahrungszufuhr, wobei man sich ganz praktisch auch an das Diätschema des Ulkuskranken halten kann. Das Wesentlichste bleibt, daß man dem Magen zu Anfang nur kleine Mengen anbietet, dafür aber lieber öfters, z. B.:

Morgens 8 Uhr: 1/2 Tasse Milch.
10 Uhr: 1 Zwieback mit Butter bestrichen.
12 Uhr: Feingeschabtes Rindfleisch mit Butter und (ungesüßtem) Zwieback oder Toastbrot.
2 Uhr: Haferschleimsuppe.
Apfelmus.
4 Uhr: 1/2 Tasse Tee und Milch.
6 Uhr: Zwieback mit Butter.
8 Uhr: 1/2 Tasse Milch.

Wo starkes Durstgefühl besteht, wird man Wasserklistiere anwenden oder per os eisgekühlte Kompotte, Frucht-Himbeereis, eisgekühlte Milch mit Selterswasser geben usw.

Bei dem Erbrechen der Schwangeren versuche man — da es gewöhnlich des Morgens aufzutreten pflegt — das Frühstück im Bett einnehmen zu lassen, oder überhaupt die Hauptmahlzeit auf den Abend zu verlegen; auch die häufige Aufnahme kleiner Nahrungsmengen leistet hier gute Dienste. In schwereren Fällen vorsichtige Ernährung wie beim Ulcus ventriculi in den ersten Tagen. Auf die übrigen therapeutischen Maßnahmen (Magenspülungen mit kaltem Wasser, medikamentöse Therapie) kann hier nicht eingegangen werden; nur eines sei noch hervorgehoben, daß man gerade bei Hysterischen häufig trotz vielfachen Erbrechens keine Gewichtsabnahme der Kranken beobachtet, was eventuell uns sogar veranlassen muß, aus rein suggestiven Gründen dem Erbrechen der Hysterischen diätetisch wenig Bedeutung beizulegen.

Unter den Sensibilitätsneurosen des Magens werden wir die Hyperästhesie der Magenschleimhaut ebenso wie die Gastralgie diätetisch individuell bzw. rein medikamentös behandeln müssen, während die Bulimie in erster Linie diätetisch durch Verabreichung geringer Mengen fester oder flüssiger Diät und zwar alle Stunden oder zwei Stunden behandelt werden muß. In zweiter Linie kommt dann die Verabreichung der Nervina (Brom, Valeriana usw.) in Frage. Bei manchen Patienten treten in milderer Form Heißhungergefühle zwischen den Mahlzeiten auf, deren Befriedigung durch das Essen geringer Mengen von Fleischpastillen (Brand) oder Beefkakes (Strochein) zu erreichen ist.

Schwieriger ist die Bekämpfung des entgegengesetzten Zustandes, der Anorexia nervosa, d. h. der nervösen Appetitlosigkeit. Die Frauen, namentlich junge Mädchen besser situierter Stände mit und ohne Chlorose stellen hier das größte Kontingent, daneben findet sie sich auch bei Männern, die dem Abusus des Rauchens, des Morphiums usw. unterlegen sind, besonders dann, wenn die konstitutionelle Minderwertigkeit des Organismus von Haus aus da war.

Ganz besonders wichtig wird uns die nervöse Anorexie als ein Begleitsystem oder besser Frühsymptom der Lungentuberkulose. Die Ernährung hat in Fällen von Anorexie zunächst mit kleinen Nahrungsmengen, ähnlich wie beim nervösen Erbrechen, alle 2 Stunden gereicht, zu beginnen, wobei man zweckmäßig die den Magen zur Sekretion reizenden Nahrungsmittel: Bouillon, Fleischextrakt, Beefsteak, Fleischsolution, kleine Mengen Alkohol zusammen mit Ei, Sardellen, Anchovis, Kaviar, Austern, überhaupt leichtere Delikatessen in den Vordergrund rückt. Allmählich steigt man mit der Nahrungszufuhr quantitativ, und um die Nahrung besonders kalorisch wichtig zu gestalten, empfiehlt sich die Zulage größerer Mengen guter Teebutter. Sahne, sonst ja sehr erwünscht, vermindert in diesen Fällen meist stark den Appetit und liegt auch den Kranken lange im Magen. Man trachte nach einiger Zeit der Diätkur — die man zunächst unter Einhaltung der Bettruhe durchführt — eine Mastkur durchzusetzen, wenn nicht anders sogar unter Zuhilfenahme der Schlundsonde, wobei man dann ein- oder zweimal am Tage größere Mengen der Nahrung (s. S. 240) einführt. In ganz desolaten Fällen bleibt überhaupt die Schlundsonde der letzte Rettungsanker; Fleiner rät in diesen Fällen, vor der künstlichen Ernährung zur Vergrößerung des Rauminhaltes des Magens wiederholt Wasser in den Magen ein- und ausfließen zu lassen und danach Hafergrütze mit

Milch zu verabfolgen (in Mengen von 200—300 ccm, später steigend auf 500—800 ccm); eine Liegekur ist dabei durch 2—3 Wochen durchzuhalten. Leider kommt man aber auch damit in seltenen Fällen nicht zum Ziel; nach unserer Erfahrung sind das dann in psychischer Beziehung schwer hereditär belastete Individuen, deren Körper zugleich das Stigma der konstitutionellen Minderwertigkeit tragen.

Zu den Magenneurosen gehören weiter die nervösen Sekretionsstörungen, unter denen die nervöse Dyspepsie die am meisten im Vordergrunde und diätetisch wichtigste ist. Das Wesen dieser nervösen Störung wird durch die Erklärung Leubes am besten verständlich gemacht:

„Der Verdauungsvorgang ruft auch beim gesunden Menschen Erregung des Nervensystems hervor; Eingenommenheit des Kopfes, Müdigkeit, allgemeines Unbehagen, das Gefühl des Vollseins sind mehr oder weniger bei jedem Menschen vorhanden. Treten diese unangenehmen, den Verdauungsakt physiologischerweise begleitenden nervösen Erscheinungen in ungewohnter Intensität auf und gesellen sich bei normaler Digestion neue, ebenfalls auf das Nervensystem zu beziehende Symptome hinzu, so entwickelt sich die ‚nervöse Dyspepsie'." Es handelt sich bei dieser nervösen Dyspepsie meist um ein launenhaftes, wechselndes Verhalten des Magens, vor allem der Magensekretion gegenüber manchen Speisen bzw. überhaupt gegenüber der Nahrungsaufnahme, wobei man die Leistungsfähigkeit des Magens in Abhängigkeit von dem labilen Zustand des Nervensystems findet. Ist daher die Bekämpfung der nervösen Dyspepsie gewöhnlich auch in erster Linie an allgemeine, das Nervensystem beeinflussende Maßnahmen (Hydrotherapie usw.) geknüpft, so tritt doch auch hier die Ernährungsfrage in Vordergrund, insofern nämlich durch Aufbesserung des allgemeinen Kräftezustandes sich auch die Überempfindlichkeit des Magens bessert. Bei sehr heruntergekommenen Patienten versuche man daher eine Überernährungs-Ruhekur durchzuführen, wobei man u. a. auf eine Ernährung durch die Schlundsonde nicht wird verzichten können. Man führt etwa zweimal am Tage Milch, Eier, Fleischsolutionen durch die Schlundsonde ein (vgl. S. 240), wobei nur die Frage des Erbrechens wichtig wird. Um letzteres zu vermeiden, lasse man, wie gesagt, eine Liegekur mit warmen Breiumschlägen nach der Sondenernährung durchführen. Mag die Patienten zunächst der Druck nach der Einführung der Nahrung stören, allmählich (8 bis 10 Tage) gewöhnen sie sich daran und schließlich gelingt die Nahrungsaufnahme per os, die man später zu einer Überernährungskur (unter Wahrung der Bettruhe, Massage usw.) ausgestaltet (vgl. S. 114).

Schließlich seien noch einige Worte über die

Lage und Formveränderungen des Magens

in diätetischer Beziehung angeführt. Die Gastroptose, die als „Langmagen" eine Teilerscheinung einer Asthenia universalis, d. h. des Stillerschen Habitus darstellt, pflegt gerade bei Mädchen nach der Pubertätszeit ebenso wie ohne diesen Habitus bei Frauen, die durch häufige und kurz hintereinander folgende Partus stark geschwächt und bei denen sich durch die Schlaffheit der Bauchdecke und intraabdominalen Bänder eine allgemeine Enteroptose ausgebildet hat, zeitweise intensive Beschwerden nach der Nahrungsaufnahme zu verursachen, darin bestehend, daß jede größere Nahrungsmenge Magendruck, eventuell Magenschmerz mehr oder minder diffuser oder lokalisierter Art verursacht. Erfahrungsgemäß wird die Gastroptose durch eine Mast-Liegekur mit häufigen und kleinen Mahlzeiten sehr günstig beeinflußt, man überzeuge sich nur davon, daß keine Anomalien der Sekretion oder Motilität des Magens bestehen; auch bei dem Sanduhrmagen, der häufig gleiche Symptome verursacht, versuche man, sofern keine deutlicheren Stenosenerscheinungen da sind, eine gleiche Liege-Mastkur. (Über die Prinzipien der letzteren s. S. 114.) Bei ausgesprochenen Stenosenerscheinungen halte man sich an die bei motorischer Insuffizienz dargelegten Prinzipien.

Darmerkrankungen.

Die Voraussetzungen der zweckgemäßen Diätetik der Darmerkrankungen ist die richtige Diagnostik dieser Zustände. Diese Diagnostik gründet sich in erster Linie auf den Verlauf der Erkrankung, dann auf den Lokalbefund. So zeichnen sich z. B. Katarrhe des Dünndarms durch Druckempfindlichkeit in der vorderen und unteren Bauchgegend aus, solche des Dickdarms durch Empfindlichkeit in der seitlichen Bauchgegend. Die Typhlitis und Appendizitis lokalisiert sich in der rechten Darmbeinschaufelgegend, sich hier durch Druckschmerz, Geschwulst, Auftreibung usw. manifestierend, die Sigmoiditis lokalisiert sich auf die linke Darmbeinschaufelgegend, wo man einen walzenförmigen runden Tumor tastet usw.

Nächstdem kommt die Untersuchung des Stuhles in Frage. Hier achte man zunächst auf das Aussehen, seine Konsistenz, Farbe, auf die makroskopische Beimengung von Schleim, Eiter, Blut, Bandwurmgliedern und anderen Parasiten, dann auf die Reaktion des Stuhles (besonders bei dünnen Stühlen, wo die alkalische Reaktion durch Eiweißfäulnis, die saure Reaktion durch Kohlenhydratgärung bedingt wird). Nunmehr erfolgt die mikroskopische Untersuchung, wobei man auf Nahrungsreste, Bindegewebe, Muskelfasern, Fetttropfen, Fettsäurenadeln und Seifen, Stärkekörner achtet, auf die Reste der pflanzlichen Zellulosehüllen (die allerdings keinen pathologischen Befund darstellen), dann auf pathologischen Beimengungen von Schleim, Epithelien, Leukozyten, auf Parasiteneier usw. Schließlich kommt als sehr wichtig in Frage der chemische Nachweis von Blut. Mit diesen Dingen kommt man in der Praxis aus; als speziellere chemische Untersuchung kommt noch der Nachweis von Trypsin im Stuhl in Frage und bei Resorptionsstörungen der quantitative Ausnutzungsversuch.

Zeigt sich im Stuhl mikroskopisch reichlich Bindegewebe, Muskelfasern, Fett (Tropfen und Nadeln) und Stärkekörner, so empfiehlt sich dringend die nochmalige Untersuchung nach Verabreichung einer Probekost nach Schmidt-Straßburger:

Morgens 0,5 l Milch, oder, falls Milch schlecht vertragen wird, 0,5 l Kakao aus 200 g Kakaopulver, 10 g Zucker, 400 g Wasser und 100 g Milch; dazu 50 g Zwieback.

Vormittags 0,5 l Haferschleim (aus 40 g Hafergrütze, 10 g Butter, 200 g Milch, 300 g Wasser, 1 Ei bereitet und durchgeseiht).

Mittags 125 g gehacktes Rindfleisch (Rohgewicht) mit 20 g Butter leicht gebraten, so daß es inwendig noch roh bleibt. Dazu 250 g Kartoffelbrei (aus 190 g gemahlenen Kartoffeln, 100 g Milch und 10 g Butter).

Nachmittags wie morgens.

Abends wie vormittags.

Diese Probekost enthält 120 g Eiweiß, 111 g Fett, 191 g Kohlenhydrate und entspricht 2234 Rohkalorien.

Man läßt diese Kost drei Tage durchführen und untersucht die Fäzes des letzten Tages.

Akute Darmkatarrhe.

Sie schließen sich oft an die akute Dyspepsie an, kommen indessen auch häufig primär ohne eine vorherige Erkrankung des Magens vor. Im letzteren Falle pflegt allerdings bald auch der Appetit notzuleiden, besonders bei vorhandenen Dünndarmkatarrhen.

Man muß unterscheiden zwischen Dünn- und Dickdarmkatarrhen; bei ersteren kann der Durchfall fehlen und das einzige objektive Zeichen kann sich in Kolik, Meteorismus der Därme und Druckempfindlichkeit der Därme kundgeben; bei Dickdarmkatarrhen steht der Durchfall, der meist von kotiger Beschaffenheit ist und häufig mit Schleim, ja Eiter bedeckt ist, im Vordergrund. Durchfälle bei Dünndarmkatarrhen haben meist eine gelbgrüne, flockige Beschaffenheit; auch sedimentieren sie häufig im Nachtgeschirr. Der Schleim ist innig gemischt mit dem Kote, nicht selten gallig tingiert.

Im allgemeinen wird man die Behandlung, die hauptsächlich diätetisch sein soll, mit einem Abführmittel beginnen. (Kalomel oder Rhizinusöl, sofern der Kräftezustand es erlaubt; daher bei alten Leuten Vorsicht; ja hier sind mitunter sogar herzanregende Mittel [Sekt, Kaffee] am Platze). Ferner verordne man warme Umschläge auf den Leib.

Zunächst beschränke man sich diätetisch auf Abkochungen von Sago, Arowroot, Salep und richte sich nunmehr nach der Beschaffenheit der Stühle. Sind diese hellgelb, stechend riechend, indem die Schaumbildung eine reichliche Nachgärung anzeigt und dadurch eine Intoleranz gegen Kohlenhydrate sich manifestiert, so ist die Vermeidung reiner Kohlenhydrate, der Milch, deren Milchzucker leicht vergärt, der Vegetabilien am Platze und eine Ernährung mit Eiweiß in leicht verdaulicher Form (Fleischsäfte, Fleischgelees, geschabtes rohes Fleisch) vorzuziehen. Besonders beliebt ist (neben dem adstringierend wirkenden rohen Fleisch) die Hammelbouillon. Zu gestatten sind ferner Suppen oder Breie aus Hafermehlen, Reis, Grieß, Grütze usw.

Wenn die Durchfälle stinkend braun sind — Eiweißfäulnis —, so ist das Fleisch bzw. das Eiweiß möglichst einzuschränken und dafür sind Kohlenhydrate in reichlicherer Menge, u. a. selbst die Milch (abgekocht) oder Milchpräparate (Gärtnersche Milch, Milchkonserven), ja selbst Kefir zu gestatten.

Treten Zeichen von Kräfteverfall ein, so verabsäume man nicht, frühzeitig Alkoholika zu verabreichen (Portwein, Malaga, Champagner, Sherry); auch der Glühwein ist (ohne Zimt!) empfehlenswert. Wasser lasse man nur abgekocht mit Zusätzen von Rum oder Kognak verabreichen.

Ganz besondere Vorsicht übe man bei dem Übergang zur vollen Ernährung, da sehr häufig Rezidive auftreten; es gelten da dieselben Prinzipien, wie sie bei der Besprechung der akuten Dyspepsie angeführt sind.

Die chronischen Darmkatarrhe.

Zu deren diätetischer Behandlung ist die richtige Diagnostik erforderlich, die nur möglich ist durch gewissenhafte und peinliche, oft wiederholte Stuhluntersuchung.

Zweckmäßig ist diese nach Verabreichung der Schmidtschen Probekost:

Morgens: $^1/_2$ l Milch oder Tee oder Kakao, mit Milch oder Wasser gekocht, dazu 1 Semmel mit Butter und 1 weiches Ei.

Frühstück: 1 Teller Haferschleimsuppe, mit Milch gekocht, durchgeseiht (Salz- oder Zuckerzusatz erlaubt); eventuell kann auch Mehlsuppe oder Porridge gereicht werden.

Mittags: $^1/_2$ Pfund gut gehacktes mageres Rindfleisch, mit Butter leicht überbraten (inwendig roh!), dazu eine nicht zu kleine Portion Kartoffelbrei (durchgesiebt).

Nachmittags: wie morgens, aber kein Ei.

Abends: $^1/_2$ l Milch oder einen Teller Suppe (wie zum Frühstück). Dazu 1 Semmel mit Butter und 1 bis 2 weiche Eier (oder Rührei). Eventuell ist noch etwas Rotwein, dünner Kaffee zur Milch, Bouillon und etwas gewiegter kalter Kalbsbraten gestattet.

Man läßt diese Kost 2—3 Tage durchführen und benutzt die Fäzes des letzten Tages zur Untersuchung.

Bei Verdacht auf Pankreaserkrankungen verordnet Schmidt Zulagen, insbesondere 50 g feingeschnittenen Schinken oder 50 g Butter bzw. beides.

Bei der Untersuchung des Stuhles ist auf Aussehen, Konsistenz, Geruch, den makroskopischen und mikroskopischen Gehalt von Nahrungsschlacken (Bindegewebe und Sehnen, Fettreste, Milchreste, Zellulosereste, Kartoffelreste), ferner auf Schleim, Eiter und Blut zu achten und ein eventueller Gehalt an sonstigen pathologischen Bestandteilen zu berücksichtigen.

a) Gastrogene Diarrhöen.

Die Diagnose gründet sich auf den Nachweis eines Magenleidens (Achylia gastrica, subazider Gastritis usw.), ferner auf den Gehalt des

Stuhles an Bindegewebe und reichlicheren, schlecht verdauten Muskelzellen. Schleim fakultativ.

Schmidt geht bei der Behandlung von der Probekost aus, die meist gut vertragen wird und verordnet unter Kontrolle des Stuhles Zulagen. Wesentlich ist diätetisch die Herabsetzung der Fleischrationen (rohes oder halbrohes Fleisch ist ganz zu verbieten); das Fleischeiweiß ist durch Milch oder Milcheiweiß zu ersetzen. Mehlspeisen (Makkaroni, Nudeln, bis gröbere Mehlspeisen) wirken oft Wunder. In schweren Fällen ist wenigstens für einige Tage die Rosenfeldsche Diät mit 100 g Reis (mit Wasser oder Bouillon gekocht, 200 g Schokolade (mit Wasser gekocht und 300 g Zwieback (im ganzen 2160 Kalorien) am Platze.

b) Intestinale Gärungsdyspepsie.

Diese tritt meist mit scheinbaren Durchfällen, in Wahrheit mit dünn- bis dickbreiigen Stühlen, die oft mit leichtem Tenesmus und mehrmals am Tage abgesetzt werden, auf. Die Stühle sind hell, sauer und stechend riechend. Es besteht Kollern, Rumoren im Leibe, Flatulenz mit und ohne Stuhl. Manchmal werden die Stühle gleichzeitig mit großen Gasmengen abgesetzt („Soufflets“ der Franzosen). Im Stuhl beweisend die reichlichen Kohlenhydratreste und viele granulosehaltige Mikroben.

Diätetisch ist für einige Zeit die Durchführung einer strengen Eiweißfettdiät am Platze auch unter Ausschaltung der grünen Gemüse. Sehr zweckmäßig ist der Gebrauch von Gelatinespeisen. Statt Milch wird mit Wasser verdünnte Sahne gereicht. Zur Not sind reiner Zucker in kleinster Menge zulässig, doch wird gerade der Milchzucker schlecht vertragen.

Schmidt gibt folgenden Speizezettel:

Morgens: Tee oder koffeinfreier Kaffee mit Sahne oder etwas Milch, 2 weiche Eier, 2 Stück Zucker oder 2 Teelöffel Fruchtgelee (ohne Kern und Schalen),

Zweites Frühstück: Bouillon mit Ei, feingeschabter Schinken.

Mittags: Klare Bouillon, Fisch mit Butter, Beefsteak von Filet ohne Zutaten.

Nachmittags: wie zum ersten Frühstück, aber ohne Eier.

Abends: Kaltes Geflügel, unpaniertes Kalbssteak, Schnitzel mit Butter, Schaumomelette ohne Mehl mit etwas Zucker oder Fruchtgelee. Tee oder Wein.

Nach unseren Erfahrungen kann man ganz gut morgens und abends einige Scheiben des sog. Diabetiker-Luftbrodes mit Butter bestrichen geben. Als Getränke eignet sich auch etwas Mandelmilch, als Speisen Weingelatinespeisen. Hat sich der Stuhl geformt, ist die Reaktion alkalisch, kann man (bis zur Grenze der Verträglichkeit) Zulagen von kohlenhydrathaltigen Nahrungsmitteln machen, deren Verträglichkeit Schmidt in absteigender Ordnung folgendermaßen rangiert: Zucker, feinste Weizenmehle, feinstes Maismehl (Mondamin, Maizena), Reismehl, Arrowroot, Grieß, Zwieback bzw. Toast, Sago, Nudeln, Reis,

Weißbrot. Die Kartoffeln wie die Hülsenfrüchte sind besonders geeignet die Gärungsdyspepsie zu unterhalten. Gröbere Gemüse sind zu vermeiden, dagegen zarte (gut aufgeschlossene und purierte) Gemüse, eventuell (je nach Verträglichkeit) erlaubt: Karotten, Blumenkohl, grüne Erbsen; auch Kompotte, mit Vorsicht und puriert (Äpfel, Pflaumen, Pfirsich). Verboten sind vor allem kleiehaltiges Brot (sog. Kriegsbrot!), rohe Gemüse und rohes Obst, besonders mit Schalen.

Die nervöse Dyspepsie des Darmes, ebenso wie die Diarrhöen bei Morbus Basedow sind weit weniger einer speziellen Diätetik als einer (auf das ganze Nervensystem) gerichteten Therapie zugänglich. Man wird im übrigen zweckmäßig von einer Diät im Sinne der Schmidtschen Probekost Gebrauch machen können, zu der Zulagen und Abstriche möglich sind unter jeweiliger Ausprobung des Grades der Verträglichkeit. Im übrigen ist gerade bei der nervösen Dyspepsie eine grobe, den Darm stärker belastende Diät (fleisch-fetthaltige!) von wunderbarer Wirkung.

c) Chronische Enterokolitis.

Eine richtige diätetische Einstellung ist nur unter Berücksichtigung der Stuhluntersuchung möglich. Bei Neigung zur Vergärung ist die Diätbehandlung mehr im Sinne einer Gärungsdyspepsie, bei reichlichem Gehalt der Fäzes an Bindegewebe und schlecht verdauten Muskelelementen im Sinne einer gastrogenen Diarrhoe durchzuführen. Wo viel Schleim produziert wird, kommt gleichzeitig die Anwendung einer (vorsichtigen!) Brunnenkur in Frage und ist die Diät nach Möglichkeit breiig oder weich zu gestalten. Feste Nahrungsmittel läßt man am besten fletschern, d. h. so lange im Munde zerkauen, bis sie total flüssig sind. Das Fletschern hat hier (wie übrigens auch bei Magenerkrankungen) eine Berechtigung.

Allgemeine Regeln: Verbot von zellulosereichen Gemüsen, Salaten, Früchten, rohen Gemüsen, Kohl, Rüben, Leguminosen, Brot, zähem Fleisch, kalten Getränken.

Erlaubt: Breiige Diätform unter Anpassung der Diät an die Störung im oben ausgeführten Sinne. Weißer Käse, Gelatinespeisen, Reiswasser, manche Nährpräparate (Hygiama, Nestlesches Kindermehl, Theinhardt, Plasmon usw.).

Sind die Durchfälle geschwunden, so ist der Versuch mit Kuhmilch, eventuell im Beginne auch mit vegetabilischer Milch gestattet. Sahne, Butter, mageres (von Sehnen und Bindegewebe befreites) Fleisch, Fleischsäfte, Eierspeisen, Mehlbreie, Reisbreie, Gemüsebreie (Artischockenböden, Karotten, Blumenkohl, Maronen usw.).

Von Kompotten: Heidelbeerkompotte oder -gelees.

Von Getränken sind erlaubt: Heidelbeerwein, Rotwein, Tee.

Gewürze sind ganz zu vermeiden.

Brunnenkuren kommen erst nach Verschwinden der Durchfälle in Frage.

Betonen möchten wir noch, daß man beizeiten darauf Bedacht nehmen soll, daß der Kranke reichlich genug ernährt wird, daß er also die notwendige Zahl von Kalorien zugeführt bekommt, da mit der Hebung der allgemeinen Kräfte sich auch die Widerstandskraft des Darmes hebt. Ist im Anfang wegen der Heftigkeit der Durchfälle die Ernährung noch unzureichend, so führe man rigoros eine Liegekur durch, wobei man meist ohne medikamentöse Therapie nicht auskommt. Opiate vermeide man nach Möglichkeit ganz und verwende vorzugsweise die Adstringentien (Tannin und seine Präparate), bei Dickdarmkatarrhen auch durch Einläufe; ferner das Kalkwasser wegen seiner syptischen Eigenschaften. Das Hauptgewicht lege man therapeutisch aber stets auf die richtige diätetische Einstellung.

Über Colitis mucosa vgl. weiter unten unter Obstipation.

Obstipation.

Während die **akute Obstipation** in den meisten Fällen keine eigentliche diätetische Einstellung erfordert, sondern durch Einlauf oder medikamentös zu beseitigen ist, es sei denn, daß die akute Obstipation bei bestehender Darmstenose ein alarmierendes Symptom darstellt, das zu einer diätetischen Einstellung der Darmstenose zwingt, ist die **chronische Obstipation** — ein Leiden, mit dem viele Menschen hereditär belastet sind, das auch oft die Folge der Vernachlässigung des Stuhlganges oder die Folge schlaffer Bauchdecken usw. darstellt — der Diätetik zugänglich. Im Gegensatz zur akuten Obstipation ist sie in erster Linie diätetisch zu bekämpfen; oft kommt man damit allerdings nicht aus und erst in letzter Linie, wenn Öleinläufe, Massage usw. nichts mehr gefruchtet haben, muß man sich zur Zuhilfenahme der Laxantien, und hier auch nur der ganz milden (Feigensirup, Cascara usw.) entschließen.

Man muß bei der Obstipation genauest die zugrunde liegende Ursache zu ergründen suchen. Handelt es sich beispielsweise um einen Dickdarmkatarrh, in dem Diarrhöen und Obstipation die Szene beherrschen, so verschwindet die Obstipation, wenn der Dickdarmkatarrh behoben ist.

Die meisten Fälle von Dickdarmkatarrh sind sog. atonische, d. h. der Dickdarm hat seinen Tonus verloren; doch gibt es auch Fälle (z. B. bei Frauen), wo der Reflexvorgang gestört ist. Man findet dann gewöhnlich die Ampulle des Rektums mit großen Kotmassen gefüllt. Die sog. spastische Obstipation ist wohl nur eine Teilerscheinung einer Colitis mucosa, welche letztere mehr eine Lokalerkrankung des Dickdarms (nach Ruhr, bei Syphilis usw.) darstellt. Es fällt daher deren diätetische Behandlung unter die Gesichtspunkte der Behandlung der Colitis mucosa. Der Kot bei der gewöhnlichen Form der Verstopfung zeigt die entsprechende Konfiguration der Dickdarmhaustren (Schafkot), oft von Schleim überzogen, während bei der Colitis mucosa mit Obstipation eine bleistiftdünne Kotsäule teilweise auch nur reine Schleimabgüsse des unteren Kolons produziert werden. Man kann auch durch die Palpation des Dickdarms weiter kommen: dort haben wir den schwappenden mit Kybala gefüllten Dickdarm, hier tastet man das eng zusammengezogene Dickdarmrohr besonders in der linken Flanke; es läßt sich der Dickdarm dann auch bis zum S. romanum als spastisch kontrahiertes, walzenförmiges Rohr abtasten. Bei Frauen mit schlaffen Bauchdecken ist oft das Fehlen der Bauchdecken eine Ursache der Obstipation, die verhärteten Kybala im Rektum (eine Digitaluntersuchung des Mastdarms ist notwendig!) müssen natürlich durch Wassereinläufe (warm + Seife) weggeräumt werden.

Diätetisch muß man eine allgemeine Regel inbezug auf die habituelle Obstipation voranschicken, erstens, daß kalte, namentlich auf nüchternen Magen genossene Getränke die Peristaltik anregen (daher die abführende Wirkung von einem Glas kalten Wassers, morgens früh genossen); ferner, daß eine schlackenreiche (zellulosereiche) Kost, rein mechanisch und dadurch, daß sich aus der Zellulose im Darm organische Säuren und Gase bilden, die Peristaltik anregt. Im gleichen Sinne wirken Fruchtsäfte, Salate, Obst, saure Milch, überhaupt organische Säuren. Nahrungsmittel und Genußmittel, die adstringierend wirken, müssen prinzipiell gemieden werden; daher zu verbieten Tee, Rotwein, Heidelbeeren, Preißelbeeren, Kakao und Kakao enthaltende Präparate.

Da wir es nun bei der Obstipation mit einem wenig reizbaren Darm zu tun haben, so wird man alle die Nahrungsmittel bevorzugen, die erstens mechanisch den Darm reizen, zweitens viel Fruchtsäuren enthalten (Obst, Salate, Limonaden) bzw. Fruchtsäuren entwickeln (also die zellulosehaltigen Nahrungsmittel).

Man wird also bei der Opstipation alle Speisen genießen lassen und nur das Fleisch, das ja wenig Schlacken liefert, nach Möglichkeit einschränken. Namentlich verabreiche man größere Mengen von grobgeschrotetem Brote (300—500 g Pumpernickel, Weizenschrotbrot, Grahambrot, Kommißbrot, Rademanns DK-Brot, Simonsbrot). Auch Honigkuchen ist zweckmäßig. Gröbere Gemüse (Kohl, Rüben), viel Salate mit Essig und Öl und saurer Sahne, Süßigkeiten. Marmeladen und Honig zum Frühstück, zum Mittag und Abend reichlich Obst (alle Arten!) und Kompotte (besonders auch Rhabarberkompott) sind zu empfehlen. Vor dem Schlafengehen läßt man 12 Backpflaumen essen. Die Getränke sind kalt zu genießen, eventuell ist auf nüchternen Magen morgens kaltes Wasser zu trinken. Empfehlenswert sind gärende Getränke: gärender Traubenmost, Pilsener Bier, Weißbier und sonstige Jungbiere. Erlaubt Bohnen- oder Malzkaffe. Verboten alle Mehlsuppen und -speisen, also Mehl-, Reis-, Grieß-, Sagospeisen usw.

Bei der **Obstipation infolge Colitis mucosa** werden wir den mechanischen Darmreiz der Schlacken ausschalten, dagegen als abführenden Reiz nur die organischen Säuren bevorzugen. Eine solche Diät gestaltet sich dann folgendermaßen: Morgens reichlich Honig oder Marmeladen, Weißbrot mit Butter, mittags püriertes Fleisch, püriertes Gemüse (Karotten, Schoten, Blumenkohl), Puddings, Kompotte (Apfelmus, Pflaumenmus), nachmittags Weißbrot mit Butter, Honig oder Marmelade. Abends Weißbrot mit Butter und Aufschnitt, vor dem Schlafengehen Apfelmus oder Pflaumenmus. Das Fleisch ist eingeschränkt, zellulosereiche Brote sind verboten, desgleichen die Schalen- und Hülsenfrüchte.

Als Getränke sind Sahne, Buttermilch, eintägiger Kefir, saure Milch, Yogurtmilch, Limonaden von Fruchtsäften, Apfelwein, Pomril, Pilsener Bier, Weisbier erlaubt. Das Obst soll nur in Püreeform, gekocht gegeben werden, von Gemüsen werden die zarteren bevorzugt. (Verboten daher Kohl, Rüben.) Verboten sind jegliches rohes Obst und fettes Fleisch.

Gegen die Erkrankung des Sigma bei der Colitis mucosa eignet sich stets eine Paraffinkur (abends 50—100 g) in das Rektum flüssig eingespritzt und am nächsten Morgen mit dem ersten Stuhlgang entleert, die Ölkur von Ebstein wirkt oft reizend.

Hier mögen noch einige Krankheiten des Darmes wegen deren klinischen Bedeutung diätetisch ihre Besprechung finden. Daß man bei einer **Appendicitis** im Anfalle, deren Behandlung nicht dem Messer der Chirurgen anheimgegeben ist, zunächst bis zur Bekämpfung der peritonealen Reizerscheinungen sich auf Eispillen, teelöffelweise zugeführten Tee, kalte Milch beschränkt, dann allmählich bei Nachlaß des Anfalles zu Haferschleimsuppen, Fleischbrühen steigend, erst mehrere Tage nach Abklingen der akuten Erscheinungen zu reichlicherer Flüssigkeitszufuhr und weiter zu breiig-flüssiger Kost übergehen darf, braucht nicht besonders betont zu werden. Fälle von chronischer Typhlitis und Appendicitis behandle man diätetisch etwa wie eine spastische Form der Obstipation, wobei man besonders die vegetabilisch-zellulosereichen Nahrungsmittel (also blähende, fasernreiche Gemüse, ferner kernhaltiges rohes Obst usw.) verbietet.

Darmgeschwüre, die stark bluten, sind diätetisch während der Blutung und einige Tage danach mit Abstinenz per os und eventuell Nährklistieren oder Wasserklistieren zu behandeln, dann führt man die Lenhartzsche oder Leube-Ziemssensche Ulkuskur in analoger Weise wie beim Ulcus ventriculi durch (vgl. S. 262ff).

Chronische **Darmstenosen**, seien sie karzinomatöser oder nicht karzinomatöser Natur, wird man diätetisch verschieden einstellen: eine Dünndarmstenose verlangt eine nach Möglichkeit flüssige (bzw. breiige) Ernährung unter möglicher Beschränkung der Eiweiß-(Fleisch-)-Zufuhr, um die Fäulnis (Indikangehalt des Urins kontrollieren!) des Eiweißes einzuschränken. Aus diesem Grunde bevorzuge man auch die Milch und Milchpräparate (Zusätze von Sanatogen, Plasmon, Nutrose usw.) und gebe Fleisch (von Sehnen und Bindegeweben befreit) nur als Fleischsaft oder durch das Haarsieb geschlagen.

Unter den Kohlenhydraten sind die feinvermahlenen Zerealien die gegebenen Nahrungsmittel: man verordne sie als Schleimsuppen oder Breie (natürlich ohne Zusatz von Mandeln und Rosinen). Mit den Leguminosenmehlen sei man selbst in der Darreichungsform der Suppen vorsichtig. Unter den Fetten stellt die Butter und eventuell das reine Olivenöl zweckmäßige Kalorienspender dar, deren Menge nicht limitiert zu werden braucht. Pürierte Gemüse und pürierte Kompotte, Zwieback, geröstetes Weißbrot sind in solchen Fällen von hochsitzender chronischer Darmstenose, wo die Gefahr eines akuten Ileus (Erbrechen usw.) besteht, mit Vorsicht erlaubt. Was die Getränke anbetrifft, so wird man keine allzu ängstliche Auswahl zu machen haben, sofern die stark kohlensäurehaltigen ausgeschlossen sind (also z. B. Selterswasser, Biere). Auch gegen Alkohol lassen sich in der Darmstenose keine Gegenindikationen sehen.

Weniger ängstliche Rücksicht wird man bei Dickdarmstenosen diätetisch zu üben haben, zumal ja selbst bei flüssiger Diät im Dickdarm sich fester Kot bildet. Man kann also selbst hier getrost eine breiige, ja feste Diät verabreichen, unter möglichster Vermeidung aller schlackenreichen Nahrungsmittel. Die Diät wird sich also ähnlich wie bei der spastischen Form der Obstipation zu gestalten haben: man verabreiche keine zellulosereichen Brote und gebe prinzipiell nur geröstetes Weißbrot, Zwieback, Kakes. Von Zerealien die fein vermahlenen Mehle in Form von Suppen, Breien und süßen Speisen, Kompotte reichlich in pürierter Form. Von Vegetabilien sind die leicht gärenden einzuschränken, daher alle Kohlarten verboten, desgleichen alle Salate, Gurken, erlaubt sind Blumenkohl, Spinat, Karotten, durchs Sieb geschlagen. Zartes (sehnen- und faserarmes) Fleisch (Huhn, Taube, Fische), Kalbfleisch, zartes Wild (Reh), sind erlaubt. Von Butter, Sahne, Öl, Milch und deren Präparaten mache man reichlich Gebrauch.

Bezüglich der Getränke verhalte man sich wie bei Dünndarmstenosen.

(Im übrigen erzwinge man Stuhlgang durch hohe Einläufe.)

Daß das Bild des akuten Darmverschlusses uns sofort zur Einholung chirurgischen Rates zwingt und an sich diätetische Maßnahmen überflüssig macht, braucht wohl nicht hervorgehoben zu werden.

Einige Worte mögen nur noch über gewisse Darmneurosen gesagt werden: so die Neigung zur **Flatulenz**, die sich am ehesten durch Verabreichung von Teeaufgüssen der Karminativa (Kümmel, Fenchel, Wermut usw.) bekämpfen läßt.

Daß man die **Plethora abdominalis** diätetisch bekämpft im Sinne einer Entfettungskur mit Einschränkung des Fleischeiweißes mag nebenher erwähnt werden; wichtig ist die Plethora abdominalis bei manchen Hämorrhoidalkranken, und die Entfettung neben der Einschränkung der Fleischzufuhr, Veränderung der Lebensweise, Sorge für regelmäßigen Stuhlgang stellt jedenfalls mit die hauptsächlichste innere Behandlung solcher Fälle von Hämorrhoidalzuständen vor. Es gibt daneben auch nicht plethorische Hämorrhoidalleiden. Hier sorge man diätetisch hauptsächlich für leichten Stuhlgang, zumal sich in solchen Fällen eine Neigung zu habitueller Obstipation herausstellt. Eine vorwiegend vegetabilische, obstreiche Kost tut dann oft Wunder.

Ikterus.

Wenn wir hier das Symptomenbild des Ikterus bei den Erkrankungen der Leber zum Ausgangspunkt diätetischer Besprechungen machen, so geschieht es nicht ohne Absicht, indem nämlich der Abschluß der Galle vom Darm in diätetischer Beziehung das wichtigste Symptom der Lebererkrankungen darstellt. Die Galle hat die Aufgabe, die Fette (Neutralfette und freie Fettsäuren) zur Lösung zu bringen und wenn die Galle im Darm fehlt, leidet notgedrungen die Lösung der Fette im Darm und damit auch deren Resorption. So ist es kein Wunder, daß man bei Abschluß der Galle vom Darm 40% des Nahrungsfettes im Kote wiederfindet, während Eiweiß in fast normaler Menge resorbiert wird und die Kohlenhydrate vollkommen aufgesogen werden. Ein Ikterus erfordert deshalb, daß die Ernährung fettarm und kohlenhydratreich sei, wobei man als Kohlenhydrate die fein vermahlenen Zerealien in Form von Suppen, Breien und süßen Speisen, ferner zarte Gemüsepürees wählt. Da die Galle weiter bis zu einem gewissen Grade Antiseptikum des Darmes ist, hat man auch eine größere Zufuhr von Fleisch (Taube, Huhn, Kalbfleisch, geschabtes Rindfleisch) zu vermeiden, während das Milcheiweiß (weißer Käse) und die Milchpräparate zu bevorzugen sind. Da die Milch trotz ihres Fettgehaltes von 4% im gleichen Maße ein kohlenhydratreiches und eiweißreiches Nahrungsmittel ist, wird man auch trotz ihres Fettgehaltes sie in Form von Magermilch womöglich unter Zusatz von Milchzucker beim Ikterus verwenden. Überhaupt sollen Fette nicht ganz aus der Nahrung fortgelassen werden, da sie zu einem Teile noch resorbiert werden, nur müssen sie als Butter oder in Milch, ja selbst in der Sahne zugeführt werden.

Man kann aber nicht alle Formen des Ikterus diätetisch gewissermaßen über einen Kamm scheren: Der Icterus catarrhalis stellt häufig eine akute Duodenitis mit allgemein dyspeptischen Symptomen dar: man wird also deshalb gerade in den ersten Tagen der Erkrankung eine „Dyspepsie“-Diät (vgl. S. 252) mit Bevorzugung von Schleimsuppen und Bouillon durchführen; erst nach einigen Tagen, wenn sich die Inappetenz gelegt hat, steigt man unter Zufuhr von Milch, Mehl- usw. Breien, Kartoffelmus, pürierten Kompotten, Toastbrot, Zwieback, Kakes, Butter, pürierten Fleisch (Huhn, Kalb, geschabtes Rindfleisch usw.). (Sehr zweckmäßig gleichzeitig pro Tag 1—2 hohe Krullsche Kaltwasserklistiere von 1 Liter.)

Handelt es sich um einen chronischen Ikterus, so ist in erster Linie auf die kalorisch zureichende Kost zu achten, wobei man ja nicht allzu ängstlich auf die Fettfreiheit der Nahrung achten soll. Hier wird man besonders bei daniederliegender Ernährung sein Heil in der Milch (Magermilch), pro Tag 2 Liter etwa, Weißbrot, Kartoffelpüree, Mehlspeisen, Honig, Marmelade, Kompotte, Fleischpürees zu suchen haben. Fette Fleische verbiete man. Gezuckerte Limonaden sind ebenfalls Kalorienträger. Alkoholika vermeide man ganz mit Rücksicht auf die Leber; Tee, Kaffee, sind erlaubt.

Eine derartige Kostzusammenstellung sei hier genannt:

2 l Magermilch,
300 g Weißbrot,
Bouillon,
200 g Kalbfleisch, Huhn, geschabtes Rindfleisch, zartes Reh, Kapaun, Fische,
40 g Zucker in Limonaden,
50 g Grieß, Reis usw, in Breien,
200 g Kompott, püriert.

Cholecystitis (Cholelithiasis).

Im Anfalle keine Ernährung, sondern nur Zufuhr kalten Tees oder geeister Milch, eisgekühlten Selterwassers oder von Eispillen. Nach Abklingen der Reizerscheinungen flüssige Kost: Haferschleim, später fettarme Bouillon, Milch, dann Zulagen von Zwieback, Kartoffelbrei, Mehl-, Grieß usw. Breie, später Fleisch.

Ist der Anfall vorüber, so wird man, um die Gallenblase zu häufigen Entleerungen der Galle zu veranlassen, die Nahrung in häufigen (alle 2—3 Stunden) Mahlzeiten verabreichen. Abends und morgens läßt man heiße Getränke trinken (Karlsbader Wasser, Wasser, Milch). Im allgemeinen empfiehlt sich die Verabreichung größerer Flüssigkeitsmengen. In der Auswahl der Speisen ist man bei Cholelithiasis früher weit ängstlicher gewesen. So verbietet noch J. Kraus (Karlsbad)[1]) den Gallensteinkranken die Fette, die Essigsäure, scharfe Gewürze, Süßigkeiten, Mehlspeisen, getrocknete und ungekochte Gemüse, Bratkartoffeln und Käse.

Speisezettel:

1. Frühstück: Eine Tasse Tee oder Kaffee, wenig Milch und Zucker, Wasserzwieback.

2. Frühstück: 1—2 weiche Eier oder etwas kaltes Fleisch.

Mittagsbrot: Fisch mit Ausnahme von Lachs und Aal, gebratenes Fleisch ohne Sauce, grünes gekochtes Gemüse oder Kartoffelpüree, gekochtes Obst ohne Zucker. Als Getränke Wasser, Rotwein (1—2 Gläser), 1 Glas Bier (kohlensäurehaltige Getränke möglichst zu meiden).

Abendessen: Kaltes oder warmes Fleisch, Tee oder Wein oder Bier.

Täglich werden nur 150—200 g Brot gestattet. Heruntergekommenen Kranken wird frische Butter gestattet, eventuell da, wo Fleisch nur in kleinen Mengen vertragen wird, zum Ersatz desselben Reis oder Grütze. Die Kost soll abwechslungreich sein, die Mahlzeiten häufiger und kleiner sein; dabei soll gut gekaut werden und mäßig getrunken.

Jetzt sind wir im allgemeinen Cholelithiasiskranken gegenüber toleranter inbezug auf die Diät: man verbiete ihnen nur die unmäßige

---

[1]) Beiträge zur Pathologie u. Therapie der Gallensteinkrankheiten. Berlin 1891.

Überlastung des Magens und gewisse, schon für den Gesunden schwerverdauliche Speisen, die leicht zur Dyspepsie und dadurch zur Cholecystitis führen können. Zu diesen schwer verdaulichen Speisen gehören: besonders fette Speisen, wie Speck, Mayonnaisen, Gänseleber, Pflanzenöl, Lachs, Aal, Makrelen, Thunfisch, Flundern, Sprotten, Heringe, Sardinen, Neunaugen (geräuchert und ungeräuchert), Bratkartoffeln, Kartoffelsalat, größere Mengen fetten schweren Käses, Wildschwein, Pasteten, fette Saucen usw.; stark gesalzene, gewürzte und geräucherte Sachen, wie Rauchfleisch, Wurst, besonders Leberwurst, Stockfisch, Kabeljau, ebenso starke Gewürze (Curry, Cayennepfeffer, Schnittlauch, Paprika, Knoblauch) [erlaubt ist milde gesalzener Schinken und Zunge]; schwere, süße Mehlspeisen, wie Plumpudding, süßes Konfekt, Marzipan; schwere und blähende Gemüse, wie alle Kohlsorten, gelbe und grüne Erbsen, Linsen, Bohnen, Oliven, Zwiebeln, Gurkensalat; stärkere Alkoholika, wie Porter, Ale, Whisky, Kognak, Schnaps, Rum usw.

Lebercirrhose.

„Les vents prèvont la pluie“, sagt ein französisches Sprichwort und so gehen der Lebercirrhose mit Ascites die Verdauungsstörungen im Sinne der Darmkatarrhe voran. Man wird schon darum die Diät einrichten, als wenn ein chronischer Darmkatarrh bestände, ja man hat bei der Lebercirrhose überhaupt nur diätetisch den Darm, der infolge der Pfortaderstauung hyperämisch ist und zu Transsudationen neigt, in den Vordergrund zu stellen, während man die Leber nur dadurch zu schützen sucht, daß man das Eiweiß nach Möglichkeit einschränkt (besonders das Fleischeiweiß und die Eier) und den Alkohol in jeder Form verbietet. Die Fettverdauung pflegt, sofern Ikterus nicht in höherem Maße besteht, nicht wesentlich bei der Lebercirrhose zu leiden, ebenso die Resorption der Kohlenhydrate. Trotzdem wird man die Darmarbeit zu erleichtern suchen durch häufige kleine Mahlzeiten, durch eine kohlenhydratreiche, fettreiche, eiweißarme Kost, durch Ausschaltung der Gewürze.

Was die Details der Ernährung anbetrifft, so wird man fettfreie Fleischsorten erlauben können (Rindfleisch, Kalbfleisch, Huhn, Taube, Kapaun, zartes Reh, Fische [kein Aal, Lachs], alle Zerealien in feinem vermahlenen Zustande als Suppe, Brei, süße Speisen. Weißbrot, Zwieback, Kakes sind ebenfalls erlaubt, desgleichen Butter, Marmelade, Honig. Auch die Milch ist sehr zweckmäßig.

Eine absolute Milchdiät stellt bei Lebercirrhosekranken eine meist nicht unbedenkliche Form der Unterernährung dar. Leichtere Gemüse sind erlaubt, wie Mohrrüben, Spargel, Spinat, Blumenkohl, Schwarzwurzel. Dagegen Rüben und Kohlarten verboten, Obst (gekocht) ist erlaubt.

Der akuten gelben Leberatrophie gegenüber hat sich die Diätetik meist nur auf Zufuhr flüssiger Kost zu beschränken: geeiste Milch, kalter Tee, kalter Wein, eventuell Schleimspeisen.

Die Fettleber wird zum Objekt eines diätetischen Regimes nur da, wo sie in Verbindung mit allgemeiner Fettsucht auftritt. Hier sind Entfettungskuren (vgl. S. 137) am Platze in Verbindung mit Brunnenkuren (Marienbad, Karlsbad usw.).

Pankreaserkrankungen.

Gegenüber dem Ikterus sind wir bei Pankreaserkrankungen meist schlimmer in der Diätetik daran, insofern hier die Resorption des Eiweißes und des Fettes sehr stark darniederliegt, allerdings nur bei Pankreaserkrankungen, deren äußeres Sekret nicht in den Darm fließen kann. Kommt noch hinzu, daß die sonst gute Assimilation der Kohlenhydrate bei Pankreaserkrankungen sehr häufig durch eine stärkere Glykosurie entwertet wird, so erhellt, daß die Diätetik der Pankreaserkrankungen eine Kunst ist, der man nicht immer gewachsen sein kann. Weder darf man dann die Fettzufuhr beschränken, noch die Kohlenhydratzufuhr, noch die Eiweißzufuhr, da auch bei optimalem Angebot dieser Nahrungsstoffe die Resorption sich nicht verbessert. Deshalb wird man auch dazu getrieben, durch künstliche Pankreaspräparate (z. B. Pankreatin, Pankreon-Rhenania und ähnliche Präparate) den Versuch einer Besserung der Resorption der Nahrung zu machen. Wir werden trotz aller noch so ungünstigen Aussichten uns an einige Regeln bei der Diätetik der Pankreaserkrankungen halten müssen. 1. Fett wird emulgiert besser resorbiert als nicht emulgiert; eine Ausnahme macht die Butter. Als Fett bzw. Fettträger kommen daher nur Butter, Milch, Sahne in Betracht. 2. Kohlenhydrate werden gut resorbiert. Bei bestehender Glykosurie darf man nicht versuchen, etwa durch Ausschaltung der Kohlenhydrate die Glykosurie zum Schwinden zu bringen. Nur müssen die Kohlenhydrate in Weißbrot, Zwieback, Mehl-, Grieß-, Sago-, Graupen-, Tapiokaspeisen usw. zugeführt werden.

Das Eiweiß wird am zweckmäßigsten als Milcheiweiß verabreicht und die Fleischzufuhr ist ad maximum zu beschränken, eventuell durch künstliche Eiweißpräparate zu ersetzen. Fleischbouillon, Fleischsäfte usw. sind zweckdienlich; auch wird das Fleisch am besten in pürierter Form, fettfrei verabreicht. Gemüse sind in pürierter Form erlaubt, Kompotte in gleicher Form ebenfalls. Getränke stehen ad libitum frei, nur darf man sie nicht zu kalt genießen lassen. Berechnet man den Kaloriengehalt der Nahrung, so berücksichtige man die Entwertung durch den Kot, die meistens den halben Kalorienwert der Nahrung ausmacht. Also ein derartiger Kranker muß bald doppelt so viel als ein Gesunder essen.

Ist eine Pankreasfistel vorhanden, die (chirurgisch) geschlossen werden soll, so gebe man (nach den Erfahrungen von Wohlgemuth) eine Zeitlang eine kohlenhydratfreie Diät, da die Kohlenhydrate in erster Linie das Pankreas zur Sekretion anregen.

XV. Anhang: Kochrezepte.

Eier.

Ganzei, geschlagen (nach Jürgensen). Ganze Portion etwa 90 Kal.

		Gr.	Kal.	
Ei	1 St.	45	20	Das Ei wird geschlagen unter Zusatz von Zucker und Salz, bis es schäumig geworden — wird so im Glase angerichtet — nach Geschmack mit Zitronensaft, 1 Eßl., angerührt.
Zucker	1 Tl.	5	70	
Salz	1 Msp.			

Dotter, gerührt („Eierschnaps"). Portion etwa 283 Kal.

Dotter	2 St.	30	108	Die Dotter werden mit dem Zucker weiß gerührt — nachdem kann Zitronensaft, Wein (Kognak, Rum) bis 1 Eßl. eingerührt werden.
Zucker	3 Eßl.	45	175	

Weichgekochtes Ei (nach Jürgensen).

1. Das Ei wird vorsichtig in ein Kochgeschirr gegeben, mit soviel kochendem Wassers gefüllt, daß das Ei ganz davon bedeckt ist, und ist dann bei einer Wärme von 75° C zu halten, indem das Geschirr in eine Kochkiste oder zur Seite auf den Kochherd gestellt wird, wo es nicht wieder zum Kochen kommt; wird nach 6–8 Minuten herausgenommen.
2. Das Ei wird in ein Geschirr mit kaltem Wasser gelegt, soviel, daß es bedeckt ist; das Wasser wird langsam ins Kochen gebracht; wenn Kochpunkt eben erreicht, soll das Ei weichgekocht sein. Der Zeitaufwand ungefähr wie bei 1.
3. Das Ei in eine Tasse gegeben, 3—4mal neues kochendes Wasser darauf geschüttet, jedesmal 1 Min. darin gelassen.
4. Das Ei wird vorsichtig in kochendes Wasser gegeben, 3—4 Min. darin gekocht.
5. (Soll ganz besonders „diätetisch" sein. Das Ei wird aus der Schale in eine porzellanene Tasse (mit abgerundetem Boden) geschlagen und in ein Kochgeschirr mit Wasser von 75° C gestellt; kann auch über Dampf gestellt werden. Wenn das Eiweiß zu stocken beginnt, wird es allmählich mit einem silbernen Löffel von den Seiten der Tasse abgehoben; sobald es (gleichmäßig) geleeartig geworden, wird der Dotter ausgerührt; ist in derselben Tasse zu reichen (eine Messerspitze Salz kann hinzugesetzt werden, eventuell 1 kl. Löffel Wein).

Spiegelei — diätetisch, gedämpft.

Ein kleiner, mit Butter leicht bestrichener, emaillierter Teller wird über kochendes Wasser gestellt. Wenn der Teller durchgewärmt ist, wird das Ei vorsichtig auf demselben ausgeschlagen und zugedeckt stehen gelassen, bis das Weiße weich gestockt ist. Auf demselben Teller anzurichten.

Rezept für Rührei.

Zwei ganze Eier werden mit etwas Salz geschlagen bis zur innigen Vermischung von Eiweiß und Gelb. Dann wird etwas Butter heiß gemacht und die Eiermischung damit unter beständigem Umrühren auf gutem Feuer gekocht, bis sich ein dicklicher Brei gebildet hat. Man achte darauf, daß der Brei eine lockere, cremeartige Masse darstellt und daß die Oberfläche nicht dunkel, sondern gleichmäßig lichtbraun wird (zitiert nach Wiel).

Omelette wird aus 2 Eiern, 1 Eßlöffel Sahne und wenig Salz bereitet: gequirlt und mit Butter auf der Pfanne gebacken.

Omelette soufflée ohne Kruste.

4 Eigelb.
4 Eierschnee,
75 g Zucker,
1 Eßlöffel Zitronensaft oder
30 g Butter.

Eigelb und Zucker werden zu einer dicken Creme gerührt, ein Eßlöffel Zitronensaft wird hinzugefügt und der sehr steife Schnee unterzogen.

Eine Form wird mit der genannten Buttermenge dick ausgestrichen (damit die Butter in die Speise einzieht, was für Gesunde nicht gemacht wird), die Eiercreme hineingefüllt, die Form in ein Wasserbad gestellt und darin in der Bratröhre bei starker Hitze gebacken. Auf die Form wird ein Papier gedeckt, damit das Soufflée von oben keine Kruste bekommt. Sollte das Papier bräunen, so ist es zu erneuern (zitiert nach Hannemann).

Milchpräparate.

Stopfende Milch: Vollmilch 250 ccm, Gummi arabicum 10 g.

Milch und Gummi arabicum werden miteinander aufgekocht; soll die Milch **abführende Wirkung** haben, so setzt man 100 g Milchzucker hinzu (pro Liter).

Beim Kefir ist der Milchzucker zum Teil in Kohlensäure und Alkohol vergoren. Die Bereitung geschieht mittels der Kefirkörner.

Die Kefirkörner werden (nach Munck und Uffelmann) fünf bis sechs Stunden in laues Wasser, dann in ein Glas Milch gelegt und letztere nach drei Stunden zwei- bis dreimal erneuert. Steigen die gequollenen Körner an die Oberfläche, so sind sie zur Kefirbereitung geeignet. Für etwa zwei Glas Milch wird ein Eßlöffel gequollener Körner gebraucht, dann die Milch mit den Körnern durch Musselin verschlossen, bei 18—20° C stehen gelassen und häufig umgeschüttelt. Nach sieben bis acht Stunden seiht man die Milch durch das Musselin in eine andere reine Flasche, verkorkt sie und bindet den Pfropfen fest, stellt sie bei etwas niederer Temperatur hin, schüttelt aber alle zwei bis drei Stunden tüchtig durch. Die beim Stehen zurückgebliebenen Körner befreit man mittels nochmaligen Waschens vom aufgelagerten Käsestoff, trocknet sie und kann sie dann aufs neue verwenden.

Man verwendet zum Gebrauch den zweitägigen und dreitägigen Kefir, der vor dem Gebrauche tüchtig durchzuschütteln ist.

Kumiß (nach Jürgensen).

Zentrifugierte Milch, 1000 ccm, wird einige Stunden hingestellt mit Wasser 700, Rohrzucker 17, Milchzucker 8, Preßhefe 2, bei 37° C — unter mehrmaligem Umrühren — wird auf starke Flaschen gefüllt und in 6 Tagen auf 12° C gehalten.

Milch, peptonisierte (nach Jürgensen).

I. Peptonisierendes Pulver (Fairchild, 1 Tube) wird mit $^1/_4$ Liter kalter Milch in einer Flasche stark geschüttelt — in warmes Wasser (40° C) 10 Minuten gestellt — sofort zu verwenden.

II. Milch ($^1/_4$ Liter) wird aufgekocht — auf 40° C abgekühlt — mit einigen Teelöffeln Liquor pankreaticus verrührt und etwas Sodapulver — wird eine Stunde bei schwacher Wärme hingestellt — dann aufgekocht und gleich angerichtet.

Williamsons Diabetesmilch (nach Dr. Lauritzen).

Fetter Rahm wird mit der vierfachen Menge Wasser gut gemischt — an kalter Stelle 12 Stunden hingestellt — der Rahm wird abgenommen — und darauf die zuckerfreie Milch bereitet durch Auflösen von 3—4 Eßl. des ausgewaschenen Rahms zu $^1/_4$ Liter kalten Wassers, mit etwas Salzzusatz — ein wenig Eiereiweiß kann auch darin glatt eingerührt werden.

Molke (nach Jürgensen).

a) **Mit Lab** bereitet:
Milch ($^1/_8$ Liter) wird auf 30° C erwärmt, Labextrakt (1 Tl.) wird hinzugesetzt — an lauwarmer Stelle hingestellt, bis Gerinnung eintritt — nach Umrühren geseiht.

b) **Mit Zitrone** bereitet:
in derselben Weise mit 4 Tl. Zitronensaft — 5 Minuten hingestellt.

c) **Mit Wein** bereitet:
$^1/_8$ Liter Milch, 70° warm, wird mit 2—3 Eßl. Sherry- oder Weißwein hingestellt, 5 Minuten — wonach die Molke abgeseiht wird.

Zur Bereitung der Joghurtmilch benutzt man das Laktobazillin von Metschnikoff, ein Präparat, das aus dem Mayabazillus gewonnen ist, unter Hinzufügung des in der gewöhnlichen Sauermilch enthaltenen Bacillus paralyticus (siehe Wegele, D. med. Wochenschr. 1908. Nr. 1).

Fleisch.

Frisch kalt ausgepreßter Fleischsaft (nach Hannemann).

Das ganz magere, sehr frische, fein gehackte oder durch die Fleischmühle gedrehte Fleisch (125 g) wird mit Salz (Prise) und Wasser (30 g) vermischt und eine Viertelstunde kalt gestellt — mit einer Fleischsaftpresse oder einem Leinentuche wird der Saft abgepreßt und kalt gestellt — hält sich nur sechs Stunden — kann verschiedentlich gereicht werden: gefroren als Pillen, gemischt mit Gelbei, auch mit wenig Kognak — oder zu gleichen Teilen mit Wein oder Hafer- oder anderem Schleim.

Fleischbrei à la Fonssagrives (nach Jürgensen).

Fleisch (von Rind oder anderes), mageres, mürbes, wird fein geschrappt, von allen häutigen Teilen befreit, im Mörser ganz fein zerstoßen — oder mit einem flachen Hammer auf einer Platte zermalmt — kann dann noch durch ein recht feines Drahtsieb getrieben werden — so daß eine gleichmäßige rahmartig weiche Masse erhalten wird, die sich in verschiedener Weise verwenden läßt — als:

Kakaobouletten, wozu die Masse zu Kügelchen ausgerollt, in Kakaopulver umgekehrt wird (um so mit etwas Wasser dazu ganz verschluckt zu werden);

auf gerösteten Brotschnitten leicht gesalzen.

Fleischbreicreme.

25 g Fleischbrei,
15 Dotter,
10 g Rahm,
5 g Butter,
Salz.

Dotter, Rahm, Butter werden weiß und schäumig gerührt — der Fleischbrei damit genau verrührt — wird gereicht auf geröstetem Brot — oder in kleine Kuchen geformt, mit Röstbrot — kann auch ganz oder teilweise aus geräuchertem rohen Schinken bereitet werden.

Kalbsmilchbrei (nach Hannemann).

125 g gekochte Kalbsmilch,
2 Gelbeier,
30 g süße Sahnenbutter,
1 Messerspitze Salz.

Die gekochte Kalbsmilch wird gewiegt und durch ein Haarsieb gestrichen, mit dem Gelbei und der Butter untermischt und in einem spitzen Töpfchen unter Quirlen im Wasserbade bis zum Sieden gebracht.

Gehirnbrei (nach Hannemann).

1/2 Kalbshirn,
30 g süße Sahnenbutter,
2 Gelbeier,
3 g Salz.

Das Kalbshirn wird in Salzwasser gar gekocht, durch ein Haarsieb gestrichen und dann weiter wie im vorigen Rezept verarbeitet.

Fleischbrei von Geflügel (nach Hannemann).

50 g Hühner- oder Taubenfleisch,
25 g feinste frische Sahnenbutter,
1/2 Gelbei,
1 Eßlöffel gekochte süße Sahne mit
2 g Fleischextrakt.

Das von der Haut befreite, gedämpfte oder gebratene Geflügelfleisch wird in der Fleischhackmaschine zerkleinert oder sehr fein zerstoßen und durch ein feines Haarsieb gestrichen. In einem schmalen Töpfchen wird nun das Fleisch mit allen anderen Zutaten zusammengequirlt und dann in ein Wasserbad, das eine Temperatur von 70° hat, gestellt und darin zu einem derben Brei gerührt.

Die Kalbsmilch wird 1/2 Stunde unter viermaligem Wechsel des Wassers gewässert. Dann wird sie mit kaltem, leicht gesalzenem Wasser aufgesetzt und 4 Minuten gekocht. Nachdem man dann die Kalbsmilch von der Haut befreit hat, kocht man sie langsam 30 Minuten in der Brühe und serviert sie, in Scheiben geschnitten und mit der Brühe übergossen.

Fleischgelees (nach Hannemann).

250 g Rindfleisch,
400 g sehniges Kalbfleisch (Hesse oder Sehnenstück aus der Keule),
100 g magerer Schinken,
2 Blatt weiße Gelatine,
3/16 l Wasser.

Das durch die Fleichhackmaschine gedrehte Fleisch wird mit dem angegebenen Wasser und der Gelatine in eine Verschlußbüchse oder Flasche gefüllt. Nachdem die Büchse gut verschlossen ist, stellt man sie in einen Topf, den man bis zur Hälfte der Höhe der Büchse mit kaltem Wasser füllt. Damit die Büchse feststeht, umlegt man sie unten mit etwas Papier oder einem Tuch. Im zugedeckten Topf läßt man nun das Fleisch in der Brühe 3—4 Stunden langsam kochen. Dann gießt man die Brühe durch ein Tuch oder ein Suppensieb, welches mit Filtrierpapier belegt ist, in ein Glas ab und stellt sie zum Erstarren kalt.

Leubesches Beefsteak.

Man schabt vom Lendenfleisch mit einem stumpfen Löffelstiel etwa 150 g Fleisch (ohne Bindegewebe!) herunter, salzt wenig und formt das Fleisch zu einem Kuchen, der roh genossen werden kann, oder brät es oberflächlich mit Butter.

Wiel-Beefsteak.

Die Hauptsache ist mürbes Filet; es muß im Sommer mindestens 2 Tage, im Winter sogar 8—14 Tage an einem luftig-kühlen Ort im Eisschranke gehangen haben. Ferner muß alles Sehnige gut entfernt sein. Das Fleischstück muß in einer Dicke von 3—4 cm und quer durchschnitten sein. Ferner muß das Fleich tüchtig geklopft sein. Man verwendet Fleischstücke von etwa 100—150 g. Als Kochgeschirr benutzt man eiserne, emaillierte, flache Pfannen. Das Feuer muß lebhaft brennen. Das Beefsteak wird auf der einen Seite mit Salz gewürzt, dann legt man es in die Pfanne, in der man frische Butter hat zergehen lassen, so ein, daß die gewürzte Fläche oben ist und läßt genau 1 Minute lang braten. Jetzt dreht man das Beefsteak in der Bratenpfanne um und begießt die nunmehr zur oberen gewordene Fläche mit einem Eßlöffel voll Bratenjus. Die zweite Fläche darf nur so lange braten, bis das Fleisch beim Eindrücken sich weich wie Butter anfühlen läßt.

Kalbfleischpudding (nach Hannemann).

150 g Kalbfleisch,
80 g Butter,
60 g Schweinefleisch,
2 Gelbei,
2 Eierschnee,
20 g Mehl,
$^1/_8$ l Milch.

30 g Butter und Mehl werden geröstet und mit der Milch zu einem Kloß abgebrannt. Man rührt den Kloß kalt und dann mit 50 g Butter und Gelbei schaumig, gibt Salz und Eierschnee darunter und zuletzt das viermal durch die Fleischhackmaschine gezogene Fleich. Eine Puddingform wird dick mit Butter ausgestrichen, die Farce wird hineingefüllt, die Form verschlossen und $^3/_4$ Stunden im Wasserbade gekocht.

Fleischauszüge.

Flaschenbouillon (nach Uffelmann).

300 g frisches, fettloses Rindfleisch wird in kleine Stücke geschnitten und ohne Zusatz in eine weithalsige Flasche gebracht, die durch einen Wattestöpsel verschlossen wird. Man bringt die Flasche in einen Kochtopf mit warmem Wasser, erhitzt vorsichtig und läßt 1/2 Stunde sieden. Man erhält dann etwa 100 g einer bräunlich-trüben Brühe in der Flasche, die man ohne durchzuseihen abgießt.

Beeftea (Jürgensen).

Mageres, geschrapptes Fleisch (vom Rind oder anderes) wird sehr fein gehackt, im Mörser zerstoßen — mit Wasser verrührt — 125 g Fleisch zu 1/4 l Wasser — die Mischung wird in einer gut zugebundenen Kruke in einem mit Wasser halbangefüllten Kochtopf gestellt — nachdem das Kochen etwa zwei Stunden fortgesetzt ist (soll inwendig auf etwa 60° C Wärme kommen), während ab und zu umzurühren ist, wird der Inhalt auf ein recht feines Drahtsieb gegeben — und mit einem Löffel durchgestrichen, wobei das meiste in Gestalt eines bräunlich-grauen dünnen Breies mit feinen aufgeschwemmten Fleischteilchen durchgehen soll.

Einfache Bouillon (nach Wegele).

1/2 kg mageres Rindfleisch wird in kleine Stücke geschnitten, in einen etwa 3 l fassenden Kochtopf mit gut schließendem Deckel (oder Dampfkochtopf) gebracht, der mit kaltem Wasser anzufüllen ist, und das Fleisch 3—4 Stunden lang ausgekocht. Je nachdem die Fleischbrühe mehr oder minder konzentriert sein soll, wird die verdampfende Flüssigkeit durch Zugießen von kochendem Wasser ersetzt. Man erhält schließlich etwa 2 l Bouillon; das Fleisch ist nicht weiter verwendbar. Die Bouillon wird schmackhafter, wenn man sie mit Suppenkräutern, zugleich mit dem Fleische, ansetzt.

Fleischbrühe mit Liebigs Fleischextrakt.

In eine Bouillontasse bringt man ein Eigelb, wenig Kochsalz, eine Messerspitze Butter, einen halben Teelöffel voll Fleischextrakt und verrührt gut, während man allmählich die Tasse mit 1/4 l kochenden Wassers füllt.

Kraftbouillon (zitiert nach Pickardt).

1/2 Pfund mageres Rindfleisch,
1 Pfund Kalbsbrust,
1 alte Taube,
3/4 l Wasser,
5 g Salz,
1 junge Mohrrübe.

Alles Fleich wird in kleine Würfel geschnitten, das Geflügel gesäubert und die Brust zu einem anderen Gericht abgetrennt. Keulen und Gerippe werden klein geschlagen und alles in einem irdenen

Topfe mit kaltem Wasser übergossen, 1 Stunde stehen gelassen. Mit hinzugefügtem Salz und der Mohrrübe setzt man den Topf $2^1/_2$ Stunden langsamer Kochhitze aus, siebt durch ein feines Sieb, entfettet und verwendet die Brühe als Tassenbouillon oder Zusatz zu anderer Suppe.

Nutritious Chicken-Tea (nach Davies).

1 junges Huhn,
$^1/_2$ l Wasser,
Brotrinde,
Salz,
Muskatnuß,
1 Schnitte Sellerie.

Das Huhn wird entzweigeschnitten — mit kaltem Wasser aufs Feuer gesetzt, mit Salz, Brotrinde, Muskatnuß, Sellerie — wird zwei Stunden schwach gekocht, bis das Fleisch sich von den Knochen löst — das Fleisch und die Rinde werden feingestoßen im Mörser, mit Suppe zu einem dicken glatten Brei angerührt — gut warm (mit Röstbrot u. dgl.) anzurichten.

Peptonbouillon (nach Rosenthal, Wien).

250 g Rindfleisch,
100 g Kalbsbries,
90 g Wasser,
5 g verdünnte Salzsäure,
$^1/_2$ g Pepsin,
5 g Zitronensaft.

Fleisch und Brieschen, ganz fein gewiegt, wird in eine Flasche gegeben mit dem Wasser — mit einem Wattetampon verschlossen in Wasserbad gestellt (60° C), drei Stunden — die Masse durch ein grobes Sieb (Steingut) gestrichen. — Pepsin-Salzsäure kann gleich von Anfang hinzugesetzt werden — zuletzt der Zitronensaft.

Zerealien in Suppen und Breien.

Die Zerealien müssen vorher aufgeweicht werden und zwar (nach Jürgensen) etwa eine Stunde bei Stärkemehlen und Stärkegrützen; etwa drei Stunden bei Grießen von Weizen, Gerste, Hafer; etwa sechs Stunden bei feineren Grützen von Gerste, Reis, Hafer; etwa zwölf Stunden bei groben Grützen und ganzen Körnern und Graupen von Hafer, Gerste, ganzem Reis. Danach wird das Aufgeweichte in kochendes Wasser unter Verrühren geschüttet und auf offenem Feuer unter Umrühren aufgekocht; dann läßt man noch eine Zeitlang kochen.

Beispiele einer Mehlsuppe:

Roggenmehlsuppe (oder Hafermehlsuppe).

20 g = 1 gestrichener Eßlöffel Roggenmehl,
0,4 l Wasser,
15 g frische Butter,
Salz nach jeweiligem Verlangen.

Das Roggenmehl wird in 0,1 l kalten Wassers gequirlt, in 0,2 l kochendes Wasser gebracht, man läßt es dann unter fortwährendem Umrühren aufkochen und noch langsam 12—15 Minuten kochen. Butter und Salz wird zuletzt zugefügt.

Der Nährwert kann noch erhöht werden durch Zusatz von 1 Eßlöffel süßer, kalter Sahne, ferner durch Verrührung mit einem Gelbei, welches dann in die vom Herd gezogene Suppe gerührt wird (zitiert nach Hannemann).

Suppen von Flocken (Hafer-, Reis-, Sagoflocken) erfordern $^3/_4$ Stunden Kochzeit, wobei auf 0,5 l Wasser zwei knappe Eßlöffel Flocken zu nehmen sind. Die Suppe wird durchs Sieb geschlagen, nochmals zum Kochen gebracht und Butter und Salz hinzugefügt.

Graupen oder Grützen werden nach Aufweichen in kaltem Wasser ins kochende Wasser gegeben und müssen 3—4 Stunden kochen. Nachdem sie gar gekocht sind, werden sie durch ein Sieb gestrichen. Auf $^1/_4$ l Suppe kommt ein Zusatz von 11—20 g Butter. Man rechnet auf 1 l Wasser 50 g Hafergrütze, Graupen usw.

Reis wird mit kochendem Wasser ein- bis zweimal überbrüht und muß $1^1/_2$ Stunden gekocht werden. Man rechnet für 1 l 50 g = 2 Eßlöffel (nach Hannemann).

Zu Schleimsuppen benutzt man Hafer-, Gersten- oder Reismehl, 15 g auf $^1/_2$ l Wasser, und kocht 10 Minuten lang.

Auch von den Breien und Speisen seien einige Beispiele angeführt.

Porridge

wird nicht mehr von Haferkorn zubereitet, sondern von Haferflocken oder Quäker Oats.

Porridge von Oatmeal.

25 g Oatmehl,
$^3/_8$ l Wasser,
1 Prise Kochsalz.

Das Oatmeal wird mit kaltem Wasser glatt verrührt, Salz hinzugefügt, in 15 Minuten unter Umrühren langsam gekocht und angerichtet. Man kann den Brei auch mit kalter Milch oder Sahne anrichten.

Mehlbrei von Mondamin, Reis-, Gersten- oder Hafermehl oder Weizenpuder mit Milch oder süßer Sahne (nach Hannemann).

45 g Mehl,
10 g Butter,
$^1/_2$ l Milch, Sahne oder Wasser,
1 Prise Salz.

Die Hälfte der Milch wird mit Butter und etwas Salz zum Kochen gebracht, dann wird das mit der übrigen kalten Milch gut verrührte Mehl hinzugerührt. Vom Beginne des Kochens an muß der Brei bei fleißigem Umrühren 10 Minuten langsam kochen. Eventuell kann auch von 1—2 Weißeiern steifer Schnee unterrührt werden, doch muß der Brei bis 80° abgekühlt sein.

Reisbrei (nach Wegele).

30 g Reis (am besten Karolinen-Reis) wird abends zuvor zweimal tüchtig gewaschen, dann mit kaltem Wasser, in dem man eine Messerspitze Natron aufgelöst hat, übergossen und bis zum anderen Tage stehen gelassen. Vor dem Gebrauch wird das Wasser abgegossen, $^1/_2$ l Milch wird kochend gemacht und der Reis daran getan, welcher, gut zugedeckt, unter öfterem Schütteln auf mäßigem Feuer $^5/_4$ Stunden gekocht wird. Wird die Milch durch das Kochen zu sehr eingedickt, bevor der Reis völlig erweicht ist, so gießt man etwas heiße Milch nach. Das Eiweiß von zwei Eiern wird zu Schnee geschlagen und kurz vor dem Anrichten leicht unter den Brei gemischt; will man denselben noch nahrhafter machen, so kann man zuerst die beiden Eigelb und dann den Schnee dazu rühren.

Tapiokabrei (nach Wegele).

$^1/_4$ l Milch wird kochend gemacht, 20 g bester Tapioka exotique („Knorr" oder „Bloch" & Cie.) darunter gerührt und $^1/_4$ Stunde unter fortwährendem Rühren weiter gekocht. Das weitere Verfahren wie beim Reisbrei; ebenso wird Grießbrei gekocht.

Fruchtbrei (nach Hannemann).

Von $^1/_2$ l zur Hälfte mit Wasser verdünntem Fruchtsafte und einem Mehle, mit Grieß oder Flocken, kocht man beliebige Breie, die erkaltet mit süßer Sahne oder mit Milch gereicht werden. Verwendbar sind hierzu alle Beerensäfte, Kirsch- und Apfelsaft, auch verdünnter Apfelbrei oder Wein.

Statt der Breie lassen sich diätetisch auch Flammeris und Puddings (ohne Mandeln und Rosinen) verwenden. Es seien hier zwei Beispiele angeführt.

Feiner Flammeri (nach Hannemann).

$^1/_4$ l süße Sahne,
30 g Zucker,
20 g frische Sahnenbutter,
30 g Mondamin,
1 Prise Salz,
$^1/_6$ Stange feinste Vanille,
3 Eigelb,
3 Eierschnee.

Sahne, Butter, Zucker, Salz und Vanille werden zusammen aufgekocht, Mondamin und Gelbeier werden in der kalten Milch klar gequirlt, der kochenden Sahne hinzugegossen und einmal aufgekocht und der steife Eierschnee unterzogen. Die Masse wird in eine mit kaltem Wasser ausgespülte Form gefüllt, erkalten lassen, gestürzt und mit Fruchtsaft serviert.

Reispudding (nach Wegele).

35 g feinster Reis wird abends zuvor in kaltem Wasser aufgeweicht (wie beim Reisbrei); $^1/_2$ l Milch wird heiß gemacht, der Reis

daran getan und zugedeckt, danach so lange langsam gekocht, bis er ganz weich ist; 25 g Butter werden schaumig gerührt, zwei Eigelb und ein Eßlöffel Zucker daran getan; wenn der Reis nunmehr lauwarm ist, die übrige Masse darunter gerührt; zwei Eiweiß werden zu Schnee geschlagen, der Teig in eine mit Butter bestrichene Porzellanform gefüllt und $^1/_2$ Stunde im Bratofen gebacken.

In ähnlicher Weise läßt sich auch ein Grießpudding, ein Schokoladenpudding u. ä. bereiten.

Leguminosen.

Die **Leguminosen** müssen stets 24—48 Stunden in kaltem, weichem, kalkarmem Wasser (eventuell unter Zusatz von doppeltkohlensaurem Wasser) aufweichen, dann nach dem Aufweichen kocht man sie 10 bis 30 Minuten in demselben Wasser, gießt neues Wasser bzw. Bouillon herauf und kocht wieder. Dann läßt man die Leguminosen durch das Sieb schlagen und verwendet sie als Breie.

Weißes Bohnenpüree mit süßer Sahne (nach Hannemann).

100 g weiße Bohnen,
$^1/_8$ l süße Sahne,
20 g Butter,
2 g gekörnte Maggibouillon,
Salz nach Neigung.

Die abgewaschenen, 24 Stunden in kaltem Wasser eingeweichten weißen Bohnen werden mit frischem, kaltem Wasser und einer Prise Natron zum Kochen gebracht. Nach fünf Minuten wird das Wasser abgegossen, und es werden die Bohnen in frischem Salzwasser gar gekocht. Alsdann werden sie auf ein Sieb zum Ablaufen gebracht und durch ein Haarsieb gestrichen. Das durchgestrichene Püree wird mit der süßen Sahne, der Butter und dem Salz auf heißer Herdstelle schaumig gerührt. Zuletzt wird die aufgelöste Maggibouillon hinzugefügt. Veränderungen: in das Püree können noch 1—2 Gelbeier eingerührt werden.

Grüne Erbsen (nach Wegele).

Die Erbsen ($^1/_2$ l) werden aus den Schoten genommen und in 15 g Butter und Bouillon gedünstet; Zeitdauer 1—1$^1/_2$ Stunden; oder man nimmt Büchsenerbsen (am besten Kaiserschoten) und stellt die geöffnete Büchse in heißes Wasser oder kocht sie mit der gleichen Menge Butter und Salz durch. Eventuell empfiehlt es sich, die Erbsen durch ein Sieb zu treiben und als Püree zu verabreichen. Statt dessen kann man sich auch des getrockneten (grünen) Erbsenmehls von Knorr bedienen, das $^1/_2$ Stunde gekocht, ein sehr gutes Püree gibt. $^1/_2$ l Erbsen geben 280 g Erbsenbrei.

Gemüse, Wurzeln, Knollen.

Kartoffelbrei mit Milch und Butter (nach Hannemann).

250 g Kartoffel,
$^1/_8$ l Milch,
20 g Butter,
1 Messerspitze Salz.

Die geschälten und gewaschenen Kartoffeln müssen, besonders im Winter, mindestens vier Stunden in kaltem Wasser liegen. Man kocht die Kartoffeln mit Salz weich und läßt sie, nachdem das Wasser abgegossen, gut abdampfen. Dann stößt man sie recht schnell fein, streicht sie durch ein Haarsieb, gibt die kochende Milch und Butter hinzu und rührt sie immer auf heißer Stelle noch etwa fünf Minuten lang recht tüchtig zu einem lockeren Brei, den man mit Salz versetzt und auf heißer Schüssel darreicht.

Es kann auch ein Zusatz von Sahne erfolgen, eventuell kann auch etwas Fleischextrakt oder Pepton in der heißen Sahne aufgelöst werden. Ferner kann in den süßen, fertigen Kartoffelbrei ein fester Eierschnee von einem Ei verrührt werden, oder ein Gelbei bzw. beides zusammen.

Als Ersatzmittel der Kartoffel für Diabetiker sehr zu empfehlen sind die Knollen von Topinambur und Stachys affinis. Letztere stammt aus Japan und ist in den Wintermonaten in allen größeren Städten zu haben. Topinambur wird in Deutschland nur wenig angebaut.

Geschmorte Stachys (nach F. v. Winckler).

Man kocht diese halbweich in Salzwasser, gibt für einen großen Tassenkopf voll Stachys drei Eßlöffel voll zerlassener Butter in einen kleinen Tiegel, läßt die Butter heiß werden, schwenkt die Knollen darin, bestreut sie mit etwas gewiegter Petersilie, deckt sie mit einem gut passenden Deckel zu und schmort sie, ohne den Deckel abzunehmen, $^1/_4$ Stunde lang auf heißer Platte.

Topinamburknollen kann man in der Pfanne mit Butter braten oder in Salzwasser kochen und mit einer Eier-Sahnensauce anrichten.

Sehr empfehlenswert diätetisch ist die gelbe Rübe, Karotte (auch Mohrrübe genannt), doch soll sie zart und jung sein. Von den Rüben wird das Kraut mitsamt etwas Rübensubstanz, ebenso die Spitzen, weggeschnitten, die Rüben werden dann gewaschen und einige Minuten in kochendes Wasser gelegt. Zur Entfernung der äußeren Haut bestreut man die auf einem Sieb abgetropften Karotten mit Salz und reibt sie in einem Tuch der Länge nach, bis sich die Haut ablöst. Hierauf werden die Rüben in frisches Wasser gelegt, um die Häutchen nebst überflüssigem Salz gründlich zu entfernen.

Man kann die Mohrrüben entweder dämpfen ($^1/_2$ Stunde lang mit etwas Salz, frischer Butter, wenig Fleischbrühe) oder richtet sie als Püree an.

Mohrrübenbrei (nach Hannemann).

125 g Mohrrüben,
25 g Butter, gehackte grüne Petersilie,
$^1/_4$ l kräftige Fleischbrühe,
1 Messerspitze geriebene Semmel,
1 Messerspitze Salz,
1 Messerspitze Zucker.

Die geschabten Mohrrüben schneidet man in Scheiben, kocht sie in der Brühe mit der Semmel weich und streicht sie durch ein Sieb. Der Brei wird mit der frischen Butter durchkocht und mit Zucker und Salz versetzt. Man serviert ihn mit gehackter Petersilie bestreut.

Ähnlich wie die Mohrrüben kann man auch die Schwarzwurzeln (d. h. die Wurzeln von Scorzonera hispanica) als Püree anrichten.

Zubereitung der Schwarzwurzeln (nach Wiel).

Ein Bündel Schwarzwurzel wird gewaschen, die schwarze Haut abgeschabt und dann gespalten und in etwa 4 cm lange Stücke geschnitten. Mit einem Eßlöffel Mehl und etwas kaltem Wasser rührt man einen Brei an, verdünnt ihn mit Wasser und etwas Essig und legt die präparierten Stücke Schwarzwurzel hinein, damit sie schön weiß bleiben. Dann bereitet man ein zweites Mehlwasser ohne Essig, läßt dasselbe zum Kochen kommen, salzt leicht, legt die Schwarzwurzel hinein und läßt sie langsam kochen. Das Geschirr hierzu soll gut verzinnt oder emailliert sein. Nun werden die abgetropften Schwarzwurzeln in einer Kasserolle, in welcher etwas frische Butter geschmolzen, mit wenig Mehl und Fleischbrühe etwa 20 Minuten weiter gekocht und zuletzt mit einem geschlagenen Eigelb und Butter gebunden. Die Schwarzwurzeln taugen nach Neujahr nichts mehr.

Spargel und Hopfensprossen sind diätetisch ebenfalls zu empfehlen.

Die Spargeln (und zwar die jungen) werden in kaltes Wasser gelegt, die Haut an der Spitze abgelöst, dann in kochendem Wasser etwa 20 Minuten, bis die Spargelköpfe weich erscheinen, gar gekocht. Zu Spargelsauce benützt man das Spargelwasser, mit welchem man etwas heiße Butter und Mehl in der Kasserolle verdünnt. Zusatz von geschlagenem Eigelb oder etwas Rahm gibt der Sauce ein gutes Aussehen und Geschmack. Man gestatte nur die Köpfe zu essen.

Die Hopfensprossen werden wie die Spargeln angerichtet, sind aber wegen des Hopfengeruches weniger angenehm.

Diätetisch viel Gebrauch macht man vom Spinat. Man kann indessen auch andere Kräutergemüse durchs Sieb schlagen lassen.

Als Bereitungsregeln empfiehlt sich nach Jürgensen folgendes Verfahren:

Die Kräuter werden geputzt, sehr weich gekocht, in Wasser abgetropft, abgedampft und getrocknet, im Mörser zerstampft und durchs Sieb gestrichen.

Das Püree soll möglichst trocken gehalten werden — wasserreichere Gemüse sind sehr sorgfältig zu trocknen — eventuell muß

Mehl oder ein mehliges Gemüse zugesetzt werden. Das Püree wird dann unter dauerndem Rühren mit Milch oder Rahm oder Butter versetzt; eventuell noch einmal aufgekocht und mit Eidotter abgerührt oder mit kalter Butter versetzt.

Kräuterpüree (aus Spinat, Salat, Sauerampfer, Löwenzahn, Kerbel usw.).

500 g Kräuter,
$^1/_8$ l Brühe,
40 g Butter,
$^1/_8$ l Rahm.

Die Kräuter in Dampf gekocht, getrocknet, gestoßen, werden mit der Brühe verkocht, bis diese weggekocht ist — werden mit Butter und Rahm gerührt und gekocht — durchgestrichen — zuletzt auch noch mit etwas Butter abgerührt.

Gemüsepüree von Schoten, Spargel, Artischockenböden, grünen Bohnen, Blumenkohl, Strandkohl, Kardone usw.

500 g Gemüse,
$^1/_8$ l Brühe,
50 g Butter.

Die Gemüse in Dampf gekocht, werden zerstoßen — mit der Brühe gekocht — durchgestrichen — eingekocht — mit etwas frischer Butter stark gerührt — nochmals durchgestrichen — auch mit Rahm, mit etwas Mehl verquirlt, zu bereiten, anstatt mit Brühe.

Rübenpüree — Escoffier.

Die Rüben („Navets") zerschnitten, in wenig Wasser mit etwas Butter, Salz, Zucker sehr weich gekocht — werden durchgestrichen — mit etwas feinem Kartoffelpüree gebunden, bis auf passende Püreekonsistenz.

Schotenpüree à la St. Germain — Escoffier.

Die Erbsen werden in Wasser weichgekocht, mit Salz (10 auf 1000) und wenig Zucker — und etwas Salat und Petersilie — gut abgetropft — durchgestrichen — eingekocht — mit Butter (125 auf 1000) stark verrührt — zuletzt mit der stark (zu Glace) eingekochten Erbsenbrühe nach Bedarf verrührt.

Vom Sauerkraut, wo durch Milchsäuregärung die Holzfaser erweicht ist, kann man unter Umständen diätetisch bei atonisch Obstipierten Gebrauch machen. Dazu sollte indessen auch das Sauerkraut gründlich 3—4 Stunden gekocht werden.

Ein sehr leicht verdauliches Gemüse ist der Blumenkohl, wenn man diejenigen Exemplare, bei denen die Blumen weiß und geschlossen sind, wählt. Der Blumenkohl wird in Salzwasser gekocht und mit einer dünnen Sauce angerichtet (man kann ihn auch als Püree, durchs Sieb geschlagen, anrichten, s. o.).

Obst.

Diätetisch lassen sich die Früchte in vielfacher Form verwenden; als Fruchtauszüge:

Apfelwasser.

125 g Äpfel,
30 g Zucker,
250 g Wasser,
5 g Zitronensaft.

Der Apfel wird geschält, das Kerngehäuse ausgestochen — mit Zucker gefüllt — gebacken — mit dem Wasser zerquetscht, 20 Minuten hingestellt — die Flüssigkeit durch ein Stück groben Zeuges geseiht — mit Zitronensaft gewürzt.

Zitronenlimonade.

Saft und Schale von 1 Stück,
$^1/_2$ l Wasser,
60 g Zucker.

Der Saft der Zitrone wird ausgedrückt und gesüßt, mit der feinzerschnittenen Schale $^1/_2$ Stunde hingestellt — durch ein Linnenstück filtriert — mit Wasser oder Mineralwasser) verdünnt.

Mandelmilch.

100 g süße Mandeln,
50 g Zucker,
$^1/_2$ l Wasser,
Orangenblütenwasser.

Die Mandeln werden abgebrüht, geschält — mit der halben Portion Zucker und wenig Wasser zerstoßen, ganz fein — das übrige Wasser (kalt oder lauwarm) aufgegossen — gut verrührt — mittels eines Stück starken Zeuges abgepreßt, nachdem die Mischung $^1/_4$ Stunde gestanden — mit dem übrigen Zucker gesüßt.

Nußmilch ebenso, aus Hasel-, Wallnüssen.

Blaubeerengetränk von getrockneten Beeren (nach Hannemann).

100 g Beeren,
40 g Zucker,
1000 g Wasser,
3 Eßlöffel Rotwein,
1 Dotter,
Kaneel.

Die abgespülten, in Wasser eine Stunde geweichten Beeren werden im Wasser eine Stunde gekocht — gesüßt — die durch ein Haarsieb geseihte Flüssigkeit mit dem Wein vermischt, mit dem Dotter verrührt.

Ferner als Fruchtsäfte:

Fruchtsaft, kalt (roh) abgeseiht.

Die Früchte (nur frische und besonders saftreiche Früchte) werden zerdrückt — 24 Stunden kalt gestellt — der Saft wird durch ein abgebrühtes und wieder abgekühltes Stück dichten Zeuges abgeseiht, ganz ohne Auspressen.

In gleicher Weise:

Apfelsinen-, Zitronensaft, kalt abgeseiht.

Kirschen-, Himbeersaft, kalt abgeseiht.

Johannisbeeren-, Blaubeeren-, Holunderbeerensaft, kalt abgeseiht.

(Man bekommt in der Weise etwa $^3/_{16}$ l von $^1/_2$ kg Früchte.)

Fruchtsaft, kalt (roh) ausgepreßt.

Die Früchte werden zerdrückt, 24 Stunden hingestellt — mit einem Preßtuch ausgepreßt, oder in einer Saftpresse — hierzu auch die Fruchtreste aus vorigem Rezept verwendbar, und jede andere härtere, festere Fruchtsorte — in eben dieser Weise:

Apfelsinen-, Zitronensaft, kalt ausgepreßt.

Kirschensaft, kalt ausgepreßt.

Erdbeeren-, Brombeeren-, Maulbeerensaft, kalt ausgepreßt.

Johannisbeeren-, Stachelbeeren-, Blaubeeren-, Schwarze Johannisbeeren-, Holunderbeerensaft, kalt ausgepreßt.

(Man bekommt damit etwa $^1/_3$ l Saft von $^1/_2$ kg Beeren.)

Fruchtsaft von frischen Früchten abgekocht und ausgepreßt.

Die Früchte (die verschiedensten verwendbar, wie auch die Abfälle von abgeseihtem Fruchtsaft) werden weichgekocht — mit $^1/_2$ l Wasser auf 1 kg Früchte — und zerstampft — der Saft mit einem Preßtuch ausgepreßt — in gleicher Weise:

Apfel-, Birnen-, Quittensaft, abgekocht, ausgepreßt.

Kirschen-, Zwetschgen-, Aprikosen-, Pfirsichsaft, abgek., ausgepr.

Erdbeeren-, Himbeeren-, Brombeerensaft, abgekocht, ausgepreßt.

Johannisbeeren-, Blaubeeren-, Holunderbeerensaft, abgekocht, ausgepreßt usw.

(Man bekommt hiermit etwa $^3/_8$ l Saft von $^1/_2$ kg Früchten.)

Ferner als Fruchtpüree:

Fruchtpüreebereitung.

Die Früchte (geschält, von Kernen usw. befreit) werden zerstampft und durch ein Püreesieb gestrichen, mit Holzlöffel oder Stößer.

Die Früchte können, wenn genügend weich und saftig, in rohem Zustande genommen werden — müssen sonst erst weichgekocht oder gedämpft werden.

Getrocknete Früchte müssen vorher sehr lange Zeit (24—48 Stunden) aufgeweicht werden — und müssen sehr gar gekocht werden.

Als Fruchtsuppen z. B.:

Apfelpüreesuppe mit Dotter legiert.

650 g Äpfel,
1000 g Wasser,
30 g Dotter,
100 g Zucker.

Die Äpfel werden im Wasser weichgekocht — glatt geschlagen, durchgestrichen — mit den mit Zucker geschlagenen Dottern verrührt — mit Zwieback oder dergleichen angerichtet.

Schließlich als Fruchtgelees, Creme usw.

Fruchtgelees mit Gelbei (nach Hannemann).

Es sind Säfte zu verwenden, die mit Zucker ausgekocht sind. Beispielsweise:

Johannisbeer-, Himbeer-, Kirsch-, Erdbeer- oder Apfelsinensaft.

$^1/_8$ l von den angegebenen Säften,
1 frisches Gelbei,
$1^1/_2$ Blatt in Wasser eingeweichte, im Tuch eingedrückte Gelatine.

Gelbei, Fruchtsaft und Gelatine kommen in ein Töpfchen und werden im Wasserbade bis vor das Kochen gequirlt und alsdann kaltgestellt.

Blaubeersaftgelees (nach Dr. Lilienthal).

$^1/_2$ l Blaubeersaft ohne Zucker,
2 Eßlöffel Rotwein,
2 Gelbeier,
2 Plättchen Saccharin oder 30 g Zucker,
2 Blatt Gelatine,
1 Stück Zimt.

Der Blaubeersaft wird mit dem Zimt aufgekocht und ihm die in kaltem Wasser eingeweichte und ausgedrückte Gelatine zugefügt. Dann wird der Zimt entfernt. Wenn das Ganze abgekühlt ist, werden die Gelbeier unterrührt. Dann wird das Ganze zum Erkalten gestellt.

Zitronencreme (nach Hannemann).

2 Gelbeier,
2 Eßlöffel Schlagsahne,
50 g Zucker,
1 Eßlöffel Zitronensaft,
1 Blatt weiße Gelatine.

Die Gelbeier rührt man mit Zucker schaumig, dann fügt man die 5 Minuten in kaltem Wasser geweichte, ausgedrückte und danach in dem Zitronensaft auf warmem Herd gelöste Gelatine hinzu und rührt zuletzt die Schlagsahne darunter. Statt Zitronensaft kann auch Apfelsinensaft oder 4 Eßlöffel Weißwein oder Arrak genommen werden.

Von den Orangen verwenden wir diätetisch die süßen (sog. Apfelsinen) entweder als rohe Frucht oder deren Saft oder als Apfelsinengelees (mit Gelatine, Weißwein und Zucker).

Vom Kernobst verwendet man diätetisch Äpfel und Birnen, roh, gekocht, eventuell in Musform (eventuell auch einen mit Zucker gekochten Brei von Quitten, die einen säuerlichen Geschmack haben).

Steinobst: Pfirsich, Aprikosen, Zwetschen, Pflaumen, süße und sauere Kirschen können roh oder gekocht als Kompott diätetisch in Frage kommen. Kirschen, Zwetschen und Pflaumen, gründlich mit Zucker gekocht, lassen sich durchs Sieb schlagen und als Mus anrichten. Oliven in Salz sind schwer verdaulich und daher besser zu meiden.

Vom Beerenobst verwenden wir: Weintrauben, Hagebutten, Johannisbeeren, Stachelbeeren, Preißelbeeren, Heidelbeeren, Himbeeren,

Brombeeren, Erdbeeren, schwarze und weiße Maulbeeren, Feigen, Datteln. Die Weintrauben sollen roh ohne Kerne und Schalen genossen werden. Hagebutten lassen sich mit Zucker zu einem Brei verkochen, von den roten Johannisbeeren ist diätetisch empfehlenswert der säuerlich schmeckende Saft (kann auch zu Fruchtgelees Verwendung finden), desgleichen bei Heidelbeeren, Brombeeren und Himbeeren. Vorsicht mit dem Genuß von frischem Beerenobst bei Erkrankungen des Magendarmkanals! Die Feigen und Datteln können in geeigneten Fällen als Nachtisch verabreicht werden. Die Feigen haben speziell eine mild abführende Wirkung.

Unter den Schalenfrüchten sind die Mandeln, da sie uns zur Bereitung der Mandelmilch dienen und ebenso die Maronen, weil sie sehr stärkemehlreich sind, wichtig. Durch Braten wird das Mehl zum Teil in Zucker verwandelt, daher der süße Geschmack der gebratenen Maronen; zweckmäßig ist das Maronenpüree, zu dem man auch das Kastanienmehl von Knorr in Heilbronn verwenden kann.

Maronenpüree (nach Wegele).

1 kg Maronen werden geschält und so lange in Wasser gekocht, bis sich die zweite Schale bequem ablösen läßt. Die Maronen werden auf ein Sieb gelegt, bis alles Wasser abgetropft ist, dann werden sie in einer Schüssel zerdrückt und darauf durch ein Haarsieb passiert. 100 g Butter werden auf dem Feuer in einer Kasserolle zerlassen, etwas Salz und eine Messerspitze Zucker hinzugefügt, worauf die Maronen dazugetan werden. Man dämpft sie unter öfterem Umrühren $1/2$ Stunde lang und gießt dabei so viel Bouillon daran, bis es einen nicht zu dicken Brei gibt.

Von den Pilzen machen wir diätetisch wegen ihrer Schwerverdaulichkeit keinen Gebrauch.

Hier seien noch einige Winke für die Küche der Diabeteskranken gegeben.

Einige Prinzipien der Küche für Diabeteskranke.

Statt der Mehle wird feingestäubtes Aleuronat angewendet, besonders zur Bereitung von Suppen, Saucen und Gemüsen. Zum Süßen der Speisen benutzt man Saccharintabletten. Zur Herstellung eines Brotes für Diabeteskranke benützt man Aleuronat, das man zu gleichen Teilen mit Weizenmehl bzw. Roggenmehl mischt.

a) **Schwarzbrot I** (nach v. Winckler).

500 g Aleuronatmischung gibt man in eine erwärmte Schüssel, macht in der Mitte des Mehles eine Vertiefung, in der man mit sechs Eßlöffel voll aufgelöster Preßhefe und $1/8$ l lauwarmer Milch mittels eines kleinen Holzlöffels einen feinen Teig anrührt, ohne das Mehl ringsherum hineinzuarbeiten. Wenn nun diese Hefe auf dem warmen Herd aufgegangen ist, gibt man zwei ganze Eier, drei Kaffee-

löffel voll Salz und einen aufgehäuften Kaffeelöffel voll gestoßenes Brotgewürz — Piment, Koriander und Fenchel — an den Teig, klopft ihn mit $^1/_4$ l lauwarmer Milch tüchtig ab und läßt ihn in der Ruhe des warmen Ofens noch recht gut aufgehen, formt zwei gleich große Wecken daraus, streicht diese mit kalter Milch und bäckt sie im gut geheizten Rohre auf einem gewachsten Kuchenblech ungefähr 30—50 Minuten. Während des Backens muß das Brot wiederholt mit kalter Milch bestrichen werden.

b) **Schwarzbrot II** (nach v. Winckler).

Ingredienzien: 8 Eßlöffel voll Aleuronatmischung von Roggenmehl, 1 Päckchen (Oetkers) Backpulver, 1 Kaffeelöffel voll Salz, 2 Eier, 1 Kaffeelöffel voll gestoßenes Brotgewürz (siehe unter a) und kaltes Wasser oder kalte Milch. — Behandlung nach c).

c) **Weißbrot** (nach v. Winckler).

8 Eßlöffel voll Aleuronatmischung von Weizenmehl, 1 Päckchen Oetkers Backpulver und 1 schwacher Kaffeelöffel voll Salz mischt man gut durcheinander, gibt zwei ganze Eier darunter und klopft diese Masse mit etwas kalter Milch gut ab, gibt den Teig auf ein Brett, arbeitet ihn noch durch und formt 8 gleich große runde Brötchen davon. In den 8 Rundungen einer Ochsenaugenpfanne läßt man je 1 Eßlöffel voll zerlassener Butter heiß werden, gibt die Brötchen hinein und bäckt sie in gut geheizter Bratröhre auf beiden Seiten schön bräunlich.

Das Fleisch kann in jeder Form (gekocht, geröstet, geschmort, gebraten) angerichtet werden.

Als Fleischsauce empfiehlt sich folgende Grundsauce (nach Hannemann):

3 Gelbeier,
$^1/_8$ l Brühe,
2 Teelöffel Zitronensaft,
40 g flüssige Butter,
(eventuell etwas Saccharin).

Alle die angegebenen Zutaten kommen in einen Topf. Dieser Topf wird in kochendes Wasser gestellt, und es wird die Sauce so lange gequirlt, bis sie dicklich wird. Die Sauce kann verändert werden durch Hinzufügen von einem Teelöffel gehackten Dills, Petersilie oder Schnittlauch, Majoran, Kümmel oder Zwiebel, von drei gehackten Sardellen, von gehacktem Hering oder Tomaten sowie von Pilzen aller Art, wie Champignons, Morcheln usw.

Gemüse werden in Salzwasser gekocht und mit Butter angerichtet oder in holländischer Sauce serviert.

Im übrigen siehe die Kochbücher für Zuckerkranke und Fettleibige (z. B. F. v. Winckler, Wiesbaden 1906).

Sachregister.